U0325078

普林斯顿恐龙大图鉴

The Princeton Field Guide to Dinosaurs

[美] 格雷戈里·S.保罗著
邢立达译

湖南科学技术出版社

喝 彩

本书作者是世界上最好的恐龙艺术家之一，也是最伟大的业余恐龙古生物学者。这本书尽管也有瑕疵，但是我读过的最具原创性、最好的恐龙科普书之一。

——徐星（研究员，中国科学院古脊椎动物与古人类研究所）

我期待这本书已多年！保罗为如何科学复原史前动物树立了一个标杆。他所有的工作都让这本书中的复原图达到了一种让人惊叹的精确度。它将在恐龙爱好者中广受欢迎，并且成为一册常备的参考书。

——詹姆士·I.柯克兰，犹他州地质调查局　古生物学者

也许你永远都不用去判断从你门前穿过的巨兽到底是贝氏开角龙还是斯氏开角龙，但是如果你想这么做，这本书将是你站在窗前所必须的那一本。同其他恐龙指南相比，《普林斯顿恐龙大图鉴》更加综合，更加权威！

——劳伦斯·A.马沙尔，《自然史》

艺术家兼科学家G.S.保罗用高度复原图概要描述了数百种恐龙。从中你可以了解从异特龙到祖尼角龙是如何发育、运动和繁殖的——甚至包括它们如何走向灭绝。

——《科学美国人》杂志

由于恐龙学的朝气蓬勃，任何一本刚上架的图书都会很快变得过时，但是保罗囊括了不少冷门的物种，这使得《普林斯顿恐龙大图鉴》成为一本非常有用的图鉴……事实上，这要归功于保罗囊括海量信息的能力，以及绘制了许许多多复原图。

——布莱恩·斯维特克，《追踪恐龙博主》

本书的出版是所有恐龙粉丝都额首称庆的大事，这是一本关于已知的约735种恐龙的最综合指南。这本书综述了恐龙的研究史、演化、生物学、能量学、行为和分布，并讨论了恐龙最醒目的特征，比如其巨大的体型……

——韦恩·莫内　美国《奥杜邦杂志》

译者的话

　　诚然，这是我这些年翻译引进版恐龙书中耗时最长的一本。2011年9月，湖南科学技术出版社的编辑老师与我联系，征求这本书有无引进必要，以及翻译之可能性时，我先是雀跃，后又犹豫。雀跃是因为我很喜欢这本书，在翻译之前，我已经先一步拜读完作者保罗送给我的样书，又买了一本放在加拿大阿尔伯塔大学的恐龙实验室（Dinosaur Laboratory）作为大家翻阅的工具书。犹豫却是因为深感压力，读懂一本书是一回事，翻译却是另一回事。我在以前翻译低幼恐龙书的时候并没有太深刻的体会，但这本书却让我吃尽了苦头。主要原因是保罗"并非凡人"。保罗的文字很特别，并不是我常见的学术或科普文体。

　　在圈内，保罗是一位非常"古怪"的人，他是一位自由研究者，在社会学、神学以及古生物学领域都颇有建树。在古生物方面，他虽然没有古生物学的正式学位，但在该领域已经留下了自己深深的印记，他至少撰写或合作撰写了约30篇科学论文和40多篇科普文章。更重要的是，他是古生物学界的"神笔马良"，画的恐龙出神入化。在20世纪70年代"恐龙文艺复兴"中，他便开始开拓恐龙的"新面目"，给普罗大众及专业人士带来极深刻的影响。他对恐龙精准的复原，成为某种意义上的业界标杆，屡屡被科学家引用在正式论文中。凡是与恐龙有关的电影或纪录片，几乎无一不受他的影响。

　　本书可谓是保罗最经典的著作，也注定是恐龙学中非常实用的一本读物。本书的前半部分介绍了最新的恐龙知识，涉及恐龙的方方面面，后半部分罗列了几乎所有恐龙有效的物种，其中很大一部分以前并没有对应的中文名，这也给翻译带来了很大的麻烦。

　　在翻译过程中，我不停地奔波于阿尔伯塔大学，以及加拿大和中国各地的恐龙化石点，用于翻译的时间断断续续，再加上水平实在有限，书中难免有不足和疏漏之处，恳请读者批评指正，以便再版时趋于完善。

　　值得说明的是，该书的不少分类基于保罗自己的理解（这一点，保罗在文中也提到了），为一家之言，并非被科研论文所证实，并不代表学界最新的分类。我在翻译时不得不忠于原著，即便一些观点我亦不认同。所以请读者在引用的时候务必多加查证。

　　最后，湖南科学技术出版社对恐龙学科的学术成果出版给予大力支持，编辑对我的屡屡延期给予了巨大的宽容与鼓励，我心怀感激与感谢！我在硕士及博士阶段的导师们：北美古脊椎动物学会会长，加拿大阿尔伯塔大学菲利普·柯里（Philip J. Currie）院士，中国科学院古脊椎动物与古人类研究所徐星研究员，中国地质大学（北京）张建平教授；我的同学葛双超，挚友冉浩，学弟学妹公若菌、樊一帆、刘拓；以及我的妻子王申娜，他们为促成本书问世，在方方面面都做出了中肯的建议以及艰辛的努力，对此我亦表示衷心的感谢！

邢立达

2013年12月8日星期日

目　　录

前　言

如果我仅二十岁左右，是一位崭露头角的古生物学家和艺术家，恰在此时，一位神秘的时空旅行者将这本书递给我，我一定会惊喜不已！因为这本书揭示了一个全新的恐龙世界，一个我从未意识到的恐龙世界，一个充满全新理念的恐龙世界。

此刻，我完全沉醉在镰刀龙类（therizinosaurs）的神奇世界里，我仿佛看到了长着奇异羽毛的意外北票龙（Beipiaosaurus inexpectus）、像双翼机一样的驰龙类（dromaeosaurids），扛着巨大肩棘的巨棘龙（Gigantspinosaurus）、脖子上竖着两排鬃毛状长骨棘的阿马加龙（Amargasaurus）、前肢短到几乎可以忽略不计的食肉牛龙（Carnotaurus，它眼睛上方还有眉角！）以及那袖珍的毛茸茸的天宇龙（Tianyulong）、尾巴长有一撮刚毛的鹦鹉嘴龙（Psittacosaurus）、号称"梦幻大角怪"的尖角龙类（centrosaurine）。不仅如此，书中还告诉你，三角龙（Triceratops）的皮肤很古怪，而未成年的君王暴龙（Tyrannosaurus rex）（霸王龙）竟然十分罕见！另外，谁能想到，我们如今竟然可以知道恐龙的羽毛究竟是什么颜色？而一些"旧"的恐龙如今又被赋予新的名字，其中就包括了我的最爱——布氏长颈巨龙（Giraffatitan brancai）。

那些和恐龙相关的地层看起来熟悉而又奇特：汤达鸠组（Tendaguru）、莫里逊组（Morrison）、纳摩盖吐组（Nemegt）、大鲕状岩组（Great Oolite）、地狱溪组（Hell Creek）以及兰斯组（Lance）。再加上最近几年特别火爆的，至少是我耳熟能详的，则有义县组（Yixian）、提亚热组（Tiouraren）、恐龙公园组（Dinosaur Park）、阿纳克莱托组（Anacleto）、方岩组（Fangyan）、波特阻络组（Portezuelo）以及梅法拉诺组（Maevarano）。大量新恐龙的发现与命名，说明恐龙的研究正一日千里，其发展之快远超以往任何时期，而且现今的研究往往会采用高科技手段，这也是科学在新旧世纪之交的发展标志。

恐龙的"文艺复兴"始于20世纪70年代，当时人们惊讶地发现，恐龙并非传统的爬行动物，它们与哺乳动物和鸟类的某些特性与功能更接近。长久以来，恐龙被认为是生活在热带沼泽地区，但现在我们知道，一些恐龙竟生活在极地！那里的冬天阴冷黑暗，这意味着低能耗的爬行动物根本无法生存。可以试着想象一下，一只小恐龙抖了抖毛茸茸的身体，身上的积雪纷纷落下；在它身旁则是一只长着鳞状皮肤的大型蜥脚类恐龙，冰雪在这只蜥脚类恐龙的身上慢慢消融。这些恐龙有着与鸟类相似的复杂的有氧呼吸系统，拥有高压的四腔室心脏，产生的热量可以防止身体被冻伤。

创作这本书对我来说是极大的满足，因为它给了我一个完成长期目标的理由。它列举了几乎所有有效的恐龙物种及其骨骼材料，这些资料成为撰写恐龙生活的最全数据库。科学家们对这些统治了地球长达1.5亿年的神秘动物进行了近两个世纪的研究，这本书就是这些成果的汇总。现在，就让我们好好享受这段奇妙的时空旅行吧！

致　谢

　　一个对 Ian Paulsen 的在线恐龙名录缺乏高质量图鉴的差评，直接促成了这本书的出现。非常感谢这些年来为促成这本书提供支持的人们，包括Kenneth Carpenter，James Kirkland，Michael Brett-Surman，Philip Currie，Alex Downs，Tracy Ford，Peter Galton，John Horner，Xu Xing，Robert Bakker，Saswati Bandyopadhyay，Rinchen Barsbold，Frank Boothman，David Burnham，Thomas Carr，Matthew Carrano，Daniel Chure，Kristina Curry Rogers，Steven and Sylvia Czerkas，Peter Dodson，David Evans，James Farlow，John Foster，Catherine Forster，Mike Fredericks，Roland Gangloff，Donald Glut（whose encyclopedia supplements made this work much easier），Mark Hallett，Jerry Harris，Scott Hartman，Thomas Holtz，Nicholas Hotton，Hermann Jaeger，Peter Larson，Guy Leahy，Nicholas Longrich，James Madsen，Jordon Mallon，Charles Martin，Teresa Maryanska，Octavio Mateus，John McIntosh，Carl Mehling，Ralph Molnar，Marcus Moser，Darren Naish，Mark Norell，Fernando Novas，Halszka Osmólska，Kevin Padian，Armand Ricqles，Dale Russell，Scott Sampson，John Scanella，Mary Schweitzer，Masahiro Tanimoto，Michael Taylor，Robert Telleria，Hall Train，Michael Treibold，David Varricchio，Matthew Wedel，David Weishampel，Jeffrey Wilson，Lawrence Witmer，以及其他人。我也要感谢所有为此书出版做出努力的普林斯顿大学出版社工作人员，他们是：Robert Kirk，Janie Chang，kathleen Cioffi，Elissa Schiff，以及Namrita和David Price-Goodfellow。

简　介

威武的履甲类恐龙——剑龙（*Stegosaurus*）

恐龙的发现与研究史

早在数千年前，人们就已经发现了恐龙的化石，并由此衍生出一些上古神兽的形象，比如"龙"。欧洲的一些古籍中也有关于恐龙化石的记叙和插图，但当时人们并不知道这些骨骼的真实身份。在西方世界，创世故事告诉人们，早在金字塔诞生的两千多年前，地球以及地球上的所有生命就已经出现。这种观点一直统治着西方世界，这为古生物化石的研究带来了很多阻碍。19世纪初，新英格兰发现了大量三趾型脚印，当时人们认为这是某种巨鸟留下的。到了19世纪早期，随着地质学研究的深入，越来越多的证据表明，地球的发展史比人们早期预想的要悠久得多，也复杂得多。学者们慢慢开始相信，地球上或许真的曾经存在过一些早已灭绝的奇异生物。

19世纪20年代，英国最早开始了现代意义上的恐龙研究。科学家们发现了一些恐龙牙齿，发表并命名了肉食性的巨齿龙（*Megalosaurus*）和植食性的禽龙（*Iguanodon*）。那数十年间，科学家们一直认为远古沉积物中发现的骨骼属于某些体型超大的现代爬行动物。直到1842年，理查德·欧文（Richard Owen）意识到，当时发现的许多化石并不属于严格意义上的爬行动物，于是他把这些化石动物统称为"恐龙类"（Dinosauria）。欧文的发现推进了人们对动物演化发展的认识，他认为恐龙是超大型的爬行动物，于是人们将恐龙重新定义为"大型四足动物"。在此基础上，1850年，第一座恐龙复原雕塑诞生于英国水晶宫（the Crystal Palace，坐落于伦敦海德公园）。这是恐龙第一次走进公众的视线，人们立刻对这类神奇的庞然大物产生了浓厚的兴趣，甚至还有学者在未完成的雕塑中举行了一场宴会。这些早期的恐龙题材艺术作品一直完好地保留至今。

美国南北战争前夕，欧洲发现了第一具完整的恐龙骨骼化石。该化石属于体型较小的恐龙——身上披着厚重甲板的肢龙（*Scelidosaurus*）和类似鸟类的美颌龙（*Compsognathus*）。这些化石的尺寸并不像预期的那样庞大，难免有些令人失望。此后不久，索伦霍芬的上侏罗统沉积物中发现了最原始鸟类的牙齿和羽毛，这种鸟被命名为始祖鸟（*Archaeopteryx*）。这种既像恐龙又像鸟的小家伙龙鸟（Dinobird）身上兼具了鸟类和爬行动物的典型特征，这顿时引起了学者们的极大兴趣。差不多同一时期，查尔斯·达尔文（Charles Darwin）的巨著——《物种起源》问世，这为科学家给"恐龙"这类神秘物种寻找合适的分类归属提供了理论依据。进化论的另一位积极倡导者托马斯·赫胥黎（Thomas Huxley）则认为，美颌龙与始祖鸟之间的密切相似性，表明这两个物种之间一定存在着紧密的联系。到了19世纪70年代末，比利时矿工挖掘出大量完整的禽龙骨骼化石，该化石清楚地表明它们是三趾型的半两足动物，而非完全意义上的四足动物。

接下来，让我们把视线转向美国。南北战争前，美国东岸发现过少数几个恐龙遗址。后来，人们意识到面积辽阔的西部地区才是恐龙化石的圣地。19世纪70~80年代，两位著名的古生物学家爱德华·柯普（Edward Cope）和查尔斯·马什（Charles Marsh），为了发现更多、更完整的新恐龙展开了激烈竞争，这就是著名的"化石战争"。双方都希望能抢在对手前面收集到完整的恐龙骨骼化石。这一时期，的确有很多新的恐龙化石重见天日，于是我们第一次看到了经典的上侏罗统莫里逊组恐龙动物群，比如恐龙中的优秀猎手异特龙（*Allosaurus*）和角鼻龙（*Ceratosaurus*），以及真正的大块头、四足恐龙：迷惑龙（*Apatosaurus*）、梁龙（*Diplodocus*）和圆顶龙（*Camarasaurus*）。同期发现的恐龙化石还包括原始禽龙类恐龙——弯龙（*Camptosaurus*）和长着神奇盔甲的剑龙（*Stegosaurus*）。这些化石的出现大大激发了人们对这些神秘巨兽的兴趣。

到了世纪交替之际，科学家们把发掘重点转移到较新的地层，比如兰斯组和地狱溪组地层。在这些地层中，科学家们发现了一些生活在恐龙末代王朝的动物，比如属于鸭嘴龙类的埃德蒙顿龙（*Edmontosaurus*），全身披着厚重甲板和利刺的甲龙（*Ankylosaurus*），头上顶着大角的三角龙（*Triceratops*）和庞然大物暴龙（*Tyrannosaurus*）。20世纪初，古生物学家们把眼光投向更靠北的加拿大，他们惊喜地发现，加拿大广袤的地下埋藏着丰富的晚白垩世恐龙，如艾伯塔龙（*Albertosaurus*）、头上长着大型鼻角的尖角龙（*Centrosaurus*）、有着喙状嘴的戟龙（*Styracosaurus*）以及长着头冠的鸭嘴龙类恐龙——盔龙（*Corythosaurus*）和赖氏龙（*Lambeosaurus*）。

美洲大陆的恐龙研究取得了辉煌的成就，世界上其他地区的古生物学家们也大受鼓舞，信心满满地去探索更多新的恐龙。在欧洲德国发现的大量板龙（*Plateosaurus*）化石为学者们研究晚三叠世恐龙的演化史指明了方向。德国殖民者在非洲东南部地区汤达鸠发现了蜥脚类长颈巨龙——腕龙（*Brachiosaurus*）和长满尖刺的钉状龙（*Kentrosaurus*）。20世纪20年代，美国纽约自然史博物馆的亨利·奥斯本（Henry Osborn）委任罗伊·安德鲁斯（Roy Andrews）去蒙古寻找古人类化石，结果误打误撞地发现了晚白垩世的小型恐龙群，包括喙部像鹦鹉嘴的原角龙（*Protoceratops*），"偷蛋专家"窃蛋龙（*Oviraptor*）以及与鸟类亲缘关系非常近的兽脚类恐龙——伶盗龙（*Velociraptor*）。学者们发现了一些恐龙蛋和完整的恐龙巢，当时他们想当然地认为这些都属于原角龙，后来我们才知道，蛋和巢是窃蛋龙留下的。这个小插曲是纽约自然史博物馆中亚探险队给我们带来的小小误导。随后，安德鲁斯的队伍继续向北京的东北方进发，他们认为应该能在那里获得更多惊人发现，预计将会彻底改变人们对恐龙、鸟类以及其演化史的认识。最终，古生物学家的愿望还是实现了，不过已经是四分之三个世纪以后的事情了。

美国纽约自然史博物馆的考察队一直在中亚埋头挖掘，这份专注引发了一系列问题，最终导致恐龙学在两次世界大战之间受到误解。在公众眼中，恐龙成了行动迟缓、呆笨的巨兽，步入了演化的死胡同，注定要灭绝，这成为那些更偏爱"进化就是进步的概念"而非更随机的"达尔文式自然选择"的学者所广为接受的一个"种系衰退"的例子，恐龙学已经变得僵化。后来，艺术家、古生物学家格哈德·海尔曼（Gerhard Heilmann）提出，鸟类与恐龙之间没有关系，其中一个论点是恐龙缺乏叉骨。虽然当时也有恐龙发现了叉骨，如窃蛋龙，但彼时的学者并没有辨认出来。很快，第二次世界大战爆发，欧洲大陆的一些重要标本在同盟国和轴心国的轰炸中化为乌有，这更让恐龙学的研究工作雪上加霜。

即便如此，公众对恐龙的热情依旧很高。艺术家查尔斯·耐特（Charles Knight）因为恐龙题材的作品而声名鹊起。同时，美国雷电华电影公司（20世纪30年代美国电影业的8家大公司之一）拍摄的1933年版的电影《金刚》也获得了巨大的收益，其轰动效应就如同今日的《星球大战》、《侏罗纪公园》一般。这些作品之所以受到大众的追捧，是因为他们把恐龙融入到了人们的真实生活中。1938年加里·格兰特（Cary Grant）和凯瑟琳·赫本（Katherine Hepburn）主演的喜剧《育婴奇谭》，1949年吉恩·凯利（Gene Kelly）和弗兰克·辛纳特拉（Frank Sinatra）主演的喜剧《锦城春色》，都出现过影片主角大闹纽约自然史博物馆，掀翻蜥脚类恐龙骨骼的场景。遗憾的是，恐龙元素在文艺作品中的流行给恐龙蒙上了一层搞笑色彩，并没有提高科学家对学科的积极性。

尽管存在很多问题，但科学家对恐龙的探索仍在继续。苏联科学家在伟大的卫国战争的考验中恢复过来，开始在蒙古地区进行科学考察，发现了亚洲版的暴龙和谜一般的前肢长着巨大爪的镰刀龙（Therizinosaurus）。同样值得一提的是，波兰人在20世纪60年代成功取代苏联人，发现了著名的"搏斗中的恐龙"——伶盗龙与原角龙决斗的完整化石。此外，他们也发现了一种神秘的，长有巨大前肢的恐龙——恐手龙（Deinocheirus）。

美国古生物学家罗兰·伯德（Roland Bird）早在第二次世界大战前，就开始研究得克萨斯白垩纪蜥脚类恐龙群的行迹。第二次世界大战结束后不久，美国西南部三

叠纪幽灵牧场中发现了完整的腔骨龙（Coelophysis）化石，成为研究肉食性恐龙起源的第一手资料。此后不久，古生物学家又在美国西南部发现了早侏罗世的兽脚类恐龙——双脊龙（Dilophosaurus）。双脊龙与腔骨龙有很近的亲缘关系，只是体型更大一些。

20世纪60年代初，美国耶鲁大学的科学家对蒙大拿州展开科学考察，恐龙研究的"文艺复兴"正式拉开了序幕。那次研究的主要目标是下白垩统的克洛夫利组地层。他们通过对比伶盗龙和恐爪龙（Deinonychus）的异同，推断出某类恐龙演化得更为复杂，是一种四肢有力、行动敏捷的"龙鸟"。他们还发现了一个证据，有着镰刀状爪的伤齿龙类（Troodontids）和与鸵鸟极为相似的似鸟龙类（Ornithomimids）都拥有极为复杂的大脑。约翰·奥斯特罗姆（John Ostrom）在这些研究的基础上，详细分析了恐爪龙和始祖鸟之间的相似性，重新提出鸟类演化自小型兽脚类恐龙的理论。

早期研究中，古生物学家普遍认为恐龙是一种大型爬行动物。而罗伯特·巴克（Robert Bakker）却对此持怀疑态度。他在20世纪70年代与20世纪80年代发表的一系列论文中，不断重申恐龙和他们长羽毛的后裔都属于主龙类中的一个类群，这个类群的生物学和力能学特征更接近鸟类而非爬行类。最终，在1975年的《科学美国人》杂志上，巴克发表了《恐龙的文艺复兴》一文，文中指出一些体型较小的恐龙身上长有羽毛。20世纪70年代晚期，蒙大拿州的学者约翰·霍纳（John Horner）在当地发现了鸭嘴龙类（Hadrosaurs）的幼龙及其巢，这是人类首次获得有关恐龙生殖的第一手资料。与此同时，古生物学研究领域之外的科学家们也开始关注恐龙，而且取得了一些不错的研究成果。他们认为某颗直径超过10千米的小行星就是人们一直在寻找的"恐龙终结者"。该理论一经公布，立刻引来一片哗然，直到学者在墨西哥东南部找到了巨大的陨石坑，而这个陨石坑形成的地质年代恰恰就是恐龙时代末期，小行星撞击地球导致恐龙灭绝的假说才逐渐站稳脚跟。

一轮又一轮富有争议性的新奇研究成果横空出世，极大地激发了公众对恐龙的好奇和关注。小说《侏罗纪公园》及其同名电影的问世更是将这种兴趣推至顶点。随着数字技术的发展，科技人员研制出各种机器恐龙，公众对恐龙的观赏不再只停留在影像和静态模型上，而是对于这种早已灭绝的大型生物有了动态直观的认识。与此同时，古生物学界又掀起了新一轮的恐龙热，恐龙研究的第二个黄金时代来临了。这一阶段，进化论、系统发育学和分支系统学的研究不断深入，在很大程度上推动了恐龙谱系研究的进展。新一代艺术家笔下的恐龙也有了改变，他们的尾巴高高抬起，甚至双脚离地，猛地蹦起来，这些灵活生动的恐龙复原图也得到了古生物学家

龙鸟，学名恐爪龙

的青睐。学者们还发现了一个有趣的现象，长着镰刀形脚爪的驰龙类（Dromaeosaurs）和伤齿龙类，以及窃蛋龙类（Oviraptorosaurs），这几类恐龙的解剖结构与某些不能飞翔的鸟类非常相似，所以它们也被称为次生失去飞行能力的恐龙。

这一阶段，全世界的古生物学者不断努力，发掘了大量不同种类的恐龙化石，并对这些新种群进行了命名。恐龙研究逐步走向全球化，20世纪70年代举办的北美古脊椎动物学会中就有6场是关于恐龙的专题报告。当然，今日这样的报告会就更多了，可以说是数以百计。特别是第三世界国家随着经济发展，开始培养本土恐龙专家，逐渐摆脱了对西方专家的依赖性，这对恐龙化石的发现和研究更加有利。

在南美洲，阿根廷和美国的古生物学家们共同努力，在20世纪60年代至20世纪70年代发现了首例来自中、晚三叠世的"原恐龙类"化石。这意味着恐龙居然起源于小型主龙类，这一发现大大出乎人们的预料。从那以后，阿根廷源源不断地发现了大量三叠纪至白垩纪期间的恐龙化石。其中包括：早期兽脚类恐龙，如始盗龙（Eoraptor）和艾雷拉龙（Herrerasaurus）；巨型蜥脚类恐龙，如阿根廷龙（Argentinosaurus）；以蜥脚类恐龙为食的大型兽脚类恐龙，如南方巨兽龙（Giganotosaurus）。在所有发现中，最让人兴奋的是蜥脚类恐龙筑巢地的发现，这一发现使人们进一步了解地球史上最大的陆生动物是如何繁衍后代的。

在非洲南部，研究人员在下侏罗统地层发现了保存完好的腔骨龙，这充分证明恐龙在泛大陆时期的族群非常统一。一系列蜥脚类和兽脚类恐龙的新发现极大地填补了恐龙演化史的空白，非洲北部于是成为一个主要的研究中心。澳洲大陆是地球史上最稳定的大陆，地质构造变动造成的侵蚀相对较少，既不易埋存化石，也不易暴露化石。因此，尽管澳洲大陆较为荒芜，但发现的恐龙化石却不多。其中最重要的发现是南极点附近的白垩纪

11

恐龙化石，这标志着恐龙能够适应极端的气候。尽管覆盖着层层冰盖的南极大陆给科考工作带来了重重困难，但是科学家们仍旧在这里发现了早侏罗世的兽脚类恐龙——头部长着奇异冠状物的冰脊龙（*Cryolophosaurus*）骨骼化石以及其他恐龙化石。

在地球的另一端，阿拉斯加北坡发现了大规模的晚白垩世恐龙动物群，这充分表明恐龙能够在高纬度地区生活，可以承受极地的漫漫冰雪和极夜时的漫长黑夜，在同一时期的地层沉积物中并没有发现蜥蜴和鳄类等动物化石。在更远的南方，一队研究人员继续在北美洲西部探寻大型恐龙的化石，这些将为研究恐龙从三叠纪直至最终灭绝的演化史提供最为详尽的标本。众所周知，莫里逊组（Morrison Formation）地层中发现了身披盔甲的甲龙类（Ankylosaurs）和同样覆甲的植食性的剑龙类（Stegosaurs）在一起漫游；下白垩统地层中发现了一批蜥脚类恐龙化石；而接连发现的新的角龙类（Ceratopsians）和鸭嘴龙类化石则使当地上白垩统地层光芒四射。

如今，亚洲的蒙古和中国，特别是中国，已经成为恐龙古生物研究的前沿。即使在十年动乱中，中国古生物学家也有重大发现，如著名的马门溪龙（*Mamenchisaurus*），这种蜥脚类恐龙是所有恐龙中颈肋最长的。随着中国的现代化进程加快和蒙古国的独立，越来越多的加拿大和美国的科学家开始与当地的科学家开展合作研究，这使得他们成为恐龙研究领域的领军力量。经过一系列研究，科学家们最终意识到焰崖（Flaming Cliffs）发现的窃蛋龙类并不是要偷吃窝里的恐龙蛋，而是要以一种"原鸟"的方式来孵化它们。恐龙在中国已经变得极为多产，近几十年来，古生物学家纷纷把目光投向中国的东北部，那里的农民在下白垩统的湖相沉积中发现了不得了的化石！

20世纪90年代中期，中国发现了一具完整的小型美颌龙类（兽脚类）标本，它身上覆盖着又长又密的刚毛状的原始羽毛，这就是中华龙鸟（*Sinosauropteryx*）。它的发现让古生物学家首次可以确认恐龙毛发的颜色。这仅仅是个开始。位于中国辽宁地区的义县组地层，开始源源不断地发掘出大量保存几乎完美的恐龙化石，其发现规模巨大、产量极高。由于古生物化石具有极高的经济价值，当地政府与相关部门就化石挖掘是用来赢利还是用来科研产生过多次争议。很快，这里又发现了一种带羽毛的恐龙——尾羽龙（*Caudipteryx*），该恐龙属于窃蛋龙类，它的扇状尾部使其成为仅存的保留有恐龙颜色花纹的两例化石之一。义县驰龙类的发现更令人震惊，这种恐龙长着镰刀形利爪，不仅前肢完全演化成了翅膀，就连后肢也是如此。这不仅说明驰龙类是最原始的飞行动物，而且证明它们与鸟类的飞行方式完全不同。北票龙（*Beipiaosaurus*）浑身长满了野性十足的羽毛，看起来就像

华纳兄弟电影公司出品的卡通片里的那些流浪汉。义县恐龙化石群的重大意义并不仅限于告诉人们鸟类就是恐龙，以及恐龙也长有羽毛。比如，过去的80年间，亚洲发现了大量的鹦鹉嘴龙（*Psittacosaurus*）——它已然成为白垩纪最常见的恐龙，但是直到义县发现了保存有皮肤痕迹的鹦鹉嘴龙化石，学者们才发现鹦鹉嘴龙的背部到尾巴有一排中空的管状刺毛。更重要的是，义县组发现了小型鸟臀类恐龙——天宇龙（*Tianyulong*），证明了小型恐龙普遍存在中空毛状结构。此外，在中国那些许许多多新建的博物馆里，还储藏或陈列着大量尚未来得及描述的恐龙化石。

科学家们在全球范围内共发现了数以百万计的恐龙行迹。这倒也并不令人诧异，因为一只恐龙只能变成一件骨骼化石，却能留下许多足迹。在某些地方，恐龙的足迹非常集中，科学家们戏称为"恐龙高速公路"。一些恐龙行迹具有一定的规律，从中可以看出造迹者会形成大大小小的群体在活动。还有少数足迹记录了肉食性恐龙对植食性恐龙的捕食大战。

恐龙研究的历史不仅仅包括新假说和新化石点，还包括各种新技术和新工艺的应用。世纪交替之际，古生物学家们已经开始使用电脑来批量处理大数据，并利用高分辨率CT扫描仪来无损地扫描化石，获取其内部结构。同时，恐龙学研究也开始向微观方向和分子水平发展，

中国鸟龙正在攻击鹦鹉嘴龙

恐龙研究迈进了一大步，古生物学家们可以了解恐龙的生长速度和寿命，还能告诉我们它们什么时候开始繁育后代的。骨同位素测定技术有助于了解恐龙的饮食结构，测定哪些恐龙是亲水的。而且，一些恐龙化石上的羽毛色素保存完好，完全有机会来复原恐龙本来的颜色。

200多年前，人们首次发现了恐龙这一物种，之后科学家不断对其进行研究，其间对其的认识也发生了颇具戏剧性的变化。因为恐龙是一类非常"奇异"的物种，不像哺乳动物或爬行动物的骨学，人们最初对恐龙的生物学特征并不太明确。了解恐龙的本来面貌，建立起这个知识体系则需要大量的时间。恐龙学最新的革命迄今还方兴未艾。那些从事恐龙研究的专家和恐龙艺术家们，年轻的时候也普遍认为恐龙是一类行动迟缓、呆头呆脑、代谢能力不高的冷血爬行动物，而且还不懂得照顾幼仔。

当时，如果有人提出某些恐龙是有羽毛的，而鸟类就是这些有羽恐龙的后裔，那么大家一定会认为他很荒谬。现在，我们对中生代的居民已经有了比较详尽的了解，恐龙学已经形成了比较完善的体系，恐龙研究框架也基本定型。蜥脚类恐龙不会再回归到河马般的生活方式，恐龙那巨大尾巴也不会一直拖在地上。恐龙已不再神秘，但恐龙研究还远远没到尽头。迄今为止，恐龙已经有400个属，600多个有效种被发现和命名，而这可能只是恐龙化石储量的四分之一，甚至更少。尽管人们已经发现和认识了大量恐龙，但仍有许多奇异的恐龙化石沉睡在地下，等待我们去发掘。随着科学技术的进步，恐龙和它们所生活的古世界的研究也会不断加深。在不久的将来，一定会有更多令人惊喜的发现呈现在公众面前。

恐龙是什么

恐龙是什么？要回答这个问题，我们需要从生物分类体系说起。四足动物是生活在陆地上的脊椎动物，其中包括两栖动物、爬行动物、哺乳动物以及鸟类等。羊膜动物是一类能产下硬壳蛋，甚至胎生的四足脊椎动物。羊膜动物主要分为两大类。一类是下孔类（Synapsida），它包含古老的盘龙类，进步的兽孔类，以及唯一幸存至今的下孔类动物——哺乳动物；另一类是双孔类（Diapsida），包括现存的楔齿蜥、真蜥蜴、蛇、鳄类以及鸟类。主龙类（Archosauria）是双孔类最大的一个分类单元，包括恐龙和鳄类等许多古爬行动物。某种意义上，鸟类就是会飞的恐龙。

槽齿类则是主龙类中一个基干形式，并不是正式的分类单元。槽齿指的是牙齿位于颌骨的槽洞中。这类动物种类繁多，既有陆生也有水生，比如鳄鱼的祖先和会飞的翼龙等，不过它们与恐龙和鸟类的亲缘关系较远。

大多数古生物学家目前都同意，恐龙在分类学上属于单系群，它们有一些共同的特征与其他主龙类区分开来。所有的哺乳动物也有共同的祖先，正因如此，哺乳动物才跟其他下孔类动物有着明显的区别。恐龙学上的这一共识是近期才达成的，20世纪70年代以前，古生物学家还普遍认为恐龙包括蜥臀类（Saurischia）和鸟臀类

（Ornithischia）两大类，它们分别从槽齿类独立演化而来。也有学者认为鸟类已经从槽齿类演化而来，并成为另一分支。现在学者们仍在使用蜥臀类和鸟臀类两个概念，但只是作为恐龙的两个主要分类，这就像哺乳动物主要包括有袋类和胎盘类一样。恐龙是生物演化的一个分支，包括了三角龙和鸟类的最近共同祖先及其所有后裔。由于最早期的恐龙之间的亲缘关系划定不清，所以那些最原始四趾兽脚类是否还归属于恐龙还有分歧。本书采用了绝大多数学者的观点，将其归入恐龙类。

从解剖学的角度来辨别一种动物是否属于恐龙，要看它的髋臼。恐龙的股骨头呈圆筒状，与股骨轴成直角，这个圆柱状结构恰好被髋臼所容纳。这样独特的骨骼结构使得恐龙的腿几乎垂直于地面，而双脚则处于身体正下方。如果你仔细观察鸡的腿，就可以看到类似结构。恐龙的踝关节是一个简单的纵向铰接结构，这样的构造同样保证了它的腿与地面呈垂直状态。恐龙是"后肢承重"型动物，有些恐龙是双足型，有些恐龙则是四足型，不过后者的后肢要比前肢健壮得多，支撑了自身绝大部分体重。恐龙的手与脚都是趾行式的，行走的时候腕关节和踝关节都不接触地面。所有恐龙都与大部分主龙类一样，拥有巨大的、结构复杂的鼻窦和鼻腔。

一种基干主龙类，
派克鳄

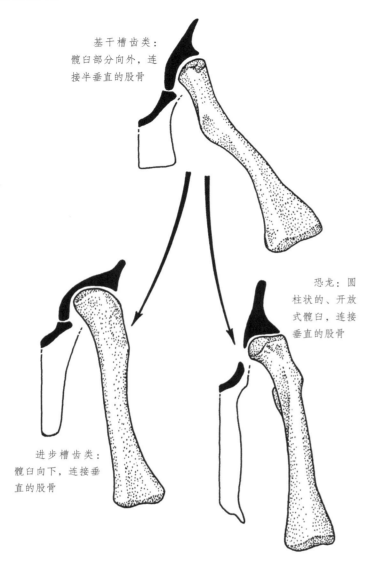

基干槽齿类：
髋臼部分向外，连接半垂直的股骨

恐龙：圆柱状的、开放式髋臼，连接垂直的股骨

进步槽齿类：髋臼向下，连接垂直的股骨

主龙类髋臼衔接方式

除以上基本特征之外，恐龙（即便不包括鸟类）是一种非常多样化的生物类群。就这一点而言，恐龙完全可以和哺乳动物平起平坐。从长着镰刀爪的驰龙类（Dromaeosaurs），到长着犀角状的角龙类、覆盖着盔甲的剑龙类（Stegosaurs），再到与大象和长颈鹿相似的蜥脚类（Sauropods），拱顶头的肿头龙类（Pachycephalosaurs），这些全部都属于恐龙。甚至还有些恐龙能像鸟一样冲上蓝天。然而，恐龙对陆地的依赖性很高，这也使它们受到一定的限制。尽管某些恐龙偶尔会在水中捕食，就像驼鹿（吞食水草）或者豹猫（捕鱼）那样，但它们最多也就是变成类似河马那样的半水生动物，肯定不会成为海豹或鲸鱼那样的水生生物。那些几乎完全水生的恐龙，只能是某些鸟类。而那些关于存在"海生恐龙"的论述都是错误的，那些生活在中生代海洋里的动物实际上是各种爬行动物经过长时间演化来的，并不属于恐龙。

鸟类就是恐龙，就像蝙蝠就是哺乳动物一样，而鸟类之外的恐龙有时会统称为"非鸟恐龙（nonavian dinosaurs）"。这种叫法听上去有点别扭，所以，除去极个别情况，本书把非鸟恐龙全部简称为"恐龙"。

人们觉得恐龙很奇怪，那是因为我们是哺乳动物，我们觉得现在这些熟知的物种才是正常的，而那些远古动物都是怪物。其实，仔细想想大象何尝不是一种奇怪的动物，它们长着硕大的脑袋、粗壮的四肢、巨大的耳朵、又长又尖的象牙和长长的软管一样的吻部。另外，恐龙也不是哺乳动物最终演化成人类的必要环节。恐龙的存在向我们展示了一个"平行世界"，在那个世界里，哺乳动物只是附属品而已。恐龙也向我们展示了由喜好白天的远古祖先直接演化而来的昼行性陆生动物的基本形态是什么样子的。现代哺乳动物更为奇特，它们是由夜行性动物演化而来，那些夜行性动物在非鸟恐龙全部灭绝以后才进入全盛时期。在恐龙统治地球的时代，小型夜行性哺乳动物也跟今天一样丰富多样。如果不是后来发生的意外，恐龙也许会一直主宰着这个世界。

恐龙时代

我们现在知道恐龙生活在中生代，它们最早出现于2.2亿年前的晚三叠世，然后灭绝于6540万年前的晚白垩世。这结论是如何得出的呢？

岩石、沙砾和淤泥在水或风的作用下会形成沉积物，这些沉积物会按照时间顺序逐层堆积起来。所以，恐龙化石所在的沉积层越高恐龙就越年轻。随着时间的推移，沉积物形成了独特的地层层位，称之为"组"。例如，迷惑龙、梁龙、重龙（Barosaurus）、剑龙、弯龙、异特龙和嗜鸟龙（Ornitholestes）都是在美国西北部的莫里逊组中发现的。该地层形成于1.56亿年至1.48亿年前的晚侏罗世。位于美洲大陆内部的莫里逊组占地面积覆盖数个州，主要由河流沉积形成。莫里逊组下方是海相沉积的森丹斯组，上方是陆相沉积的雪松山组，后者的恐龙动物群与莫里逊组的差异很大。由于莫里逊组的沉积经历了数百万年，我们还可以进一步将其分成下部（年代较远）、中部、上部（年代较新）三个部分。而森丹斯组的化石的年代早于莫里逊组，莫里逊组下部的化石的年代又早于莫里逊组中部的，而雪松山组中的恐龙化石则最为年轻。

根据地层自然形成的先后顺序，将地质年代可分为古生代（Paleozoic）、中生代（Mesozoic）和新生代（Cenozoic）。中生代介于古生代和新生代之间，又分为三叠纪（Triassic）、侏罗纪（Jurassic）和白垩纪（Cretaceous）。其中三叠纪和侏罗纪又可继续向下划分为早、中、晚三个世。而白垩纪虽然持续时间最长，但仅划分为早、晚两个世（以上所述均基于19世纪00年代出现的研究成果）。纪还可以继续细分成期，以莫里逊组为例，它开始于晚牛津期（Oxfordian），历经整个钦莫利期（Kimmeridgian），最终结束于早提塘期（Tithonian）。

碳同位素检测技术可以对近代化石的年龄进行精确标定。不过该方法受碳同位素含量的限制，只能检测近5万年以来形成的化石标本，这显然不能满足恐龙化石年龄测定的需要。由于无法直接测定中生代化石的准确年龄，科学家必须借由化石所在地层的年代来间接推断化石的年龄。一种恐龙一般只会延续几十万年到几百万年的时间，所以这种方法还是可行的。

测定恐龙化石年龄的主要方法是放射性定年法，这种方法是由核科学家发明的。其原理是放射性元素以一个非常精确的时间进行衰变。主要的放射性衰变过程为：铀衰变成铅，钾衰变成氩，氩的一种同位素衰变成另一种同位素。这个方法需要依托最初启动"核时钟"的火山沉积物。这种沉积物一般是火山灰沉降而成的，就好像圣海伦火山在周围几个州都留下了一层清晰的沉积物。假设其中一个火山灰沉降物形成于1.44亿年前，而覆盖在这一层之上的另一层火山灰沉积物形成于1.41亿年前，那么在这两层沉降物之间的恐龙就生活在1.44亿年至1.41亿年前这段时间里。随着科学技术的进步以及地质记录的逐步完善，放射性定年法的准确性也在不断提高。例如人们之前一直认为恐龙灭绝于中生代与新生代之间的某

一时间，现在我们可以准确地知道这个时间是6540万年前（误差在上下十万年之内），而这次结束了恐龙时代，来自地外的冲击的定年可以确定在万年之内（约3000年的误差）。当然，时间越早，误差越大，定年的准确性也就越差。

火山沉积物并不是随处可得，所以科学家们必须使用其他方法来测定年代。这就需要依赖生物地层学。生物地层学以地层中所含生物化石为主要研究内容，以"标准化石"的交替变化作为标准划分地层。标准化石通常是海洋无脊椎动物形成的，这些动物地理分布广，代表地层时代短，最长不超过几百万年。假定某种恐龙化石所在的地层中缺乏可定年的火山沉积物，而该地层边缘包含了一些同时期留下来的海相沉积物，后者含有一些只延续了几百万年的小型生物化石。学者在世界其他地方的含有火山沉积物的海相沉积地层中也发现了同类生物化石，而通过年代测定，确定这些地区的火山灰形成于8400万年至8100万年前，那么我们可以认为此前发现的恐龙化石也来自同一地质时段。

但是，大量含有恐龙化石的地层中既没有火山沉积物也没有标准化石，那就很难测定这些化石的准确年代。科学家们只能对这些恐龙化石所处地层中的某些更容易测定年代的动植物化石进行年代测定，然后再分析恐龙化石和这些动植物化石之间的相关性来推断恐龙化石的形成年代，但最终得到的只能是一个大概值。这种情况在中亚地区尤其普遍，因此年代测定的可靠性也有所降低。对于含有火山沉积物的地层，经过透彻研究后，可以非常准确地进行年代标定，甚至可以对其不同时间阶段进行细致划分。对于那些缺少年代测定基准物，或者未经过深入研究的地层，人们只能用某一时代的早、中、晚期来描述其年代，此时的误差就可能达到上千万年。全球范围内，要数北美地区恐龙化石的年代测定最为准确。

恐龙的演化

恐龙是一种远古生物，同时又是一种近代生物——这只是一种说法，听起来有点不可思议。人类之所以认为恐龙是一种远古的生物，是因为我们自己的寿命太过短暂。人的寿命只有不到一百年，而一个银河年，也就是我们太阳系绕银河系中心环绕一圈的时间，是两亿年。事实上，恐龙在一个银河年以前才出现在地球上，而当时太阳系已经有40多亿岁，地球已经走过了自身95%以上的历史。如果时空旅行者能够回到恐龙最早出现时的地

球，他会发现当时的地球与现在的地球似曾相识又神奇迥异。

由于月球潮汐力的作用，地球自转变慢，每天时间变长。恐龙最初出现的时候，地球上每天只有22小时45分钟，每年有385天；到了恐龙鼎盛时期，每天的时间变成了23小时30分钟以上，每年只有371天。月亮看起来更大，月食挡住的太阳更多，当时不会发生日环食（日环食是指月球轨道离地球足够远，在地球某些位置可观测到太

阳在月球外围形成光环的天文现象）。"月球上的人"遥望着恐龙星球，然而月球上的第谷环形山直到早白垩世才形成。由于太阳内部越来越多的氢原子聚变为氦原子，太阳的温度每十亿年增高10%。在恐龙出现时，太阳温度比现在低2%，而恐龙灭绝时，太阳温度比现在低0.5%。

古生代初期，也就是五亿多年前，寒武纪生命大爆发之后出现了形态复杂的小壳动物和最原始的脊索动物。随着古生代的推演，地球上开始出现植物，然后是动物，其中包括四足动物，这些动植物慢慢地从海洋爬向陆地。在晚密西西比纪（Mississippian），短暂的两栖动物时代结束，进入宾夕法尼亚纪（Pennsylvanian）的爬行动物时代和二叠纪。二叠纪属于古生代晚期，当时的大陆全部连在一起组成泛大陆（Pangaea），泛大陆横跨赤道并延伸至南北两极附近。此时大部分陆地都远离海洋，于是从赤道附近的热带地区到高纬度的冰川地带都饱受干旱的困扰。主要的脊椎动物便是此时开始发展起来的。这一时期，下孔类中的兽孔类（一类似哺乳爬行动物）有的体大如犀牛，这类大型陆生动物主导了晚二叠世的兽孔类时代。这些动物明显要比爬行动物更有活力，并且已经演化出皮毛，可以抵御高寒地区的低温。二叠纪即将结束之际，最原始的主龙类出现了。这些低矮的、介于蜥蜴与鳄类之间的动物只占当时全球动物群的一小部分。晚二叠世的末期发生了动物大灭绝。直至今日，科学家还不能完全准确解释这一现象。多数观点认为同样的大灭绝在1.85亿年后毁灭了恐龙。

在中生代的第一个纪元——三叠纪，全球物种急剧减少。当情况好转时，硕果仅存的一些兽孔类进行了第二次辐射演化，再次成为野生动物的主体。不过这次它们有了竞争对手，因为主龙类也在这一阶段经历了爆发式的演化。首先是槽齿类的多样化发展，某些槽齿类的体重可以吨计。其中一支演化成水生的装甲鳄类，而其他则演化成陆生装甲类植食性动物。这时期很多陆生肉食性动物已演化为直立行走，但不同于恐龙的行走方式。这类动物借由垂直的股骨，与髋臼角度往腹侧倾斜。一些可以直立行走的主龙类动物已经接近两足动物。其他的则演化成为无齿的植食性动物。人们已经认识到槽齿类在三叠纪所处的生活方式与后来的恐龙极为相似。鳄类也是在当时出现的，而且是唯一一类至今仍保持着三叠纪时期主龙类动物特征的生物。三叠纪的鳄类是小型长腿的趾行陆地漫步者。它们的肝肺系统已经演化得非常复杂，可以很好地进行有氧运动。正如多数槽齿类一样，鳄类与恐龙相差甚远。它们（镶嵌踝类主龙，译者注）的踝关节非常复杂，距骨上的突起恰好对应跟骨上的窝槽，于是形成能够转动的铰接结构，这样它们的足部肌肉就能承受更多的力，这一点与哺乳动物极为相似。同在这一时期出现的物种还有翼龙，翼龙的翼是由皮肤、肌肉和其他软组织构成的膜，身后拖着长长的尾巴。翼龙的踝关节相对简单，与恐龙十分相似，这也证明了这两个种群之间有一定联系（都属于鸟颈类主龙，译者注）。翼龙精力充沛，体表覆盖了保温的毛状物，目前还不确定那些非恐龙的主龙类是否也有类似的保温特征。

中三叠世的晚期——拉丁尼期（Ladinian），小型肉食性主龙类已经呈现出恐龙的雏形。虽然它们的髋臼还没有开放，但是它们的股骨头已经内转，它们的腿部能直立活动。这些原始恐龙的踝部呈简单铰接状，头骨结构较轻。最初只有南美洲发现了这种兔鳄类原恐龙类动物，这是否意味着恐龙就起源于南美洲，或者说别的地方也有这种动物呢？这个问题目前还不得而知。原恐龙类只延续至诺利期，不过当时它们至少已经蔓延至北美大陆。原恐龙类证明恐龙是由小型动物演化而来的。

小型生物能够演化成大型生物，而且这个过程非常迅速。在晚三叠世的卡尼期（Carnian），体型巨大的艾雷拉龙类可能就已遍布全球。这种古老的恐龙行动十分敏捷，属于四趾的、肉食性的兽脚类恐龙。这类两足动物生活在由有着复杂踝关节的主龙类主宰着的世界中，并只延续至早诺利期（Norian），可能是因为这些早期恐龙还不具备进行有氧活动的能力，无法与新兴天敌竞争，所以终被淘汰。诺利期还出现了大量的有着鸟足状的鸟足类兽脚类恐龙，而且这些动物一直延续至今。它们巨大的髋部和粗具雏形的似鸟类呼吸系统，都标志着它们的供氧能力和体温调节能力有了大幅提升。在同一时期的化石中，人们还发现了最早的植食性恐龙：髋部较小的、半两足行走的原蜥脚类恐龙，紧接着又出现了髋部较大的四足行走的蜥脚类恐龙。这些新的恐龙物种迅速增多、体积迅速增大，给槽齿类带来了越来越多的威胁。第一种小型原恐龙类出现仅1500万年至2000万年之后，一些原蜥脚类恐龙和蜥脚类恐龙的体重就达到了2吨。1000万年之后，第一种真正意义上的巨型的陆生动物、壮如大象的蜥脚类恐龙出现了。这些长脖子的恐龙也是最早能够在距离地面好几米的地方觅食的植食性动物。当时，恐龙展现出能演化为重量级陆生动物的潜力，而这种特质只有哺乳动物才具备。在卡尼期，第一种长有喙嘴的植食性鸟臀类恐龙出现了。这种小型的半两足行走动物在充满肉食性动物的世界里并不常见，它们和小型原蜥脚类恐龙可能会挖一些洞穴来躲避攻击。晚三叠世，蜥臀类恐龙逐渐成为优势陆栖动物，尽管当时还有很多槽齿类和兽孔类。而此时兽孔类动物演化出第一个哺乳动物。因此，哺乳动物和恐龙在地球上共同生活了2亿多年，而其间的1.4亿多年，哺乳动物的体型一直很小。

因为动物们可以轻易地漫步于整个泛大陆，所以动物种群之间并没有明显的区域性差异。当时的大陆都还

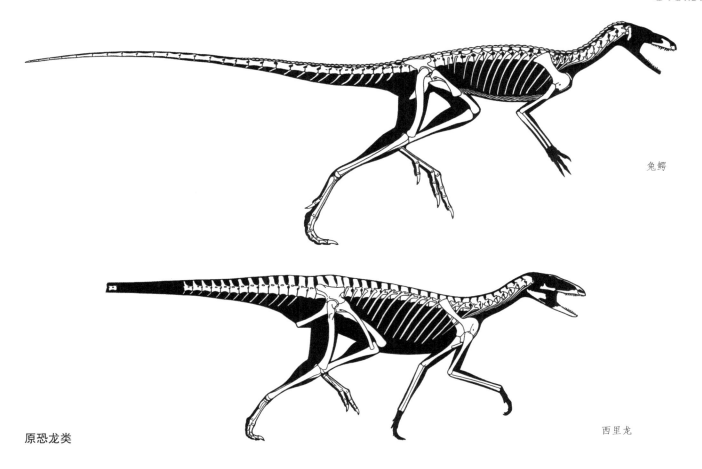

兔鳄

西里龙

原恐龙类

连在一起，泛大陆上大部分地区的气候条件一直很恶劣。中生代时期，世界几乎就是一个大温室，空气中二氧化碳的含量是现在的2~10倍。当时地球上温度很高，就算是南北极的冬天也会感觉很温暖。那时候的板块运动非常缓慢，也就是说有蓄水能力的高大山脉并不多，所以水分供给是一个严重问题。因此，当时有大面积的沙漠地区，而且大部分有植被的土地也是季节性半干旱的。而森林只位于为数不多的几个强降雨地区和地下水丰富的地区，这些水分主要是由于适宜的气候和不断上升的高地而储备下来的。当时的植被与现代植被有很多相似之处，甚至包括许多我们非常熟悉的植物。河道附近的潮湿地区主要长着木贼类植物。一些蕨类植物也喜欢生长在阴暗潮湿的森林里。其他蕨类则生长在相对开阔的地方，那里全年大多数时间都是旱季，雨季十分短暂，而蕨类就趁着这些短暂的雨季迅速生长。世界大部分地区都是蕨类原野，就像今天的草原和灌木丛一样。在湿润地区，树蕨类植物十分常见，蕨类或棕榈状的拟苏铁类在这类地区也很丰富，拟苏铁类似于至今仍生活在热

带地区的苏铁类。包括亲水银杏类在内的高大树木只有银杏树一直顽强生存下来，而且现代城市里还广泛种植着这种濒危的珍贵植物。当时植物中的优势物种是松柏类，而且大多数松柏类植物的叶子非常宽大，并不像现在的针叶形。一些松柏类植物十分高大，甚至跟今天的巨树不相上下，这些神奇的植物构成了著名的亚利桑那石化森林组（Petrified Forest of Arizona）。开花植物在当时还没有演化出来。

大约2亿年前，也就是晚三叠世末期，地球又发生了一场原因不明的灭绝事件。曾经有一颗巨大的小行星坠落于加拿大东南部地区，但是这比灭绝事件早了数百万年。槽齿类和兽孔类动物受创最为严重：前者彻底消失了，后者也只有极少数存活了下来，这些幸存者与哺乳动物的亲缘关系较近。相反，鳄类、翼龙，尤其是恐龙则成功度过了这一危机，而且一直安然生存到早侏罗世。这段时间，鸟足类兽脚类恐龙（如腔骨龙）和原蜥脚类恐龙还是很常见，几乎没发生什么变化。蜥脚类恐龙只是体型略微变大了一些。对中生代的其他动物来说，恐龙

晚三叠世腔骨龙

的体重在陆地上占绝对优势，除了一些半陆生的鳄类外，其他动物全都望尘莫及。这种绝对性优势在地球生命史上是独一无二的，侏罗纪和白垩纪也是当之无愧的恐龙时代。

随着侏罗纪的推进，蜥脚类恐龙的演化越来越复杂，原蜥脚类恐龙虽然与它们的亲缘关系很近，但是已经无法和它们竞争，所以原蜥脚类恐龙在早侏罗世就逐渐灭绝了。蜥脚类恐龙的髋部肌肉更加发达，并且开始出现似鸟类的呼吸系统，这表明它们的供氧能力越来越强，循环系统的压力也越来越高，而这些都需要更高大的身体作为支撑。尽管一些肉食性的兽脚类恐龙体型越来越大，但是蜥脚类恐龙还是更胜一筹，所以它们可以好好享受没有天敌的生活。当时，鸟臀类恐龙还不多见，一类鸟臀类恐龙是全身披着盔甲的恐龙，另一类鸟臀类恐

龙则是异齿龙类（Heterodontosaurs），它们长得很小巧，有磨齿，半两足行走。毛状衍生物应该就是起源于这类小型恐龙，当然不排除其他可能。泛大陆时期，鳄类的体型还比较小，属陆生或者半陆生动物，而此时其他物种有的已经成为海洋巨兽。

后来，泛大陆开始分裂，变成南北两大块，北块为劳亚古陆（Laurasia），南块为冈瓦纳古陆（Gondwanaland）。而冈瓦纳古陆与劳亚古陆之间的古海洋就是广袤的古地中海（特提斯海）（Tethys），现代地中海是古地中海的残留海域。泛大陆继续往西分裂，沿着今日美洲东部海岸线出现了一道长长的裂口。这道裂口和今天的东非大裂谷非常类似。咆哮着的海水涌进这个裂口，一个崭新的海洋就此诞生，它便是大西洋的前身。随着板块活动增加，地幔起到了大陆输送带的作用，洋底不断上升，海

水涌上大陆将其隔离为一个个的小区域，这种情况下全球野生动物种类越来越丰富。而这些对恐龙来说才是更重要的。大量海水涌向大陆也提高了陆地降雨量，不过当时大部分地区依然是季节性半干旱气候。板块运动造成的高山也有利于捕捉大气中的雨水。

1.75亿年前的中侏罗世，地球迎来了蜥脚类的大时代。蜥脚类恐龙的呼吸和循环系统越来越复杂，这使得它们可以长到林木那么高，体型和中等大小的鲸鱼差不多。即使在干旱地区，蜥脚类恐龙也可以苗壮成长，它们在森林里觅食，每到雨季，森林里到处都是河道和蕨类植物。中国的部分地区被海道孤立，某些蜥脚类恐龙演化出细长的脖子，身长能达10米。一些蜥脚类的尾巴长有独特的尖钉和尾锤。属于鸟臀类覆甲类的剑龙类也演化出来，它们体型较小，也长有尾刺。鸟脚类恐龙更加小型，它们是由与哺乳动物一样复杂的呼吸系统和齿系的鸟臀类演变而来的，并具有巨大的演化潜能。虽然肉食性兽脚类恐龙中的坚尾龙类、鸟兽脚类恐龙、虚骨龙类也演化得日益复杂，且具有高度发达的禽类呼吸系统，但是不知为何它们并未能演化为真正的"巨人"。

到了约1.6亿年前的晚侏罗世，两类植食性恐龙——蜥脚类和剑龙类都达到鼎盛时期。蜥脚类恐龙包括简棘龙类（Haplocanthosaurs）、马门溪龙类（Mamenchisaurs）、叉龙类（Dicraeosaurs）、梁龙类、迷惑龙类、圆顶龙类和巨龙类（Titanosaurs），此后的蜥脚类恐龙种类再也没达到过如此之多。一些新蜥脚类（Neosauropods）体重迅速达到50~75吨，有些甚至可能超过100吨，可以与最大的须鲸类相匹敌。最高的蜥脚类恐龙能达20多米。但这是一个越来越危险的时期：肉食性恐龙已经演化出像河马一样大的永川龙类（Yangchuanosaurs）和异特龙类，这些威猛的肉食性恐龙可以捕获体型庞大的植食性恐龙。与此同时，一些孤立岛屿上的蜥脚类恐龙逐渐矮化成犀牛大小（现生的大象和河马也有类似的矮化现象），这样它们才能在有限的资源中生存下来。体型如犀牛（偶尔也能大如象）的剑龙类的多样化程度也达到顶点。但其他类的大型甲龙类——短腿的甲龙类（Ankylosaurs）才刚刚开始发展。同期发展起来的还有鸟脚类恐龙（Ornithopods），它们第一次大型化，而且是运动健将。当时的亚洲出现了半两足行走的小型角龙类（Ceratopsians）。

暴龙类的祖先似乎也是此时发展起来的，只是当时

晚侏罗世的长颈巨龙和叉龙

它们的体型还很小。另外还有数不胜数的体型纤细的手盗龙类（属虚骨龙类）。奇异的擅攀鸟龙（Scansoriopteryx）长着狐猴一样的手指，它的出现表明一些兽脚类恐龙已经演化为优秀的攀爬者。晚侏罗世还诞生了奇特的阿瓦拉慈龙类（Alvarezsaurs），它们的前肢短小粗壮，爪可以灵活地伸到昆虫巢里面捕食。阿瓦拉慈龙是鸟胸龙类的祖先，鸟胸龙类可能部分树栖，它们与鸟类极其相似，这是动物演化中的一件大事。中国发现的近鸟龙（Archiornis）是已知最早的长羽毛的兽脚类恐龙，前肢和腿部都有长长的羽毛。它虽然有着很长的前肢，但是其羽毛长度适中、羽片对称，不适于飞行，这可能是树栖动物进行的首次减弱飞行能力的试验。几百万年以后，当时欧洲还位于北美洲的东北部近岸地区，第一个真正意义上的"鸟"诞生了，这就是恐爪龙类的始祖鸟。始祖鸟化石保存在古地中海西北边缘的海相沉积组中，它长着巨大的前肢，羽毛很长，羽干将羽毛分隔成不对称的两个羽片，这些都证明它演化出早期的飞行能力。小型鸟胸龙类的出现也预示着恐龙的智力水平有了大幅提高，大脑的大小和复杂性都已经提升到低等鸟类水平。翼龙类（Pterosaurs）的大脑和体型仍然很小，而且大多数翼龙还拖着长尾巴。尽管很多鳄类还很小型，但是我们熟悉的那些高度两栖的鳄类已经出现，它们的肺部系统能够很好地适应浮沉。侏罗纪时期，哺乳动物虽然体型较小，但是也进行了大规模的演化。许多哺乳动物是虫食性或植食性的，有些会打洞，而其他的喜欢生活在淡水中，体重达到几千克。

在中、晚侏罗世，大气中二氧化碳含量极高，浓度在5%至10%之间（现代约为0.035%，译者注）。在侏罗纪以及蜥脚类时代结束之时，早期的北大西洋几乎与今天的地中海一样大。植被仍然与三叠纪时期类似，并没有发生太大变化。与普遍印象不同的是，侏罗纪的蜥脚类恐龙并不是以分布在现代南美洲的南洋杉类为食，多雨地区主要生长的是类似柏树的针叶树。蜥脚类恐龙会对地球景观具有深远影响，因为它们会吃掉大量的嫩芽，从而毁坏很多树木，这种破坏性在某种程度上可能比大象更为严重。至于这一类群在晚侏罗世发生了什么事，目前还不清楚，因为没有足够的沉积物可供研究。一些研究人员认为发生了一场大灭绝，但其他人并不同意。

白垩纪开始于1.45亿年前，这段时间恐龙开始爆炸式的演化，其速度远远超过了以往任何时期。随着泛大陆继续分裂，南大西洋逐渐打开，海水涌上大陆，各种海道纵横交错。二氧化碳含量逐渐走低，温室条件得到缓解，当然，二氧化碳含量没有降至现代的水平。早白垩世的北极洋十分温暖，即使是冬天也并不寒冷。地球另一极的大陆，冬季寒冷，可以形成冻土。与早中生代相比，全球气候条件普遍比较湿润，但大部分地区还是季

节性干旱，真正的雨林还是非常稀缺的。

蜥脚类种类在此时依然丰富、数目庞大，但是与之前小型的、短颈的蜥脚类恐龙相比，其多样性还是略逊一筹。该时期的某些蜥脚类恐龙长着宽宽的方形嘴，特别适合吃植物，比如说高大的腕龙类，而占主导地位的则是大腹便便的巨龙类（Titanosaurs）。

白垩纪是鸟臀类恐龙时代。鸟臀类恐龙体型较小，非常繁盛。有着尖尖拇指的禽龙类迅速成为北半球常见的植食性恐龙。高度发达的牙齿可能是它们发展壮大的关键因素。少数禽龙类的脊柱上演化出背棘并形成帆状结构。不久之前，人们还认为异齿龙类的灭绝可以追溯到侏罗纪，但现在我们知道了，它们在亚洲至少生活到早白垩世，并且其形态没有发生太大改变。角龙类（ceratopsians）中的来自亚洲的有着叶状齿的小型恐龙——鹦鹉嘴龙类（Psittacosaurs）数量激增，而它们的近亲，长着硕大脑袋的原角龙类（Protoceratopsids）也出现在同一地区，第一个拱顶状脑袋的肿头龙类（Pachycephalosaurs）也诞生于此。然而，剑龙类却在迅速减少。自原蜥脚类诞生以来，这类恐龙最后一个主要的类群也灭绝了。这一事实表明，随着时间的推移，新的恐龙类群不断出现，而老的类群并没有消失，所以恐龙种类比中生代时期要更加繁多。长着肥肥肚子、矮小的、浑身覆盖着装甲的甲龙类（Ankylosaurs）代替剑龙类，成为陆地恐龙的主要成员，它们的甲板和钉刺可以保护它们不受劳亚大陆上的异特龙类和冈瓦纳大陆上塌鼻的、前肢短小的阿贝力龙类（Abelisaurs）的袭击。另一类大型的兽脚类恐龙——长着像鳄嘴般吻部的棘龙类（Spinosaurs），似乎很适合捕鱼。虽然它们并未表现得特别会游泳，但是骨同位素表明，棘龙就像河马一样，是半水生动物。一些棘龙类的背部也演化出大型的帆状结构。

在早白垩世，体型更小的兽脚类恐龙达到疯狂演化的状态。第一种外表类似现代鸵鸟的似鸟龙类（Ornithomimids）出现了，作为最原始的鸟类模仿者，其体型还不像其后世那么大。暴龙类也有着善于奔跑的长腿和逐渐退化的前肢。不过，焦点还是与鸟类极其相似的鸟胸龙类恐龙的出现。恐爪龙类发现于中国东北部的湖相沉积物中，这类恐龙演化出能够飞翔和不能飞翔两个分支，后者包括了可能是次生丧失飞行能力的后裔。著名的驰龙类（Dromaeosaurs）有着镰刀一般的利爪，可能已经演化出两对翅膀，成为空中特技家。一些证据表明当时陆地上似乎已经演化出体型更大的驰龙类，它们可以捕食大型动物。驰龙类的另一个主要分支是伤齿龙类。体型较小、行动非常敏捷的伤齿龙类也出现在这个时期。

同时，鸟类的祖先已不再局限于恐爪龙类，来自中国的沉积物表明，早在1.25亿年前，鸟类就经历了一场惊

人的演化。其中一些分支保留了牙齿，而其他分支的牙齿退化消失。这些动物体型都不是特别大。这些早期鸟类是有喙的杂食鸟类，它们和来自同一地层的尾羽龙类（Caudipterygids）以及原始祖鸟类（窃蛋龙类）有着惊人的相似之处。长着短小尾巴的窃蛋龙类可能是另一种丧失飞行能力的恐龙——鸟类，比原始祖鸟类（Archaeopterygians）和驰龙类更为高级。早白垩世还出现了一种植食性兽脚类恐龙，那就是神秘的、挺着大肚子的镰刀龙类（Therizinosaurs）。

该时期大部分翼龙的尾巴都较短，更加适合飞翔。它们与鸟类的竞争日趋激烈，体型也越来越大。淡水鳄类的体型也增长很快，对到水边饮水或觅食的恐龙构成的威胁逐渐明显。一些大型鳄类是半陆生的，能够对陆地上和水畔的大型恐龙造成威胁。另外一些小型鳄类还能在陆地上奔跑。一些肉食性哺乳动物体型已经较大，重约12千克，能够捕食体型最小的恐龙以及它们的幼仔。当时，已经演化出能够滑翔的哺乳动物。早白垩世晚期，生物演化发生了一件大事，开花植物出现了！该事件可能加速了恐龙的演化。第一种开花植物是生长在河道附近的小灌木，它们能够沿着河道迅速扩张。其他开花植物更接近完全水生，其中包括睡莲。它们的花很小，也很简单。开花植物的快速增长和强大的恢复能力可能促进了在低处觅食的甲龙类（Ankylosaurs）和鸟脚类恐龙（Ornithopods）的演化。相反，恐龙的进食能力可能也加速了新植物的迅速生长和蔓延。这一时期还出现了南美针叶树和南洋杉。

晚白垩世开始于约1亿年前，泛大陆正在有条不紊地进行分裂，内部海道通常会覆盖大片的土地。随着二氧化碳含量不断降低，北极暗黑冬天的温度变得跟今天的北半球高纬度地区森林里的温度差不多，冰川悄悄沿着高纬度地区的山脉滑落。哺乳动物越来越现代化，也越来越小。海洋和陆地上的翼龙体型大到难以置信。沿海的无齿翼龙类（Pteranodonts）的翼展长达8米。白垩纪结束之际，喜好淡水的神龙翼龙类（Azhdarchids）翼展达11米，体重超过鸵鸟。小型的会奔跑的鳄类仍然存在，甚至其中一部分演化为植食性动物。至于传统的淡水鳄类，它们在某些地区长成12米长的巨鳄，体重接近10吨——和最大的兽脚类恐龙一样大。虽然这些怪兽主要捕食鱼类和小型四足动物，但除了最大的恐龙外，对其他动物都有威胁。当然，我们不该夸大它们的危险性，因为这些超级鳄类似乎在许多地方并不常见，而高纬度地区更是没有。即便如此，它们的存在还是会阻碍高度亲水恐龙的演化。

尽管蜥脚类恐龙很快只剩下巨龙类，但多样性和增长速度方面的优势还是让它们散布于全球大多数地区。尤其是在南半球，蜥脚类恐龙的种类非常多，1.5亿年的

漫长岁月使其成为地球历史上最成功的植食性动物。晚白垩世，蜥脚类恐龙在北美消失了一段时间，在白垩纪结束之际又重新出现在干旱地区。一些蜥脚类恐龙全身都覆盖着盔甲，在外界危险不断增加的情况下，这可能是对未成年恐龙的一种保护。一些小型巨龙类的脖子较短、嘴巴很宽，非常适合吃草。其他则块头都非常大，在恐龙时代末期，巨龙类的体重超过50吨，甚至是100吨。这些恐龙随时会受到阿贝力龙类（Abelisaurs）和异特龙类的攻击，这些肉食性的兽脚类恐龙有的能和公象一样大。更加庞大的也许是晚白垩世早期，那些背部长着棘的棘龙类，与阿贝龙类和异特龙类不同的是，棘龙没能生存到中生代的末期。

身体很宽的甲龙类此时还在延续它们的演化，特别是在北半球。一类草食性甲龙类的尾巴演化成尾锤，用来威慑天敌，必要时也会击伤天敌，还可以用来解决种内争斗。禽龙类逐渐消失，并被自己的后裔——鸭嘴龙类（Hadrosaurs）取代。顾名思义，鸭嘴龙的嘴巴较宽，与鸭子类似，它们的研磨齿系是所有恐龙中最复杂的。人们可以利用其精美的头冠来区分鸭嘴龙具体属于哪一类。鸭嘴龙是北半球大部分地区最常见的植食性动物，它们以草本灌木和地被植物为食，地被植物已经逐渐取代蕨原并开始朝森林扩散。小型鸟脚类恐龙，它们与那些处于恐龙黎明期的两足鸟臀类并没有完全不同，仍然生活在地球上大部分地区。大脑袋、小身体的原角龙类在北半球的许多地区十分常见。这些存活下来的恐龙演化出了一些更加惊人的恐龙，比如跟犀牛或大象体型类似的角龙类，它们的脑袋上长着繁复的、夸耀的角、顶饰和大型的鹦鹉嘴般的吻部，齿系可用于切割。这些神奇的恐龙仅繁荣于恐龙时代的最后1500万年，其规模适中，主要分布于北美，也就是西部内陆海道附近。

晚白垩世还有一些鸟类长有牙齿。一类海鸟失去了飞行能力，最终演化成完全的海洋潜水者。同样在晚白垩世，那些经典的、前肢短小的虚骨龙类（Coelurosaurs）消失了。小型兽脚类恐龙还有伤齿龙类和驰龙类。伤齿龙类智力发达、行动敏捷，而一些驰龙类还能飞。演化较成功的还有短尾的非掠食性的鸟胸龙类（Avepectorans）：那些脑袋较短、较深的杂食性的窃蛋龙类，它们中的许多物种长着漂亮的头冠；还有头部较小、爪较大的植食性镰刀龙类。这两类恐龙均有一些成员演化得体型非常庞大。腿部细长的似鸟龙类（Ornithomimids）也许是奔跑速度最快的恐龙，它们和阿瓦拉慈龙类（Alvarezsaurs）很接近，而后者则是吃昆虫的。

走过1.5亿年历史的兽脚类中，其最后的霸主是暴龙类，它们是最进步的，也是最强壮的巨型掠食者。暴龙只存在于中生代结束之前的1500万年间，而且只生活在北美洲和亚洲。很显然，它们和其他兽脚类恐龙、鸭嘴龙类、

晚白垩世的镰刀龙和暴龙

甲龙类一起穿越了白令海峡（Bering land bridge）。在北美洲地区，一场"谁才是体型的王者"的竞赛在暴龙类、角龙类、甲龙类和肿头龙类之间展开，在白垩纪的最后的几百万年间，它们的体型都演化得空前庞大，最终产生了霸王龙、三角龙、牛角龙、甲龙和肿头龙动物群。另外，似鸟龙类也在不断变大。内陆海道退潮后，东西两个大陆合二为一，恐龙体型增大的原因可能就是恐龙之间在新大陆上展开的一场军备竞赛或者获取更多的资源。有趣的是，鸭嘴龙类并没有变大—— 一些早期的埃德蒙顿龙类（Edmontosaurs）甚至还比晚期的要大，后者很适合吃草。这种演化模式说明，北美大陆的暴龙那巨大的身形和强悍的战斗力是专门用于追捕同期体型相当的角龙类，而不仅仅是为了捕食那些简直手到擒来的埃德蒙顿龙类。这一时期，身披盔甲的结节龙类（Nodosaurids）体型未曾变大。

在晚白垩世，各个大陆已经分隔得足够远，世界开始呈现出今日的模样。在白垩纪的最末尾，大陆的抬升和造山运动有利于引流海道。开花植物迅速成为植物种群中愈加重要的组成部分，最早的阔叶树——它们中的一些成员在现代城市中很常见——在白垩纪结束之时开始演化成大型的阔叶树。松柏类植物仍然占主导地位，其中的落叶乔木——对水分依赖性强的水杉勉强存活至今。比较常见的还有经典的红杉，高度已经和今天的差不多。但是，仍然没有典型的雨林。草类已经出现了：它们普遍是亲水型的，尚未形成干草草原。

恐龙灭绝

接下来发生了一系列灾难性事件。

中生代末期发生了一次物种大灭绝，这是地球历史上仅次于古生代晚期的灭绝事件。然而，早期的灭绝并没有导致主要的大型陆生动物完全消失。而白垩纪末尾这次，唯一的统治型陆生动物——恐龙全部灭绝了，只有鸟类幸存下来。在这些鸟类中，所有的有齿鸟类，中生代的另一个主要分支——反鸟类（Enatiornithines），还有次生失去飞行能力的鸟类，也全部消失了。同样消失的物种还包括最后的超大翼龙类（Superpterosaurs）和最庞大的鳄类。

我们说恐龙消失的数量是如何惊人，这绝不是夸大其词。如果恐龙类群曾多次淘汰掉一些主要群体，偶尔因多样性的增加而减小种群规模，然后再开始一场新的辐射演化，然后再迎来一轮数量减少，那么恐龙最后大量消失也不会显得如此惊人。不过，事实却恰恰相反。1.5亿多年来，这类物种在全球范围内蓬勃发展，主要群体很少遭受破坏，形式多样、种类繁多，随着时间的推移，它们演化得越来越复杂，却在短期内完全灭绝了。体型小的和体型大的，植食性的、肉食性的和杂食性的，头脑发达的和头脑简单的，所有这些恐龙全部退出了历史舞台。特别值得注意的是，即使是体型庞大的恐龙都没有反复出现和消失。蜥脚类恐龙一直种类繁多，而且在整个恐龙时代都至关重要。同样，体型巨大的兽脚类恐龙、甲龙类和禽龙类/鸭嘴龙类（Hadrosaurs），一经出现就延续至恐龙时代结束。只有剑龙类逐渐消失了。相比之下，许多大型哺乳动物都是遵循"出现—短暂繁荣—消失"这种规律。恐龙似乎对大规模灭绝有很强的抵抗力。比它们的灭绝更引人注目的是，有一类恐龙——鸟类，躲过了这场灾难，成功存活下来。同时生存下来的还有水生的鳄类、蜥蜴和蛇，后者在晚白垩世演化为水陆双栖，而哺乳动物也成功度过了危机。

有人曾断言恐龙在灭绝前的几百万年前就已经有迹象表明开始陷入困境。它们是否在衰退？即使像北美洲西部这样的少数地区的地质情况记录下了恐龙时代的最后阶段，恐龙是否衰退的问题还是很难证实，也不易驳倒。就算它们真的是在衰退，这种衰退至少也是缓慢的。在白垩纪/古新世（K/P）时期［前身为白垩纪/第三纪（K/T）］，未成年恐龙和成年恐龙的总数应该大致和人类出现之前的大型陆生哺乳动物差不多，总数大概有几十亿左右，种类有数十种或上百种，其活动范围覆盖了所有的大洲和许多岛屿。

科学家常用气候变化来解释恐龙的灭绝。但晚白垩世气候变化并不强烈，也不比中生代其他时期剧烈。而且恐龙既可以适应热带的沙漠气候，也可以适应极地的严寒，所以气候变化原则上不会导致如此严重的后果。如果真的是气候变化的原因，那爬行动物受到的影响应该更加严重。人们曾经认为开花植物的出现对恐龙有不利影响，但快速增长的开花植物可以给恐龙提供种子和果实，这似乎对恐龙有利，而且刺激了中生代后期的恐龙演化。另一个观点是哺乳动物偷吃恐龙蛋。但哺乳动物已经偷了近1.5亿年的恐龙蛋，另外还有爬行动物和鸟类，这些都不具备长期不良影响。海道消退后，原本孤立的恐龙种群混杂到其他种群中导致疾病蔓延，这一因素也不足以导致恐龙的大灭绝。因为恐龙种类实在太多了，而且具有很强的抵抗力和康复能力，所以来自某一种或者几种新种群的威胁还不至于毁灭整个恐龙群体。另一个无法解释的问题是，为什么其他动物能幸存下来？

晚白垩世出现了大规模火山喷发，汹涌的熔岩流蔓延了150万平方千米，占据了大约一半的印度次大陆。有人提出接二连三的超级爆发造成严重的空气污染，从而导致全球生态系统受到严重破坏，恐龙在这种情况下不断减少并最终灭绝，这个时间跨度可能是数万年。这个假设非常有趣，因为二叠—三叠纪之交大灭绝发生前不久或发生之时，火山运动也很剧烈，这些火山爆发在西伯利亚。但是，某些地质学家质疑印度火山活动是否恰好发生在恐龙灭绝时期。火山假说也不能解释为什么只有恐龙灭绝了，其他陆生动物却存活下来。

太阳系就像一个靶场，体积较大的小行星和彗星像横飞的子弹般撞击其他行星，并造成巨大破坏。人们普遍认为，K/P灭绝的主因至少是由一颗小行星造成的。一个山一般大小的行星撞击地球，在墨西哥的尤卡坦半岛形成一个直径达180千米的陨石坑。天文观测计算得出，晚侏罗世的小行星带碰撞所形成的碎片会在约1亿年后撞击地球。100万亿吨的爆炸冲击力是威力最大的氢弹爆炸威力的2000万倍，比冷战高峰时期拥有的所有核武器加起来的威力还要大。爆炸产生的冲击波和热量摧毁了附近的动物种群，巨大的海啸淹没了大量海岸线。从大的方面来说，撞击产生的高速碎片被抛向太空，几小时后，这些高温碎片又落回大气层，地球变成了一个火炉，足以将动物烤熟。最初的灾难过后，固体尘埃笼罩了地球，世界变成一个黑暗、寒冷的冬天，这种情况持续了很多年，另外还有严重的空气污染和不停下落的酸雨。因为小行星撞击上的是热带海相碳酸盐台地，所以巨额的二氧化碳被释放到大气中，气候发生了逆转，地球上温室效应极度恶化，地球持续了几千年的炎热气候。这一系列的原因似乎可以解释神秘的恐龙灭绝事件。尽管如此，还是存在一些问题。

我们还无法确定撞击形成的"炼狱"是否就像大家普遍认为的那么致命。即使致命，暴雨也应该能保护一部分地表，在几百万平方千米范围内形成防护层，覆盖面积相当于现在的印度，这样就能为恐龙提供一些分散的避难所。其他地方的恐龙可以躲到洞穴里、幽深的峡谷中和水里，也应该可以幸存。很多埋在窝里的恐龙蛋应该也没问题。对环境中的毒素高度敏感的鸟类和两栖类都能够在酸雨和污染中幸存。此外，恐龙的繁殖速度很快，它们的幼崽能自己找食物，没有父母的

照顾也可以生存下来，至少也应该有一些恐龙能像其他动物一样平安度过这场危机，等待种群恢复后再重新统治地球。

一系列原因综合到了一起，最终导致非鸟恐龙的灭绝。可能既不单单是小行星撞击地球，也不仅仅是印度火山爆发，而是接二连三的灾难一起作用，最终导致了如此致命的后果。很可能发生了不止一次的撞击事件。曾有研究表明，印度火山爆发引发了地震活动，但这些事件的精确定年尚未完成。还有人认为，熔岩流已经足以摧毁恐龙种群，而小行星撞击又给了灾难中的恐龙致命一击。虽然地外因素是主流观点，但摧毁了所有没有飞行能力的恐龙之后，许多鸟类和其他动物却存活了下来，这背后的环境机制还不完全清楚。

当恐龙消失后

也许是树木终于从蜥脚类恐龙的魔爪下解脱了出来，所以那些包括热带雨林在内的茂密森林终于出现了。恐龙灭绝后的一段时间，地球上再也没有大型的陆生动物，只有以吃鱼为生的大型淡水鳄类。恐龙的灭绝使得短暂的爬行动物时代再次出现，超大的蟒蛇在热带地区迅速壮大，它们和最大的兽脚类恐龙一样长，体重超过1吨，它们的食物很可能是各种各样的鳄类，以及一些半陆栖动物和哺乳动物。哺乳动物的体型也在迅速增大。到了

4000万年前，也就是非鸟恐龙灭绝后大约2500万年，一些大型陆地和海洋哺乳动物逐渐演化成庞然大物。恐龙的幸存者中，许多鸟类丧失了飞行能力，很快变成大型的陆地奔跑者和海洋畅游者。但这些新生代的"恐龙"主要统治着白天，而晚上的主宰则是会飞行的哺乳动物——蝙蝠。今日的"飞行恐龙"中哪个分支演化最成功？那就是种类和数量都相当惊人的雀形目（鸣禽），它们体型很小，极其多样性，遍布世界任何一个角落。

生物学

解剖学特征

恐龙的头有的精致优美，有的庞大沉重。所有恐龙的鼻腔或鼻窦都发育良好，其中有的是二者均发育良好，这是主龙类的普遍特征。许多恐龙眼眶正前面有很大的孔，其他恐龙的这个孔几乎完全关闭。像爬行动物和鸟类一样，恐龙缺少面部肌肉，皮肤紧贴头骨，这个特征与哺乳动物不同，哺乳动物的面部肌肉很丰富。这个特性使得恐龙的头比哺乳动物更容易复原。不管鼻孔离头骨多远，恐龙的外部鼻孔都位于远离鼻骨的正前方。一些蜥脚类恐龙的鼻孔远离吻部，位于眼窝之上。研究者曾经认为这种结构使这些恐龙可以在水中正常呼吸。最

近有研究表明，恐龙演化出可伸缩的鼻孔，这样在啃食松柏类植物时可以免受针叶刺激。但事实上，大多数针叶树的叶子都比较柔软。无论如何，人们已经意识到，恐龙肥厚的鼻孔向远前方扩展，这样外鼻孔就位于鼻尖附近的正常位置。没有任何解剖学证据表明所有恐龙都有长鼻子。多数恐龙眼眶前的孔都覆盖着皮肤，所以该位置略微向外凸起。眼窝尾部的头骨开孔，所以附着肌肉的颌肌也略微鼓起。

两栖动物、楔齿蜥、蜥蜴和蛇的牙齿沿着颌部尖锐的边缘紧密地排列在一起，它们的嘴是封闭的，牙齿被没有肌肉的双唇所包。大多数兽脚类恐龙和蜥脚类恐龙似乎也有这种结构。而兽脚类恐龙中有一个特例——棘龙，它们的牙齿更像鳄类，至少前面的牙齿都是由独立的牙槽分离开来，所以它们很可能没有唇，颌部闭合时会暴露出参差不齐的牙齿。

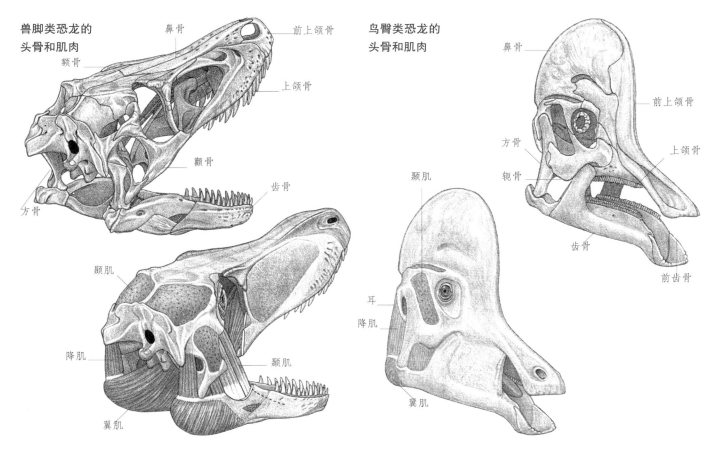

兽脚类恐龙的
头骨和肌肉

鼻骨　前上颌骨
额骨　上颌骨
颧骨
齿骨
方骨

颞肌
降肌　颞肌
翼肌

鸟臀类恐龙的
头骨和肌肉

鼻骨　前上颌骨
方骨　上颌骨
轭骨
颞肌
齿骨
耳
前齿骨
降肌
翼肌

一些兽脚类恐龙和鸟臀类恐龙（Ornithischians）演化出了喙，有人认为原蜥脚类恐龙也有喙。鸟臀类恐龙和镰刀龙类（Therizinosaurs）的喙长在嘴巴前缘，但一些兽脚类恐龙和多数鸟类的喙已经取代了牙齿。有喙的鸟类没有唇，而且大多数也没有颊部。然而，秃鹰下颌两侧覆盖着有弹性的颊部，所以嘴巴较短。许多哺乳动物肌肉发达的面颊包住了两侧的牙齿。第一种蜥脚类恐龙——植食性的原蜥脚类恐龙以及鸟臀类恐龙的侧面的牙齿插入嘴两侧，其周围的区域表面光滑，该区域通向软组织的小孔，其数量减少、尺寸变大，这表明它们发达的弹性颊部覆盖了部分或全部侧面的牙齿。鸟臀类恐龙的这一结构最发达，一些甲龙类的颊部组织实际上已经僵化，并一直延伸到喙。

根据爬行动物的特征推断，恐龙在牙床上的牙齿可能经常更换。这些牙齿包括适合咀嚼植物的叶状钝齿到用来食肉的、带锯齿边的刃齿。掠食性兽脚类的牙齿如同现在肉食动物的牙齿，从未像人们宣称的那样如剃刀般锋利——人们可以用手指用力沿着它们牙齿的锯齿滑动而不会受到伤害。禽龙类，特别是鸭嘴龙类和角龙类，数以百计的牙齿密集排列成齿列，尽管在一定的时间内

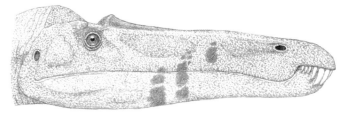

重爪龙暴露的前部牙齿

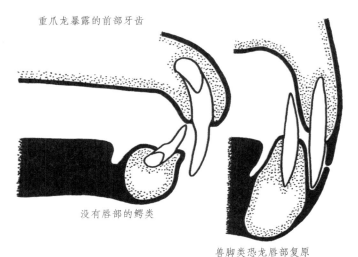

没有唇部的鳄类

兽脚类恐龙唇部复原

主龙类唇部解剖

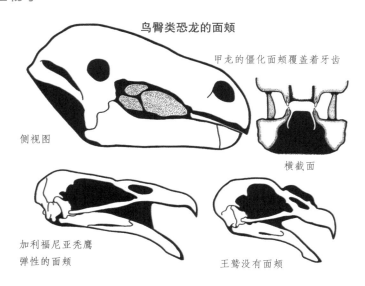

鸟臀类恐龙的面颊

甲龙的僵化面颊覆盖着牙齿

侧视图

横截面

加利福尼亚秃鹰
弹性的面颊

王鹫没有面颊

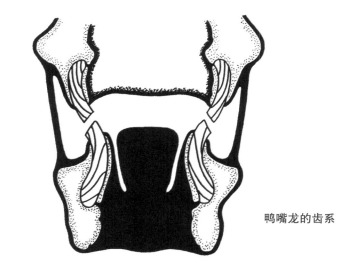

鸭嘴龙的齿系

只有一小部分牙齿用来咀嚼。为了咀嚼植物，一些蜥脚类的颌部前缘也进化出了可快速更替的齿列。因为恐龙不是蜥蜴也不是蛇，它们没有那种可以不时伸缩的舌头。但恐龙具有高度发达的舌骨，说明舌骨所支撑的舌头同样很发达。掠食性兽脚类的舌头可能简单且僵直，但植食类恐龙的舌头则可能柔软而且复杂，以帮助其搅拌和咀嚼食料，这种例子多发生在鸟臀类恐龙身上。

　　一些大型恐龙的眼睛通常长在眼眶的上方区域。那些骨质眼圈间接代表了恐龙眼睛的实际尺寸，因为当眼睑张开时，其内圈的直径通常和动物睁眼的面积一样大。大多数恐龙的眼睛都很大，但随着恐龙体型的增大，眼睛与身体的比例会不断减小。尽管巨型兽脚类恐龙的眼睛很大，但是与它们巨大的脑袋相比还是显得太小了。即便如此，它们的眼睛还是大于现生动物，现存陆地动物中眼睛最大者则是鸵鸟。在白昼捕食的猛禽中，眼球上方一个骨质眼杆形成了凶猛的"鹰瞵"。有趣的是，吃活食的兽脚类并没有这个骨质横杆，而一些小型的植食恐龙却有，这使得这些植食恐龙看起来要比如今这些安静的植食性哺乳动物显得更加凶猛。眼杆这个结构存在的意义至今仍不甚清楚。它也许可以帮助遮挡强光，也许能够在进食的时候强化头骨，也许能帮助恐龙在掘地时保护眼睛免得其迷眼。恐龙的瞳孔是圆的还是缝状的，目前也还不清楚。夜行性动物中缝状瞳孔最常见，一些不同的物种也有这种瞳孔。鸟类和爬行类的眼睑和瞬膜同时保护眼睛，在恐龙中大概也是如此。

　　恐龙的外耳深且小，陷在头后方骨和闭颌肌之间。耳鼓就在凹陷处，通过简单的镫骨杆与内耳相连。内耳中半规管的位置可用来确定恐龙头部的姿态。比如，就

是用这种理论来认为一些短脖子的梁龙类的脑袋直指向下，推测当时它们正在吃地表的植被。当然，实际情况可能更加复杂，会降低这种理论的可靠性。在现生动物中，半规管的方向和头部姿态间的关系也不总是一致。动物头部的姿态取决于它们正在干什么，这种观点对确定头部位置来说也没什么作用。当长颈鹿在吃低矮植物时，头会朝着直下方，在吃特别高处食物的时候头可能是水平的，也可能朝上，因此半规管的方向并不能提供充足的信息。人们普遍认为，拥有鸭状宽嘴的鸭嘴龙类是吃草的，因此它们的头应该总是朝下的。但是如果从它们的半规管来判断，头部确实呈水平姿态。至少在一些原蜥脚类恐龙中，半规管显示它们通常会将鼻子不同程度地抬高，这种姿态比较奇怪，与其他大型食草恐龙都不一样。似乎半规管的位置很大程度上取决于脑壳和头骨中其他部分的位置，并没有像之前想的那样反映着头的方向。

　　许多恐龙的脖子都能形成鸟类那样的S形弧线，如大多数的兽脚类和鸟脚类恐龙。一些兽脚类恐龙的脖子斜角非常发达。动物总会把脖子伸得比关节能够承受的垂直度更加直。在一些类群中，如甲龙类和角龙类，脖子会更直。现在（的复原）有种趋势，即将肩带充分前置，而使得恐龙的脖子变短。甲龙的脖子长到足够容纳两到三个装甲骨环。恐龙脖子的灵活性从低（短脖子的角龙类前面几节颈椎会愈合在一起）到高（长脖子），但是其灵活性还无法如鸟颈那般的高度灵活。

　　关于蜥脚类恐龙长脖子的姿态和作用存在一些争议。一些研究人员提出了简单的模型，它们认为所有蜥脚类的脖子都是直且水平的，并且通常不超过肩高。这种情

况对一些短脖子的梁龙类来说确实是事实。然而情况很复杂，我们在很多方面还没有完全弄明白。许多蜥脚类的脖子被复原为直线式，这其中的关节明显脱节，这么做的另一个原因或许是椎骨太过于变形或不完整以至于无法合理铰接。不同长颈鹿个体，其脖颈中椎骨排列的方式不尽一致：从弯成极度向下的弧线到极度竖直向上。这反映出椎骨铰接处软骨板厚度的差异，也说明不仅要有骨头，还要有适宜形态和厚度的软骨才能将脖子连接得非常好。这个问题比较麻烦，因为软骨组织几乎无法在化石中保存下来。在许多恐龙化石中，椎骨被发现紧紧地卡在了一起，这可能是因为，在恐龙死后，相互接触的软骨盘被风干，结果把骨头拉紧在一起。

在一些骨骼互相关联的恐龙骨骼中，椎骨仍然被较大缝隙分割开了，这些缝隙曾经填满了软骨。老年圆顶龙活着的时候，两节颈椎就已愈合在一起，之间有软骨填充，这是蜥脚类脖椎中的软骨被保留下来的唯一例子。与大家推断蜥脚类脖子应为水平的形成对比的是，其椎骨是向上弯曲的，好像脖子被抬起来，超过了肩。因为蜥脚类具有非常多的椎骨，因此，即使每对椎骨只向上弯曲10度，大多数恐龙的脖颈也能伸得几乎垂直，并将它们的头抬升到远远超过肩部的高度。鸵鸟和长颈鹿可以将它们的脖子以不同的角度扬起，蜥脚类也许没有固定的脖子姿态。我们没有理由认为蜥脚类恐龙不能把脖子抬得超过现存骨骼反映出的高度，目前似乎越来越多的研究者倾向于认为很多蜥脚类恐龙能够把头扬得高高的。

尽管需要支撑一个巨大的脑袋，而它们的椎骨也是实心的，但长颈鹿的脖子肌肉并不是特别发达。蜥脚类的脖子所支撑的脑袋要小得多，而且高度中空，因此它们的脖颈肌肉同样不应该特别发达。在一些蜥脚类恐龙中，高耸的肩背区的神经棘表明，厚层的颈部筋腱帮助其支撑着脖子。在另外一些蜥脚类恐龙中，其神经棘分叉成对，以提高对颈部的支撑。大脑袋的肿头龙类和角龙类的前颈区肌肉非常

强壮，一些角龙类的肩部隆起，说明其内部存在厚层的颈部筋腱。鸭嘴龙类的化石显示，它们的颈椎与它们的大脑袋比起来非常的纤细，其颈部筋腱为相对纤细的脖子起到了支撑作用。掠食性的兽脚类可能有着最强壮的颈肌，这能帮助它们将牙齿深深插入猎物的体内。

恐龙的脊柱或成一条直线，或向背后拱起。后者较为常见，但拱起的程度则有所不同，有的幅度很小，有的幅度很大。虽然恐龙并不像鸟类那样有融合的椎体，但是它们的椎关节和多数情况下已经骨化的椎间肌腱都表明，它们的背部比蜥蜴、鳄类以及大多数哺乳动物更加坚硬。就像蜥蜴、鳄类和鸟类一样，不同类型的恐龙的前部肋骨与躯体骨骼相连并强烈向后弯曲，并非像哺乳动物那样的垂直结构。恐龙腹部的肋骨往往比较垂直，但这种情况是可变的。兽脚类恐龙的肚子和腰带比较狭窄，表明它们的消化道和体型也都比较小。在现代，那些捕杀大型猎物的掠食者往往在杀死猎物后开始狼吞虎咽，

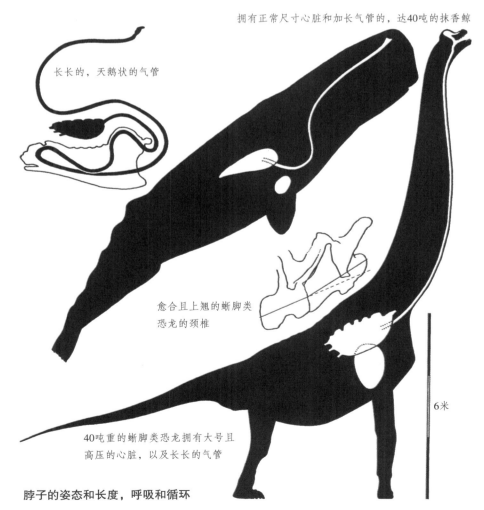

拥有正常尺寸心脏和加长气管的，达40吨的抹香鲸

长长的，天鹅状的气管

愈合且上翘的蜥脚类恐龙的颈椎

40吨重的蜥脚类恐龙拥有大号且高压的心脏，以及长长的气管

6米

脖子的姿态和长度，呼吸和循环

然后开始"禁食",直到捕获新食物,所以它们在捕食的时候胃里面是空的。兽脚类恐龙也应该是这样,不过它们腹部有气囊(如果存在的话),使它们饥饿时肚子也不至于那么瘪。植食性恐龙的腹部和髋部都更加宽大,为的是能够容纳更大型的消化道。

一些植食性恐龙,如兽脚类中的镰刀龙类、蜥脚类中的巨龙形类(Titanosauriforms)、肿头龙(Pachycephalosaurs)、大多数剑龙类,特别是甲龙类,其腹部和髋部极其宽大,最肥硕的甲龙看起来胖得有点荒谬。甲龙类的肩胛骨甚至沿长轴扭曲,以便能够迅速从狭窄的肩区移动到肥厚的腹部。因为脊柱和肋骨的构造,恐龙的躯体短小且坚硬,肩带和腰带靠得很近,躯干肌肉组织相当轻,就像鸟类那样。兽脚类恐龙和原蜥脚类保留了腹膜肋,其腹部外皮下有一系列灵活柔软的骨棒。腹膜肋通常都很灵活,每段包含多个小段。腹膜肋对于原蜥脚类来说是必不可少的,因为它们在奔跑时,躯干呈弯曲状态。肉食性的兽脚类恐龙需要灵活的腹膜肋,因为在吞咽猎物和猎前禁食的时候,其腹部体积变化非常大。镰刀龙类的腹膜肋则僵硬得多,这可能是因为植食性动物腹部总是充满了发酵的食物。而蜥脚类恐龙和鸟臀类恐龙均不具备腹膜肋。

大多数剑龙类、兽脚类和蜥脚类恐龙的尾巴都非常灵活,特别是蜥脚类中的巨龙类,其球窝关节使得其尾巴能弧形上扬。长着镰刀爪的驰龙类、尾巴呈棒状的甲龙类、鸟脚类恐龙,这些恐龙部分或整个尾巴都因骨化的肌腱变得十分僵硬,禽龙类和鸭嘴龙类的尾巴尤其不灵活。

大多数恐龙的荐椎和尾椎与背椎的走向基本一致。此前,人们一直认为恐龙是拖着尾巴走路的,但已知的所有恐龙种群的行迹中,尾痕却极为少见,所以这种传统观念是错误的。其实,就算那些尾巴向下摆动的恐龙也不会在地上拖着自己的尾巴。镰刀龙类和一些蜥脚类恐龙的荐椎和尾椎相对于背椎而言,是向上弯曲的。这样当它们髋部和尾巴保持水平的时候,也可以强有力地挺直身躯,同时也增加了靠后肢行走的恐龙头部的垂直高度。因为所有恐龙的主要重量都集中在后肢,所以它们通常长着长长的尾巴来保持身体平衡。所有恐龙都可以用后肢站立,甚至包括那些为数不多的前肢比后肢长的恐龙。

与众多哺乳动物不同的是,恐龙的前后肢并非彼此相似。它们的前肢往往没有厚重的肉垫,即使是大型四足动物也没有。蜥脚类、剑龙类、禽龙类和鸭嘴龙类恐龙那短小的手指都连到一起,看起来像蹄子一样,这样它们就具有了单个结实的肉垫。兽脚类、原蜥脚类和一些蜥脚类恐龙的一大特色,是长有宽大的爪、拇指向内弯,当它们用前肢行走时,可以用大爪扫清地面。恐龙的爪总是部分或强烈向内,特别是两足动物。一些较大的恐龙,如禽龙类/鸭嘴龙类、甲龙类、角龙类以及蜥脚类恐龙,它们的后足都长着和犀牛或大象脚相似的大肉垫。

恐龙的胸腔前部两侧都比较狭窄,为的是与肩胛骨相适应,两个肩胛骨几乎在胸前连到一起。恐龙的肩关节紧靠在胸腔前面,这种结构与哺乳动物不同,哺乳动物的肩关节在胸部的两侧。包括鸟类在内的兽脚类恐龙,肩胛骨都是固定的,两个锁骨愈合成叉骨。许多爬行动物和哺乳动物的肩胛骨都是可以移动的,有助于增加前肢的步长。而四足恐龙的肩胛骨似乎也是如此,不过它们的两根锁骨互不接触,既没愈合在一起,也没有消失。大多数恐龙肩胛骨的侧面像大多数四足动物那样是垂直的而不是水平的。例外的是最像鸟类的兽脚类恐龙和鸟类自身,它们的肩胛骨都是水平的。

鸟类的肩关节在体侧,这样前肢就可以伸展摆动。许多肉食性的兽脚类恐龙的前肢也可以在两侧摆动,这样有助于其在捕食时与猎物厮打。恐龙行走或奔跑的足迹表明,它们的前肢和后肢就像蜥蜴那样,都是往体侧伸展的。科学家很难精确复原恐龙四肢的形态,因为恐龙活着的时候关节会被厚厚的软骨垫包裹起来,我们在鸡肉中同样可以看到类似结构。即便如此,一些基本要素还是可以确定的。四足恐龙肩关节朝后下方,这样前肢可以在肩关节下面自由摆动,圆柱形的髋关节又强制双腿在髋部以下活动。但这并不意味着垂直四肢的活动非常简单,这样的四肢是完全垂直于地面,例如,手肘和膝盖呈稍微向外的弓形,有助于清理身体,很多哺乳动物也是如此。哺乳动物走路的时候,前肢通常位于身体中间,恐龙足迹表明,恐龙走路的时候两个前肢之间通常至少有两个手的宽度,前肢不会比后肢更靠近身体的中线,而且通常比后肢离身体中线更远。这是因为它们的前肢是定向的,这样手要么直接位于肩关节下面,要么稍微远离肩关节。恐龙的后足通常都落在身体正中线上,一些最大型的四足动物同样如此,距离身体中线从来不会大于一个后足的宽度,甚至髋部宽大的蜥脚类恐龙和甲龙类也都是这样。

恐龙的手和脚都是指/趾行的,手腕和脚踝关节都不接触地面。大多数恐龙的肩、肘、髋部、膝盖和脚踝关节都强烈弯曲,这样使得它们的肢体有很高的灵活性,就像弹簧一样,因而有时它们可以在一个迈步周期内双脚完全离地。此外,它们的脚踝也非常灵活,可以让恐龙大

尾部

荐椎　　背椎

脉弧

颈椎

肠骨

耻骨

肩胛骨

坐骨

股骨

胫骨

腓骨

跖骨

肱骨

掌骨

桡骨　尺骨

髂胫带

背阔肌

尾股肌

腓肠肌

胫骨肌

三头肌

二头肌

鸭嘴龙骨骼、肌肉和活体复原

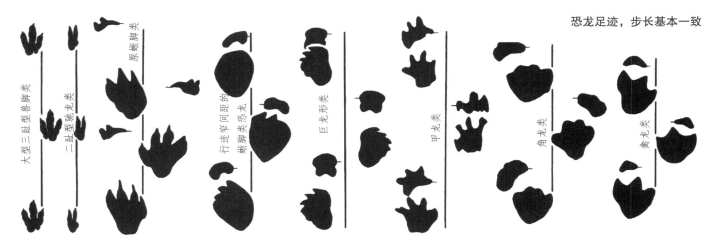

大型三趾型兽脚类　二趾型驰龙类　原蜥脚类　行迹窄间距的蜥脚类恐龙　巨龙形类　甲龙类　角龙类　禽龙类

步幅前进。甚至那些体型巨大的兽脚类、鸟脚类、甲龙类和角龙类等体重达5~15吨的庞然大物，也能大步前进。肢体弯曲的恐龙的膝关节不是完全的铰接结构，前提是如果它们是直立的话。人类的腿是垂直的，膝盖也是垂直的，这是因为我们垂直身体的重心位置与髋臼成一条直线。两足行走的恐龙，其头部和身体水平，且比髋部略微靠前，即使有条长尾巴来保持平衡，它们的重心还

是在髋臼前面，因此股骨必须强烈向前倾斜以保证双脚处于重心下方。短尾鸟类的这种结构最极端，它们行走的时候，股骨近乎水平，为的是让膝盖和脚尽可能向前伸。鸟类奔跑的时候，股骨则更加向后。

有两种恐龙——剑龙类和蜥脚类恐龙，它们演化得非常庞大，四肢更像圆柱状，且关节垂直。它们膝盖的结构发生了变化，以便直立的时候还能充分连接。此外，脚踝灵活性下降，后肢也变短。这种适应性演化将使得体型大小成为奔跑的唯一的影响因素：幼象不会比它们的父母跑得快。反而，恐龙以最高速度奔跑的时候至少有

恐龙的肢体关节和姿势

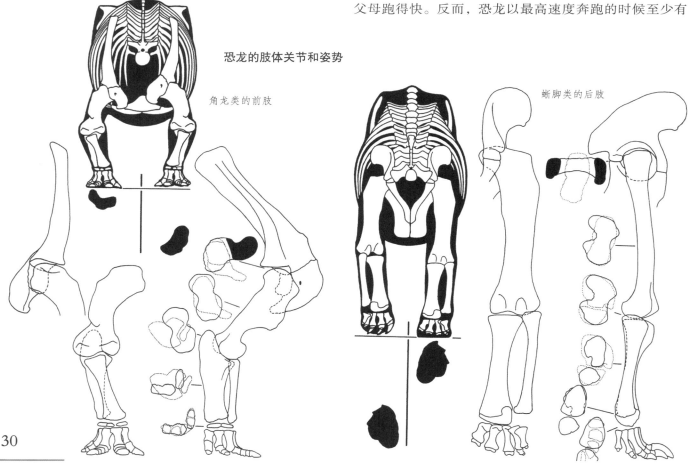

角龙类的前肢

蜥脚类的后肢

一个脚是着地的。

四肢直立的恐龙应该没有大象的速度快，前者的速度不超过25千米/小时。而那些双腿细长、弯曲的中小型恐龙，其大小与速度都与陆生鸟类以及敏捷的哺乳动物差不多，奔跑速度可达40~60千米/小时。不过，当人们试图估计体重数吨的恐龙的最高速度时，问题出现了。计算机分析得出，暴龙的最高速度可以达到40千米/小时，相当于人类奔跑的速度，但这还比不上体型类似的大象的速度。但有着强健的髋部，似鸟的暴龙远比大象适合奔跑，它不可能会这么慢。还有观点认为，大型兽脚类恐龙的速度可能是大象的两倍，与犀牛和没经过特殊训练的马差不多。

到目前为止，计算机分析还不能完全模拟出动物运动的各种要素，比如储能预拉伸的弹性腿部肌腱以及躯干和尾巴的"共振弹簧效应"。也没有软件程序能通过现生动物的极限要素来计算出恐龙的极限状态，比如大型蜥脚类要站立的话，那可要驱动着和鲸鱼一样大的躯体！此外还有一些更重要的问题亟待解答，因为恐龙足迹表明，即使最大的蜥脚类恐龙，在走路的时候不需要水的支撑。但是这些恐龙似乎没有更好的方案来支撑其重量，这还不如行动缓慢的大象，而大象比它们小十倍甚至更多。难道这些体型庞大的蜥脚类不需要更棒的，比大象强大得多的躯体来行走中生代吗？还是它们具有独特的适应性？比如，发达的肌肉纤维和肌腱。如果后者证明属实，那么其他大型恐龙奔跑起来，可能会因为某种特别的适应性特征而比我们的计算机模型显示的更快一些。

评估恐龙速度和力量的一个重要要素是肢体肌肉的

质量，速度快的动物的肢体肌肉占总量的比例远比慢速动物的大。因为恐龙化石不能保存肌肉，因此无法准确描述出恐龙的速度——最好的情况也只能是近似速度。现生哺乳动物其复杂的肢体肌肉是早期种群成员非凡的遗产。恐龙保留了爬行动物的简单肌肉模式，现在还能从鸟类身上看到这种模式。许多爬行动物和大多数恐龙身上有一块主要的肌肉，即尾巴上的尾股肌，这在鸟类和哺乳动物身上是看不到的，这块肌肉可以在动物的身体前进时把后肢往回拉。

虽然我们还不能精确推断恐龙肌肉的绝对大小，但是不同种群之间的肌肉之相对大小还是可以估计的。爬行动物髋部的肠骨非常短，所以大腿肌肉也很窄，这就限制了它们肌肉的尺寸。肠骨更长的鸟类和哺乳动物则有着宽且强壮的大腿肌肉。早期艾雷拉龙类（Herrerasaurs）和原蜥脚类恐龙的肠骨都很短，所以它们的大腿肌肉也得很窄。其他恐龙的肠骨更深更长，强大的大腿肌肉能够产生源源不断的动力。这一趋势在某些恐龙身上演化到了极端。长得像鸵鸟的似鸟龙类（Ornithomimids）和暴龙类具有超大型腰带，这表明异常强大的腿部肌肉能够让它们高速奔跑。角龙类的髋部更长，可能是用来支撑大块的腿部肌肉，它们需要快速奔跑以避开肌肉同样发达的暴龙类。有趣的是，庞大的蜥脚类恐龙的肠骨不是特别大。那是因为它们不需要快速奔跑。大象也是如此，膝盖以下缺乏大块的肌肉，有助于奔跑的小腿肌肉非常短、几乎不移动。蜥脚类恐龙和剑龙类的情况也大致如此。速度更快的动物小腿肌肉发达，可以通过长长的肌腱来控制两只灵活的脚。两足行走的

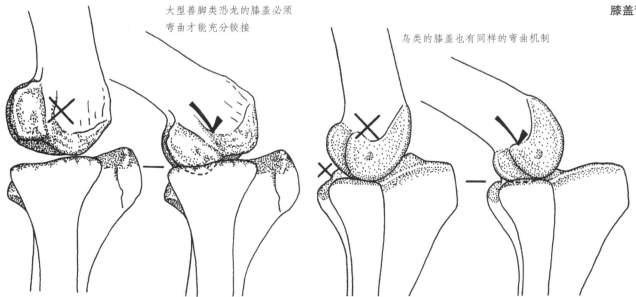

大型兽脚类恐龙的膝盖必须弯曲才能充分铰接

膝盖弯曲

鸟类的膝盖也有同样的弯曲机制

恐龙，包括鸟类，膝盖下面的大块鼓槌形肌肉从胫脊向前固定在膝关节上。

科学家在复原恐龙时一般会简化其轮廓，把恐龙的脖子、尾巴和腿做成非常简单的管状，并将身形做得平滑。其实，蜥脚类恐龙的脖子侧面可能会看到每个颈椎骨的凸起，就像长颈鹿的脖子那样。蜥脚类的气管和食管可能在颈肋之间折起，所以脖子的底部应该相当平坦，这就不像长颈鹿的脖子了，因为后者缺乏发达的颈肋。有着巨大前肢的恐龙，肱骨上端有小凸起，而且很多（并不是所有）恐龙，肱骨有非常大的脊，沿前肢前沿形成一个明显的轮廓。从前面看，肘关节形成了一个巨大的凸起，尤其是长着巨大前肢的恐龙，如角龙类、甲龙类和梁龙类。活着的恐龙，其肠骨的上边缘是可见的，尤其是吃草的成员中，同理，我们可以看到今日牛的皮肤下的腰带轮廓。

皮肤、羽毛和颜色

大多数恐龙只靠骨骼特征就可以辨识出来，但如今我们陆续搜集到的保存有皮肤痕迹的化石中发现了数目惊人的恐龙身体覆盖物。身形巨大的恐龙，包括一些小型恐龙的身体上镶嵌着鳞片，这一点早为人们了解。这些印迹通常在皮肤腐烂之前被保留在沉积物中，某些情况下仍保留了角质的痕迹。恐龙足迹有时保存了足底的鳞片以及脚垫的形状。大型恐龙的皮肤中，最著名的是鸭嘴龙类，因为有些鸭嘴龙几乎是完整的"木乃伊"。虽然某些似鸟的恐龙脚上有类似的交叠鳞片结构，但像蜥蜴似的长着交叠鳞片的恐龙显然并不存在。恐龙的鳞片一般是亚六角形，大鳞片被小鳞片环绕，组合起来形成玫瑰花饰。这些鳞片通常是平的，暴龙类身上覆盖着小型、珠状的鳞片。因为恐龙鳞片通常不是很大，从三四米或更远的地方就无法分辨了。然而，在某些情况下，玫瑰花状的中心鳞片很大，呈近圆锥形；这些鳞片通常不规则地排列成行。某种特定恐龙的鳞片大小和尺寸取决于它们的位置。已知的最壮观的鳞片长在三角龙身上，这种鳞片与成人的手掌差不多大小，形状极似圆锥形，上面可能长着大型鬃毛。

一些恐龙的背上长有非甲板的覆盖物。这些覆盖物表现为显著的大型鳞片、棘，以及边缘圆滑的顶饰。至少一些鹦鹉嘴龙（Psittacosaurs）的尾巴上长有长长的梳状

鬃毛。异齿龙类的背上长有更加细密的毛状物，这些毛状物沿着背部一直延伸到尾巴上。有时能保存下来像蜥蜴那样的显眼的皮肤皱褶，而且这种结构可能在各种恐龙身上都很常见。柔软的头冠、梳状脊、颈部垂肉、下颌肉髯以及其他柔软的表皮器官可能比我们想象的更加广泛。一种似鸟龙类（Ornithomimosaurs）兽脚类恐龙的下颌发现了一个类似鹈鹕的喉囊，剑龙类和甲龙类的喉囊开始于下颌前部，上面长着一排密集的小骨板，小骨板上覆盖着坚硬的角质物；当这个小骨板垂下来的时候，角质物可能会令它们这个部位显得更大。同样被角质物增大的还有喙、角和爪；某些情况下，这些部位会顺利保存为化石。角质通常可以将芯骨延长三分之一到两倍，笔者（在复原时，译者注）通常是加一半。

直到最近，小型鸟臀类恐龙身上既没有发现鳞片也没有发现其他身体覆盖物，而来自中国义县组的异齿龙类那致密的、炫耀状的毛状覆盖物的发现，则极大地填补了这一缺口。人们早已在鸟类化石上发现了羽毛，其中就包括始祖鸟化石，这些化石保存在德国那些细密纹理的湖或潟湖湖底沉积物中。在过去20年间，研究者在中国义县组发现了越来越多的小型兽脚类恐龙，它们身上都覆盖着毛状的原始的羽毛或发育的羽毛。一些研究人员曾声称，简单的毛状物其实是内部胶原纤维退化而来的。但是，一些证据使得这个观点并不成立，尤其是毛状物中色素的发现，这使它们的实际颜色与原先估计的更接近。有些不会飞的小型兽脚类恐龙也有鳞片，至少尾巴上有，腿上也可能有，有些小型鸟臀类恐龙，如鹦鹉嘴龙类（Psittacosaurs）基本都覆盖着鳞片。这说明，小型恐龙的身体覆盖物是可变的——鸵鸟大腿上的羽毛稀少，多数哺乳动物，如小小的蝙蝠、大群的猪、犀牛、大象以及我们人类，皮肤基本上都是光滑的。

因为基干鸟臀类恐龙体表覆盖着毛状物，这恰好应了那个"恐龙进行过一次保温演化"的假说，在这种情况下，这些体表覆盖物都是原始羽毛。到目前为止，三叠纪和早侏罗世的兽脚类恐龙身上尚未发现原始羽毛，这一结果有点令人失望，与缺乏鳞片的化石相比没有更多的实际意义，这一时间跨度太大，足以否定任何恐龙的保温性，该观点可能会被最终发现的基干类群所拥有的保温特性所纠正。然而，不能排除恐龙发生过不止一次的保温演化。其中一个问题是，为什么原始的毛状物和羽毛会在第一时间出现。太少的毛状物肯定太稀疏而不能用来保温，所以它们在出现之初并非用于保温。一个十分可信的假说是为了性炫耀，鹦鹉嘴龙尾巴上的毛状物

在视觉上是如此引人注目。随着毛状物数量和密度的增加，毛状物的视觉效果更好了，其厚度也足够储存自身产生的热量，这使得恐龙越来越充满活力。这个体表保温的假说是建立在一些恐龙身上发现毛状物和羽毛的基础之上的，这类恐龙如异齿龙类和镰刀龙类便在身体某处长有引人注目的炫耀性的构造，而身体其他部位又具备了保温的覆盖物。

恐龙羽毛的色素细胞保存得很好，其形状随颜色的不同而不同，所以它们有助于古生物学家还原长羽毛恐龙的实际颜色。不过，目前仍没有任何方法可以恢复鳞片的颜色。一些研究者提出这样一个假说：某种特定恐龙的鳞片形状与颜色是相对应的，这种假说具有一定的合理性，但对一些爬行动物而言，无论鳞片是什么形状，颜色都是一样的。与颜色为沉闷的灰色、没有鳞片的大型哺乳动物相比，鳞片使得恐龙更易呈现大胆、色彩缤纷的图案，就像爬行动物、鸟类、老虎和长颈鹿那样，恐龙的彩色视觉可能促进了用于炫耀和伪装色的演化。生活在森林地区的恐龙可能已经倾向于使用绿色作为保护色。另一方面，大型的爬行动物和鸟类往往与土地的颜色差不多，尽管它们的彩色视觉很好。小型的恐龙是亮丽色彩的最佳候选者，就像许多小型蜥蜴和鸟类一样。大小不同的主龙类可能使用特定的颜色来进行种群内部联系或威慑天敌。羽冠、顶饰、皮褶，以及更高的神经棘都能是令恐龙鲜艳生动的基础，甚至有的恐龙还发展出专门用来炫耀的色彩，尤其是在繁殖季节。因为恐龙的眼睛像鸟类或者爬行动物，而不像哺乳动物，它们的虹膜四周没有眼白。恐龙的眼睛可能是纯黑色，也可能像许多爬行动物和鸟类那样色彩鲜艳。

呼吸和循环系统

乌龟、蜥蜴和蛇的心脏是三腔室，难以产生较高的血压。它们的肺虽大，内部却是简单的闭合结构，这个结构要吸收氧气，排出二氧化碳，以及控制肋骨活动，所以各方面的能力都有些力不从心。鳄类的心脏是早期的腔室结构，但血压仍然较低。鳄类的肺部也是闭合结构，但存在单向循环，换气方式要更复杂。鳄类呼吸时通过腰带的肌肉来拉动肝脏，这块肌肉跨越了整个胸腔并扩张至肺部。该呼吸动作还得益于胸腔内异常光滑的表面，这可以让肝脏容易来回滑动，位于腰带前的腰椎则没有肋骨，而在某些进步的鳄类身上，腰带中的耻骨很灵活，增强了肌肉与腰带的连接。

鸟类和哺乳动物有完全发育的四腔双泵心脏，这种心脏压力高、供血量大。哺乳动物保留了闭合的巨大肺部，内部非常复杂，大大提高了换气面积。肺部是由肋骨和肌肉发达的垂直方向的膈膜来共同控制。膈膜的存在是通过没有肋骨的发达腰部体现出来的，腰部前面有一个位于胸腔边缘的陡倾，垂直的膈膜在胸腔延伸开来。

人们普遍认为，所有的恐龙很可能都具备完全的四腔室、高容量、高压的心脏。它们的呼吸系统似乎更加多样化。

我们很难重建鸟臀类恐龙的呼吸系统，因为它们并没有留下任何活着的后裔，而且它们的胸腔不仅与所有现存的四足动物不同，而且其种群内部也不尽相同。所以我们难以确定它们肺部的复杂性，只能说，如果鸟臀类恐龙具有较高的有氧能力，那么它们肺的内部应该比较复杂。因为没有任何鸟臀类恐龙发育有含气骨的迹象，我们可以假设它们保留了大容量、末端闭合的肺，呼吸的部分气流可能是单向的。与其相关的肋骨也不是十分灵活。甲龙类的肋骨实际上是与椎骨愈合到一起。角龙类的腹肋则紧紧挤在一起，并与腰带相连，所以它们也不能移动。可以推测的是，绝大多数鸟臀类恐龙的腹部肌肉固定在腹侧的腰带区域，用来拉动脏器，进而排出肺里的浑浊空气；当肌肉放松后，则肺部扩张。有一类鸟臀类恐龙的结构与此不同，鸟脚类那宽大的腰部没有肋骨，紧挨着胸腔前面有一个陡倾，这和哺乳动物的腰部非常相似，该种群的胸腔很可能演化出了膈膜，或者是类似的肌肉。

蜥臀类，尤其是兽脚类恐龙，要重建其呼吸系统更为简单，因为鸟类就是它们的后裔，所以也保留了兽脚类恐龙的基本呼吸系统。在所有的脊椎动物中，鸟类的呼吸系统最为复杂，也最为有效。鸟类的肺部相当小，肺部周围的胸肋很短，但肺的内部结构非常复杂，所以换气面积很大。鸟类的肺部还十分僵硬，并强有力地深入胸腔内部复杂的褶皱表面。鸟类的肺部不完全闭合；相反，它们与一个大型气囊复合体连通，这些气囊十分灵活，体积远比肺泡要大。一些气囊侵入到椎骨和其他骨骼内部，使其含气，但最大的气囊位于躯干两侧；对于大多数鸟类而言，下文提到的气囊一路延伸并回到腰带。但在某些鸟类身上，尤其是那些不飞鸟类，这些气囊仅仅局限在胸腔内。胸部和腹部的气囊由肋骨控制，鸟类往往有着超长的腹肋和发达的腹部气囊。肋骨全部通过发达的铰接关节附着在脊柱上，所以都具有高度灵活性。铰接是定向的，这样铰接向后摆动时肋骨会向外摆动，随着它们不停地前后摆动，胸腔内部的气囊不断地充气、排气。大多数鸟类肋骨的运动因为钩突得到加强，钩突沿胸腔一侧形成连续结构。每个钩突都充当肌肉的杠杆，这些肌肉控制着与呼吸相关的肋骨。大多数鸟类的大块胸骨有助于气囊换气。胸骨通过骨化的胸肋与肋骨相连，胸肋使胸骨板充当了腹部气囊的风箱。对于那些胸骨较短的鸟类，不能飞的平胸鸟和活跃的未成年的鸟类，胸骨是其呼吸系统中一个不太重要的组成部分。

鸟类的呼吸系统是这样工作的：吸入的大部分新鲜空气并不是经过肺部进行气体交换，而是先到气囊，然后再通过肺部进入排气阶段。这种单向气流在每次呼吸结束时，会排出停留在肺部末端的浑浊空气，令血液和气流以相反方向运行，使气体交换最大化，十分有效。因此，一些鸟类可以在比珠穆朗玛峰还要高远的天空（与喷气式飞机的飞行高度相同）维持飞行。

最早期的兽脚类恐龙和原蜥脚类恐龙都没有气囊的化石证据，研究者除了已知它们的肺是闭合器官外，对其呼吸系统知之甚少。最早的鸟足类兽脚类恐龙的某些椎骨是含气的，这表明存在一些气囊。同时，肋骨的铰接关节增加，说明它们很可能是通过充放气囊来促进肺部换气。随着兽脚类恐龙的演化，肋骨的铰接关节进一步增加，同时气囊继续入侵椎骨，一直到达髋部。另外，

主龙类的呼吸树

飞鸟

不飞鸟类

手盗龙类

坚尾龙类

具有早期气囊的基干兽脚类恐龙

长着气囊的蜥脚类恐龙

可能有膈膜的鸟脚类恐龙

鳄类的肝泵系统由腰带肌肉控制

基干主龙类

随着气囊工作量的增加，肺部可能变得更小、更硬，因此胸肋也开始缩短。到这个阶段，气囊的复杂性可能与鸟类接近，肺部的气流基本上是单向的。胸骨依然很小，但腹膜肋可能有助于腹侧和腹部气囊换气。另一种情况下，气囊局限于胸腔内部，就像一些不飞鸟类一样，有着大型气囊的鸟类有着加长的腹肋，而兽脚类恐龙则没有这种肋骨。许多鸟胸龙类兽脚类恐龙的胸骨骨化变硬，大小与平胸鸟类和未成年鸟类相似，通过僵化的胸肋与肋骨相连，然后胸骨与腹膜肋结合对气囊进行充放气。另外，恐龙体内往往存在僵化的钩突，这表明风箱状的胸腔也已经演化出来了。这个阶段呼吸系统的复杂性大致和一些现生鸟类水平相当。

一些研究者认为鸟类不是恐龙，否认兽脚类恐龙像鸟一样呼吸。有人提出兽脚类恐龙有着与鳄类一样的肝泵系统。兽脚类不是鳄类的近亲，而且缺乏解剖学的证据来证明该肝泵系统存在的可能性，这些解剖学证据包括胸腔内部平滑面、腰部或灵活的耻骨。相反，一些肉食性恐龙演化出鸟类气囊系统——由铰接状肋关节构成的褶皱状胸腔上表面、细长的腹肋——这妨碍了灵活肝脏的出现。肝泵假说的拥护者断言，一些小型兽脚类恐龙骨骼有着较深的肝脏。这些大型肝脏的化石证据并不可靠，在任何情况下，食肉动物往往具有较大的肝脏，某些鸟类也是如此。恐龙具有鳄类一样的肝泵肺换气系统这一观点可以排除。

蜥脚类恐龙身上有强有力的证据表明它们独立演化出了气囊系统。它们的椎骨通常是高度含气的，同时所有的肋骨都是铰接关节，包括腹肋，这部分肋骨可牢牢固定在一起以更好地支撑腹部。大多数研究人员认为，蜥脚类恐龙拥有一个由气囊驱动的复杂呼吸系统，充满气囊的椎骨和灵活的腹肋就是最好的证据，它们呼吸的时候气流可能是单向的。因为蜥脚类恐龙没有腹膜肋，所以它们的气囊应该局限于胸腔内。蜥脚类恐龙的呼吸系统存在一个有趣的问题：它们中的绝大多数不得不通过一根很长的气管来进行呼吸，这根气管构成了一个很大的呼吸死角，每次呼吸都必须克服这个问题。可以推测气囊内的大量空气使得它们每呼吸一次都能完全净化肺里的空气。

哺乳动物的红细胞没有细胞核，这增加了它们的气体运载能力。而爬行动物、鳄类和鸟类的红细胞则保留了细胞核，所以恐龙的红细胞也应该有细胞核。

消化道

许多不同类群的恐龙骨骼中，胸腔内保留了胃石或砂石，通常是一团一团的。一些恐龙体内有大量被磨得光滑的石头，目前还没有地质学理论可以解释这些石头为何在这里，所以整个证据表明许多恐龙（并不是所有恐龙）都有胃石。

掠食性兽脚类恐龙有着相对较短且单一的消化道，能够迅速处理并消化用带着锯齿的牙齿的颌部吞咽下来的大块肉。大型兽脚类恐龙的粪便化石里往往有大量未消化的骨渣，这就证明了它们的消化道较短。一些植食性的兽脚类恐龙利用大量胃石来碾碎植物。就像植食性鸟类一样，大多数蜥脚类恐龙并没有能力咀嚼摄入体内的植物。这些植物在砂囊中进行物理分解，砂囊可能就是用石头来帮助搅动食物的。蜥脚类恐龙已经具有较大的胸腔，内有又长又复杂的消化道，这是发酵和化学分解枝叶所必需的。这样的消化系统在大肚子巨龙类的体内发展到极致。

至少一些原蜥脚类、早期蜥脚类恐龙和镰刀龙类已经演化出颊部，这使它们在吞咽食物前就可以将其磨成浆状。充分将这一系统发扬光大的是鸟臀类，它们用嘴啃下植物后，利用齿系将其嚼碎。因为某些食物比齿系要宽，所以它们会暂时将食物储存在颊囊中，直至舌头卷起这些食物再继续进行咀嚼或吞咽。鸭嘴龙类在牙齿演化上走得最远，而且具有大小适中的腹部，可以进一步处理咀嚼好的食物。一些鸟臀类恐龙具有相对发育不良的牙齿，但它们利用庞大胃部的大型消化道来发酵和分解食物。肿头龙类增宽的尾巴基部进一步有助于消化道的扩张，这种构造的尾巴基部是为了容纳腰带后面扩张的肠道。一些鸟臀类恐龙则利用大量的胃石来进一步消化食物。

没有任何证据表明某种恐龙演化出了高效的反刍系统，后者存在于现生植食性动物身上，它们通过反刍来咀嚼自己的食物。在任何情况下，这种系统都只适合中等大小的动物，而不适合庞大的恐龙。

感官

大多数恐龙都有着大眼睛和发达的枕叶，这揭示了视觉系统是它们的最主要感官系统，这和鸟类是相同的。爬行类和鸟类都具有彩色视觉，视觉范围覆盖到紫外线，恐龙可能也是如此。大多数哺乳动物的色觉相对来说不够发达，它们继承了早期夜行性哺乳动物的色觉特点。哺乳动物视觉下降，通常视力并不是其最重要的感官。爬行动物的视觉和哺乳动物类似，而鸟类视觉的分辨率

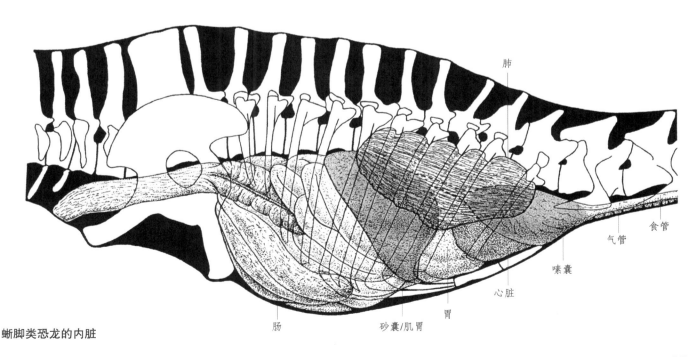

蜥脚类恐龙的内脏

肺

食管

气管

嗉囊

心脏

胃

砂囊/肌胃

肠

则通常很高，因为它们的眼睛往往大于那些体型相似的爬行动物和哺乳动物，而且鸟类的感光视锥细胞和视杆细胞的密度比哺乳动物要高，高密度视锥细胞和视杆细胞在视网膜中所占的面积也比哺乳动物大，哺乳动物的高密度亮细胞集中在视网膜的中央凹中（所以我们的视野范围仅有几度）。有些鸟类具有次级中央凹，昼行性猛禽的视觉能力大约是人类的3倍，视野更为宽广，所以鸟类不像哺乳动物那样需要将眼睛精确定位在目标上。另外，鸟类可以关注的范围更大，屈光度为20度，而一个年轻的成年人的屈光度仅为13度。恐龙的大眼睛是恐龙兼顾昼行性和夜行性的证据，大眼睛兼容了两种生活方式，视网膜和瞳孔的构造决定了感光敏度（当然，并非全部恐龙都有这个化石证据）。

与头部的整体尺寸相比，鸟类眼睛的比例是如此之大，大大的眼睛固定于头骨上，以至于它们看具体目标时需要转动整个头部。脑袋较小的恐龙可能也是这样的。而有着较大脑袋的恐龙，其眼球更加灵活，无须转动整个头部就可以瞅到目标。大多数恐龙的眼睛在头骨侧面，这样可以将视力范围最大化，但这样的代价是不能直视前方。一些鸟类和哺乳动物——最重要的是灵长类——大部分是眼睛向前的，具有重叠视野，至少在某些情况下，视觉效应是双目立体的，具有深度感。暴龙类、似鸟龙类以及许多鸟胸龙类兽脚类恐龙的眼睛部分向前，视野有重叠，这类恐龙的视觉是否是真正立体的这个问题还有待商榷。暴龙类的眼睛向前，可能是头骨在背向扩张的意外收获，头骨背向扩张是为了容纳较大的颌肌。

大多数鸟类的嗅觉都不甚发达，这是因为嗅觉对于飞行动物来说实用性并不强，而且鸟类头部很小，所以退化吻部以减轻重量。但某些秃鹫是例外，它们利用气味来发现深藏在植被中的腐尸，搜寻捕食无翼鸟类。有着大型喙部的不飞鸟类、许多爬行动物和哺乳动物都有着十分发达的嗅觉，有时发展为主要的感官系统，犬科动物就是最著名的例证。恐龙通常具有发达的鼻骨，鼻骨后段空间宽阔，可容纳大面积嗅觉组织。许多恐龙的嗅叶很大，这也证实它们具有高效的嗅觉。植食性恐龙可能需要顺风逃跑，从而躲避嗅觉灵敏的掠食者的攻击，对于有着小眼睛的甲龙类来说，嗅觉也许和视觉一样重要。兽脚类恐龙中的暴龙类和驰龙类具有发达的嗅觉，有利于发现猎物和死尸。

哺乳动物具有超凡的听力，一部分原因是因为它们具有可经常活动的宽大外耳廓，耳廓可以捕捉声音并将其传送到耳朵中，而且它们具有由3个小骨构成的错综复杂的中耳，中耳是由颌骨发育而来。某些哺乳动物的听

觉是最重要的感官系统，蝙蝠和鲸类是最好的例子。爬行动物和鸟类则没有肥厚的外耳，只有一个内耳骨。外耳和复杂内耳的组合意味着哺乳动物的内耳可以处理低音量的声音。鸟类每单位长度的耳蜗具有更多的感应细胞，所以鸟类和哺乳动物听力的清晰度与频率分辨率都差不多。哺乳动物对于高频声波的探测能力明显高于鸟类。许多爬行动物和鸟类的听觉范围是1~5千赫，猫头鹰是个例外，它能够分辨0.25~12千赫的声波，而壁虎能分辨的最高声波频率可达10千赫。相比之下，人类的听力上限为20千赫，狗为60千赫，蝙蝠为100千赫。对于低频声波来说，某些鸟类可以探测到频率非常低的声波。譬如，食火鸡（又称鹤鸵）可感知的最低声波频率为25赫兹，它们能够利用这个能力来进行长距离交流；而鸽子感知的最低频率仅为2赫兹，能够感知暴风雨的来临。有人提出，鹤鸵是利用它们的大型含气头冠来检测低频声波的，不过，能探测到更低频声波的鸽子却没有大型器官。

恐龙没有肥厚的外耳和复杂的内耳，听力水平与爬行动物、鸟类相当，它们也无法检测到高频声波。恐龙的大脑已经很发达，但并没有特别发达的听叶。会飞的夜行性啮齿动物——猫头鹰是唯一能够听到非常高频声音的鸟类，所以大部分或者所有的恐龙都无法听到高频声音。窃蛋龙类的空心头冠与食火鸡相似，暗示它们具有类似的低频声波探测能力。长着大耳区的大型恐龙或许能够捕捉到非常低频的声音，这便于它们进行远距离沟通。

听觉不太可能是恐龙最重要的感官系统，但对于猎物和掠食者来说，听觉对于侦查可能非常重要。对所有物种而言，听觉都是非常重要的沟通渠道。

声音

任何爬行动物都不具备真正成熟的发音能力，其中发音能力最强的是鳄类。而一些哺乳动物则具有很好的发音能力，其中人类的声音系统最为发达。许多鸟儿具有有限的发音技能，但其中一些很多已经演化出复杂多变的发音技能，除人之外的脊椎动物都不具备这样的能力。鸣禽会歌唱，许多鸟儿都是优秀的模仿者，甚至有些可以模仿出钟声和汽笛声等人工的声音，鹦鹉还能学人说话。有些鸟儿，譬如天鹅，胸腔内具有细长的气管环，可以发出高音量。食火鸟可以利用低频声音来进行远距离联络，这一点，哺乳动物中的大象也能做到。部分或者

说很多的恐龙可能拥有有限的发音技能，但它们是否具有和鸟类以及哺乳动物一样复杂的发音系统呢？这个问题还不好下结论。但恐龙的发音能力应该优于爬行动物。长脖子恐龙的长气管也许能够产生覆盖范围很广的强大低频声。声音是通过张开的嘴巴，而不是通过鼻腔产生的，所以复杂的鼻腔只能充当辅助谐振室。鸭嘴龙类中的赖氏龙类（Lambeosaurine hadrosaurs）的声音系统最发达。虽然我们永远无法得知恐龙叫起来会是什么样，但毫无疑问的是，中生代的森林、草原和沙漠全都充满了它们的声音。

疾病和古病理

恐龙的健康令人担忧，它们生活在一个充满疾病和其他危险的世界里，全球温室效应的增强使得致病微生物极易滋生，尤其是细菌和寄生虫。在中生代，昆虫叮咬传播的疾病多种多样。爬行动物和鸟类的免疫系统与哺乳动物有些许不同，鸟类的淋巴系统尤为重要，它们的恐龙祖先大概也是如此。

恐龙骨骼往往能保留下来很多病理特征。其中一些可能还会记录下恐龙内科疾病和功能失调。椎体愈合非常普遍。另外，恐龙骨骼中还发现了增生，代表着良性病变或癌症。大多数疾病是由应力或创伤造成的；后者经常受感染，伤口生脓，愈合周期长，进而影响骨头结构。这些创伤可以让我们了解恐龙的很多行为。

毫不意外的是，掠食性的兽脚类恐龙更易受到争斗的伤害。一具异特龙的骨骼化石显示，它的肋、尾、肩和脚部都受过伤，而且趾、脚、指和一根肋骨都有慢性感染。尾部的损伤发生在它的幼年，可能是受到踢打或摔倒造成的。有些伤害，包括脚部和肋骨，看起来很严重，这些伤害可能会限制它的活动，最终导致死亡。另一具异特龙尾巴上的伤可能是由剑龙的尾刺造成的。著名的暴龙"苏（Sue）"，其面、颈、尾、指和腓骨上均有伤痕。头部和脖子的伤口可能是由另一只暴龙造成的，已经基本愈合。驰龙类和伤齿龙类那镰刀形脚爪经常会受到应力性的损伤。

在植食性恐龙中，剑龙的尾刺经常会受到损伤甚至是破坏，然后再愈合，这说明它们是用尾刺作战的。有只三角龙掉了一只角，根据咬痕判断，应该是被暴龙咬掉的，几年后这只三角龙的伤口愈合了，这表明幸存下来的猎物和强大的掠食者之间发生过面对面的战斗。一些蜥脚类和鸭嘴龙类的尾巴上愈合的咬痕，表明它们也分别是异特龙和暴龙口中的幸存者。有趣的是，虽然由于蜥脚类恐龙的庞大体积和缓慢的速度，他们受伤概率可能应该较多，但是化石证据却不太支持这点。

根据化石推断，暴龙咬掉了三角龙的一只角

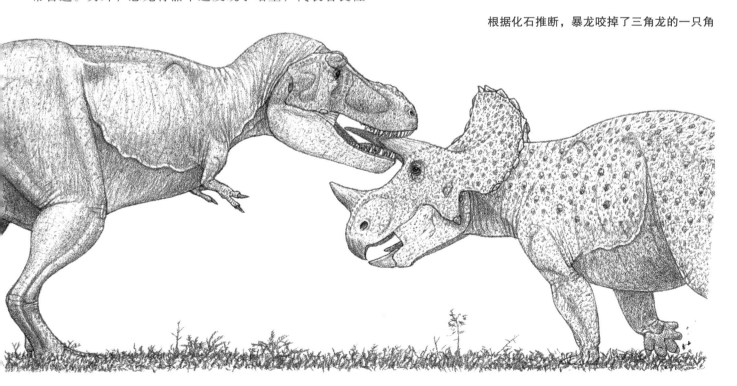

行　为

大脑、神经和智力

　　绝大多数恐龙的大脑，无论是与身体的比例还是其结构，都与爬行动物一样。因为体重不同，大脑的大小会有些变化：体型庞大的暴龙类的大脑，相对于同体型的其他恐龙而言非常巨大，而它们的猎物鸭嘴龙也是如此。另外，虽然蜥脚类恐龙和剑龙类的大脑很小，但是相对于它们的体重来说，也属于爬行动物的正常大小。

　　大多数恐龙的大脑通常很小且非常简单，与鸟类和哺乳动物的相比，它们的行为能力十分有限，更依赖于遗传的预设与定型。虽然如此，大脑较小的动物也可以具有较高的心智水平。鱼和蜥蜴可以记住新信息，也可以学会新技能。许多鱼类生活在有组织的群体中。鳄类会照顾它们的巢和幼仔。社会性昆虫的神经系统很小，但它们群居生活，富有组织性，会照顾幼虫、奴役其他昆虫，甚至能完成复杂的大型建筑。

　　与爬行动物的大脑不同的恐龙，主要集中在兽脚类中似鸟的鸟胸龙类恐龙。它们的大脑更大，与低等鸟类一样，大脑的复杂性也达到低等鸟类水平。鸟胸龙类的大脑扩展和升级可能是在恐龙尝试飞行的初始阶段完成的。也许这些大脑更大的恐龙与其他恐龙相比，能完成更复杂的行为。

　　许多大脑很小的恐龙会在腰带处扩大脊髓腔，使其后肢具有更好的协调能力，大型的陆栖鸟类保留了这种结构。一些恐龙体型相当的长，这就有一个潜在问题：神经脉冲沿神经走的时间过长。对于体型最大的蜥脚类恐龙来说，给予尾巴末端的指令和返回的响应可能需要走75米甚至更远。传递化学物质的神经突触间隙会在脉冲中减速，所以，尽可能地增长个体神经索，也许是解决这个问题的最有效方法。

社会活动

　　陆生爬行动物不会形成有组织的群体，但鸟类和哺乳动物经常会形成组织性较强的群体，也有很多不会这么做。例如，大多数大型猫科动物都是独立行动的，而狮子却是高度群居的，鹿则有部分会成群活动。

　　骨化石层会显示恐龙通常会形成社会群体，一些群体含有数百、数千或数万只恐龙，较小的群体中的物种是单一的。恐龙骨骼堆积在一起，可能是由于一些死亡陷阱造成的，随着时间推移这些骨骼堆叠起来，也可能是干旱迫使众多恐龙聚集到一个水源地，待植被消耗完后这些恐龙就饿毙在同一个地方。然而，其他的积累可能是突然事件的结果，比如火山灰沉降、山洪暴发、众多恐龙一起蹚过湍急的河流时溺水、沙丘崩塌等。在某些情况下，这种骨化石层表明存在更大型的恐龙群落，这些群落通常由大型植食性鸭嘴龙类和角龙类组成。

　　某种兽脚类的骨骼和其猎物的骨骼出现在一起，这证明肉食性恐龙可能有时会集体进食或遭遇集群死亡。然而，学者往往很难解释为什么这么多的肉食性恐龙会在进食一具没有伤害性的尸体时同时死掉。因此，这群肉食性兽脚类恐龙更可能是在与其他肉食性兽脚类恐龙争夺食物时死亡，大型肉食性鸟类和哺乳动物也经常会为争夺食物而互相残杀。

　　行迹是我们了解远古动物行为的最直观方式。大部分不同类型的恐龙的行迹是孤立的，表明造迹者不属于某个群体。当然，各类恐龙的多条行迹也很常见，这些行迹彼此平行，密集地分布。某些情况下，恐龙可能是单独行动的，但沿着相同的海岸线它们会留下这些行迹。但很多时候，这些平行的行迹与其他恐龙的足迹是纵横交错的，似乎没怎么受到地理因素限制的方向性。因此，大量的平行足迹证明，许多大小不同、种类各异的肉食性恐龙和植食性恐龙经常以各种形式的群体为单位进行活动。

　　恐龙群体的复杂性可能和现代鱼群类似，而赶不上哺乳动物。有人提出，蜥脚类恐龙的行迹表明未成年恐

蜥脚类龙群的行迹群

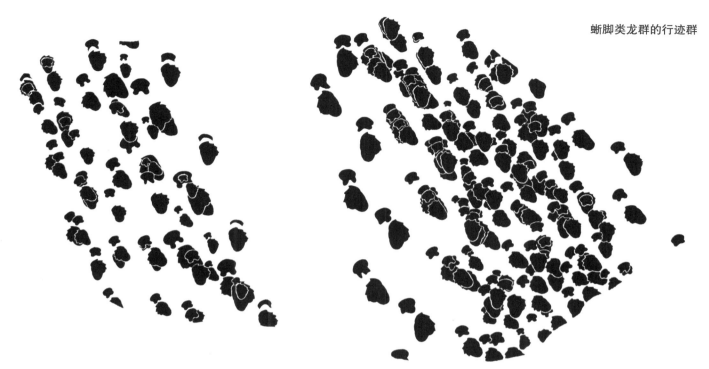

龙会被成年恐龙围在中间保护起来，不过该观点尚未得到证实。兽脚类龙群的群体作战的能力也比不上犬群或狮群。

生殖

一些学者指出，有些恐龙种类中，雌雄个体的体型有明显区别，一种体格强健，另一种身形细长。目前有很多这样的论断，虽然很难证实但也不易否认，因为两种不同体型也可能代表两个不同物种。理论上，雄性往往比雌性更加健壮，但也有例外。例如，雌性猛禽通常就比雄性个头大，一些鲸鱼也是如此。有人尝试利用尾巴基部下的脉弧长度来辨别恐龙的性别，但以失败告终，因为这个差异在现生爬行动物中并不一致。异齿龙类有的长有小獠牙，有的没有，前者可能是雄性。如果还没性成熟的话，长着头冠的窃蛋龙类和脑袋是圆拱形的肿头龙类（Pachycephalosaurs）可以先定为雄性。霸王龙中，已经初步证实那些体格强健的个体是雌性，这个结论是建立在与产蛋鸟类相关的骨骼内部组织的研究基础之上。

爬行动物、一些鸟类以及包括人类在内的哺乳动物，长至成年大小之前就已经性成熟，但大多数的哺乳动物和现生的鸟类并不这样。产卵中的雌性恐龙化石显示其中空骨头的内表面富含钙质。这个组织的存在可以说明许多恐龙还在成长期时就已经开始繁殖。仍处于个体发育期的孵蛋的恐龙化石也证实了这一观点。大多数恐龙可能在成年前开始繁殖后代。例外情况可能是角龙类和鸭嘴龙类，它们的性炫耀器官只有到成年大小才能完全发育。

恐龙头部和身体上的冠、顶饰、角、角状物、刺、棘、尾锤、毛状物、羽毛都排列得十分精美，这表明多数恐龙都承受着强大的筛选压力，所以需要形成具有鲜明特色的炫耀器官和武器，从而使自己在种内竞争中脱颖而出，并最终获得胜利。我们收集到的器官只保存了部分炫耀结构——那些由软组织和颜色构成的图案基本都丢失了。这些器官的用途差异很大，雌性通过利用炫耀性的器官来向雄性发送信号，表明自己是完美的生殖伴侣。雄性则利用炫耀性的器官来恐吓竞争对手、吸引雌性并使其受精。

健康的动物在繁殖期内，通常会汲取更多的资源，使炫耀器官充分发育。在增强性吸引力和配偶竞争中使

39

用炫耀器官是相对平和的方式，这种方式对于有着壮观的头冠的鸭嘴类恐龙来说，达到了恐龙类炫耀的极致。很多恐龙可能会费些时间来进行复杂的仪式性表演，并且在竞争和求偶中发出吼叫声。许多恐龙的脑袋和身体上有着用于展示的区域，这些区域会通过身体移动来调整方向，使其侧面对着对方，以便求得最佳的炫耀效果。这其中也有例外，那就是角龙类，它们的脑袋上有着倾斜顶饰，其正面最为显眼。肿头龙类有着圆顶且带有头饰，其正面和侧面一样显眼，并且会前倾脑袋来恐吓对手。一些掠食性兽脚类成员则有着不同寻常的前视性展示，比如冰脊龙（Crylophosaurus）的横向头冠以及阿贝力龙类（Abelisaurs）的角以及头饰。同样的情况也见于小脑袋的短盔龙类（Brachylophosaurs）的头饰上。

种内竞争往往很激烈，甚至对于一些拥有武器的动物来说会变得更加暴力。蜥脚类恐龙可以立起并抬起拇指爪猛击对方。禽龙的拇指钉更是具有潜在危险的种内竞争武器。肿头龙可能会用头冲击对手的腹侧。雄性甲龙很可能用尾锤击打对方，其他甲龙类可能扣住彼此的肩棘进行角力。多角的角龙类可能也会扣住彼此的角做同样的事情。但愈合的伤口显示，角龙类同样会用角来伤害对方。有着尖牙的雄性异齿龙类也会伤害对方。有观点认为雄性动物在生殖竞争中已经演化出避免发生致命伤害的方法，但其实并非总是如此。雄河马和雄狮就承受着种内竞争造成的高死亡率，这种情况在兽脚类、角龙类和拥有大指爪的禽龙类中可能也会发生。

爬行动物和鸟类的阴茎或双阴茎（无论有着哪一种）和睾丸都是内置的，恐龙也是如此。大多数鸟类没有阴茎，但是恐龙是否表现出同样的特征还不清楚。据推测，性交的过程应该是迅速的，雌性压低肩部，并且将尾巴摆向一边，为雄性腾出空间，雄性在身后用两只甚至一只腿站立，两只前肢搭在雌性背上以使其稳定。恐龙交配的需要，使得这些大家伙能够只用后腿站立。拥有竖直的、板状骨板的剑龙或许需要改进其体位，比方说雄性会将前肢搁在雌性腰带的一侧。

据目前所知，恐龙生的蛋都是像鸟类那样的硬壳蛋，而不像其他爬行动物或鳄类的软壳蛋。钙质壳的变化也许会阻止小家伙破壳而出，这在爬行动物中很常见，但鸟类中则很少见。不过，遗留至今的中生代的恐龙蛋化石非常稀有。比如，在莫里逊组的蜥脚类恐龙没有发现任何的蛋片。到现在为止，只有一些鸟脚类恐龙产下的

小型蛋在其骨床中被发现。不过，白垩纪，尤其是晚白垩世的各种恐龙蛋和巢穴，最近其发现量得以快速增长。确认蛋的生产者需要恐龙妈妈身体骨骼中（尚未产出的）完整的蛋，或鉴定蛋中的胚胎，抑或有成年恐龙趴在巢上做出孵蛋的姿态。因为每个恐龙类群都产下不同类型的蛋，形状各异，这些区别可用来深入追索其来源，尽管很多类型的蛋的生产者还不甚清楚。恐龙蛋从几乎正圆形到高度拉长的都有，一些则有明显的尖头。有时蛋的表面结构带有小凸，有些则非常粗糙。蛋在恐龙体内和巢内的排列方式都显示它们像爬行动物那样成对地形成并产下蛋，而不是像鸟类那样一枚一枚的生产。小型爬行动物会产下与雌性身体相比较小的蛋，而鸟类产的蛋会大一些。小型恐龙蛋的大小介于爬行动物和鸟类之间。有趣的是，目前发现的恐龙蛋的大小都不能与其庞大的体型相匹配，而仅重400千克、不能飞的象鸟（Aepyornis）却能产下12千克重的蛋，这使许多恐龙相形见绌。要知道，那些巨型的蜥脚类蛋还不足1千克重，而迄今为止最大的恐龙蛋只有5千克重，很可能属于1吨多重的窃蛋龙类。

一般来说，基本的生殖策略有两种，R策略和K策略。K策略动物产的幼崽数量较少，哺乳缓慢；R策略动物则产下大量的后代，但幼体死亡的数量较多。后者的快速繁殖有个优势，那就是在环境适宜时，物种能迅速扩张，因此r策略动物是犹如"杂草"般的物种，能够迅速占领新的栖息地，或者在其种群因各种原因遭到重创后迅速恢复。据目前所知，恐龙属于R策略动物，在繁殖季节会大量繁衍。这或许可以解释为什么恐龙会产下大量的比鸟蛋还要小的蛋了。鸟类会产下数量适当的蛋，并且会给予每只幼鸟足够的照顾。鸟类中也有使用R策略的，那就是现生大型平胸鸟类，它们会产下大量的蛋。蜥脚类恐龙似乎会把大量的蛋放到一个巢穴中，数量足以达到数十枚。巨型恐龙和大型哺乳动物在生殖上大不相同，后者是K策略动物，只产下少量后代，而且持续进行数年的细致照料。恐龙没有兽类那种哺育后代的乳腺，也许一些恐龙能够通过消化道分泌奶状物质来哺育后代，就像鸽子那样，但是现在还没有直接的证据。

有一个观点被长期默认，那就是像大多数爬行动物一样，恐龙将蛋埋起来后很少甚至不再关注它们。不过，并不是所有的爬行动物都如此，少数蜥蜴真的会待在巢附近，蟒则会用肌肉热量来孵蛋，鳄类还常常拱卫自己的巢穴和幼鳄。鸟类会将大量的精力投入在蛋上，其孵

化几乎完全靠体温。其中也有例外，冢雉会把蛋埋在土冢里，通过植物发酵来产生孵化所需热量，它们还会通过添加或去掉植物来小心翼翼地调节巢内的温度。冢雉的幼鸟是早熟性的，它们一出壳就已经发育良好，很快就能飞行并独立生活。平胸鸟类的幼鸟也很早熟，但它

们仍处于成鸟的监护之下，成鸟会指导它们如何寻找食物，并保护它们免受攻击。大多数鸟类的幼鸟是晚成性，都需要成鸟照顾一段时期，以获取温暖和食物。

大量的新发现揭示了恐龙产蛋和孵蛋的方式，恐龙的后代千差万别，它们对蛋的照顾方式与现生的四足动

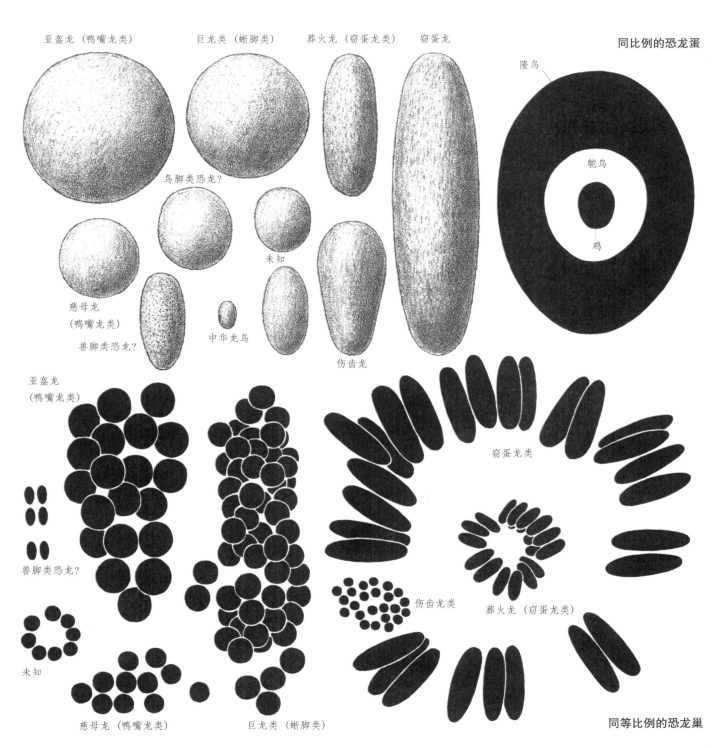

同比例的恐龙蛋

同等比例的恐龙巢

葬火龙（窃蛋龙类）在巢中孵蛋，依据化石，笔者将羽毛画得较短，我们可以看到其身下的恐龙蛋

物既有相似又有不同。

　　一些恐龙蛋的掩埋方式，暗示它们一经生下来就立即被遗弃了。蜥脚类的蛋可能就是这种遭遇。这些大型的，被植物覆盖的蜥脚类的巢构建得极不规则，比别的成年恐龙用来照顾幼仔的巢要糟糕得多。因为这些大量的巢是同时、同地建造的，成年蜥脚类恐龙如果继续保

卫自己的巢的话，可能会去冒险争抢当地植被并践踏到自己的蛋。此时的幼仔也可能会遭受践踏，它们的体重比自己的父母小几千倍。化石显示一条巨蛇吞食了一只刚刚孵化出来的小蜥脚类恐龙，但是这么多巢中有这么多蛋，天敌不可能把它们统统吃掉。恐龙足迹表明小型的幼年蜥脚类恐龙也有自己的群体，与成年恐龙群体相互独立。其他的足迹则进一步表明，蜥脚类恐龙的幼仔几年后才会加入完全发育的成年恐龙，届时它们的体重约为一吨，这样才可以跟上成年恐龙而不至于掉队。成年蜥脚类恐龙可能不会特别关注幼仔，关系也许并不密切。在这种情况下，恐龙幼仔会加入群以求概率上的安全，因为它们周围有很多善战的成年恐龙群体，可以对抗最庞大的掠食者。比较奇怪的是，巨厚的莫里逊组地层，也就是大量蜥脚类化石的发现地，虽然发现了一些小型恐龙的蛋壳，但并没有任何蜥脚类的蛋的痕迹。

很显然，至少一些甲龙类的幼龙会形成群体。研究者已经发现大量聚集在一起的绘龙（Pinacosaurus）未成年体的完整骨骼化石，这些恐龙很明显是因为沙丘崩塌而同时死亡的。而成年甲龙的缺席，则表明那些成长中的小甲龙是作为一个独立的群体来活动的。

鸭嘴龙的巢很紧凑，组织得很好，这表明幼龙受到成年恐龙的保护。鸭嘴龙可能会像家雉那样调节窝内温度。至少在某些情况下，恐龙巢区域可能会变成群体的聚居地，那些培育幼龙的鸭嘴龙体型并不是那么大，它们一边照顾幼龙一边就近吞食食物。许多鸭嘴龙窝里的蛋被彻底踩碎了，表明可能经常遭受踩踏。另外，在巢中还发现了比幼鸟体型大得多的小恐龙，应该是幼龙并不会立即弃窝。小鸭嘴龙长着短小的吻部、大大的眼睛，可以激发父母的保护欲望。这些因素都表明，父母在蛋孵化出来之后会打开覆土，给幼龙喂食，这种哺育行为会持续到小恐龙离开巢。这种安排可以避免小恐龙遭到踩踏，父母会为它们提供保护，令它们免受掠食者袭击，同时成年恐龙还会为小恐龙提供丰富的食物，小恐龙自己无须运动，就能迅速成长。几周或数月以后，小鸭嘴龙会离开巢，这时候会发生什么还不确定——父母和子女之间的体积差距仍然很大，后者会形成独立的群体，直到长得足够大再加入成年恐龙群。

人们对于大型的肉食性兽脚类恐龙的巢了解甚少。暴龙类的幼仔很容易因为意外或同类残杀而被成年恐龙杀死。与那些面部短小、受到父母照顾的小恐龙不同，

小暴龙长着细长的吻部，这一点有些不同寻常，表明成长期的暴龙已经开始独立狩猎。有观点认为，小暴龙要为它们的父母出去捕食，这种说法是不可信的；因为幼龙和父母进行食物交换时，是父母在喂食子女。

体型更小的恐龙不用面临意外踩碎自己后代的问题，所以它们潜意识里具有更强烈的父母情怀。恐龙孵卵和培育后代的最好证据，来自似鸟的鸟胸龙类兽脚类恐龙，尤其是窃蛋龙类。单个雌性恐龙可以生很多恐龙蛋，有时可达数十个，所以恐龙巢可能是区域性分布的。大型平胸类鸟类的巢也是公用的。窃蛋龙类把细长的恐龙蛋生在中空的双层环形巢中。恐龙蛋平放并部分掩埋。因为暴露出来的恐龙蛋可能会被冻坏，或被吃掉，所以恐龙蛋一般不会暴露出来，除非受到成年恐龙的保护和孵化。研究者发现很多窃蛋龙的巢都有成年恐龙以经典的鸟类姿势孵化，双腿收拢在髋部侧面，前肢包围整窝恐龙蛋。圆形巢的中心区域没有蛋，这样窃蛋龙深厚的腰带就可以坐下来休息而不至于压坏恐龙蛋，大肚子的鸟就不需要在蛋之间留出这样的空间。窃蛋龙的前肢和其他羽毛基本可以覆盖住恐龙蛋，为的是保护它们免受恶劣条件的侵害，同时可以保温。人们认为，在某些地方，孵卵的窃蛋龙类会死于沙尘暴，更可能会死于沙丘崩塌。大个的恐龙蛋似乎来自体型庞大的窃蛋龙，它们也被产在环形巢中，对它们而言，这个"家"非常大（直径达3米）。这些是已知的最大的孵化巢，显然孵化者是体重超过一两吨的窃蛋龙类。伤齿龙类巢里的蛋不如窃蛋龙类的细长，这些蛋被近乎垂直地产在偏螺旋状的环形巢内，依旧空出中心位置来安放孵育者的腰带。科学家发现了在巢中孵卵的成年伤齿龙，大小还不到500克。理想情况下，鸟胸龙类恐龙半掩埋半孵化的筑巢习惯代表了近似鸟类的筑巢方式，这也预示了恐龙与鸟类的密切关系。

所有硬壳蛋里的胚胎都面临一个问题，那就是要适时地破壳而出。当蛋的个头很大，蛋壳又厚时，这个问题就更加严重。幸运的是，一些蛋壳被胚胎吸收用来帮助组建骨骼。幼鸟使用"卵齿"来啄破蛋壳。巨龙类蜥脚类恐龙胚胎的吻部也发现类似构造，这很可能也是中生代恐龙的破壳方式。

关于小型似鸟类兽脚类恐龙和许多其他恐龙类群在孵卵完成后是否会继续照顾幼仔，目前尚不清楚，但答案可能是肯定的。目前最好的证据存在于一些鸟臀类小型恐龙中。近三打（36只）小鹦鹉嘴龙骨骼（约十分之一

长着卵齿的初生巨龙类

千克）紧密靠在一起，和一个体重多几十倍的成年恐龙的化石紧密相连。这种情况类似于平胸类鸟，许多雌性把后代集中到一起，组成一个大的育婴所，由少数成鸟照顾。这些密集的鹦鹉嘴龙骨骼化石很可能就来自同一个巢中。

恐龙父母可能对幼年恐龙的关切度各不相同，从漠不关心到广泛关注皆有。许多时候，关切度可能超过了爬行动物甚至是鳄类，与鸟类相当。然而，没有哪种恐龙会像哺乳动物那样呵护后代，绝大多数小恐龙都能够独立成长。

成　长

所有陆生爬行动物生长都很缓慢。即便是巨大的陆龟和精力充沛的庞大巨蜥（通过爬行类的标准判断）也是如此。爬行动物的生长速度只有在持续炎热的赤道气候才能达到最大值，即使这样的环境它们也很难长到一吨。水生爬行动物生长更快一点，可能是因为游泳耗能少，所以它们能自由地获取大量食物来增加体重。但即便是鳄类，包括已灭绝的体重接近10吨的巨型鳄类，也不如陆生哺乳动物生长速度快。但爬行动物往往一生都在缓慢生长着。

一些有袋目哺乳动物和包括人类在内的大型灵长类动物的生长速度，比生长最快的陆生爬行动物仅稍快一点，甚至只是持平。其他哺乳动物，包括其他有袋动物和许多胎盘动物的生长速度适中。其他哺乳动物的生长速度则很快，如马用不到两年的时间就可以完全长成，鲸鱼短短几十年就可以长到50~100吨。不过，大象则大约需要30年才能长成。所有现生鸟类的生长速度都非常快，特别是那些晚熟性鸟类和大型平胸类。现生鸟类的生长周期不超过一年，但一些最近灭绝的巨型平胸类可能需要几年才能完全长成。快速增长的秘密似乎在于较高的有氧运动能力，该能力足以令成长期的幼鸟或它们的成年亲鸟来获得足够的食物而确保维持快速增长。

捕食、疾病、意外造成的高死亡率令非装甲、非水生的动物无法长寿，所以迫于压力它们必须迅速生长。不过，这些动物在生长期就开始繁殖，因为能量和营养都转移给了后代，所以该时期的生长速度会放缓。而少有哺乳动物，更没有现生鸟类在未达到成年体型时就开始繁殖。即使是大象也很少能活过半个世纪，大多数大中型哺乳动物以及鸟类只能活几年或几十年。所有鸟类一旦成熟后就停止生长，大多数哺乳动物也是这样，只有一些有袋动物和大象一直都在生长。

从微观尺度看，骨基质会受生长速度的影响，恐龙的骨头往往更像鸟类和哺乳动物。可以利用骨环数来估计已灭绝的恐龙的增长率和寿命，但这种技术也存在一些问题，因为某些现生鸟类一年之内能产生不止一个骨环，所以利用骨环来估测可能会高估恐龙的年龄，同时低估它们的生长速度。还有些动物没有骨环；很可能是因为它们生长得太快，但到底有多快还难以确定。目前已获取的、所有的恐龙标本的生长速度几乎都稍快于陆生爬行动物。体型非常小的伤齿龙是个例外，它们一年会产生多个骨环，这可能是因为它们在生长期进行繁殖造成的。大多数小型恐龙比哺乳动物的生长速度慢，或

许是因为它们会在未成熟的时候进行繁殖。有些小型鸟脚类恐龙没有骨环，其生长速度可能和现生鸟类一样快，也许不到一年就能完全长成。最庞大的恐龙与体型类似的陆生哺乳动物生长速度几乎相当。其中，鸭嘴龙和角龙在未成年时不会产生骨环，表明其生长速度快于其他动物，像小牛一样大的哺乳动物出生时比成年小数十倍，然后进食大量富含营养的母乳迅速成长。刚刚孵化的蜥脚类恐龙短短几十年内体重会增加数万倍，而且没有成年恐龙给它们提供营养。甲龙类似乎比其他恐龙长得慢。

没有证据表明，恐龙的寿命比大小相似的哺乳动物或鸟类要长。事实上，巨大的兽脚类恐龙似乎只能活30年。这可能是因为捕食大型猎物充满了危险；而脑容量小的恐龙则是独立性非常强的动物，不像大脑发达的大型哺乳动物那样需要父母长期照顾。这些大型恐龙寿命较短是可以理解的，因为它们是消耗型生物，繁殖类型为R型，繁殖速度快，能及时弥补损失。成年恐龙不会再显著增长，它们的骨骼化石外表面显示，大多数恐龙不会像众多爬行动物那样一生都在生长。

同比例的，6吨非洲象和50吨蜥脚类恐龙对比

能　量

脊椎动物有两种产能方式。一种是有氧运动，直接使用肺部的氧气来驱动肌肉和其他功能。这种系统的优点是可以无限产能，但输出的最大能量有限。例如，以中等速度长距离行走的动物就是在做有氧运动。另一种是无氧运动，化学反应无需立即消耗氧气就能驱动肌肉。这种优势在于单位体积、单位时间内产生的能量比有氧运动大约多10倍。但无氧运动持续时间较短，如果持续时间过长或频率过快会产生可能导致严重疾病的毒素。无氧运动还会产生氧债，必须经过一段时间才能恢复。全速奔跑的动物就是在做无氧运动。

大多数鱼类以及所有两栖动物和爬行动物的新陈代谢率都较低，有氧运动能力也较弱。因此它们是变温动物，即使精力最充沛的爬行动物，包括耗氧能力最强的巨蜥，也无法维持长时间的高强度活动。但很多的变温动物是可以实现非常高水平的爆发式无氧运动，例如巨蜥或鳄类能突然发动攻击并捕获猎物。因为变温动物的新陈代谢率都不高，所以它们对外部热源的依赖性很高，主要以环境温度和太阳作为身体的热源，所以它们都是变温的。其结果是，变温动物的体温往往变化很大，因而体温并不稳定。爬行动物的体温因栖息地不同而差异很大。生活在温和环境中的变温动物最佳体温为12℃。生活在炎热环境中的最佳体温为38℃或更高，因此不能笼统地说爬行动物是"冷血动物"。一般来说，动物体温越高就越活跃，但即使是温暖的爬行动物，其活动潜能也是有限的。

大多数哺乳动物和鸟类的代谢率与有氧运动能力都较高。它们是恒温动物，能够持续长时间的高水平活动。随着时间增加，恒温动物可以更好地利用氧气来产生能量，这可能是恒温动物的主要优势。恒温动物也具有短时间内爆发出强力的无氧运动的能力，但它们对无氧运动的依赖性比爬行动物低，而且恢复得更快。因为恒温动物代谢率高，所以它们所需大部分热量都是自身产生的，是温血动物，体温更加稳定。一些恒温动物，比如人类，体温几乎是恒定的，健康的时候体温基本为常数。然而，许多鸟类和哺乳动物，一天或一个季节内体温会在一定范围内波动，所以它们是变温的。代谢率高的另外一个优点是能够让身体保持最佳温度，正常体温为

30℃~44℃，而鸟类的体温总是不低于38℃。心脏工作也需要高水平的产能，这样才能为高大的动物提供足够高的血压。

通常，哺乳动物和鸟类的代谢率和有氧运动能力大约比爬行动物高10倍，而能量收支差异甚至更大。然而，恒温动物的这些标准值有明显变化。哺乳动物中的单孔类、部分有袋类，刺猬、树懒、犰狳和海牛的能量消耗水平和需氧性能都比较适中，在某些情况下，与精力最充沛的爬行动物相比不会高出太多。一般来说，有袋类动物的代谢率略低于胎盘动物，所以袋鼠大约能比鹿节省三分之一的能量。鸟类中的大型平胸类的能耗水平与体型类似的有袋类相当。从另一个极端看，一些小型鸟类和微型哺乳动物的氧气消耗水平都非常高。

因为特定物种可以在个别栖息地和生活方式中取得成功，所以动物界演化出了差异很大的产能系统。爬行动物在能量消耗方面具有一定的优势，所以它们能在有限的资源中生存和成长。恒温动物能够持续进行高水平活动，可以获取更多的能量，这是它们演化和繁殖成功的关键因素。恒温使得哺乳动物和鸟类成为大型陆生动物中的优势物种，它们的分布可以从热带一直到极地。但爬行动物在热带地区仍为数众多且非常成功，温带情况略次于热带。

虽然脊椎动物的产能系统如此多样，但似乎仍有它们无法企及的事。平常，所有的昆虫都像爬行动物一样低效代谢。飞行时，大型昆虫的好氧水平与鸟类和蝙蝠一样高。昆虫可以实现极高的最大（最小）代谢率转换，这样既可以节能，又兼有很强的耗氧能力。昆虫能做到这些是因为它们有一个分布式的气管系统，该系统可以为它们的肌肉充氧。任何脊椎动物都不能同时具备高有氧运动能力和低新陈代谢率，这可能是因为恒温脊椎动物的呼吸循环系统是循环式的，即使在休息的时候也需要内脏全力运作。因此，昆虫的能量机制不适用于恐龙。但陆生脊椎动物演化出的所有产能系统不可能全部保留至今，所以，一些或全部恐龙很可能有着独特的解决方案。

通常假设恐龙能量学主要是爬行动物式的，直到20世纪60年代，这一观点才逐渐转变。如今，大多数研究人员

认为，恐龙的产能机制和体温调节方式与鸟类和哺乳动物类似。这是被广泛接受的观点，因为恐龙是如此多样的一个群体，能量学方式千差万别，就像鸟类，尤其是哺乳动物那样。

爬行动物的腿是非直立的，不与地面垂直，适合以1~2千米/小时的缓慢速度行走，它们的低有氧活动能力可以长期工作。爬行动物疲惫时，它们的四肢可以轻易地放在腹部休息。任何现生变温动物都没有直立的腿。走路的时候一直需要能量，与游过同样的距离相比，走路需消耗几十倍的能量，所以只有耗氧能力强的动物才能以时速3千米的速度轻松步行。恐龙长而直立的腿与鸟类和哺乳动物类似，它们喜欢以时速3~10千米的速度步行，只有恒温动物才可以持续几个小时这样的运动。大小已知的动物的移动速度可根据步幅来进行估计——速度慢的动物比速度快的动物步幅小。各种各样的恐龙行迹显示它们的步行速度通常是3千米/小时，比同样通过足迹反映出来的，那些行动缓慢的史前爬行动物要快得多。恐龙的腿部和脚印都表明，它们的持续有氧运动能力超过了有氧运动能力最强的爬行动物。

速度最快的爬行动物的腿部肌肉很纤细，因为它们小容量的呼吸循环系统不能提供足够的氧气来支撑更大块的运动肌肉。哺乳动物和鸟类往往有很大块的腿部肌肉，这有助于它们长距离快速奔跑。因此，哺乳动物和鸟类的腰带很大，为的是能够容纳大块的大腿肌肉。有趣的是，原恐龙类（最原始的兽脚类恐龙）和原蜥脚类恐龙腰带较短，只能固定一条细小的大腿。不过它们的腿长且直立。任何现生动物都没有这样的组合。这表明那些有着小型腰带的恐龙的代谢系统已经失效，该系统可能介于爬行动物和哺乳动物之间。所有其他恐龙的髋部都很肥大，可以支撑大块的肌肉，具备典型的耗氧能力更强的动物特征。髋部发达的恐龙中，相对迟缓的镰刀龙类、剑龙类和带甲的甲龙类的能量收支可能比它们行动敏捷的亲戚要低。

许多恐龙的大脑位置远高于心脏，这表明它们的产能水平很高，与身材高大的鸟类和哺乳动物类似。原恐龙类、早期的兽脚类和原蜥脚类恐龙似乎具有一种适合结构简单的肺的中间代谢方式，研究者对鸟臀类恐龙的呼吸系统了解太少，无法描述它们的代谢水平，只知道它们有类似哺乳动物的膈膜，暗示它们的氧气摄入量与

哺乳动物相当。广泛发现于鸟足类兽脚类和蜥脚类恐龙的似鸟的高效气囊换气呼吸系统，常被作为恐龙已经演化出较高好氧水平的证据。蜥脚类恐龙可能需要鸟类一样的呼吸系统，以便通过长长的气管来为高代谢率提供氧气。一些能量较低的爬行动物也有长脖子，包括一些海洋蛇颈龙类，因为它们代谢率低，所以不需要气囊将大量空气吸入肺部。

许多鸟类和哺乳动物都有很大的鼻腔，鼻腔里面有协助呼吸的鼻甲骨。这些都用于呼气时保留热量和水分，高代谢率会导致热量和水分的丢失。因为爬行动物呼吸得更慢，所以它们不需要或没有鼻甲骨。一些研究人员指出，没发现保留了鼻甲骨的恐龙鼻腔，而且一些恐龙鼻腔很小，是恐龙的呼吸率和变温爬行动物一样低的证据。但是，一些鸟类和哺乳动物也没有发达的鼻甲骨，许多鸟有完整的软骨结构，却没有任何骨质的痕迹。有些鸟甚至不以鼻腔为主要呼吸通道，例如，加州秃鹰就是小鼻孔。某些恐龙鼻甲骨的可用空间被低估了，而其他恐龙有非常大的鼻腔，能够容纳非常大的已经骨化的类似结构。因此，鼻甲骨似乎不能作为决定性的证据。

越来越多的小型恐龙身上发现了中空的毛状覆盖物，这是证明它们新陈代谢率提高的有力证据。这种绝缘层阻碍了环境热量的摄入，变温动物不能快速提高体温，在变温动物中再也找不到这样的覆盖层。早期隔热层的演化表明，这一群体形成之初（或是它们的祖先），就已经演化出较高的代谢速率。此外的大多数恐龙的皮肤是不保温的，同时它们又具备高代谢率，就像巨型哺乳动物、许多猪类、小孩，甚至一个小型无毛蝙蝠一样。大多数恐龙生活在热带气候中，对保温的需求下降，而大型恐龙则因为个头太大而根本不需要保温。

陆生爬行动物运动能力低，这似乎导致它们不能活跃地去获取足够食物来迅速增长。这个理论的一个具体体现是"赚钱需要花钱"，恒温动物能吃很多食物来产能，这些能量又能让它们获得更多的食物来快速增长。未成年恒温动物可能会自己寻找食物或者从父母那里获得。各种体型的恐龙，增长率比类似体型的陆生爬行动物快，这表明前者的有氧能力和能量收支比后者高得多。小型鸟臀类恐龙增长尤其迅速，而巨型恐龙能快速增长则得益于它们大幅提高的代谢率。

骨同位素被用来评估恐龙的新陈代谢。它可以用来

原始羽毛兽脚类恐龙——中华龙鸟

检查骨头在日常生活中的温度波动。如果骨头表明温度波动很大，那么该动物无论在一天当中还是在某一季节内都是变温的。在这种情况下，动物可能是冷血变温动物，也可能是会冬眠的温血恒温动物。结果表明，大多数恐龙，不论体型大小，都更像恒温动物，因此与相同体型的鳄类相比，体温更加恒定、血液更加温暖。测试中的一具甲龙化石就显示出它是恒温动物。因为覆甲的龙类生活在高纬度地区，所以可能会在黑暗的冬季进行冬眠，也许是睡在致密的灌木上，利用身上的装甲来抵抗寒冷，以及掠食者的袭击。

生活在极区的恐龙形态不同、大小各异，这些恐龙有着丰富的冬季御寒经验，这也证明了恐龙的内部产热机制比爬行动物更加完善，很少或者根本没有现生爬行动物会生活在极地。陆生恐龙千里迢迢从极地迁徙到赤道地区避寒似乎不太现实；这需要花费太多的时间和精力，而且海洋也阻断了它们朝温暖地区移动的步伐。有人认为，大型恐龙的新陈代谢与爬行动物类似，会保留少量内部产生的热量，用庞大的身躯来保暖，但分布在寒冷地区的蜥脚类恐龙直接否认了这一假说；只有更高水平的产能方式才能保持身体热度，防止皮肤被冻伤。

一些极地生活的恐龙没有骨环，这表明至少它们中的一部分不会在寒冷黑暗的冬季冬眠，而冷血动物则绝不会这样。研究人员发现，生活在澳大利亚南极洲领地的恐龙可能会在地上打洞，这表明一些小型鸟臀类恐龙冬眠的方式很可能与熊相似。

平胸类是现存最原始的、体型最大的鸟类，因为它们的能量收支与有袋类动物类似，所以大多数恐龙应该不会超过这个上限，这与一些骨同位素数据相符，恐龙食物消费水平适中，稍低于体型相同的大多数胎盘哺乳动物。高大的蜥脚类恐龙和极地生活的恐龙可能是个例外，前者的循环系统压力较高，后者冬季依然很活跃，这需要产生大量热量。早期恐龙的另一个极端情况是生长较慢的甲龙类和笨拙的镰刀龙类，它们可能与低能耗的哺乳动物能量收支水平相当。如同鸟类一样，恐龙也许不能像众多哺乳动物那样，精确控制自己的体温。这与它们能产生骨环相符。因为生活在一个多数地区都是炎热气候的星球上，大多数恐龙体温可能都达到38℃或更高，总之要达到一个最能抵御炎热的体温。高纬度的恐龙又是例外，它们的体温可能稍低，为冬季活动保留了一些热量。

巨 人 症

虽然恐龙是从小型原恐龙类演化而来的，但许多恐龙（包括鸟类在内）是因日益庞大的体型而闻名于世的。哺乳动物的平均体型与狗差不多，而恐龙的平均体型则像熊一般大小。这些只是平均水平。兽脚类恐龙重达10吨，和大象一样大，最庞大的肉食性哺乳动物在这些恐龙面前也会黯然失色，二者体积相差一倍或十倍，甚至更多倍。蜥脚

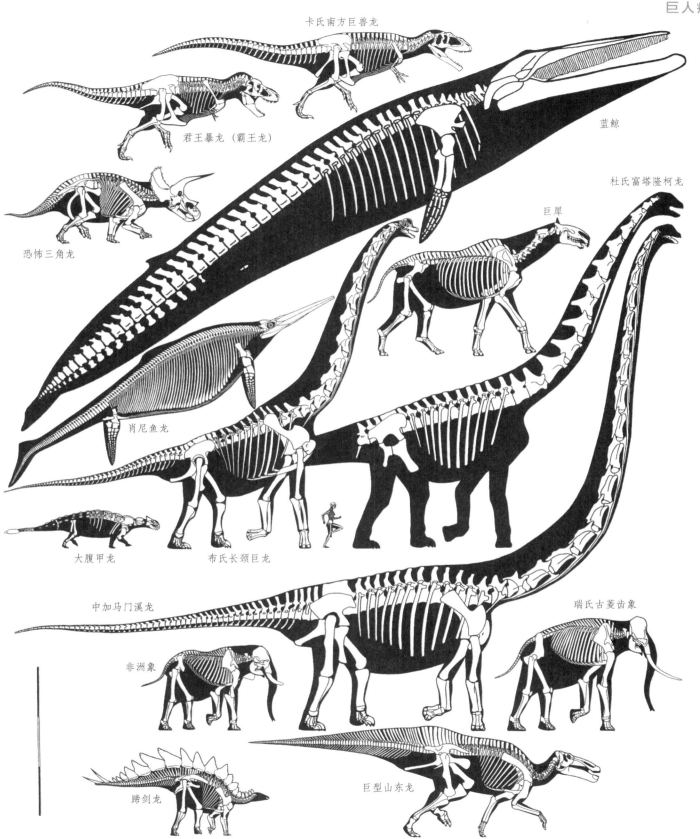

卡氏南方巨兽龙

君王暴龙（霸王龙）

蓝鲸

杜氏富塔隆柯龙

恐怖三角龙

巨犀

肖尼鱼龙

大腹甲龙

布氏长颈巨龙

中加马门溪龙

瑞氏古菱齿象

非洲象

蹄剑龙

巨型山东龙

巨型恐龙与哺乳动物对比图

类恐龙的体型超过了最大的陆地哺乳动物——猛犸象以及体重为15~20吨的巨犀类，而蜥脚类恐龙至少比它们大5倍。

已知的陆生动物的能量学中，只有恒温动物能够长成陆地"巨人"。最大的完全陆生的爬行动物，比如一些超级乌龟和巨蜥，体重都不超过一吨。陆生爬行动物的增长速度可能不足以在合理期限内长成"巨人"。其他因素也可能限制它们的体型。在一个重力条件下、不借助水的浮力，也许唯有（恒温）动物才能长时间的维持高水平的有氧运动。爬行动物的低功耗、低压循环系统所提供的血压无法到达比心脏高太多的地方，这就限制了陆生变温动物的大小。相反，身材高大的蜥脚类恐龙，其心脏能够将血液逆着重力向上推高好多米，它的血压是长颈鹿的2~3倍，而后者的为大脑供氧的血压已经达到200毫米汞柱。如此高大的动物跌倒后不见得会因大脑缺氧而暂时昏迷。若真是如此，那蜥脚类恐龙一定有一个超大的心脏，心脏能量需求高，需要非常高的氧气消耗来支撑。陆生动物不太可能超过20米高，一方面因为将血液泵到大脑需要很高的压力，另一方面因为这种身高会在脚部产生极高的液压，所以，像长颈鹿那样的超高型动物，站立和坐下、饮水时的抬头和低头，都会产生脉动血压问题，所以它们需要特殊的血管结构来应对这些相关问题。

有假说认为，只有高代谢的动物才能成为陆地的庞然大物，该观点被称为陆地巨化论（terramegathermy）。而巨温论（gigantothermy）则认为，大型爬行动物的代谢系统趋近于巨型哺乳动物，所以所有大型动物的能量效率一致。从这个角度看，巨型动物依赖于自身惊人的体重，而非高水平的产热能力来实现热稳定性。这个观点是人们对动物产能系统的误解。持续的高体温并不能提供维持高水平活动所需的能量，它无法让恒温动物和有氧运动水平高的动物昼夜不停地进行高水平活动。高体温的巨型爬行动物无法保持长时间的剧烈运动。测量表明，大象和鲸鱼的代谢率与有氧活动能力与其他哺乳动物一样高，远高于那些体型最大的鳄类和乌龟，后者是典型的低能耗爬行动物。

人们一直对蜥脚类恐龙如何用那么小的脑袋进食来填饱肚子感到困惑，特别是如果它们巨大的体型像高耗氧动物那样需求营养，情况将更加具有挑战性。但是，蜥脚类恐龙的小脑袋就像鸸鹋或者鸵鸟那样——整个脑

袋基本被嘴占据了。而大多数植食性哺乳动物的头部都有齿系，它们只用下颌前端的嘴巴啃咬食物后进行咀嚼。同时，蜥脚类恐龙的头并不像看起来那么小——体型最大的蜥脚类恐龙的嘴巴可以含住长颈鹿的整个脑袋。蜥脚类恐龙嘴巴的宽度和同样体重的植食性哺乳动物是一样的。如果一只50吨重的恒温蜥脚类恐龙吃的和同等大小的哺乳动物一样多，那么它每天需要消耗超过半吨的新鲜植物。但这些只是它自身体重的1%，如果蜥脚类恐龙每天进食14个小时，每一分钟大吃一口，那么它每次只需吃掉约0.5千克的植物就够了。这对于蜥脚类恐龙的头来说是很容易的事情，因为它的头有一人重，嘴巴宽度大约为半米。

一些研究人员非常关心这样一个问题，如果生活在中生代温室环境中的恐龙具有和鸟类或哺乳动物一样的产能水平，那么它们的头部会不会过大。然而，生活在现代热带地区（包括沙漠）最庞大的动物，是大型的鸟类和哺乳动物。非洲西南部骷髅海岸纳米布沙漠（Namib Desert）中生活着体型最为庞大的大象，因为没有树荫遮蔽，所以大象经常得忍受酷热和太阳直射。人们普遍认为，当大象真的很热的时候，会用耳朵来为自己降温，这是恐龙做不到的。其实，只有当环境温度低于体温时大象才会扇动耳朵。当空气的温度和身体温度一样时，热量不再流出，当空气温度高于体温时，拍打耳朵会增加热量。大耳朵的非洲象直到最近才成为主要的草原象类，在那之前，草原的象主人是另一位巨大的家伙——雷氏亚洲象（Elephas recki）。它是亚洲象的近亲，耳朵可能很小，对降低热量和体温没多大作用。事实上，小动物受热疲劳和中风的危害最大，因为它们瘦小的身体会从环境中迅速吸收热量。这种风险在干旱环境中尤为严重，因为那里没有充足水分来进行蒸发降温。因为大型动物的表面积与质量的比例小，所以它们可以在炎热天气中抵御高温伤害，还可以存储自身产生的热量。大型鸟类和哺乳动物白天的体温比正常值高几摄氏度，这样就能储存白天产生的热量，等到凉爽的夜晚再释放这些热量，次日继续如此循环。

恐龙能够长得如此巨大还有一个很微妙的原因，即它们的繁殖模式。因为大型哺乳动物的繁殖类型为K型，繁殖速度慢、后代数量少，所以父母会格外关心和照顾幼仔，而且一直会有大量成年动物来繁育下一代。一个健康的象群中有很多处于监护下的小象，这些小象必须

在父母照顾下才能存活。因为成年动物数量很多，所以为了避免过度消耗栖息地的资源，这些成年动物体型不能过大，否则将会导致种群崩溃。这种局限性似乎将缓慢繁殖的植食性哺乳动物体重限制在10~20吨之内。肉食性动物需要捕食过剩的植食性动物，它们所能得到的资源更加有限，因此肉食性哺乳动物要想维持种群数量的话，体重不能超过0.5~1吨的范围。

庞大的恐龙繁殖类型为R型，繁殖速度快、后代数量多，而且小恐龙可以照顾自己，所以与大型哺乳动物差别很大。只要少量的成年恐龙，每年就可以繁殖很多小恐龙。即使所有成年恐龙都死于意外，留下的恐龙蛋和小恐龙也能生存并茁壮成长，该物种仍可以延续下去。因为成年恐龙数量不多，所以它们能够长至非常庞大，而不会过度消耗资源。这种演化方式允许植食性恐龙长到20吨，有的甚至超过100吨。值得注意的是，超级蜥脚类恐龙发现得比较少，这表明它们的种群可能不大。因为大部分植食性恐龙都是体型过大的巨兽，所以肉食性恐龙也得演化得足够大，这样才能猎取巨型大餐。肉食性恐龙可以长到6~10吨仅仅是为了"稳扎稳打"地捕食体型更小的小恐龙，这个观点是不合逻辑的。另外，迅速繁殖并日益增长的肉食性动物可以长得非常大。超大

掠食者的存在反过来可能会在掠食者与被掠食者之间引发一场体型竞赛，蜥脚类恐龙体型变大以抵御掠食者攻击，兽脚类恐龙又跟着演化变大去打倒巨型猎物。

两个因素在演化环路中起作用，蜥脚类恐龙逐渐演化出长颈鹿那样超长直立的脖子。逐渐增加的身高是一种有力的炫耀，既能恐吓天敌又能吸引伙伴，还能提高生殖成功率。这与孔雀的尾巴、大型鹿科的巨大鹿角等其他性征类似。植食性动物随着脑袋的上移，争抢食物的能力也逐渐超过体型较矮的动物，也产生了推动血液从心脏输往高高在上的大脑的演化动力。蜥脚类恐龙没有齿系和发达的大脑，头部相对较小，所以它们的脖子能演化得非常长，这就需要足够大的身体来适应这样的脖子，并容纳下足够大的心脏。

19世纪，古生物学家爱德华·柯普提出，动物有增大体型的演化趋势，即"柯普法则（Cope's Rule）"。恐龙将这种演化模式演绎得淋漓尽致，以至于中生代陆生动物的庞大体型只能在今天的海洋动物中才能找到。现在，虎鲸和鲸之间正展开着一场体型竞赛。而恐龙时代，这种竞赛发生在与虎鲸大小的兽脚类恐龙和鲸般的蜥脚类恐龙、鸭嘴龙类以及甲龙类之间。

中生代的氧气

地史上大部分时间的空气中是不含氧的，直到单细胞植物开始光合作用之后才产生了足够的氧，光合作用击败了试图将氧气转换为其他元素（比如铁）的化学过程。最近有假说认为，几百万年前空气中氧气含量趋于稳定，浓度大约为20%。最近又有人提出，氧含量会随时间发生剧烈变化。用来估计过去氧含量的方法表明，晚古生代氧气含量极高，浓度达到30%，当时正在形成大范围的煤炭森林，因为空气中氧气含量过高，这些森林经常发生火灾。值得注意的是，当时许多昆虫体型非常庞大（以昆虫体型为标准），其中一些古蜻蜓的翅膀有半米宽。因为昆虫通过分散的气管来吸入氧气，所以它们身体大小可能与氧气含量密切相关。

不久之后，氧气含量可能陡然降低，到三叠纪和侏罗纪时，仅比当代水平的一半多一点。这种情况下，海平面上的氧含量可能和今天的高海拔地区差不多。高浓度的二氧化碳让事情变得更糟糕。虽然二氧化碳的含量

还没有高到足以直接致命，但缺氧和高浓度二氧化碳对呼吸系统提出了严峻的挑战。爬行动物受低氧环境影响，行动更加迟缓、生长更为缓慢，但也有特例，如今一些鸟可以飞得比极高海拔的珠穆朗玛峰还高。恐龙能持续进行高水平活动，而且生长迅速，如果中生代氧气稀少的话，这些特点就更加突出，它表明恐龙演化出了能高效吸收和利用氧气，同时又能高效处理高浓度二氧化碳的呼吸系统。在这种背景下，蜥臀类在晚三叠世和侏罗纪的演化和成功，可能就是源于鸟足类兽脚类恐龙和蜥脚类恐龙的高效低氧呼吸系统，这种呼吸系统令它们在低海拔地区可以像现生鸟类在高海拔地区呼吸一样容易。这令它们通常能以3~10千米/小时的速度步行而不至于气喘吁吁。尽管氧气不足，该呼吸系统还是令一群小型肉食性恐龙演化出动力飞行能力。有证据表明，翼龙同样演化出自己的低氧呼吸系统，令它们在三叠纪开始具备飞行能力。由于爬行动物、哺乳动物和鸟臀类恐龙的肺

是闭合的，效率较低，所以它们在侏罗纪的演化受阻。氧气问题可能限制了高原地区栖息地，而蜥臀类恐龙可能恰恰最适合生活在这些环境中。

尽管中生代的氧气含量从未达到现代水平，在白垩纪，氧气含量已逐渐接近现代水平。氧气含量的提高可能令鸟臀类恐龙最终演化得体型庞大且多样，这有助于它们在一定程度上取代蜥脚类恐龙。有趣的是，最敏捷的大型鸟臀类恐龙，角龙类和鸭嘴龙类以及异常迅猛的暴龙类，出现在白垩纪的最后阶段，当时氧气含量是中生代最高水平。同样值得注意的是，此时也演化出体型最大的翼龙。

但是还有一个问题。另一种估算氧气含量的方法认为，中生代初期的氧气含量大幅下降，但很快在早三叠世跃升至现代水平，然后持续缓慢升高，中生代后期的氧气含量可能高得多。如果是这样的话，恐龙已经能轻易获得氧气来进行自己的运动生活，那么上述大部分讨论都没有意义。确定恐龙时代的大气中的实际含氧量仍是一项重要挑战。

鸟类飞行能力的获得与失去

动物界已经多次演化出飞行能力——昆虫在晚古生代发生过很多次、四足动物则发生过三次——三叠纪的翼龙、侏罗纪的鸟类和新生代早期的蝙蝠。脊椎动物因地质条件的变化而迅速演化，演化出飞行能力的脊椎动物是如此之多，以至于飞行演化的最初阶段的翼龙和蝙蝠化石尚未被确认。研究者对翼龙演化出飞行能力的方式知之甚少。事实上，蝙蝠是从微小的食虫哺乳动物演化而来，最近发现的一个早期蝙蝠化石的翅膀比现生蝙蝠的小，这表明哺乳动物的飞行能力是以树栖模式演化的。

鸟类的起源和飞行比翼龙和蝙蝠更好理解。这一认识可以追溯到19世纪中期，晚侏罗世始祖鸟的发现，之后不断有大量新化石重见天日，特别是早白垩世的恐龙化石。然而，很少有人知道早侏罗世和中期（始祖鸟出现之前）都发生了什么，所以对于鸟类飞行演化的研究仍然存在巨大的空白。

当人们认为鸟类不是从恐龙演化而来的时候，也相应地假定它们的飞行能力是从第一只滑翔树栖动物演化来的，然后演化为动力飞行。我们知道树栖动物可以借助重力演化出动力飞行能力，就像蝙蝠一样，这是树栖动物的一大优势。然而，当人们意识到鸟类起源于恐爪龙类之后，许多研究人员转向另一种假说，即恐龙从地面起飞。这种方式的缺点是，奔跑的四足动物是否有足够的能力克服重力，实现飞行，仍是未知的。

鸟类的特点表明它们是从恐龙演化而来的，它们先演化为两足陆地动物，然后演化为前肢很长的树栖动物。

如果鸟类的祖先能够完全树栖，那现在它们应该是半四足动物，伸展的前肢像蝙蝠那样融合为主翼。鸟类是两足行走的动物，直立的双腿与翅膀分离，这表明它们从奔跑的祖先演化而来。相反，地面动物为何能直接长出强有力的长臂和动力飞行所需的翅膀，这些问题还没有找到充分解释。兽脚类恐龙为提高离开树干的能力而演化出飞行能力，这一假说涉及树栖的程度。小型肉食性恐龙的前后肢都是抓握型的，天生就适合爬树。一些鸟足类兽脚类恐龙很擅长爬树，尤其是擅攀鸟龙（Scansoriopteryx）、小盗龙类（驰龙类）、近鸟龙和始祖鸟。

早期鸟类，孔子鸟

鸟类飞行可能起源于肉食性恐龙，肉食性恐龙生活在地上或者树上，后者演化出的长臂有助于飞行。不对称羽片的发展延长了它们在树干间跳跃的距离，将跳跃转变为短距离滑翔。随着羽毛的加长，滑翔距离也逐渐增加。当原始翅膀长得足够大，拍打翅膀可以增加力量，进而将滑翔变成一种飞行。同样的拍打动作还有助于快速爬树。然后，选择性压力进一步增加肌肉力量和翅膀大小，直到始祖鸟的出现。会飞的恐爪龙类具有超大的叉骨、肱骨与巨大的肩脊，可以支撑拍打飞行的肌肉扩展组织。因为没有大胸骨，按照现代标准来看，其飞行能力很弱。随着鸟类飞行能力的进一步发展，胸骨逐渐变成和驰龙类一样的胸骨板。胸骨板通过骨化的胸肋固定在胸腔内，可以固定大块的可以扇动翅膀的发达肌肉，然后是龙骨突，而龙骨突可以进一步增大飞行肌肉附着面。肩关节发生改变，提高了抬升翅膀的能力，增加了飞行时的爬升力。同时，前掌硬化变平，以便更好地支撑外翼主羽，爪逐渐退化并消失。大多数早期鸟类的尾巴迅速缩短成尾综骨。这意味着鸟类迅速演化出动力飞行形式，而且比翼龙快得多，翼龙在侏罗纪大部分时间内保留了作为稳定器的长尾巴。上面这些适应性出现在早白垩世的鸟类中，它们在早白垩世已经演化出基本的现代飞行系统。

相对所有的优点，这种飞行模式也有不足，如所有能量都被超尺寸的翅膀组织吸收，特别是发达的飞行肌肉。飞鸟的体型也不会特别大。一些鸟丧失飞行能力，龙鸟类只具备最初级的飞行能力，而可抓握的爪却更实用，它们很容易就放弃天空了。飞行能力丧失的证据包括适应飞行特点的存在，比如在前肢过小无法飞行的动物身上，发现了由胸肋支撑的大型胸骨板、肋骨上的钩突、可折叠的前肢以及硬化的翼龙状尾巴。这些是不会飞的驰龙类的典型特点，而早期驰龙似乎比始祖鸟更适合飞行。几乎可以肯定的是，大型驰龙类就像陆生大鸟一样，无法飞向天空。近鸟龙表明恐爪龙类在晚侏罗世开始丧失飞行能力。短尾巴的窃蛋龙类和镰刀龙类表明它们早期具备一定的飞行能力。白垩纪的鸟类有时会意外失去飞行能力，其中最著名的就是广泛分布于海洋的黄昏鸟类（Hesperornithiform），以及一些介于鸡到平胸鸟类之间体型的欧洲鸟类，这些鸟来自晚白垩世，亲缘关系尚不明确。

恐龙时代大冒险

假如时空旅行已经成为现实，又有这本《普林斯顿恐龙大图鉴》在手，你就可以准备好回到中生代去看看恐龙世界。这会是一种什么样的探险呢？这里，我们忽略了一些实际问题，这些问题可能会阻止这次冒险，比如不同时期外来疾病的交叉污染，还有经典的时间悖论都会困扰时间旅行。如果时空旅行者回到恐龙时代并做出一些改变演化进程的事，导致人类没能演化出来，那么接下来会发生什么呢？

还有一个潜在的困难，氧气含量可能达不到现代水平，另外二氧化碳浓度过高、温室效应严重（这可能会毒害那些没做足准备的动物），特别是如果探险的目的地是三叠纪和侏罗纪。探险队员一定要适应环境。即使如此，至少在特殊场合还是需要辅助供氧。如果氧气水平远低于现代标准，那么人类的运动和活动将会受到制约，在高海拔地区进行工作就会更加困难。另一个问题可能是大多数恐龙的栖息地持续高温。高纬度地区温度可能会有所下降，至少持续黑暗的冬季以及高山地区温度不会那么高。

假设探险地是一个典型的中生代栖息地，那里生活着巨大的恐龙，那么面临的最大问题就是探险队员的人身安全。中生代探险的官方协议将会特别强调安全问题，以保证将人员伤亡降至最低。现代非洲探险需要配备一个携带步枪的导游，避免游客不在车里时会受到大型猫科动物、非洲水牛、犀牛或大象的攻击；在老虎出没的地方也需要类似的武器，那些地区往往有很多灰熊，另外包括北极熊的栖息地——北极。肉食性恐龙对人类的潜在威胁肯定高于犀牛和大象，这些恐龙轻易就可以扑倒一个正气喘吁吁逃命的成人。兽脚类恐龙可能不会把人类作为猎物，但也有可能会以人类为食，必须考虑这种可能性。除了不希望杀害当地物种外，步枪甚至是自动速射武器，可能根本无法放倒一只5吨重的异特龙类或暴龙，而随身携带更重的武器又不够现实。危险不仅仅来自肉食动物。一群鲸鱼大小的蜥脚类恐龙的踩踏同样会造成严重后果，而且它们的大尾巴十分危险，特别是如果它们受到人类的惊吓或者其他威胁，或是它们正四处逃窜的时候，对人类的伤害可能会很大。蜥脚类恐龙肯定会比大象更危险，后者高水平的智商令它们可以更好地处理与人类有关的状况。角龙甚至不如犀牛聪明，它们如同超大体型的猪，可能成为另一个主要危险。

因此，徒步旅行可能会在很大程度上受到栖息地的阻挠，包括大型兽脚类恐龙、蜥脚类恐龙和甲龙类的聚集地。探险队成员必须乘坐够大够结实的交通工具，以免受到恐龙的袭击。如果不用车辆的话，那么只有飞行工具里才可能是安全的。在空地上简单地搭建帐篷并不可行。营地周围必须具备防护设施，比如篱笆、围墙或沟壑，这些能够抵御巨大的肉食性动物以及一群惊慌失措的大型蜥脚类恐龙。在没有大型恐龙的地方，这种严格的防御设施就不是必需的了。

即便如此，中等大小的恐龙仍会构成严重威胁。例如，长着镰刀爪的驰龙类的一次攻击可能会导致严重的人员伤亡。还可能受到一群像野猪一样的原角龙类的攻击。必须配备防御性武器。如果探险协议要求对动物群的伤害最小化，那大多数时候就要待在车里。白垩纪栖息地内的另一个危险来自巨型鳄类，如果有人疏忽大意靠近水源或跳入水中，那么大鳄无疑会抢食并吞掉活生生的人类。不管怎样，去恐龙时代大冒险要面临很多困难，而且这些困难是面对现生动物时无法遇到的。

假如恐龙没有灭绝

假设恐龙因K/P影响而灭绝，又假如没有发生小行星撞击地球的事件，而且非鸟恐龙存活至新生代。这种情况下，陆生动物的演化会是什么样子的呢？

虽然永远只是推测，恐龙时代可能会继续下去——中生代仍将持续——哺乳动物的时代将夭折。如果是那样的话，3000万年前的北美西部很可能到处都是巨型恐龙的身影，而不是犀牛状的雷兽（Titanotheres）。蜥脚类恐龙的延续应该会抑制茂密森林的生长。但开花植物会继续发展并提供一系列新的食物来源，包括长势良好的水果，植食性恐龙为了发展会逐渐适应这些食物。

哺乳动物是否继续保持矮小的体型，还是开始和恐龙竞争大体型生态位？这一问题还不确定。晚白垩世，复杂的有袋类和有胎盘类动物出现，随着时间的推移，它们可能已经能和恐龙展开一场激烈的竞赛。向南移动的南极洲最终到达南极，并形成巨大的冰原，成为地球的巨大空调机。与此同时，印度洋板块和欧亚大陆板块碰撞到一起，封堵了曾经波澜壮阔的古地中海，并隆升起数英里高的青藏高原，青藏高原也帮助这颗伟大的行星在过去的2000万年里逐渐冷却下来，尽管太阳的辐射热在不断增加，但最终还是迎来了冰河时代。这将逼迫植食性恐龙去不断延伸的热带的稀树草原、干草原以及在凉爽气候下兴起的高平原草原觅食。在体温方面，恐龙应该已经能够适应低温，但充满活力的哺乳动物也可能已经可以利用不断降低的温度获取优势。也许奇特的大型哺乳动物会形成一种恐龙-哺乳动物的混合群落，前者还可能包括一些大型鸟类。哺乳动物可能会比非鸟恐龙更适合生活在海洋里。

在侏罗白垩之交，似鸟恐龙的大脑变得比爬行动物更大、更复杂，但仍未超过低等鸟类，而且在白垩纪，它们体型变大、变复杂的趋势并不明显，与新生代哺乳动物惊人的神经能力增长类似。我们只能怀疑恐龙若不灭绝，是否能经受得住自己大脑的膨胀。体型庞大、大脑发达的哺乳动物的演化可能也会迫使恐龙思维能力的提升。或许更加聪明的哺乳动物会打败心智依然较低的恐龙。

假如恐龙没有灭绝，可能就不会有人类出现，但也可能会出现其他形式的高度智能、语言发达，并且会使用工具的动物。中小型的，两足的，似鸟的肉食性兽脚类恐龙演化出抓握爪，可能会做类似的事。树栖的兽脚类恐龙拥有立体视觉，可能演化成以水果为食，也许会和演化成人类的日益智能的灵长类演化轨迹平行。真正的灵长类动物可能已经出现，并在头部演化上超过大恐龙，产生某种情况下能够制造和使用工具的两足哺乳动物。另一方面，智慧超常的人类的出现可能只是侥幸，这不会在另一个世界里重演。

恐龙"保护区"

让我们把上述场景极端化，即假设一些聪明的恐龙或哺乳动物设法生存下来并在充满兽脚类恐龙的世界里茁壮成长，最终智力水平发达到可以发展农业、文明以及制造杀伤性武器，那么动物界会发生些什么呢？

大型恐龙的命运可能会比较凄惨。现实中，我们人类可能一直是导致大部分巨型动物灭绝的主要因素，直到上一个冰川时代末期，庞然大物们仍漫步在地球上的大部分地方。陆地上的大型动物处境持续变得糟糕，甚至海洋中也是这样。我们虚构出来的智慧生物可能会因为欲望和实际需要，被迫消灭大型兽脚类恐龙。成年兽脚类恐龙数量少，所以相对于大型肉食性哺乳动物来说更容易被消灭。如果鲸鱼大小的植食性恐龙依然存在，它们可能会因为数量较少，比大象和犀牛更易受到攻击。等到智慧生物工业化后，巨大的肉食性和植食性恐龙可能已经成为历史。相反，如果超级恐龙设法在工业社会生存下来，那么它们将会为动物园带来难以克服的困难。喂狮子、老虎和熊，对动物园来说很容易，但喂养一只暴龙大小的兽脚类恐龙（假设它是恒温动物），动物园则会破产，因为恐龙在几十年间就能吃掉几千头像牛一样大的动物。动物园的工作人员又怎么能对付一只重达30~

50吨、食量是大象10倍的蜥脚类恐龙？

因为大型恐龙早已成为过去，而且时间旅行又可能会违背宇宙的自然法则，所以能够找到它们的遗迹，我们就该满足了。恐龙生活在大陆上所有地区，高纬度地区可能是唯一的例外。恐龙化石的发现受环境因素制约，必须在适合保存它们的骨头和其他痕迹，如恐龙蛋、脚印的环境中，同时还得适合人类寻找和挖掘，这样才能被发现。举个例子，如果一个恐龙栖息地不具备保存化石的条件，那么这个动物群就彻底消失了。或者，如果某种恐龙化石埋藏过深，人类无法获取，那么也不能用于详细研究。

去何处寻找恐龙

动物死后，除很少的尸体外，大部分不久后都会遭到破坏。很多会被食肉动物和食腐动物吃掉，其他的会腐烂或者风化。即便如此，随着时间的推移，动物化石的数量还是非常庞大的。因为任何给定时间内，都可能有几十亿只恐龙活着，且大多数是未成年个体和小型成年恐龙，这些种群基本上度过了整个中生代，所以地球上现存的恐龙化石数量惊人，可能多达数以亿计甚至几十亿。

这些化石只有一小部分被人们发现，或只有一小部分保存有恐龙的沉积物暴露出地表，从而可以获取恐龙化石或其他化石。即便如此，已经被记录的恐龙化石数量在某种程度上也是相当惊人的。有的恐龙骨床包含成千上万的独立个体，在这个意义上已知的恐龙个体的总数大概在几万或几十万。问题是到哪里去寻找它们。

在任何指定时间里，地表大部分地区都在被侵蚀，高原地区尤其如此。在侵蚀地区，没有可以保护骨骼和其他痕迹的沉积物，所以极少有高原动物群的化石记录。如果某地区的沉积物数量足够大、沉积速度足够快，而且动物尸体遭受破坏前就成功被掩埋，那么该地区就可能发现化石。动物可以保存在高原地区的深裂缝或洞穴中，但目前学界研究的中生代时期很少出现这种情况。有沉积物的地区往往是隆升高地的下游低地，小溪、河流、湖泊或池塘携带的大量泥沙会沉淀在这些盆地，并形成淤泥、沙滩、河床或砾石。因此，大规模化石层只会

出现有重大构造活动的地区。沉积盆地可以是高原或沿海地区的宽阔山谷或各种规模的大型盆地。因此，大多数已知恐龙的栖息地是地势平坦的平原。在某些情况下，化石发现地的不远处可以看到具有侵蚀性的高地，尤其是在古裂谷，以及大盆地的边缘地区。在沙漠中，风成沙丘可以保存骨骼和行迹。火山落灰也可以保存骨骼和行迹，但熔岩流往往会焚化和破坏动物化石。海洋底部有时也适合保存那些漂流过来的动物化石。

大多数泥沙沉降发生在洪水中，这些泥沙可能会在洪水淹没动物后，将其掩埋并保存。然而，大多数动物在洪水来临之前就死掉了，一旦发生埋藏，过程往往比较复杂，在很多方面我们都知之甚少。例如，人们已经意识到细菌活动对保留有机残余物非常重要。根据不同的情况，化石化速度可能很快，也可能缓慢到以至于经过数百万年也没能形成化石。动物死后被埋藏越快就越容易形成化石。最极端的成化石过程发生在原骨骼完全被地下水运输的矿质所取代时。例如，一些澳大利亚的恐龙骨骼呈乳白色。不过，大多数恐龙骨骼保留了最初的钙质结构。

细孔内都充满了矿物质，骨头变成了比原来重得多的石头。在一些化石点，如莫里逊组地区，细菌活动使许多骨头中含有铀，导致其具有严重的辐射风险。在其他情况下，恐龙骨骼周围的环境一直很稳定，很少发生改变，令骨头中心附近保留了部分软组织。

晚三叠世（卡尼期—诺利期—瑞替期）

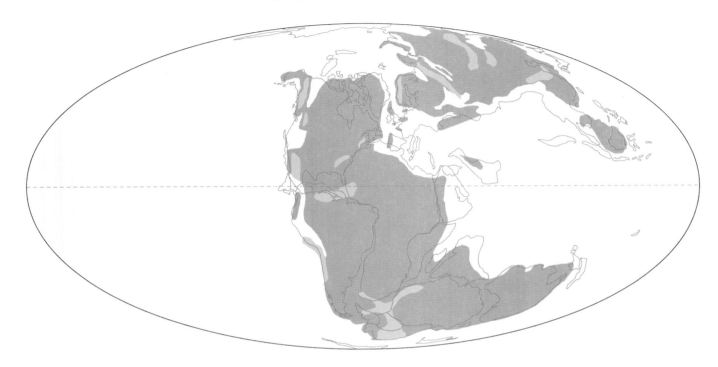

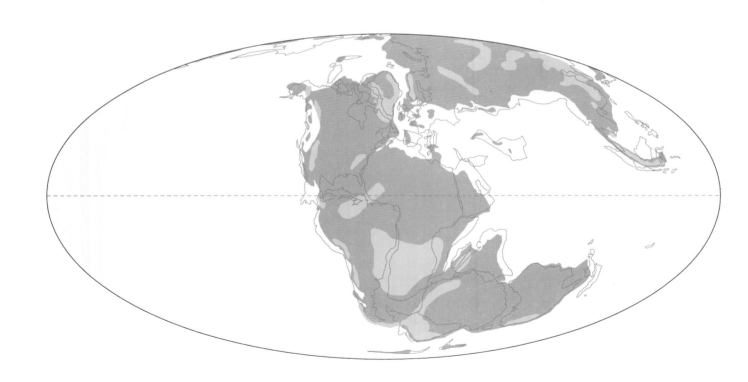

早侏罗世（辛涅缪尔期）

中侏罗世（卡洛夫期）

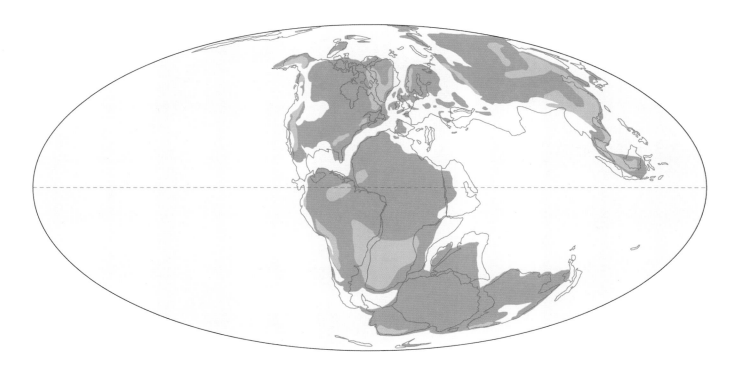

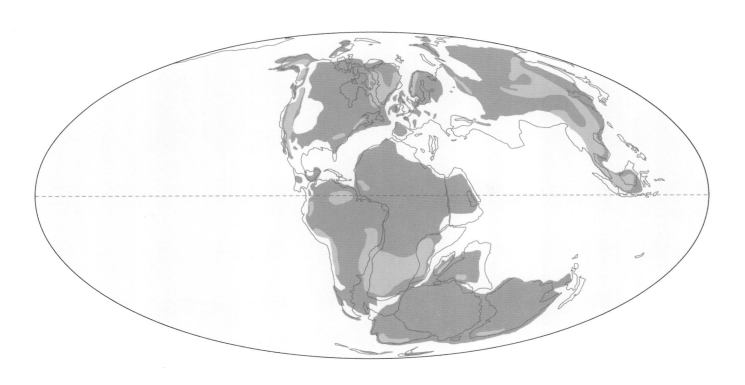

晚侏罗世（钦莫利期）

早白垩世（瓦兰今期—巴雷姆期）

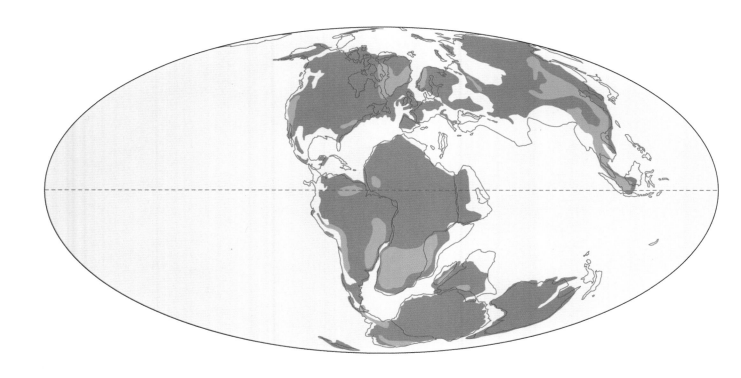

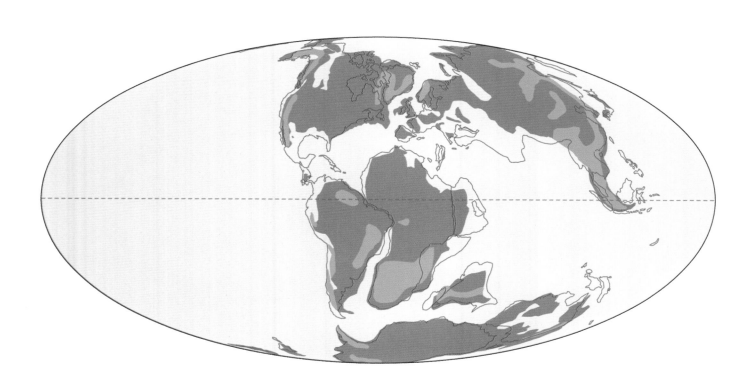

早白垩世（阿普特期）

晚白垩世（康尼亚克期）

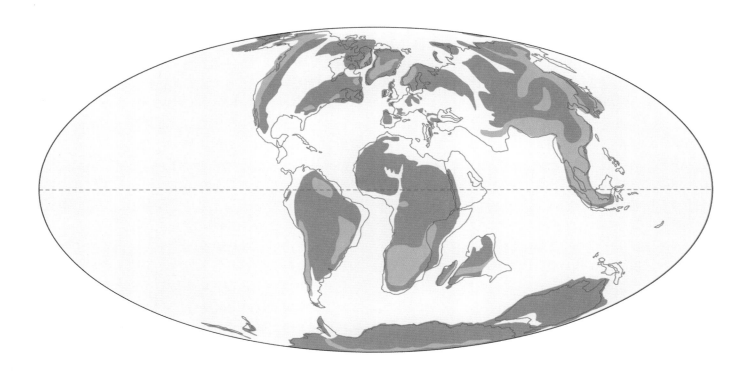

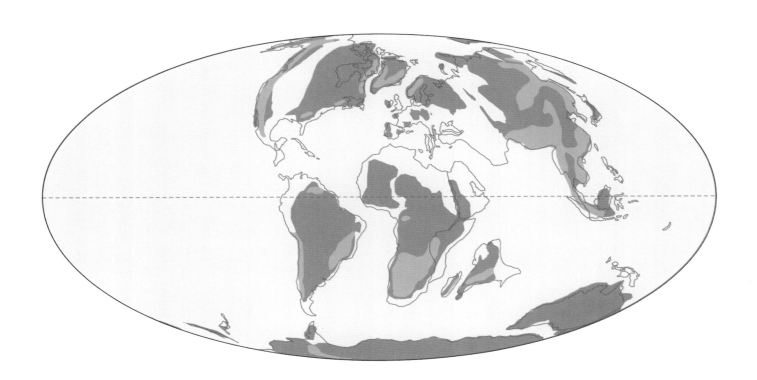

晚白垩世（坎潘期）

尽管地下储存着数量惊人的恐龙骨骼和足迹，但因为很多现实原因，除一小部分外，其余的遗迹都是遥不可及的。其中大部分埋藏过深。绝大多数的化石发现于地表或地表下一两米的地方。偶尔还会发现于深坑中，如建筑工地，采石场，或采矿作业中。即使富含恐龙化石的沉积物埋在地表附近，但是因为有泥沙覆盖，如果上面还有水分充沛的厚重植被，那么也是很难被发现的。例如，大量含恐龙化石的中生代沉积物位于美国东部沿海地区，延伸在一些主要城市下面，如华盛顿和巴尔的摩。沉积物的获取在很大程度上局限于施工场地所有者是否愿意提供帮助，而沉积物获取受限也阻碍了科学发现。另一个寻找恐龙化石的地方则是在森林覆盖地区的中生代沉积物构成的沿海峭壁上。

大部分恐龙化石存在于适宜的中生代沉积物中，这些沉积物长期暴露在外并受到大面积侵蚀，变得十分荒凉而不适合生长厚重植被。这些地区包括矮草草原、荒地和沙漠。偶尔会有一些区域富含大量恐龙骨骼材料，人们可以毫不费力地发现这些化石。加拿大艾伯塔省南部的省立恐龙公园（Dinosaur Provincial Park）就是这样一个著名的化石点。在某些地区，数不清的恐龙脚印暴露在外面。大多数情况下，恐龙骨骼化石不会这么常见。自19世纪以来，发现恐龙化石的进展很慢。科学家在寻找恐龙化石的时候往往伏在地上缓慢前行，背部要忍受太阳的炙烤和蚊虫的叮咬。如果正在寻找的真的是很小的遗迹，比如支离破碎的蛋壳，跪在地上进行翻找是必需的。虽然新手通常会因为沉积物的隐蔽性而错过一些遗迹或痕迹，但即便是业余爱好者，也能很快掌握化石的关键特征。通常，骨头表面的破碎代表骨头或骨骼受到过侵蚀。人们沿着碎片继续挖掘很快就可以找到恐龙骨骼。近年来GPS的出现，为确定化石位置提供了很大帮助。探地雷达有时会帮助我们弄清一个新化石点的埋藏情况，但研究者更多的时候是直接挖掘，看看那里到底有什么。

挖掘和移动化石时一定要方法得当，保证不对化石造成损坏，同时还需要进行科学调查并记录下沉积物周围的环境特征，这些都是为了准确复原化石所可能包含的信息。多年以来，这些基本方法没什么太大变化。有时可能会采用重型设备甚至炸药移开表层厚土。但通常是用手提钻、铁锤、风镐或铲子来完成这些工作，一般会根据沉积物的深度和硬度来选择合适的设备。当顺利发现目标沉积物时，就需要更精细的挖掘工具，包括泥刀、锤子和凿子，甚至还有牙科工具和刷子。电影里经常出现这样一幕：科考人员找到沉积物后轻轻一刷，上面的沙土就会被清除干净。虽然蒙古一些古老的沙丘沉积物的确可以这样轻松做到，但对于保存良好的沉积物来说往往很难刷干净。沉积物通常有一定程度的硬化，清理它们需要花一番力气。同时，骨骼和其他化石非常脆弱，操作时一定要小心谨慎，以免造成损坏。另外，移动化石之前还需利用绘制化石点的埋藏图或照片来记录它们的位置。可以移动单块骨头，也可以移动包含多个骨骼或关节在内的整个岩块。此外，虽然可以用防水布遮阴，但这些作业通常是在昆虫、灰尘、高温和烈日等恶劣条件下进行的。在北极地区保暖不成问题，但夏天的野外总是有成群蚊虫相随。

化石挖出后，那些脆弱的骨头，可能要先用特殊的胶水浸透来硬化它们。另一方面，实验室的处理技术日益复杂，可以防止化石变质和污染。大多数化石在移动之前，科学家会迅速用湿度适当的薄绵纸将其包裹起来，然后再包上一层较厚重的纸，最外面是一层厚厚的石膏保护层。通常用木条做箱。尽管受到如此保护，暴露出化石的顶部仍可能会受损。接下来需要翻动化石，这一过程需要付出相当大的努力，挖掘机和化石都要承受一定的风险。化石底端用纸糊住，再用石膏做成一个保护壳。如果化石过重，又没有重型设备，就要动用直升机，这种情况可能会需要大型直升机；美国陆军有时愿意义务帮忙，并将其作为特殊运输训练，让驾驶员有机会学习如何应对具有挑战性的目标，而不是只会运输标准的货盘。

因为恐龙古生物学不是一门有大量预算支持的高优先级学科，而且世界上每年寻找和挖掘恐龙的只有数千人——虽然比以前多得多——但是现藏于博物馆内的恐龙骨骼仍然只有几千具。但中国是个例外，政府的资助正将越来越多的恐龙化石运到仓库和新博物馆中。

在实验室里，操作员会去除部分或全部保护壳，并利用精细的工具来消除骨骼和其他遗迹上的部分或所有沉积物。大多数骨头会完好无损，还保存着它们的原貌。在某些情况下，需要使用化学方法来稳固骨头，特别是如果这些骨头内浸着有黄铁矿，这样的骨头逐渐会充满水分。研究者因各种不同目的打开逐渐稳固的骨头，研究其内部结构：切片检查骨组织学和微结构、数骨环、寻找软组织、检查骨同位素和蛋白质等。在头骨和复杂骨骼上进行CT扫描已经成为一种确定三维结构的常规方法，该方法没有破坏性同时又可以降低成本。这些可以被出版为传统硬拷贝和CD/DVD。人们越来越不愿意把真正的标本安装在展示大厅里，因为精致的化石适当修复之后可以更好地保存。相反，展览中使用的骨骼多是树脂模型和轻质石膏。

到今天为止，越来越多样的恐龙相关活动应运而生。但与此同时，资金和研究人员仍旧匮乏。令人高兴的是，恐龙爱好者有很多机会参与寻找和修复恐龙化石。如果非专业人士正在寻找化石，那就要注意相应的法律法规。像加拿大等国家，规定所有化石都归国家所有。而在美国，所有在私人土地上发现的恐龙化石完全属于土地所有者，他们可以按自己的意愿处理任何史前化石。因此，土地所有者可以随便寻找化石并将其留作私有财产。不过，并不是所有人都对埋在自家土地里的化石感兴趣。由于东部各州的恐龙化石通常包括牙齿和其他小化石，非工作日时，非危险性的工地是可以探索的好地方。

在西方，合作制牧场是恐龙化石的主要发现地。遗憾的是，随着化石价格的水涨船高，科学团队越来越难接近那些土地。一些土地所有者的宗教观念偶尔也会阻碍科学家的探索。幸运的是，恐龙化石是西方传说和遗产的一部分，所以许多当地人都支持古生物学的相关活动，这些活动还可以促进当地旅游业的发展。联邦政府土地上的所有化石都是公共财产，受到严格监管。只有获得官方许可才能移动这些化石，而且只限于认证人员。恐龙发掘可能会涉及环境问题，因为这实际上就是小规模的采矿作业。印度的化石可能也同样受到监管，另外与当地居民之间的协作也是必不可少的。非专业人士在自己的土地上发现恐龙化石后，不能私自挖掘。相反，

他们报告给专家，让专家可以正确记录和处理这些遗迹。在这种情况下，专业人士很高兴能得到发现者的帮助。越来越多的博物馆和机构开始向公众提供有关发现、挖掘和修复恐龙化石的课程。大多数探险活动都有受过培训的志愿者参与其中，他们会在现场为专业人员提供帮助。尽管探险队可能会提供食物，并在某些情况下提供野营装备和工具，但参与者通常还是要自己承担交通和其他日常费用。为了发现更多的恐龙爱好者，在西方国家和加拿大等国，通常会出现由资深专家带头的商业运营系统，提供收费的追猎恐龙的经验。那些寻找和挖掘恐龙的人需要采取必要预防措施来保护自己免受阳光高温、紫外线照射、脱水、中暑以及虫蝎叮咬等各种伤害。美国的化石附近经常会有响尾蛇出没。陡峭的山坡、悬崖和隐蔽的溶洞是潜在的危险。许多化石点都是古代形成的沙砾状钙质沉积物，半干旱土壤的地皮卷起，这些都会使你立足困难。突发性的洪水可能会冲击发掘地，并且将营地冲走。用机械和手持工具挖掘化石时，可能会面临岩层掉落碎石的危险。用冲击工具敲打坚硬的岩石时，必须保护好眼睛。工作过程中要谨慎对待化学药品。

回到博物馆和其他机构后，志愿者可以帮忙准备标本供研究和展览所用，还可以登记和处理收藏品。这些工作都很重要，因为除了每年增添大量新标本外，许多20世纪发现的化石仍摆放在架子上，保护壳还没有拆除，都没被研究过。土地所有者允许研究人员进入自己领地去研究，有时候发现新物种时，会被赠予以自己的名字来命名。发现新恐龙的志愿者也会有这样的机会。谁知道呢，说不定你就是下一位幸运者。

恐龙类群和物种使用说明

迄今约有1500种恐龙被命名，但大量命名是无效的。许多命名是在不完整的标本基础上完成的，比如说只有牙齿或一个或几块骨头，那么在这个基础上建立的分类就是不确切的。其他则是已命名物种的次异名。以壮龙"Dynamosaurus"为例，它后来就被证实和之前命名的暴龙"Tyrannosaurus"是同一物种，因此，前者在不久后就停止使用了。本指南中包含的物种，通常认为都是有效的，而且是基于充分标本的基础上命名的。

不过还有一个例外，如果某一物种只有单个骨骼，但是该物种的存在可以证明恐龙在特定的时间和地点，形成独特的类型或种群，那么基于这一重要性，在标本不足的基础上仍然可以对这类恐龙进行命名。文中列出的物种是按分类来进行描述的，从主要类群依次降低至属种和物种。因为许多研究人员不再使用传统的纲、目、属、种的林奈分类系统，因此恐龙分类没有了标准限制，故而本文未使用任何标准。一般来说，分类单元是按照动物演化史排列的。这样就出现了许多问题。人们普遍认为主要群体生物之间的亲缘关系会更加广泛。但分类系统最下支的化石记录不完全，所以大众理解起来会有障碍。

绝大多数的恐龙物种都是未知的，许多已知恐龙的化石也不够完整，不能完全用遗传分析来调查恐龙物种间的关系。因为不同的支序分析往往差别很大，我采用了一些个人选择和判断来安排种群和群内的物种。这里的系统和分类并不是一个正式的建议，另外经常提及一些恐龙种群和种类相关的分歧和替代方案。

每个恐龙种群记录了包括所有成员在内的整体地理分布和地质时间。紧随其后的是适用于该种群的解剖学特征，这些特征在该种群内的物种中就不复述了。解剖特点通常以骨骼记录为中心，但也会提到保存下来的身体其他部位。解剖细节用于一般特征和身份识别，但这些都不是系统诊断。还会对种群所在栖息地的类型做简要说明，生活在这些栖息地里的恐龙种类很多，从普遍到特殊类型都有。同时，会对其习性进行概述，可能会笼统地描述整个群体。这些结论的可靠性有很大差异。例如，有着锋利的带锯齿的牙齿的兽脚类恐龙，毫无疑问是肉食性动物而非植食性动物。长着镰刀爪的伶盗龙经常攻击体型类似的植食性动物——原角龙，这也没什么疑问，而且人们还发现了伶盗龙和原角龙对决的化石。不过，我们不确定的是伶盗龙如何用它的镰刀爪撕开猎物的。现在还不知道伶盗龙是否会成群袭击体型更大的绘龙（Pinacosaurus），两者生活在同一个沙漠栖息地中。

每个物种的条目首先都会指出其外形尺寸和估算的重量。这个值代表已知物种中体型最大的成年恐龙的普遍体型，不一定适用于特殊个体的估算，在这一链接中可以找到这些数值：http：//press.princeton.edu/titles/9287.html。因为特殊个体的标本只占一小部分，所以计算平均值时没有包含最大的特殊个体，标本体重的"世界纪录"可能比典型值大三分之一或更多。仅有残破标本的，没有估算其大小。当然，所有的值都是近似值，而且它们的精确度与化石的完整度相关。如果某个著名物种的化石非常完整，那么可以基于骨骼修复来计算其体型和体重。后者用来估计恐龙的体积，体积又可以用来计算体重，而且体积中的肺和气囊部分也在考虑之中。对于没有气囊的恐龙，将其密度或比重设定为水密度的95%。对于那些有气囊的恐龙，除了蜥脚类恐龙的脖子是60%外，其他的比重均为85%。当化石太不完整，无法直接估计大小和体型时，研究者会利用他们的近亲进行推测，数值则更加不准确。除吨（相当于1.1英制吨）之外，其他都使用了公制和英制两种测量值；所有原始计算结果都是公制，但因为它们往往不够准确，换算值往往也是近似值。

下面对化石进行了概述，无论它们是头骨，或是骨骼，亦或两者皆有，以及这些化石可以确认的种类和年代；标本数量不同，从一个到数千个，时间的精度范围从细致到粗略。后者有些是由于近期标本重新分类造成的，使得清单不够精准。书中对那些已经有了头骨、头后骨骼等足够完整化石的物种进行了复原——各种发现的进展速度是如此之快，以至于一些新的发现没能涉及到——甚至出现了一些信息使一些物种已经可以进行严肃的复原工作［长着壮观背帆的庞大棘龙和鲜为人知的、但是超大号的窃蛋龙类巨盗龙（Gigantoraptor）就是例子，还有早已为人所知的但仍不完整的甲龙］。一些完整的骨骼严重受损或严重变形，不能进行合理复原，有皮肤和毛发压痕的义县鹦鹉嘴龙（Yixian Psittacosaurus）和尔文开角龙（Chasmosaurus irvinensis）都是这样的例子。

一些保存完好的物种还没有开放给科学研究，有些甚至已经发现了数十年。玛君龙（Majungasaurus）的部分头后骨骼保存得非常好，虽然他们进行了详尽的描述，但还没确定成年恐龙的比例，而且还有一具完整的骨架没有修复。某些情况下，只能获得侧视图照片，但这不足以合理复原完整的骨骼。尽管不够完善，这本书仍是迄今为止最全面的骨骼库，包括很多先前没有复原的主要物种。已复原的确切标本，可以在这个链接中找到：http：//press.princeton.edu/titles/9287.html。修复精度各有不同，化石广泛分布的著名种群修复精度高，有详细描述或有好的骨骼照片的物种修复精度良好，大部分化石不全或没有详细描述的物种，复原精度降低至近似值。当某个头骨相对于恐龙的其他部分而言显得很小时，也表明其体型较大。化石复原标识，恐龙骨骼为素白色，带有纯黑色肌肉和角质物轮廓，但不包括软骨。骨骼姿势为常见的基本姿势，为了促进交叉对比，右后腿仍保持有力的推进姿势。在这些情况下，头骨和骨架同时被展出。因为恐龙头骨太小，所以需要一个放大尺寸的独立特征来描述。大多数情况下进行的都是成年恐龙骨骼复原，但有时也会做一些未成年个体的骨骼复原。很多头后骨骼和头骨显示，只有那些近乎完整的骨头是可复原的，而其他骨头则修补之后来代表一个完整的骨架——在很多情况下，哪些骨骼保留下来或没有保留下来的信息都是无法获得的。如果某一代表性标本有骨骼或头骨顶视图的话，做骨骼复原时可以绘这些图。

一些主要的恐龙种群没留下任何足够完整的化石，不能支持骨骼研究，所以有时研究者会从大量标本中找出一部分来组成一个复合体，用这个复合体展示该类群的普遍形象。一些代表性的例子包含主要群体的实体颅骨修复。肌肉样本研究中也使用了类似方法，肌肉的详细特性与全生命修复的细节相差无几。如果有什么区别的话，全生命修复可能涉及推测出来的附加层。

在物种的彩色生态复原中，主要对象是成年或接近成年的恐龙骨骼或头骨。如果看起来将来多半不会在原有骨骼设想的基础上有显著的改变，生态复原就可以准备进行；如果骨骼复原出来的物种并没有进行上色，那是因为颜色复原不够可靠，并且包括头骨在内的绝大多数骨骼需要和整个动物生活场景对应好才能进行复原。由于这样或那样的原因，某些物种非常重要或有趣，所以尽管骨骼研究仍有显著问题，少数情况下还是会进行颜色修复。有着壮观的羽毛但骨骼却不完整的北票龙（Beipiaosaurus）就是这样一个例子。在少数情况下，仅需头骨就可以很好地进行生态复原，没有整个身体骨骼也可。科学家在对甲龙类的甲板有详细了解之前，并没能复原出此类恐龙。除两种著名的恐龙外，其他恐龙的颜色和形状完全是推测出来的。

极鲜艳的色彩搭配并没有被采用，以免让人觉得颜色是其识别特征。书列出了区分物种的详细解剖特点。这些差异在一定程度上取决于特定种群的一致性与多样性的对比关系，以及可用化石的完整性。在某些情况下，种群内物种的特征差别不够大，无法据此附加描述。在其他情况下，进行区别性描述的所知不足。接下来指出地质年代，如果可能的话，还有物种的出现时间段。正如前面所讨论的那样，物种的生存年代在某些情况下的精度在100万年以内，有时也会糟糕得差上一个地质时期。读者可以参考年代表上的时标来确定物种的年代或年代范围（见64~65页）。大多数物种的存在时间为几十万年到几百万年之间，之后会被自己的后裔取代或者彻底灭绝。有时，无法完全确认一个物种只存在于某一阶段还是跨越到了下一个阶段，这种情况下，时间表就会使用"和/或"来表示，如晚圣通期"和/或"早坎潘期。

接下来，列出的是这个物种已知的分布地点和地层。本"简介"的第56~59页是海岸线的古地图，可以用于在大陆不断漂移、海道快速变化的世界里为某一物种确定地理位置，需要附加说明的是，在所有物种都标注的情况下，没有任何一套地图大到能够展现整个大陆的准确结构。在制定特定物种的年代表时，我比较保守，只保留了那些存在足够完整遗迹的地点和时间刻度。一些恐龙类群有一个单一的发现地，而另一些恐龙则分布在一个地域的一个或多个地层中。有时候，一些地层还没有被命名，甚至包括一些已经做了很好研究的地域也是如此。许多地层都具有一定的时间跨度，比部分或所有生活在这些地层中的物种的时间都要长，所以没有像平常那样按照地层来罗列物种。例如，通常人们认为，位于加拿大艾伯塔省的著名的恐龙公园地层内的许多大型植食性恐龙都生活在同一时期，包括爱普尖角龙（Centrosaurus apertus）、埃伯塔戟龙（Styracosaurus albertensis）、贝氏开角龙（Chasmosaurus belli）、鹤鸵亚盔龙（Hypacrosaurus casuarius）、赖氏赖氏龙（Lambeosaurus lambei）、沃克氏副栉龙（Parasaurolophus walker）等。经过150万年的沉积，这里地层的实际情况变得更为复杂。该地层较低的地方也就是早期层包含的物种为爱普尖角龙、贝氏开角龙、斯氏亚盔龙（Hypacrosaurus intermedius）和不常见的沃克氏副栉龙；中间层物种是角鼻尖角龙（Centrosaurus nasicornis）、贝氏开角龙、斯氏亚盔龙和克莱文亚盔龙（Hypacrosaurus clavinitialis）；上部物种是埃伯塔戟龙、尔文开角龙（Chasmosaurus irvinensis）、斯氏亚盔龙、赖氏亚盔龙（Hypacrosaurus lambei）以及后来的大冠亚盔龙（Hypacrosaurus magnicristatus）。因为莫里逊组形成于晚侏罗世，时间跨度为800万年，其间生活着多种多样的恐龙：异特龙类、迷惑龙类、梁龙类、圆顶龙类和剑龙类等。还有许多熟悉的特殊物种，长梁龙（Diplodocus longus）、脆弱异特龙（Allosaurus fragilis）、狭脸剑龙（Stegosaurus stenops）、全异弯龙（Camptosaurus dispar）和角鼻角鼻龙（Ceratosaurus nasicornis）都是早期著名的恐龙，这些属种的后期物种发现于莫里逊组较高地层中。因此获得可用资料后，我列举了该种群中每个物种的形成时间。读者可以通过形成时间，了解哪些恐龙构成了特殊沉积地层上的特定动物群。少数包含恐龙沉积物的地质情况尚未得到充分认识，所以这些组也未被命名，相反，地质群却可能被命名。

接下来是恐龙栖息地的基本特征，包括降雨和植被，如果栖息地不都是热带或亚热带气候时，还会考虑该栖息地的温度。环境信息范围很广，既有深入研究的包含大量恐龙化石的沉积组，又有尚未有任何研究的栖息地。如果认为物种的习惯包括种群总体特征之外的其他方面，那么只对其进行概述。列表最后特别指出了文中调用的一些物种。在许多其他恐龙栖息地，物种的共性都进行了详细描述。有时可能会提到一些具有祖先—后裔关系的早期或后期亲缘动物，但是这些都是假设的。本部分还标出了关于该物种的假说和争议。

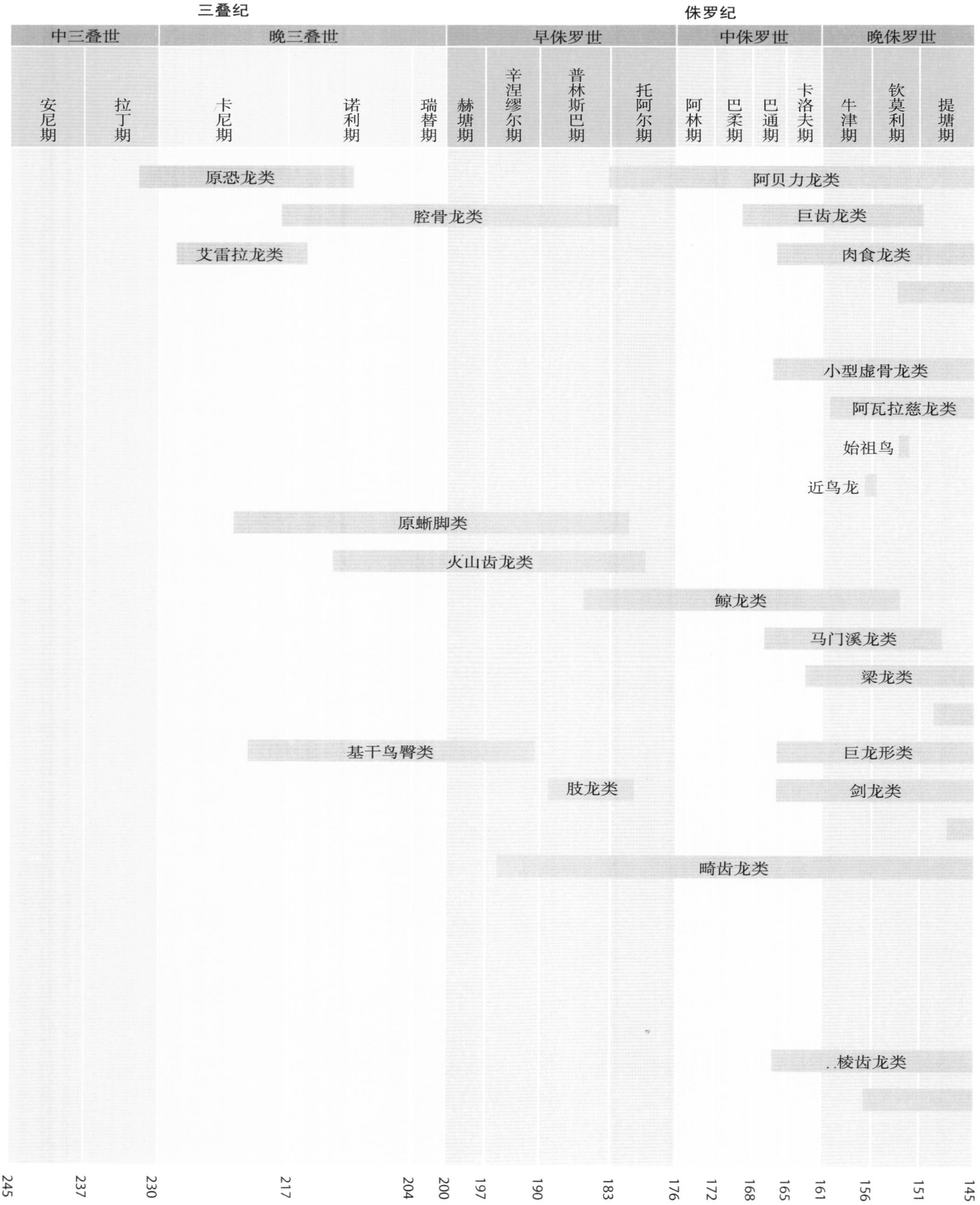

	三叠纪					侏罗纪										
中三叠世		晚三叠世				早侏罗世				中侏罗世				晚侏罗世		
安尼期	拉丁期	卡尼期	诺利期	瑞替期	赫塘期	辛涅缪尔期	普林斯巴期	托阿尔期	阿林期	巴柔期	巴通期	卡洛夫期	牛津期	钦莫利期	提塘期

原恐龙类

阿贝力龙类

腔骨龙类

巨齿龙类

艾雷拉龙类

肉食龙类

小型虚骨龙类

阿瓦拉慈龙类

始祖鸟

近鸟龙

原蜥脚类

火山齿龙类

鲸龙类

马门溪龙类

梁龙类

基干鸟臀类

巨龙形类

肢龙类

剑龙类

畸齿龙类

棱齿龙类

| 245 | 237 | 230 | 217 | 204 | 200 | 197 | 190 | 183 | 176 | 172 | 168 | 165 | 161 | 156 | 151 | 145 |

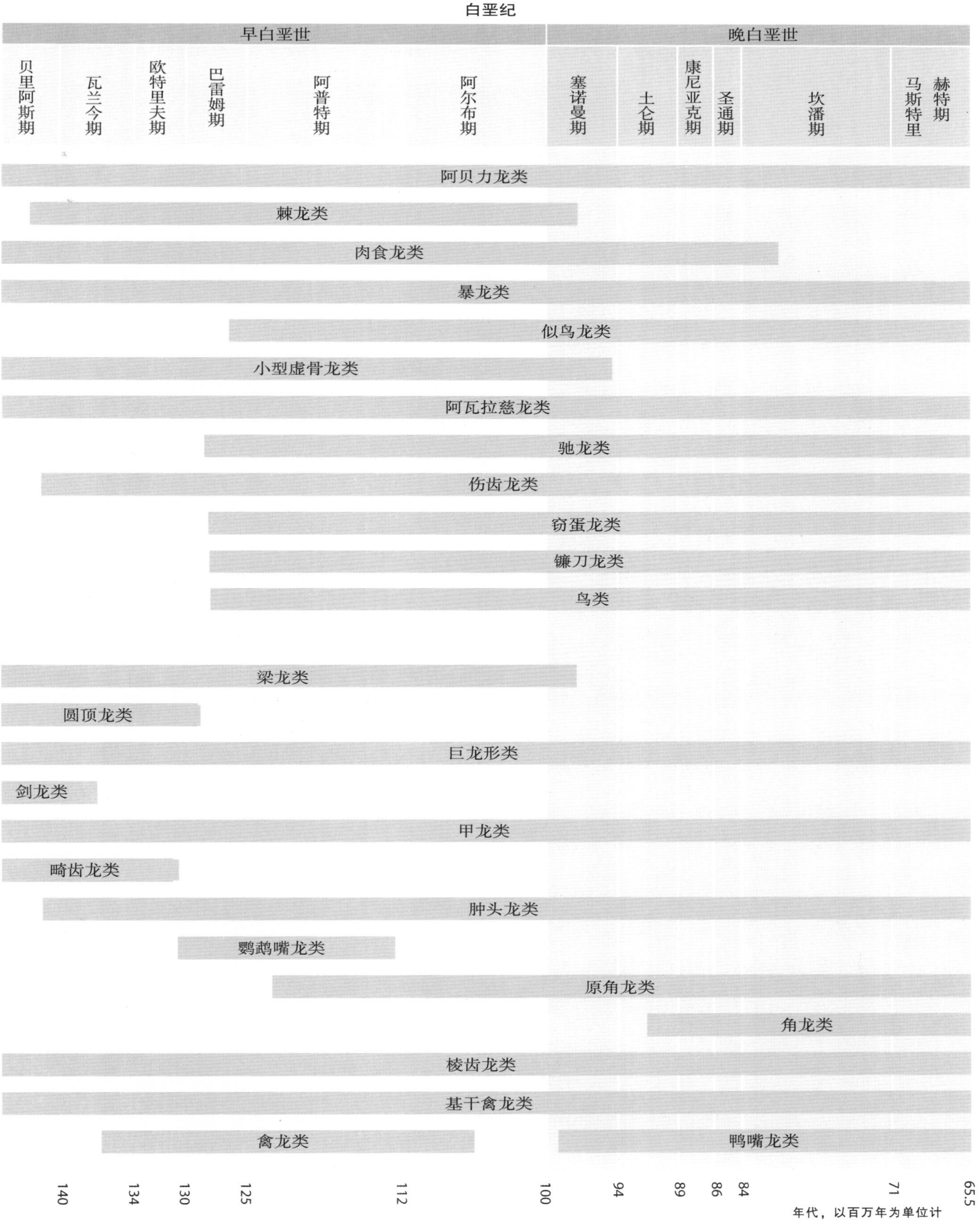

白垩纪

早白垩世						晚白垩世					
贝里阿斯期	瓦兰今期	欧特里夫期	巴雷姆期	阿普特期	阿尔布期	塞诺曼期	土仑期	康尼亚克期	圣通期	坎潘期	马斯特里赫特期

阿贝力龙类

棘龙类

肉食龙类

暴龙类

似鸟龙类

小型虚骨龙类

阿瓦拉慈龙类

驰龙类

伤齿龙类

窃蛋龙类

镰刀龙类

鸟类

梁龙类

圆顶龙类

巨龙形类

剑龙类

甲龙类

畸齿龙类

肿头龙类

鹦鹉嘴龙类

原角龙类

角龙类

棱齿龙类

基干禽龙类

禽龙类　　　　　　鸭嘴龙类

140　　134　　130　　125　　112　　100　　94　　89　　86　　84　　71　　65.5

年代，以百万年为单位计

65

类群和物种目录

体型从小到大，晚三叠世至中生代结束，遍布所有大陆。

解剖学特征：腿部呈直立姿势，因为恐龙的圆柱形股骨头位于髋臼窝内，同时具有简单铰接的脚踝。所有恐龙都是后肢主导型动物，它们的后肢是走路和跑步的唯一运动器官，而且比前肢更健壮。手和脚都是趾行的，手腕和脚踝都不接触地面。恐龙足迹表明，四足恐龙的前肢总是至少和后肢离行迹中线一样远，甚至更远，从来不会跳，尾巴通常不会拖在地上。如果已知某种恐龙体表存在鳞片，往往是不重叠的镶嵌的图案。

个体发育：都是成双成对的在地上的恐龙窝中产下硬壳恐龙蛋，恐龙生长率通常适中，有时会比较迅速，通常在生长期就达到性成熟。

习性和栖息地：高度陆生，尽管所有恐龙都能够游泳，但没有哪种恐龙是生活在海洋中的；另一方面，高度差异性。

兽脚类恐龙

体型从小型到庞大，蜥臀目，大多数为肉食性动物，晚三叠世至恐龙时代结束，遍布所有大陆。

解剖学特征：均为两足动物，但差异性大。头的大小和形状是可变的，头骨之间的关联通常有些松散，下颌中间往往有额外的活动关节，眼睛很大，通常（如果不总是）由内部骨环支撑，牙齿可能较大、呈刃状或带锯齿的，也可能没有牙齿。有的脖子较长，有的相当短，通常呈S形，弯曲程度或大或小，灵活性适度。椎骨短小僵硬。有些尾巴很长而且非常灵活，有些则较短且比较僵硬。前肢从很长至高度退化；指数量不等，从4根到1根；指从细长至短小；爪锋利，大小不一。腰带尺寸从一般大小至非常大；所有腿部都呈弯曲状态，无论长短、大小、四趾还是三趾；脚印表明行迹很窄。大脑容量不同，从爬行动物水平到接近鸟类水平。

栖息地：多种多样，从海平面到高地、从热带到极地、从干旱地区到湿润地区。

习性：从经典的伺机狩猎到完全植食性。小型和幼年的兽脚类恐龙有着较长的前肢和钩状指爪，也许能攀爬。沿河道发现了大量的行迹，表明许多大小不同的兽脚类恐龙花了相当长的时间沿海岸线徘徊或沿海岸线远行。

注释：唯一掠食者类群。早期已经有一些似鸟的兽脚类成员，通常随着时间的推移，这些成员逐渐增加，特别是在一些包括了鸟类直系祖先的发达类群中。

艾雷拉龙类

体型从小型到中型再到大型，兽脚类恐龙，仅生存在晚三叠世。

解剖学特征：相当统一。一般骨骼轻巧。头部较大、长而低平、亚矩形；身形狭窄、相当强壮；牙齿带锯齿、非常锋利。颈部长度适中，稍微呈S形弯曲。尾巴较长。前肢和前掌长度适中，四指、爪发育良好。腰带短而深。四个承重脚趾。可能开始呈现似鸟的呼吸系统。智力与爬行动物相当。

习性：食肉动物。头和前肢是主要武器。下颌和牙齿会造成严重伤害，导致对手肌肉无力、出血、休克和感染。前肢用来抓住和控制猎物，可能会造成严重伤害。猎物为原蜥脚类，可能还包括蜥脚类恐龙，尤其是它们的幼体；以及小型鸟臀类恐龙、植食性槽齿类和其他小型猎物。

能量学特征：可能是中间型，能量和食物消耗水平可能低于出现时间更晚的进步的恐龙。

注释：最原始的恐龙，存在时间较短的基干兽脚类恐龙，显然不能和更复杂的鸟足龙类恐龙竞争。

月亮谷始盗龙 （*Eoraptor lunensis*）
体长1.7米，2千克

化石：两个近乎完整的头骨和头后骨骼，基本已知。
解剖学特征：后面的牙齿呈刃状，前面的牙齿更像叶子形。
年代：晚三叠世，卡尼期。
分布和地层：阿根廷北部，伊斯基瓜拉斯托组 （Ischigualasto）。
栖息地：季节性水分充沛的森林，包括茂密的巨大针叶树林。
习性：可能是杂食性，吃小型猎物和一些容易消化的植物。
注释：最原始的恐龙之一 （也可能是最原始的恐龙）。体型更大的艾雷拉龙 （*Herrerasaurus*）的猎物。猎物包括滥食龙 （*Panphagia*）和皮萨诺龙 （*Pisanosaurus*）。

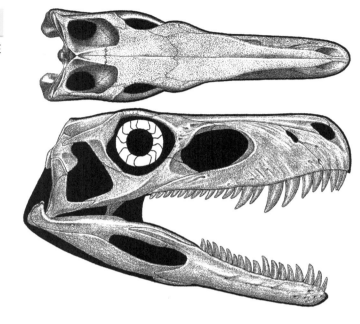

艾雷拉龙头骨

马勒尔艾沃克龙 （*Alwalkeria maleriensis*）
体长1.5米，2千克

化石：小部分头骨和头后骨骼。
解剖学特征：可能是典型的基干兽脚类。
年代：晚三叠世，卡尼期。
分布和地层：印度东南部，下马勒尔组 （Lower Maleri）。

布氏钦迪龙 （*Chindesaurus bryansmalli*）
体长2.4米，15千克

化石：小部分头后骨骼，孤立的骨头。
解剖学特征：可能是典型的基干兽脚类。
年代：晚三叠世，晚卡尼期和/或诺利期。
分布和地层：亚利桑那州、新墨西哥州、得克萨斯州；石化森林组 （Petrified Forest）、钦迪组 （Chinle）、公

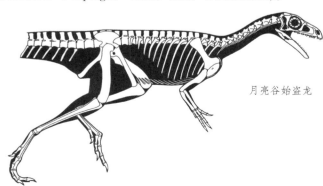

月亮谷始盗龙

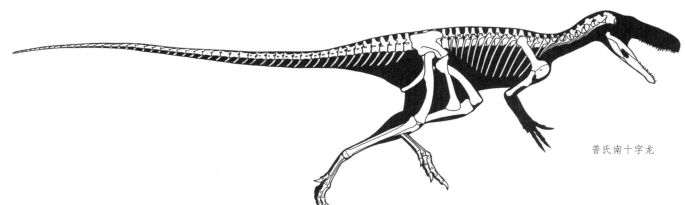

普氏南十字龙

牛峡谷组（Bull Canyon）、特骷组（Tecovas）。

栖息地：水分充沛的森林，包括致密的大型针叶树林。

普氏南十字龙（*Staurikosaurus pricei*）
体长2.1米，12千克

化石：小部分头骨和大部分头后骨骼。
解剖学特征：典型的基干兽脚类。
年代：晚三叠世，早卡尼期。
分布和地层：巴西东南部，圣玛利亚组（Santa Maria）。
注释：猎物包括农神龙（*Saturnalia*）。

伊斯基瓜拉斯托艾雷拉龙（*Herrerasaurus ischigualastensis*）
体长4.5米，200千克

化石：两个完整头骨和一些部分头后骨骼。
解剖学特征：典型的基干兽脚类。
年代：晚三叠世，卡尼期。
分布和地层：阿根廷北部，伊斯基瓜拉斯托组。
栖息地：季节性雨水丰沛的森林，包括致密的巨大针叶树林。
习性：捕食大型植食性槽齿类和爬行动物。可能是体型更大的肉食性槽齿类的猎物。
注释：典型的、古老的兽脚类恐龙，包括伊斯基瓜拉斯托富伦格里龙（*Frenguellisaurus ischigualastensis*）和柯氏伊斯龙（*Ischisaurus cottoi*）。主要天敌是肉食性槽齿类。

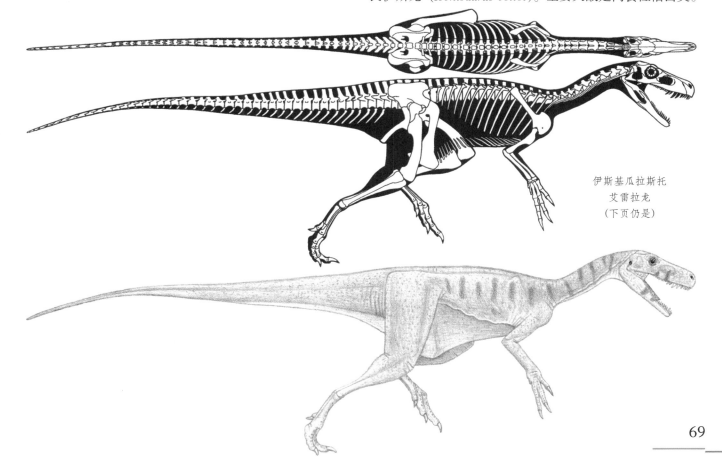

伊斯基瓜拉斯托
艾雷拉龙
（下页仍是）

伊斯基瓜拉斯托艾雷拉龙

鸟足类恐龙

体型从小到大，三趾的肉食性和植食性兽脚类恐龙，大多数为肉食性，晚三叠世至恐龙时代结束，遍布所有大陆。

解剖学特征：变异范围非常大。头的大小和形状可变，牙齿从大而锋利至没有牙齿。颈长从很长至相当短。躯干短小僵硬。尾巴长度从较长至很短。通常有融合的叉骨，前肢长度从很长到严重退化，手指数量不等，从4根到1根，通常为3根，手指形状从细长至短小，爪从大到小。腰带大型，腿长，通常有3个功能趾，内脚趾是短小的大拇趾，有时有4个或者2个承重脚趾，含气骨，正在逐步形成似鸟的空气囊换气呼吸系统。大脑容量从爬行动物水平到接近鸟类水平。

习性：食性从大多数的经典肉食性到某些特殊种群的完全食草性。

能量学特征：产能水平和食物消耗水平可能和平胸鸟类相似（有特殊标注的除外）。

注释：无疑是似鸟形恐龙的开始。

基干鸟足类

体型从小到大，肉食性动物，晚三叠世至恐龙时代结束。

解剖学特征：变异范围大。头的大小和形状变异范围大，脖子长度从很长至相当短，尾巴很短，牙齿锋利。前肢长度从中等至严重退化，四指。腰带大小从中等水平至非常大。大脑大小为爬行动物水平。含气骨，在一定程度上发展为发达的似鸟的呼吸系统。

习性：追击和伏击猎物。
注释：原始的兽脚类恐龙。

腔骨龙类

体型由小到大，基干鸟足类，存在于晚三叠世和早侏罗世，生存范围为北半球和包括南极洲在内的南半球。

解剖学特征：相当一致。一般骨骼轻巧。头长，吻部尖而狭窄，上颌前部经常有一凹入，吻部上往往有成对的冠脊。脖子长。躯干不深。尾巴细长。牙齿锋利。前肢和指中等长度，爪大小适中。腰带比较大。

个体发育：生长速率一般。

习性：虽然主要是行动迅速的掠食者，但有凹的上颌尖端以及尖密的牙齿表明它们也会捕鱼为食。有些头冠对于撞击来说太过华而不实，所以这种头冠可能是种内的炫耀器官，可能是或可能不是色彩鲜艳的。

注释：最原始的兽脚类恐龙，第一个大型兽脚类恐龙的体型早在三叠纪就已经相当大。该类群也许能细分为很多类。

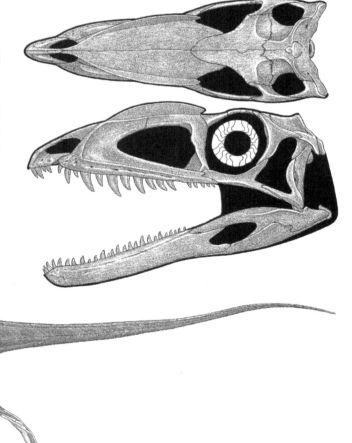

腔骨龙的头骨和肌肉研究

三叠原美颌龙（*Procompsognathus triassicus*）
体长1.1米，1千克

化石：部分头后骨骼。

解剖学特征：典型的小型兽脚类恐龙。

年代：晚三叠世，中诺利期。

分布和地层：德国，洛温斯坦组中部。

注释：可能是该种群中最原始也是最小的成员。从名字来看，会给人一种与秀颌龙（*Compsognathus*）有祖先关系的错觉，实际二者差异很大。不确定是否有头冠。

腔骨龙？未命名种（*Coelophysis?*）
体长3.5米，30千克

化石：部分头后骨骼。

解剖学特征：十分纤细。

年代：晚三叠世，早或中诺利期。

分布和地层：亚利桑那州，中钦迪组。

栖息地：水分充沛的森林，包括大型针叶树林。

习性：主要捕食小型猎物，但偶尔可能会捕食较大的原蜥脚类恐龙和植食性槽齿类。

鲍氏腔骨龙（*Coelophysis bauri*）
体长3米，25千克

化石：数以百计的头骨和头后骨骼，很多都比较完整，从未成年个体到成年个体完全得以了解。

解剖学特征：骨骼轻巧纤细，体型总体很长。头部长且低平，啃咬能力不强，没有头冠，牙齿又多又小。脖子又细又长。

年代：晚三叠世，晚诺利期或瑞替期。

分布和地层：新墨西哥州，可能是钦迪组上部。

习性：主要捕食小型猎物，但偶尔可能会捕食较大的原蜥脚类恐龙和植食性槽齿类。

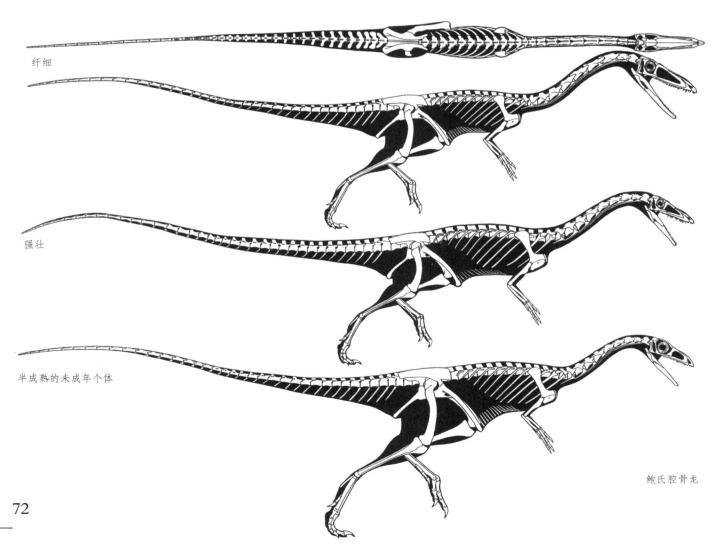

纤细

强壮

半成熟的未成年个体

鲍氏腔骨龙

鲍氏腔骨龙

注释： 典型的早期鸟足类兽脚类恐龙。与研究恐龙分类的专家们一致，该分类单元的标本是基于从钦迪组里不充足的化石到著名的幽灵牧场采石场的完整标本。数以百计的骨骼为何被集中到发掘地的原因尚不清楚。

津巴布韦合踝龙（*Coelophysis rhodesiensis*）
体长2.2米，13千克

化石： 数以百计的头骨和头后骨骼，很多都比较完整，未成年个体到成年个体，完全已知。

解剖学特征： 除腿部相对于身体来说略长，其他都

与鲍氏腔骨龙（*C. bauri*）相同。

年代： 早侏罗世，赫塘期。

分布和地层： 津巴布韦，化石森林组。

栖息地： 有沙丘和绿洲的沙漠。

习性： 除了没有槽齿之外，其他都与鲍氏腔骨龙相同。

注释： 最初的合踝龙学名*Syntarsus*被一种昆虫先占。现在认为该物种与腔骨龙极其类似。南非其他地层组中发现的化石是否属于该物种还尚不确定。遗迹的形成时间和年代还不确定。

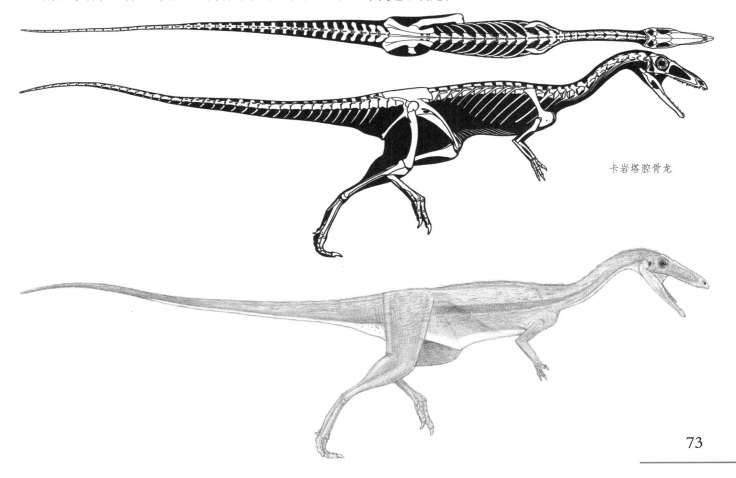

卡岩塔腔骨龙

卡岩塔腔骨龙？（*Coelophysis? kayentakatae*）
体长2.5米，30千克

化石：完整的头骨和小部分头后骨骼，其他部分的化石。

解剖学特征：头很深，鼻冠发达。牙齿很大，但数量没有其他腔骨龙多。

年代：早侏罗世，辛涅缪尔期或普林斯巴期。

分布和地层：亚利桑那州，卡岩塔组（Kayenta）中部。

栖息地：近沙漠地区。

习性：头部更加健壮、牙齿更大，表明这个物种的猎物往往比其他腔骨龙（*Coelophysis*）的大。

注释：起初被归类于合踝龙（*Syntarsus*），也许归于腔骨龙更合适。猎物包括小盾龙（*Scutellosaurus*）。

霍利约克快足龙（或腔骨龙）［*Podokesaurus (or Coelophysis) holyokensis*］
体长1米，1千克

化石：部分头后骨骼，可能是未成年恐龙。

解剖学特征：典型的小型腔骨龙。

年代：早侏罗世，普林斯巴期或托阿尔期。

分布和地层：马萨诸塞州，波特兰组（Portland）？

栖息地：有湖泊的半干旱裂谷。

注释：该标本在一场大火中化为乌有，原始位置和年代不能完全肯定。不知道是否有头冠。

奎氏哥斯拉龙 *(Gojirasaurus quayi)*
体长6米，150千克

化石：一小部分头后骨骼。

解剖学特征：信息不足。

年代：晚三叠世，中诺利期。

分布和地层：新墨西哥州，库珀峡谷组（Cooper Canyon）。

栖息地：水分充沛的森林，包括致密的大型针叶树林。

习性：捕食大型原蜥脚类恐龙和槽齿类。

注释：不确定是否有头冠。

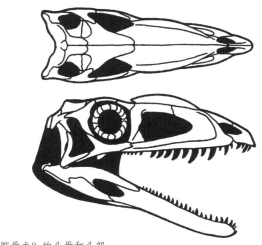

卡岩塔腔骨龙？的头骨和头部

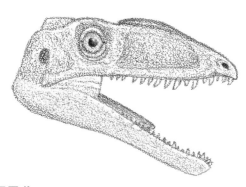

理氏理理恩龙 *(Liliensternus liliensterni)*
体长5.2米，130千克

化石：大部分头骨和两具头后骨骼。

解剖学特征：与体型更小的腔骨龙类一样骨骼轻巧。

年代：晚三叠世，晚诺利期。

分布和地层：德国中部，诺勒莫格组（Knollenmergel）。

习性：猎物包括原蜥脚类恐龙和植食性槽齿类。

注释：不确定是否有头冠，猎物包括长头板龙（*Plateosaurus longiceps*）。

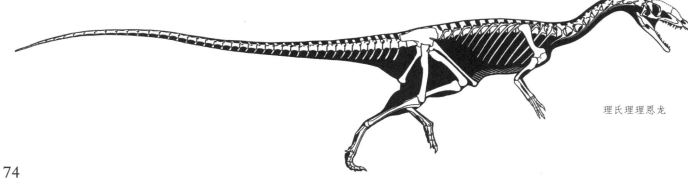

理氏理理恩龙

艾尔脊椎龙（*Lophostropheus airelensis*）
成年恐龙体型不确定

化石：部分头后骨骼。
解剖学特征：信息不足。
年代：晚三叠世最末期和/或早侏罗世，晚瑞替期和/或早赫塘期。
分布和地层：法国北部，月亮-艾拉尔组（Moon-Airel）。

哈里斯基龙（*Segisaurus halli*）
体长1米，5千克

化石：部分头后骨骼，体型较大的未成年恐龙。
解剖学特征：典型的小型腔骨龙。
年代：早侏罗世，普林斯巴期或托阿尔期。
分布和地层：亚利桑那州，纳瓦霍砂岩组（Navajo Sandstone）。
栖息地：有沙丘和绿洲的沙漠。
习性：主要捕食小型猎物，可能还包括一些小型原蜥脚类和鸟臀类恐龙。
注释：不确定是否有头冠。

瑞氏龙猎龙（*Dracovenator regent*）
体长6米，250千克

化石：两块部分头骨，未成年和成年恐龙。
解剖学特征：鼻部的脊冠并不显大，牙齿较大。
年代：早侏罗世，赫塘期或辛涅缪尔期。
分布和地层：非洲东南部，上艾略特组（Upper Elliot）。
栖息地：干旱地区。
习性：捕食大型猎物。
注释：猎物包括大椎龙（*Massospondylus*）。

罗氏恶魔龙（*Zupaysaurus rougieri*）
体长6米，250千克

化石：基本完整的头骨和部分头后骨骼。
解剖学特征：头骨深度中等，吻部很大，鼻上有两个发达的冠状物，牙齿不太大。
年代：晚三叠世，诺利期。
分布和地层：阿根廷北部，洛斯科洛拉多斯组（Los Colorados）。
栖息地：季节性潮湿林地。
习性：捕食大型原蜥脚类和槽齿类。
注释：最初被认为是原始的兽脚类恐龙，但其他研究指出它属于腔骨龙类。

魏氏双脊龙（*Dilophosaurus wetherilli*）
体长7米，400千克

化石：一些较完整的头骨和头后骨骼。
解剖学特征：比体型较小的腔骨龙更为粗壮，头部大而深，鼻冠很大，牙齿很大。
年代：早侏罗世，赫塘期或辛涅缪尔期。
分布和地层：亚利桑那州，卡岩塔组（Kayenta）下层。
栖息地：水分充沛地区，多湖泊地区。
习性：捕食大型原蜥脚类和早期覆甲龙类恐龙。

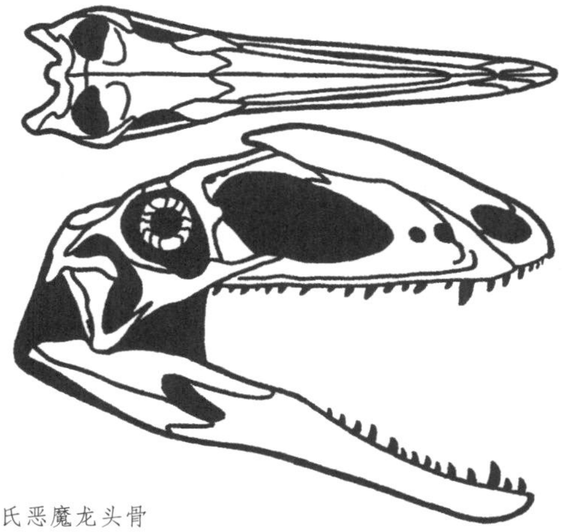
罗氏恶魔龙头骨

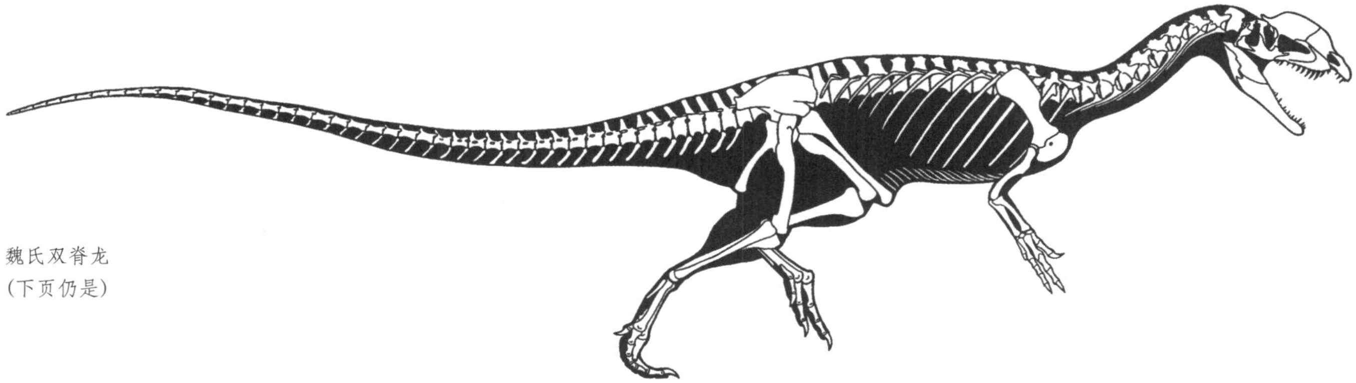
魏氏双脊龙
（下页仍是）

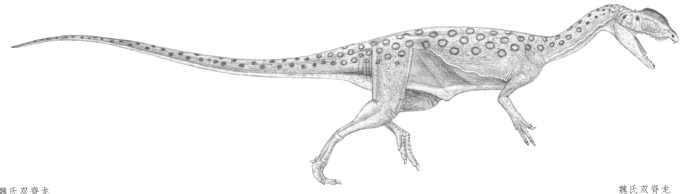

魏氏双脊龙

魏氏双脊龙

年代：早侏罗世，可能是欧特里夫期。

分布和地层：中国西南部，下禄丰组下部。

习性：不如其他腔骨龙擅长捕鱼，更适合捕食大型猎物，猎物包括禄丰龙（*Lufengosaurus*）和云南龙（*Yunnanosaurus*）。

注释：出现时间、大小和整体外观都和有头冠的双脊龙类似，表明它属于双脊龙属，但其详细的解剖学特征表明它是该种群的进步的成员。

艾氏冰脊龙（*Cryolophosaurus ellioti*）
体长6米，350千克

化石：部分头骨和小部分头后骨骼。

解剖学特征：吻部前较低的位置有成对冠状物，位于眼睛上方，横向排列。

年代：早侏罗世，辛涅缪尔期或普林斯巴期。

分布和地层：南极洲中部，汉森组（Hanson）。

栖息地：极地森林，夏季温暖、阳光充足；冬季寒冷、黑暗。

习性：捕食大型原蜥脚类。

注释：唯一已知生存在南极洲的兽脚类恐龙，这是由于缺乏更广泛的沉积物露出地面和挖掘困难条件造成的一种假象。

中国"双脊龙"未命名属（*Unnamed genus sinensis*）
体长5.5米，300千克

化石：基本完整的头骨和头后骨骼。

解剖学特征：整体结构与双脊龙（*Dilophosaurus*）相似。上颌的凹不够发达。有成对头冠。

中国"双脊龙"未命名属

中国"双脊龙"未命名属

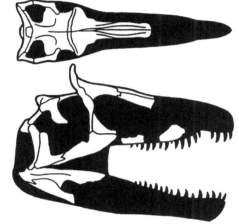

艾氏冰脊龙

食肉牛龙头骨

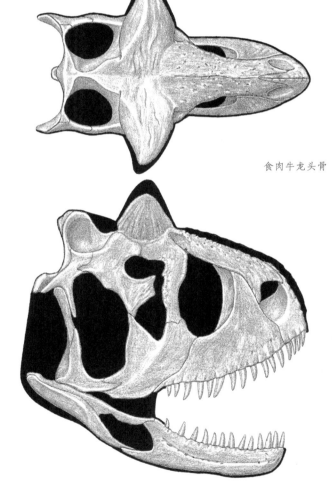

阿贝力龙类

　　体型从小型到庞大，基干鸟足类，早侏罗世至恐龙时代结束，主要生活在南半球。

　　解剖学特征：变异范围大。前肢较短，四指。脊椎往往是平顶的。腰带很大，似鸟的呼吸系统十分发达。
　　注释：阿贝力龙类表明相对原始的兽脚类恐龙能够在南半球茁壮成长至恐龙时代结束，并随时间推移，该种群演化出独特形式。

巨大巴哈利亚龙 和/或 捷足三角洲奔龙（*Bahariasaurus ingens* and/or *Deltadromeus agilis*）
体长11米，4吨

　　化石：小部分头后骨骼。
　　解剖学特征：肩带很大，腿部长而纤细。
　　年代：晚白垩世，早塞诺曼期。
　　分布和地层：摩洛哥，巴哈利亚组（Baharija）。
　　栖息地：沿海红树林。

　　习性：奔跑迅速的掠食者。
　　注释：巴哈利亚龙（*Bahariasaurus*）和三角洲奔龙（*Deltadromeus*）与其他兽脚类恐龙之间的，以及两者之间的亲缘关系尚不明确，后者可能是前者的未成年状态。

基干阿贝力龙类

体型从小到大，阿贝力龙类，早侏罗世至早白垩世，生活在欧洲和非洲。

注释：分布范围可能更广。

里阿斯柏柏尔龙（*Berberosaurus liassicus*）
体长5米，300千克

化石：小部分头后骨骼。
解剖学特征：信息不足。
年代：早侏罗世，普林斯巴期或托阿尔期。
分布和地层：摩洛哥，藤杜特组（Toundoute series）。
注释：柏柏尔龙（*Berberosaurus*）证实阿贝力龙类出现于恐龙时代早期。

戈氏棘椎龙（*Spinostropheus gautieri*）
体长4米，200千克

化石：小部分头后骨骼。
解剖学特征：信息不足。
年代：不确定。
分布和地层：尼日尔，提亚热组（Tiouraren）。
栖息地：水分充沛的林地。
注释：最初认为其来自早白垩世的欧特里夫期，一些研究者把提亚热组（Tiouraren）归于中侏罗世。与非洲猎龙（*Afrovenator*）共享栖息地。

希斯特膝龙（*Genusaurus sisteronsis*）
体长3米，35千克

化石：小部分头后骨骼。
解剖学特征：信息不足。
年代：早白垩世，阿尔布期。
分布和地层：法国东南部，柏温床组（Bevon Beds）。
栖息地：海岸线森林区。
注释：发现于近岸海相沉积物。膝龙的出现表明一些阿贝力龙类已经迁移到了北半球。

阿贝力龙类

体型从小型到庞大，阿贝力龙类，仅存在于早侏罗世，主要生活在南半球。

解剖学特征：非常统一。头部很大，短而深。下颌细长、牙齿短粗、前肢退化。结节鳞片平坦、尺寸很大。
栖息地：季节性的、由干旱到湿润的林地。
习性：前肢的退化表明粗壮的头部成为其主要武器，

这个深短的头骨有短小牙齿，细长的下颌，后者表明附着的肌肉组织并不强，这些骨骼之间是如何组合运作尚不明确。猎物包括小巨龙类、成年巨龙类和甲龙类。

衰隐面龙（*Kryptops palaios*）
成年恐龙体型不确定

化石：小部分头骨和头后骨骼。
解剖学特征：信息不足。
年代：早白垩世，阿普特期。
分布和地层：尼日尔，额哈兹组（Elrhaz），层位不详。
栖息地：沿海三角洲。
注释：唯一的标本可能是未成年恐龙。与始鲨齿龙（*Eocarcharia*）共享栖息地。

阿地肌肉龙（*Ilokelesia aguadagrandensis*）
体长4米，200千克

化石：小部分头后骨骼。
解剖学特征：尾巴基部异常宽大。
年代：晚白垩世，晚塞诺曼期。
分布和地层：阿根廷西部，乌因库尔组（Huincul）中部。
栖息地：雨季短暂的地区，或者半干旱河漫滩和河边树林。
注释：与马普龙（*Mapusaurus*）共享栖息地。

博氏怪踝龙（*Xenotarsosaurus bonapartei*）
体长6米，750千克

化石：小部分头后骨骼。
解剖学特征：腿部细长。
年代：晚白垩世早期。
分布和地层：阿根廷南部，布特柏锐组（Bajo Barreal）。
习性：追赶型掠食者。
注释：猎物包括独孤龙（*Secernosaurus*）。

盗印度鳄龙（*Indosuchus raptorius*）
体长7米，1.2吨

化石：部分头骨和头后骨骼。
解剖学特征：头部无装饰。
年代：晚白垩世，马斯特里赫特期。
分布和地层：印度中部，拉米塔组（Lameta）。
习性：捕食蜥脚类中的巨龙类和甲龙类。
注释：该种可能包括马氏印度龙（*Indosaurus matleyi*）。

盗印度鳄龙

与体型更大的胜王龙（*Rajasaurus*）共享栖息地。猎物包括伊希斯龙（*Isisaurus*）和耆那龙（*Jainosaurus*）。

尼氏皮尼奥内龙（*Pycnoneosaurus nevesi*）
体长7米，1.2吨

化石：小部分头后骨骼。

解剖学特征：信息不足。

年代：晚白垩世，坎潘期或马斯特里赫特期。

分布和地层：巴西西南部，保罗群。

原皱褶龙（*Rugops primus*）
体长6米，750千克

化石：部分头骨。

解剖学特征：吻部深而粗壮，吻部上可能有一对位置偏低的冠状物。

年代：晚白垩世，塞诺曼期。

分布和地层：尼日尔，艾尔雷兹组（Echkar）。

注释：与依归地鲨齿龙（*Carcharodontosaurus iguidensis*）以及一种体型更小的半陆生鳄类共享栖息地。

科马约阿贝力龙（*Abelisaurus comahuensis*）
体长10米，3吨

化石：部分头骨。

解剖学特征：头部无装饰。

年代：晚白垩世，晚圣通期和/或早坎潘期。

分布和地层：阿根廷西部，阿纳克莱托组（Anacleto）。

注释：猎物包括巨龙类。

加氏阿贝力龙（*Abelisaurus garridoi*）
体长5.5米，700千克

化石：完整的头后骨和基本完整的头后骨骼。

解剖学特征：头部无装饰。小臂和前掌退化。腿部细长，内脚趾退化，趾爪较小。

年代：晚白垩世，晚圣通期和/或早坎潘期。

分布和地层：阿根廷西部，阿纳克莱托组（Anacleto）。

习性：追赶型掠食者，可以高速追赶猎物。

注释：被命名为一个新的恐龙属——奥卡龙（*Aucasaurus*），该恐龙似乎不是未成年的科马约阿贝力龙（*A.comahuensis*）的唯一原因是骨的愈合，这表明它是成

原皱褶龙

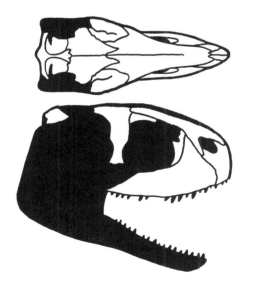

科马约阿贝力龙

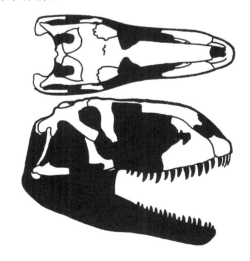

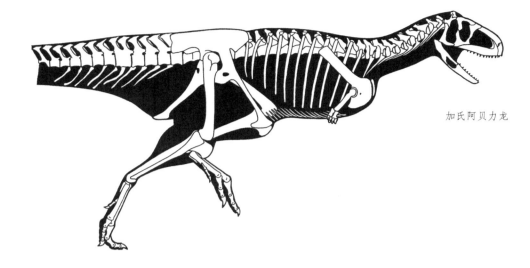

加氏阿贝力龙

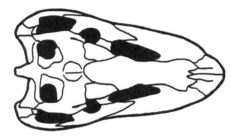

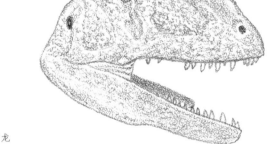

凹齿玛君龙

栖息地：有沿海湿地和沼泽的干旱河漫滩。

习性：种族内可能用角来进行炫耀和头部撞击。

注释：主要捕食蜥脚类恐龙，猎物包括掠食龙（*Rapetosaurus*），明显不包括大型鸟臀目恐龙。

年恐龙。猎物包括加斯帕里尼龙（*Gasparinisaura*）；与气腔龙（*Aerosteons*）共享栖息地。

凹齿玛君龙（*Majungasaurus crenatissimus*）
体长6米，750千克

　　化石：近乎完美的头骨，大量头后骨骼材料，基本完全了解。

　　解剖学特征：眼眶上有角状物。腿部不长，但是很结实。

　　年代：晚白垩世，坎潘期。

　　分布和地层：马达加斯加岛，梅法拉诺组（Maevarano）。

纳巴达胜王龙（*Rajasaurus narmadensis*）
体长11米，4吨

　　化石：完整头骨和部分头后骨骼。

　　解剖学特征：头部后面有中心冠状物，腿部结实。

　　年代：晚白垩世，马斯特里赫特期。

　　分布和地层：印度中部，拉米塔组（Lameta）。

　　习性：种族内可能用角类进行炫耀和头部撞击。

　　注释：与体型更小、腿部更长的印度鳄龙（*Indosuchus*）共享栖息地。

纳巴达胜王龙

诺氏爆诞龙（*Ekrixinatosaurus novasi*）
体长6.5米，800千克

化石：小部分头骨和部分头后骨骼。
解剖学特征：信息不足。
年代：晚白垩世，早塞诺曼期。
分布和地层：阿根廷西部，坎德勒斯组（Candeleros）。
栖息地：旱季短暂、水分充沛的林地。
注释：与南方巨兽龙（*Giganotosaurus*）共享栖息地。

普氏蝎猎龙（*Skorpiovenator bustingorryi*）
体长7.5米，1.67吨

化石：完整的头骨和大部分头后骨骼。
解剖学特征：眼窝周围有褶皱，腿长。
年代：晚白垩世，中塞诺曼期。
分布和地层：阿根廷西部，乌因库尔组（Huincul）下部。
栖息地：旱季短暂、水分充沛的林地。
习性：猎物包括鸳龙（*Cathartesaura*）。

萨氏食肉牛龙（*Carnotaurus sastrei*）
体长7.5米，2吨

化石：完整的头骨和大部分头后骨骼，皮肤有鳞片。
解剖学特征：头部非常深、较大，眼睛上方有两只短而粗厚的角，小臂和前掌退化。
年代：晚白垩世，坎潘期或早马斯特里赫特期。
分布和地层：阿根廷南部，拉克拉尼组（La Colonia）。
栖息地：种族内可能用角进行炫耀、头部撞击和推搡。
注释：阿贝力龙类里已知最详细的标本。

西北阿根廷龙类

体型由小型到中等，阿贝力龙类。

解剖学特征：变异范围大。阿贝力龙类里最轻的恐龙。前肢比其他阿贝力龙发达。

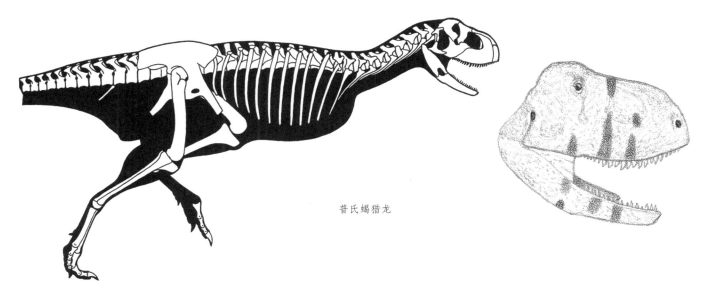

普氏蝎猎龙

萨氏食肉牛龙

安氏小力加布龙（*Ligabueino andesi*）
体长0.6米，0.5千克

　　化石：小部分头后骨骼。
　　解剖学特征：典型的小型西北阿根廷龙类。
　　年代：早白垩世。
　　分布和地层：阿根廷西部，拉阿马拉组（La Amarga）。
　　习性：捕食小型猎物。
　　注释：如果该标本不是指幼年个体，那么它就是除似鸟形手盗龙类之外的最小型兽脚类恐龙。

诺氏恶龙（*Masiakasaurus knopfleri*）
体长2米，20千克

　　化石：小部分头骨和头后骨骼。
　　解剖学特征：下颌的前牙形成一个平伏的"龅牙"，较长并带有较弱的锯齿；后面的牙齿更加传统。
　　年代：晚白垩世，坎潘期。
　　分布和地层：马达加斯加岛，梅法拉诺组（Maevarano）。
　　栖息地：沿海湿地和沼泽的季节性干旱河漫滩。
　　习性：可能捕食小型猎物，尤其是鱼。

李尔氏西北阿根廷龙（*Noasaurus leali*）
体长1.5米，15千克

　　化石：小部分头骨和头后骨骼。
　　解剖学特征：典型的小型西北阿根廷龙类。
　　年代：晚白垩世，可能是早马斯特里赫特期。

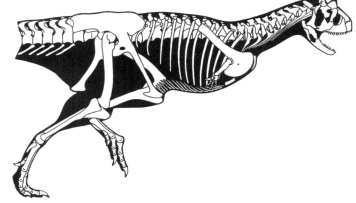

　　分布和地层：阿根廷北部，璐茜组（Lecho）。
　　习性：追赶型掠食者。
　　注释：长期以来人们一直认为大爪标本是像驰龙类一样的镰刀脚趾武器，但它更有可能是指爪。

鸟吻类

　　体型从小型到庞大，肉食性和植食性鸟足龙类恐龙，早侏罗世至恐龙时代结束，遍布陆地上大部分地区。

　　解剖学特征：变异范围大。鼻窦发育良好。腰带大。似鸟的呼吸系统十分发达。大脑为爬行动物水平到鸟类水平。

注释：南极洲没发现该物种可能表明已知的化石数量不足。

轻巧龙类

中等大小鸟吻类恐龙，生活在晚侏罗世的亚洲、非洲和北美洲。

解剖学特征：身形整体细长。头部较轻，中等大小，没有牙齿，钝喙。前肢纤细，前掌退化。腰带比较大，腿细长。

习性：可能是杂食性，主要是植食性，偶尔会捕食一些小型猎物和昆虫。主要靠速度进行防御，有时也用腿踢打天敌。

注释：这些侏罗纪鸵鸟模仿者演化出良好的觅食本领和奔跑适应性，与速度更快、前肢更长的白垩纪似鸟龙类相似。

难逃泥潭龙（*Limusaurus inextricabilis*）
体长2米，15千克

化石：完整的头骨和两具头后骨骼的一大部分，存在胃石。

解剖学特征：头部较深。存在已骨化的胸骨。两根功能指，内脚趾退化。

年代：晚侏罗世，可能是牛津期。

分布和地层：中国西北部，石树沟组。

班氏轻巧龙（*Elaphrosaurus bambergi*）
体长6米，200千克

化石：大部分头后骨骼。

解剖学特征：信息不足。

年代：晚侏罗世，晚钦莫利期/早提塘期。

分布和地层：坦桑尼亚，汤达鸠组中部。

栖息地：沿海地区，更靠近内陆的季节性干旱厚重植被区。

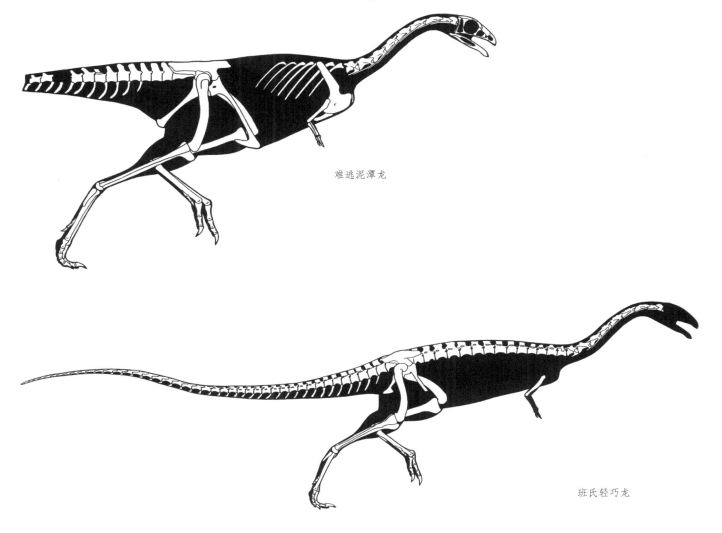

难逃泥潭龙

班氏轻巧龙

注释：与莱氏橡树龙（*Dryosaurus lettouvorbecki*）共享栖息地。

轻巧龙？未命名种（*Elaphrosaurus unnamed species*）
体长4.5米，100千克

化石：一小部分头后骨骼。
解剖学特征：信息不足。
年代：晚侏罗世，晚牛津期和/或钦莫利期。
分布和地层：科罗拉多州，莫里逊组中下部。
栖息地：雨季短暂地区，或者有河漫滩的半干旱地区和河边树林地区。
注释：不确定这些化石是否和轻巧龙属于同一物种，它们可能随着时间的推移变成了两个不同物种。

角鼻龙类

大型肉食性兽脚类恐龙，生活在侏罗纪的美洲、欧洲和非洲。

解剖学特征：比较统一。身体粗壮，四指，大脑为爬行动物水平。
栖息地：季节性干旱至水分充沛的林地。

伍氏肉龙（*Sarcosaurus woodi*）
体长3米，70千克

化石：小部分头后骨骼。
解剖学特征：信息不足。
年代：早侏罗世，晚辛涅缪尔期。
分布和地层：英格兰，下蓝里亚斯组（Lower Lias）。
习性：猎物包括肢龙（*Scelidosaurus*）。
注释：生活在早侏罗世的兽脚类恐龙，亲缘关系不明。

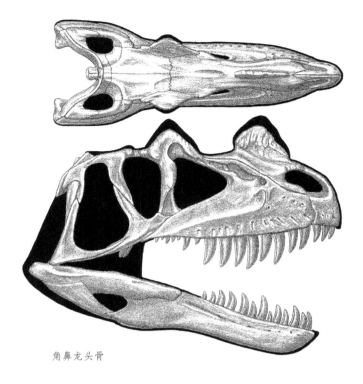

角鼻龙头骨

角鼻角鼻龙（*Ceratosaurus nasicornis*）
体长6米，600千克

化石：两块头骨和一些头后骨骼，其中包括一只未成年个体。
解剖学特征：头部很大、很长、矩形、较窄；鼻角又大又窄；牙齿很大。尾巴深且重。前肢和前掌很短。腿不长。沿背部长有单排小型骨质鳞。
年代：晚侏罗世，晚牛津期到早提塘期。
分布和地层：科罗拉多州，犹他州；莫里逊组中下部。
栖息地：雨季短暂地区，或者有河漫滩的半干旱地

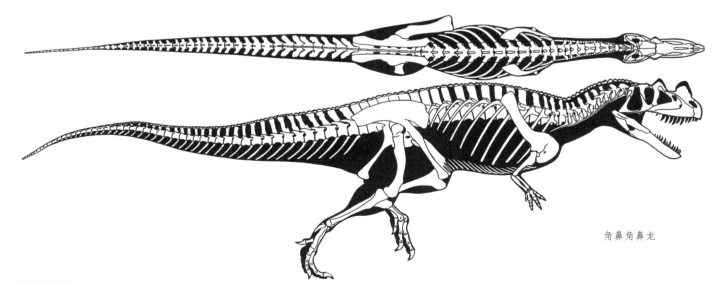

角鼻角鼻龙

角鼻角鼻龙

区和河边树林地区。

习性：伏击型掠食者。锋利的大刃齿表明其捕食的大型猎物包括蜥脚类恐龙和剑龙类，捕食过程会用牙齿造成严重伤害，头部与短小前肢相比是一个更重要的武器。游泳时可能会用长尾巴作桨。鼻角可能用于种群内的展示和头部撞击。

注释：该物种与大角角鼻龙（*C. magnicornis*）极其相似，看起来好像属于大角角鼻龙，也可能代表大角角鼻龙一种的后裔。角鼻龙（*Ceratosaurus*）与更为常见、速度更快的异特龙以及同样少见的粗壮蛮龙（*Torvosaurus*）共享栖息地。

角鼻龙未命名种（*Ceratosaurus dentisulcatus*）
体长7米，700千克

化石：部分头骨和头后骨骼。

解剖学特征：头更深，下颌不弯曲，牙齿不如角鼻角鼻龙（*C. nasicornis*）大。

年代：晚侏罗世，中提塘期。

分布和地层：犹他州，莫里逊组上部。

栖息地：比更早期莫里逊组地层湿润的地区，或者半干旱草原和河边树林。

习性：与角鼻角鼻龙类似。

注释：不确定深齿角鼻龙（*C. dentisulcatus*）是否有鼻角。可能是角鼻角鼻龙的直系后裔。

角鼻龙未命名种（*Ceratosaurus unnamed species*）
体长6米，600千克

化石：小部分头后骨骼。

解剖学特征：信息不足。

年代：晚侏罗世，提塘期。

分布和地层：葡萄牙，卢连雅扬组（Lourinha）。

栖息地：有开阔树林的大型季节性干旱岛屿。

注释：一些研究者将其归于深齿角鼻龙（*C. dentisulcatus*），该观点尚未被确定。

坚尾龙类

体型从小型到庞大，肉食性和植食性鸟吻类恐龙，中侏罗世至恐龙时代结束，分布在陆地上大部分地区。

解剖学特征：变异范围大。前肢从很长到高度退化。似鸟的呼吸系统发育较好。大脑为爬行动物水平到鸟类水平。

注释：南极洲没发现该物种可能表明已知的化石数量不足。

基干坚尾龙类

注释：与原始的和部分已知的坚尾龙类之间的亲缘关系不明确。

金时代龙（*Shidaisaurus jinae*）
体长6米，700千克

化石：小部分头骨和部分头后骨骼。

解剖学特征：沿躯干到尾巴基部的神经棘形成浅突结构。

年代：早中侏罗世。

分布和地层：中国西南部，上禄丰组。

自贡未命名属（*Unnamed genus zigongensis*）
体长3米，70千克

化石：两具头后骨骼的一小部分。

解剖学特征：身体粗壮，前肢发达。

年代：晚侏罗世，巴通期和/或卡洛夫期。

分布和地层：中国中部，下沙溪庙组（Xiashaximiao）。

栖息地：茂密森林地区。

习性：前肢对于捕食过程可能至关重要。

注释：因为化石保存不全，早期被误定为四川龙（*Szechuanosaurus*）。

七里峡宣汉龙（*Xuanhanosaurus qilixiaensis*）
体长4.5米，250千克

化石：小部分头后骨骼。
解剖学特征：身体粗壮，前肢和前掌都很发达。
年代：中侏罗世，巴通期和/或卡洛夫期。
分布和地层：中国中部，下沙溪庙组。
栖息地：茂密森林地区。
习性：前肢对于捕食过程可能至关重要。

巨齿龙类

体型很大的肉食性坚尾龙类，仅生存在中晚侏罗世的欧洲和北美洲。

解剖学特征：相当统一。体型较大。头大而长。牙齿结实。下臂短粗。腰带宽而浅。大脑为爬行动物水平。
栖息地：季节性干旱到水分充沛的树林。
习性：伏击型掠食者，猎物包括蜥脚类恐龙和剑龙类。
注释：不能确定该类群的有效性，也许还能分为很多分支。

西方多里亚猎龙（*Duriavenator hesperis*）
体长7米，1吨

化石：部分头骨。
解剖学特征：下颌的前牙间距很大。
年代：中侏罗世，晚巴柔期。
分布和地层：英格兰南部，上粗鲕状岩组（Upper Inferior Oolite）。

巴氏巨齿龙（*Megalosaurus bucklandi*）
体长6米，700千克

化石：下颌和可能的部分头后骨骼。
解剖学特征：典型的巨齿龙类。
年代：中侏罗世，中巴通期。
分布和地层：英格兰中部，斯通菲尔德板岩组（Stonesfield Slate）。
注释：多年来巨齿龙（*Megalosaurus*）分类混杂，大量来自不同地方和不同年代的化石被放置在一起。目前属和物种的划分仅限于原始标本，而这些标本之间的亲缘关系还不确定。

巴氏杂肋龙?（*Poekilopleuron? bucklandii*）
体长7米，1吨

化石：部分头后骨骼。

解剖学特征：看似是典型的巨齿龙类。
年代：中侏罗世，中巴通期。
分布和地层：法国西北部，卡昂石灰岩组（Calcaire de Caen）。
注释：该种的一些头后骨骼和巴氏巨齿龙（*M. bucklandi*）非常相似，所以它可能与后者属于同一属，甚至是同一种，一些来自英国的巨齿龙材料也可能归于该种，但原始材料毁于第二次世界大战。

威顿迪布勒伊洛龙（*Dubreuillosaurus valesdunensis*）
体长5米，250千克

化石：大部分头骨和部分头后骨骼。
解剖学特征：头部很浅，牙齿很大。
年代：中侏罗世，中巴通期。
分布和地层：法国西北部，卡昂石灰岩组。
栖息地：沿海红树林。
注释：最初认为是杂肋龙（*Poekilopleuron*）的一个种，不过该观点显然不对；它与巨齿龙（*Megalosaurus*）的关系尚不确定。

坦氏蛮龙（*Torvosaurus tanneri*）
体长9米，2吨

化石：头骨的大部分和一具头后骨骼，还有一些其他骨头。
解剖学特征：典型的巨齿龙类。
年代：晚侏罗世，早提塘期。
分布和地层：科罗拉多州，怀俄明组。

威顿迪布勒伊洛龙

坦氏蛮龙

栖息地：雨季短暂地区，或者有河漫滩的半干旱地区和河边树林。

注释：与更为常见的异特龙（*Allosaurus*）和罕见的角鼻龙（*Ceratosaurus*）共享栖息地。化石表明这个分类单元或近亲位于美国莫里逊组和/或葡萄牙卢连雅扬组下部。

棘龙类

体型从小型到庞大，捕鱼或食肉，坚尾龙类，生活在白垩纪。

解剖学特征：相当统一。体型长。头部长而浅；吻部很长、狭窄、有尖钩；下颌末端膨大，牙齿呈圆锥状，眼眶上方有小型突起物，下颌向外弯曲。前肢发达，三指，爪呈大钩子形。大脑为爬行动物水平。

栖息地：大型河道或海岸线附近。

习性：也许能捕食大型动物，但以小型猎物为主，特别擅长用鳄嘴状的头和牙齿、向外弯曲的鹈鹕状下颌和钩状手爪进行捕鱼。头冠可能用于物种内的展示。

沃克氏重爪龙（*Baryonyx walkeri*）
体长7.5米，1.2吨

化石：部分头骨和头后骨骼。
解剖学特征：眼眶上方中央有小型冠状物。
年代：早白垩世，巴雷姆期。
分布和地层：英格兰东南部，威尔德黏土组（Weald Clay）。

泰内雷似鳄龙（＝似鳄龙）[*Baryonyx* (=*Suchomimus*) *tenerensis*]
体长9.5米，2.5吨

化石：部分头骨和头后骨骼。
解剖学特征：眼眶上方中央有小型冠状物，脊椎神经棘很长。
年代：早白垩世，晚阿普特期。
分布和地层：尼日尔，额哈兹组（Elrhaz）上部。
栖息地：沿海河流三角洲。
注释：可能包括拉伯氏脊饰龙（*Cristatusaurus laparenti*）。

沃克氏重爪龙

泰内雷似鳄龙（=似鳄龙）
（下页彩图仍是）

泰内雷似鳄龙（=似鳄龙）

查林杰激龙（*Irritator challengeri*）
体长7.5米，1吨

化石：大部分头骨。

解剖学特征：头部后面有很长的低中线头冠，脑袋后面很深。

年代：早白垩世，可能是阿尔布期。

分布和地层：巴西东部，桑塔纳组。

注释：发现于海相沉积物上，在同一地层发现的利氏崇高龙（*Angaturama limai*）的吻尖化石实际上可能属于该物种，两者甚至可能是同一标本。有证据显示该物种会捕食翼龙。

埃及普特棘龙（*Spinosaurus aegypticus*）
体长14米，10吨

化石：小部分头骨和头后骨骼。

解剖学特征：神经棘沿躯干形成巨大的帆状物。

年代：晚白垩世，早塞诺曼期。

分布和地层：埃及，摩洛哥？拜哈里耶组（Bahariya），卡玛卡玛组（Kem Kem）？

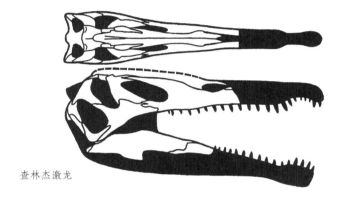

查林杰激龙

栖息地：沿海红树林。

注释：因为化石不够完整，所以重量估计只是尝试性的，其竞争者，南方巨兽龙（*Giganotosaurus*）是已知最大的兽脚类恐龙。和体型相似、更加强大的鲨齿龙（*Carcharodontosaurus*）共享栖息地。第二次世界大战期间，埃及早期发现的化石在德国遭盟军轰炸摧毁；这些材料不确定是否和摩洛哥的标本属于相同的属种。

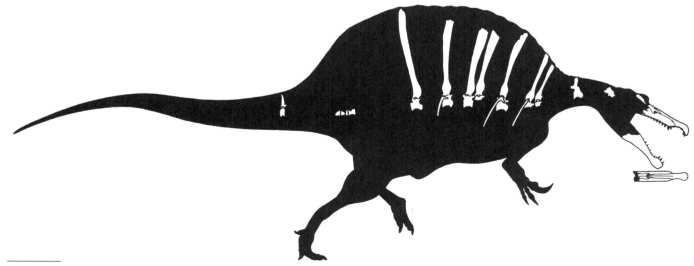

埃及普特棘龙

鸟兽脚类

体型从小型到庞大，肉食性和植食性坚尾龙类，中侏罗世至恐龙时代结束，遍布陆地上大部分地区。

解剖学特征：变异范围非常大。下颌中部的额外的关节通常发育良好。前肢从很长到高度退化。似鸟的呼吸系统高度发达。大脑从爬行动物水平到鸟类水平。

基干鸟兽脚类

中等大小，肉食性鸟兽脚类恐龙，生活在中侏罗世，或可能更晚的时代。

解剖学特征：比较统一。传统的鸟兽脚类恐龙。
习性：既能伏击捕猎又能追赶捕猎，同时用头和前肢作为武器。

弗氏皮亚尼兹基龙 （*Piatnitzkysaurus floresi*）
体长4.5米，275千克

化石：小部分头骨和大部分头后骨骼。
解剖学特征：典型的鸟兽脚类。
年代：中侏罗世，卡洛夫期。
分布和地层：阿根廷南部，卡诺顿沥青组 （Canadon Asfalto）。
注释：与神鹰盗龙 （*Condorraptor*）共享栖息地。

克氏神鹰盗龙 （*Condorraptor currumili*）
体长4.5米，200千克

化石：小部分头骨。
解剖学特征：信息不足。
年代：中侏罗世，卡洛夫期。
分布和地层：阿根廷南部，卡诺顿沥青组 （Canadon Asfalto）。

尼则卡尔比大龙 （或扭椎龙）［*Magnosaurus* （or *Streptospondylus*） *nethercombensis*］
体长4.5米，200千克

化石：小部分头骨和头后骨骼。
解剖学特征：信息不足。
年代：中侏罗世，阿林期或巴柔期。
分布和地层：英格兰西南部，粗鲕状岩组 （Inferior Oolite）。

阿尔特多弗扭椎龙 （*Streptospondylus altdorfensis*）
体长6米，500千克

化石：部分头骨和头后骨骼。
解剖学特征：典型的鸟兽脚类。
年代：中侏罗世，晚卡洛夫期或早牛津期。
分布和地层：法国西北部，英格兰南部？未命名地层，中牛津黏土层组？
注释：牛津美扭椎龙 （*Eustreptospondylus oxoniensis*）暂时归类于阿尔特多弗扭椎龙 （*S. altdorfensis*）。

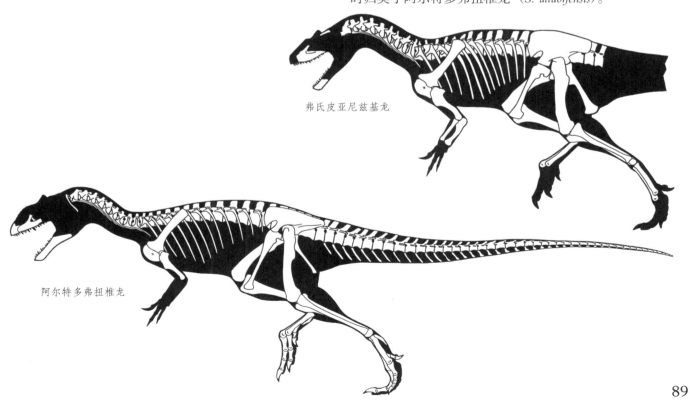

弗氏皮亚尼兹基龙

阿尔特多弗扭椎龙

阿巴卡非洲猎龙（*Afrovenator abakensis*）
体长8米，1吨

化石：大部分头骨和部分头后骨骼。

解剖学特征：头部长而浅，牙齿很大，骨骼轻巧，腿长。

年代：不确定。

分布和地层：尼日尔，提亚热组（Tiouraren）。

栖息地：水分充沛的树林。

习性：追赶型掠食者。

注释：最初被认为来自早白垩世的欧特里夫期，一些研究者把提亚热组归于中侏罗世。与棘椎龙（*Spinostropheus*）共享栖息地。

阿巴卡非洲猎龙

肉食龙类

体型从小型到庞大，肉食性鸟兽脚类恐龙，体重近10吨，从中侏罗世至恐龙时代结束，遍布陆地上大部分地区。

解剖学特征：变异范围较大。传统的鸟兽脚类恐龙。头部肌肉不甚发达、体型不宽，牙齿很锋利、但不太大。尾巴很长。前肢长度从中等到很短。腿比较长。大脑为爬行动物水平。

栖息地：季节性干旱到水分充沛的树林。

习性：伏击型和追赶型掠食者。用头和前肢做武器。一些标本体型极大，表明成年恐龙会猎杀一些成年及未成年的蜥脚类恐龙、覆甲龙类恐龙以及大型鸟脚类恐龙，捕食过程中由发达的颈部肌肉支撑着的头部以及长齿可以猛烈地撕咬猎物，在成功制服猎物前可以用此方式伤害猎物。必要的时候可以用前肢来控制和处理猎物。未成年恐龙主要捕食未成年猎物和小型猎物。

注释：南极洲没发现该物种可能表明已知的化石数量不足。典型的大型兽脚类恐龙。无法确定种群的有效性。

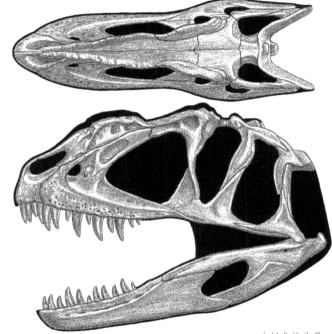

永川龙的头骨

异特龙的肌肉研究

肉食龙杂集

注释：这些肉食龙类并不完全已知，彼此之间的亲缘关系尚不确定。

两百年马什龙（*Marshosaurus bicentesimus*）
体长4.5米，200千克

化石：小部分头后骨骼。

解剖学特征：典型的肉食龙类。

年代：晚侏罗世，中提塘期。

分布和地层：犹他州，莫里逊组中部。

栖息地：比莫里逊组更早期地层湿润的地区，或者半干旱草原和沿河森林。

建设气龙（*Gasosaurus constructus*）
成年恐龙体型不确定

化石：部分头后骨骼，可能是未成年恐龙。

解剖学特征：典型的肉食龙类。

年代：中侏罗世，巴通期和/或卡洛夫期。

分布和地层：中国中部，下沙溪庙组。

习性：猎物包括原始的蜀龙类蜥脚类恐龙和基干剑龙类。

栖息地：茂密森林地区。

伊桑暹逻暴龙（*Siamotyrannus isanensis*）
体长6米，500千克

化石：小部分头骨。

解剖学特征：典型的肉食龙类。

年代：早白垩世，瓦兰今期或欧特里夫期。

分布和地层：泰国，萨卡组（Sao Khua）。

注释：猎物包括似金娜里龙（*Kinnareemimus*）。

异特龙类

体型从小型到庞大，中侏罗世至恐龙时代结束，生活在美洲、非洲和欧亚大陆。

解剖学特征：相当统一。典型的肉食龙类。吻部上边缘有成对的脊。

习性：猎物包括蜥脚类、剑龙类、甲龙类和鸟脚类恐龙。

注释：破碎的化石显示该物种生活在澳大利亚地区；南极洲没有该物种可能反映了化石数量不足。

中华盗龙类

体型从小型到庞大，异特龙类，仅生存在中晚侏罗世的亚洲地区。

解剖学特征：比较统一。存在第四指残余。

董氏永川龙（=中华盗龙）[*Yangchuanosaurus* (=*Sinraptor*) *dongi*]
体长8米，1.3吨

化石：完整的头骨和一具头后骨骼的一大部分。

解剖学特征：鼻部的脊不发达。

年代：晚侏罗世，可能是牛津期。

分布和地层：中国西北部，石树沟组。

习性：猎物包括马门溪龙类蜥脚类恐龙。

注释：与上游永川龙（*Y. shangyuensis*）区别不大。

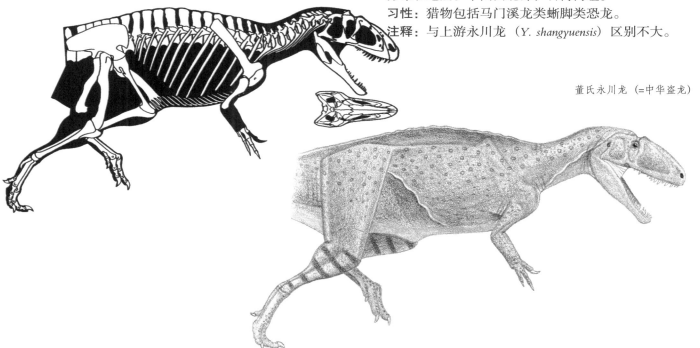

董氏永川龙（=中华盗龙）

上游永川龙

上游永川龙（*Yangchuanosaurus shangyuensis*）
体长11米，3吨

化石：一些完整的头骨和大部分头后骨骼，完全已知。

解剖学特征：鼻部的脊发达。

年代：晚侏罗世，可能是牛津期。

分布和地层：中国中部，上沙溪庙组。

栖息地：茂密森林地区。

习性：猎物包括马门溪龙类、蜥脚类和剑龙类。

注释：来自同一地层，体型非常类似并逐步变大，和平永川龙（*Y. hepingensis*）、上游永川龙（*Y. shangyuensis*）以及巨型永川龙（*Y. magnus*）似乎构成了单个种中一个体型渐进变大的系列。

五彩单脊龙（=冠龙）[*Monolophosaurus (=Guanlong) wucaii*]
体长3.5米，125千克

化石：近乎完整的头骨和部分头后骨骼。

解剖学特征：鼻部脊愈合并膨大成整体向后的宽大中脊。

年代：中侏罗世。

分布和地层：中国西北部，五彩湾组。

习性：头冠太精致，不能用于撞击，可能是用于种群内的展示。

上游永川龙

成年

未成年

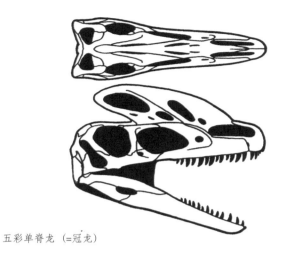

五彩单脊龙（=冠龙）

将军庙单脊龙

注释：尽管有类似的头冠，但并不是将军庙单脊龙（*M. jiangi*）的未成年状态，在这种情况下，五彩单脊龙是前者的猎物。一些研究人员将五彩单脊龙归于与单脊龙无关的暴龙类；该物种到底属于基干异特龙类还是暴龙类仍存在分歧。这表明这些种群之间的亲缘关系或可能比普遍认为的更加密切。其他研究人员认为单脊龙（*Monolophosaurus*）是基干暴龙类。

将军庙单脊龙（*Monolophosaurus jiangi*）
体长5.5米，475千克

化石：完整头骨和大部分头后骨骼。
解剖学特征：鼻部脊愈合并膨大成宽大的中脊。
年代：中侏罗世。
分布和地层：中国西北部，五彩湾组。
习性：猎物包括早期蜥脚类恐龙。头冠太精致，不能用于撞击，可能是用于种群内的展示。
注释：被归于五彩单脊龙的一个未成年个体头骨和头后骨骼可能属于该物种。

异特龙类

体型从小型到庞大，异特龙类，仅生存在晚侏罗世，分

布在北美洲、欧洲和非洲。

解剖学特征：比较统一。头不是特别大，头部后面更牢固，有三角形尖端眉角。尾巴长。耻骨上端膨大。第四指完全退化。
个体发育：生长速度较快。二十年后可达成年恐龙大小。正常情况下，寿命不超过三十年。

脆弱异特龙（*Allosaurus fragilis*）
体长8.5米，1.7吨

解剖学特征：头部非常短、较深、亚三角形。前肢很长。

脆弱异特龙

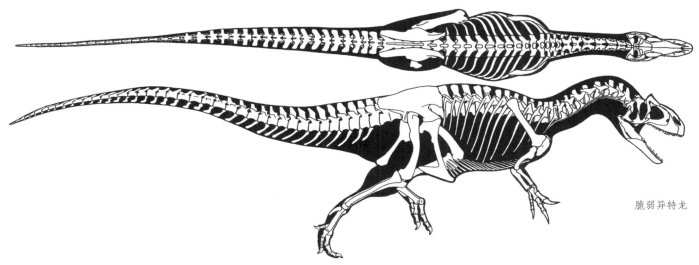

脆弱异特龙

年代：晚侏罗世，晚牛津期和早钦莫利期。

分布和地层：科罗拉多州，莫里逊组下部。

栖息地：雨季短暂地区，或者有河漫滩的半干旱地区和河边树林。

习性：往往捕食小型单个圆顶龙类、梁龙类和迷惑龙类，以及剑龙类和弯龙类。

注释：异特龙和其物种的化石记录不足，所以分类名称尚不确定。通常将所有的莫里逊组异特龙都归于该物种，但标本差异很大，特别是头骨的长/高比率，

任何一个物种都不可能跨越700万年或比莫里逊地层历时更久。据一些研究者称，莫里逊组下部的头骨和头后骨骼可能是一个脆弱异特龙的未成年个体或者是一个新物种。

异特龙未命名种（*Allosaurus unnamed species*）
体长8.5米，1.7吨

化石：大量完整的和部分头骨、头后骨骼。

解剖学特征：头骨长而浅、亚三角形，前肢很长。

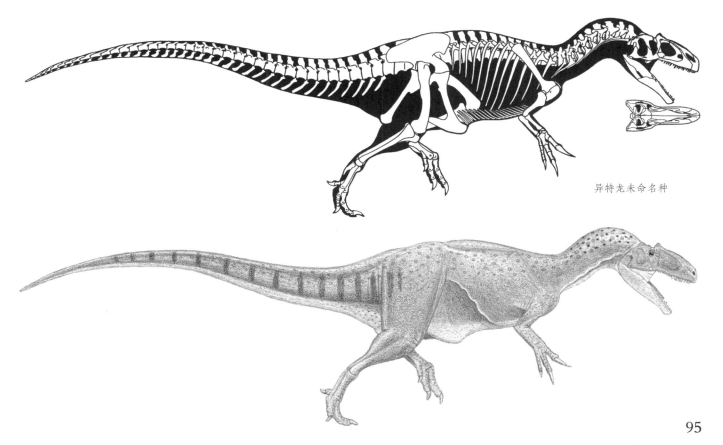

异特龙未命名种

年代：晚侏罗世，晚钦莫利期到中提塘期。

分布和地层：犹他州，怀俄明州，科罗拉多州；莫里逊组中部。

栖息地：雨季短暂地区，或者有河漫滩的半干旱地区和河边树林。

习性：往往捕食小型个体的圆顶龙类、梁龙类和迷惑龙类，以及剑龙类和弯龙类。

注释：曾经因为没有充足的化石而被归于残暴异特龙（A. atrox）。到目前为止，莫里逊组最常见的兽脚类恐龙，一些异特龙与角鼻龙（Ceratosaurus）和蛮龙（Torvosaurus）共享栖息地。莫里逊中部可能有不止一个异特龙种。同时也是经典的非暴龙类大型兽脚类恐龙。

巨异特龙（或食蜥王龙）[Allosaurus（or Saurophaganax）maximus]
体长10.5米，3吨

化石：一小部分头后骨骼。

解剖学特征：信息不足。

年代：晚侏罗世，中提塘期。

分布和地层：俄克拉荷马州，莫里逊组上部。

栖息地：雨季短暂地区，或者有河漫滩的半干旱地区和河边树林。

习性：可以捕食体型更大的蜥脚类恐龙。

注释：足够多的骨骼足以判定它是巨大的异特龙还是存在某些细节所暗示的，是其他属种的可能性。可能是莫里逊组下部异特龙的后裔。

欧洲异特龙?（Allosaurus europaeus?）
体长7米，1吨

化石：部分头骨和小部分头后骨骼。

解剖学特征：信息不足。

年代：晚侏罗世，晚钦莫利期/中提塘期。

分布和地层：俄克拉荷马州；卢连雅扬组（Lourinha）。

栖息地：有开阔树林的大型季节性干旱岛屿。

注释：此时的欧洲群岛离北美洲非常近，该物种是否与莫里逊组中所有已知异特龙种有明显区别尚不明确。

欧洲异特龙?

安氏卢雷亚楼龙（或异特龙）[Lourinhanosaurus（or Allosaurus）antunesi]
体长4.5米，200千克

化石：小部分头后骨骼，可能是未成年个体。

解剖学特征：信息不足。

年代：晚侏罗世，晚钦莫利期或提塘期。

分布和地层：葡萄牙，阿莫瑞亚－波多诺伏组（Amoreira-Porto Novo）。

栖息地：有开阔树林的大型季节性干旱岛屿。

鲨齿龙类

体型从小型到庞大，白垩纪的异特龙类，生活在西半球、欧亚大陆和非洲。

解剖学特征：变异范围非常大。耻骨前端进一步膨大。前肢退化。

习性：捕食的时候对前肢的使用情况比其他食肉类要少。

注释：另外的大陆没有该物种可能反映了已知的化石数量不足。

阿托卡高棘龙（Acrocanthosaurus atokensis）
体长11米，4.4吨

化石：完整的头骨和大部分头后骨骼。

解剖学特征：下颌后部很深。背部和尾部都有较长的神经棘突起，这些神经棘形成较低的帆状结构。

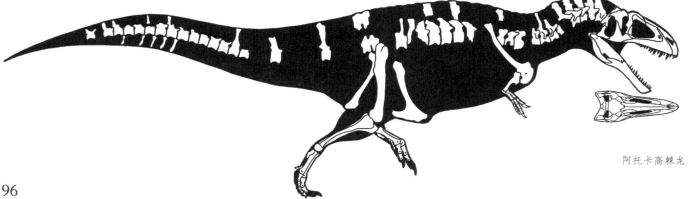

阿托卡高棘龙

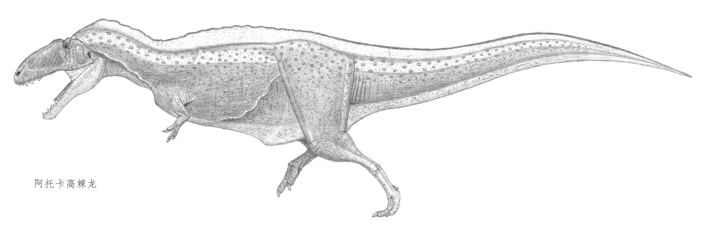

阿托卡高棘龙

年代：早白垩世，阿普特期到中阿尔布期。

分布和地层：俄克拉荷马州、得克萨斯州，鹿角组（Antlers）、双山组（Twin Mountains）。

栖息地：有着沿海湿地和沼泽的河漫滩。

习性：猎物包括波塞冬龙（*Sauroposeidon*）。

注释：对于该物种是否属于异特龙类、鲨齿龙类，还是自成一家，研究者持不同意见。

怒眼始鲨齿龙（*Eocarcharia dinops*）
成年恐龙体型不确定

化石：小部分头骨。

解剖学特征：信息不足。

年代：早白垩世，阿普特期。

分布和地层：尼日尔，额哈兹组（Elrhaz），层位不详。

注释：唯一的标本可能是体型较大的未成年个体。与隐面龙（*Kryptops*）共享栖息地。

丘布特巨暴龙（*Tyrannotitan chubutensis*）
体长13米，7吨

化石：小部分头骨和头后骨骼。

解剖学特征：尾巴上方的神经棘非常高。

年代：早白垩世，阿普特期。

分布和地层：阿根廷南部，科诺巴西诺组（Cerro Barcino）。

注释：最大的鸟足龙类恐龙，猎物包括丘布特龙（*Chubutisaurus*）。

撒哈拉鲨齿龙（*Carcharodontosaurus saharicus*）
体长12米，6吨

化石：部分头骨和部分头后骨骼。

解剖学特征：典型的鲨齿龙类。

年代：晚白垩世，早塞诺曼期。

分布和地层：埃及、摩洛哥，可能还有北美其他地区，拜哈里耶组（Bahariya）、卡玛卡玛组上部等。

栖息地：沿海红树林。

习性：猎物包括潮汐龙（*Paralititan*）。

注释：来自很多不同地层的大量标本是否属于这个物种还无法确定。和体型更大但体能偏弱的棘龙（*Spinosaurus*）共享栖息地。

依归地鲨齿龙（*Carcharodontosaurus iguidensis*）
体长10米，4吨

化石：几个小部分头骨和一小部分头后骨骼。

解剖学特征：典型的鲨齿龙类。

年代：晚白垩世，早塞诺曼期。

分布和地层：尼日尔，艾尔雷兹组（Echkar）。

注释：直到最近才被归为撒哈拉鲨齿龙（*C. saharicus*）。与原皱褶龙（*Rugops primus*）和一种大型半陆生鳄类共享栖息地。

卡氏南方巨兽龙（或鲨齿龙）[*Giganotosaurus (or Carcharodontosaurus) carolinii*]
体长13~14米，7~8吨

化石：大部分头骨和头后骨骼。

解剖学特征：典型的鲨齿龙类。

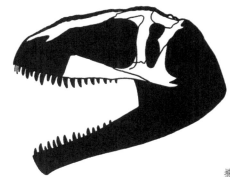

撒哈拉鲨齿龙

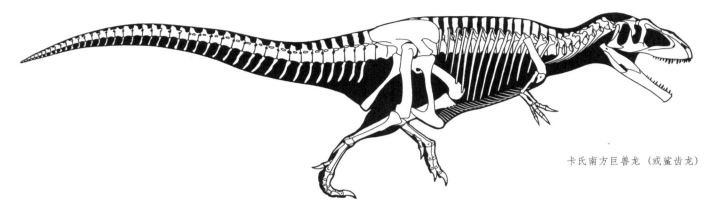

卡氏南方巨兽龙（或鲨齿龙）

年代：晚白垩世，早塞诺曼期。

分布和地层：阿根廷西部，坎德勒斯组（Candeleros）。

栖息地：雨季短暂地区，或者有河漫滩的半干旱地区和河边树林。

习性：猎物包括属于其他巨龙类蜥脚类的、如鲸鱼大小的安第斯龙。

注释：鲨齿龙那不完整的头骨被复原得过长。与爆诞龙（*Ekrixinatosaurus*）共享栖息地。竞争对手是已知最大的兽脚类恐龙——棘龙。

玫瑰马普龙（*Mapusaurus roseae*）
体长11.5米，5吨
- -
化石：大量头骨和头后骨骼。

解剖学特征：典型的鲨齿龙类。

年代：晚白垩世，中塞诺曼期。

分布和地层：阿根廷西部，乌因库尔组（Huincul）下部。

栖息地：雨季短暂地区，或者有河漫滩的半干旱地区和河边树林。

注释：与肌肉龙（*Ilokelesia*）共享栖息地。

毛儿图假鲨齿龙（*Shaochilong maortuensis*）
- -
化石：部分头后骨骼。

解剖学特征：典型的鲨齿龙类。

年代：晚白垩世，土仑期。

分布和地层：中国北部，乌兰苏海组（Ulansuhai）。

注释：与吉兰泰龙（*Chilantaisaurus*）共享栖息地。

新猎龙类

　　体型从中等大小到庞大，生活在白垩纪的异特龙类，分布在欧亚大陆、南美洲和澳大利亚。

　　解剖学特征：变异范围非常大。前肢非常发达。

注释：非洲和南极洲不存在该类物种，可能反映了化石数量不足。

色氏新猎龙（*Neovenator salerii*）
体长7米，1吨
- -
化石：小部分头骨和头后骨骼。

解剖学特征：体型轻巧，腿长。头部狭窄。

年代：早白垩世，巴雷姆期。

分布和地层：怀特岛、英格兰，韦塞克斯组（Wessex）。

习性：猎物包括带甲的甲龙类和蜥脚类恐龙。

注释：研究人员对该物种属于基干暴龙类还是异特龙类存在分歧，这表明这些种群之间的亲缘关系可能比预想的更加密切。与体型较小的始暴龙（*Eotyrannus*）和极鳄龙（*Aristosuchus*）共享栖息地。

大水沟吉兰泰龙（*Chilantaisaurus tashuikouensis*）
体长11米，4吨
- -
化石：部分头后骨骼。

解剖学特征：骨骼沉重。前肢发达。

年代：晚白垩世，土仑期。

分布和地层：中国北部，乌兰苏海组。

注释：与假鲨齿龙（*Shaochilong*）共享栖息地。猎物包括戈壁龙（*Gobisaurus*）。

北谷福井盗龙（*Fukuiraptor kitadaniensis*）
体长5米，300千克
- -
化石：部分头后骨骼。

解剖学特征：体型轻巧。腿长。

年代：早白垩世，阿尔布期。

分布和地层：日本本岛，北谷组（Kitadani）。

温顿南方猎龙（*Australovenator wintonensis*）
体长6米，500千克
- -
化石：小部分头骨和头后骨骼。

解剖学特征：体型轻巧。腿长。
年代：早白垩世，晚阿尔布期。
分布和地层：澳大利亚东北部，温顿组（Winton）。
栖息地：水分充沛地区，在寒冷冬日也能生存。

纳氏大盗龙（*Megaraptor namunhuaiquii*）
体长8米，1吨
___

化石：头后骨骼的一小部分。
解剖学特征：手爪细长。
年代：晚白垩世，晚土仑期。
分布和地层：阿根廷西部，波特阻络组（Portezuelo）。
栖息地：旱季短暂、水分充沛的树林。
注释：曾被认为是体型最大的驰龙，这种观点是错误的。还有人认为该物种属于棘龙类。猎物包括巨谜龙（*Macrogryphosaurus*）。

里约科罗拉多气腔龙（*Aerosteons riocolloradensis*）
体长6米，500千克
___

化石：小部分头骨和部分头后骨骼。
解剖学特征：体型轻巧，腿长。
年代：晚白垩世，晚圣通期和/或早坎潘期。
分布和地层：阿根廷西部，阿纳克莱托组（Anacleto）。
注释：与阿贝力龙（*Abelisaurus*）共享栖息地。猎物包括加斯帕里尼龙（*Gasparinisaura*）。

伯氏齿河盗龙（*Orkoraptor burkei*）
体长6米，500千克
___

化石：小部分头骨和头后骨骼。
解剖学特征：信息不足。
年代：晚白垩世，早马斯特里赫特期。
分布和地层：阿根廷南部，帕里艾克组（Pari Aike）。
注释：估计异特龙类生存到接近（或就是）恐龙时代结束。猎物包括小头龙（*Talenkauen*）。

虚骨龙类

体型从小型到庞大，肉食性和植食性鸟兽脚类恐龙，中侏罗世至恐龙时代结束，遍布陆地上大部分地区。

解剖学特征：变异范围非常大。尾巴长度从很长到很短。前肢从超过腿部到高度退化。腿部从细长到粗壮，趾4个或3个。

暴龙类

体型从中等大小到庞大，肉食性鸟兽脚类恐龙，晚侏罗世至恐龙时代结束，仅生活在北半球。可能是原始的虚骨龙类，但是不确定。

解剖学特征：大多数为传统的鸟足类兽脚类恐龙。前肢从很长至高度退化。腿长。大脑为爬行动物水平。
习性：追击和伏击猎物。

基干暴龙类

体型从中等大小到庞大，暴龙类，晚侏罗世至恐龙时代结束。

解剖学特征：变异范围非常大。前肢没有退化。腿不像其他暴龙类那样纤细。
习性：前肢用于处理和伤害猎物。
注释：以下一些分类单元是否属于暴龙类尚不确定，它们也许可分离出许多分支。

喀左中国暴龙（*Sinotyrannus kazuoensis*）
体长9米，2.5吨
___

化石：部分头骨。
年代：早白垩世，早或中阿普特期。
分布和地层：中国东北部，九佛堂组。
栖息地：水分充沛的森林和湖泊。

反常屿峡龙（*Labocania anomola*）
体长7米，1.5吨
___

化石：一小部分头骨和头后骨骼。
解剖学特征：体型沉重。
年代：晚白垩世，可能是坎潘期。
分布和地层：下（Baja）墨西哥，拉伯坎那罗亚组（La Bocana Roja）。
习性：伏击大型猎物。

桑塔纳盗龙（*Santanaraptor placidus*）
体长1.5米，15千克
___

化石：小部分头后骨骼。
解剖学特征：信息不足。
年代：早白垩世，可能是阿尔布期。
分布和地层：巴西东部，桑塔纳组（Santana）。
注释：发现于海相沉积物中。

奥氏小掠龙 （*Bagaraatan ostromi*）
成年恐龙体型不确定

化石：小部分头后骨骼，未发育成熟的恐龙。

解剖学特征：体型轻巧，尾巴僵硬。

年代：晚白垩世，晚坎潘期和/或早马斯特里赫特期。

分布和地层：蒙古，纳摩盖吐组 （Nemegt）。

栖息地：有雨季、水分充沛的树林。

注释：这只未成年个体的亲缘关系尚不明确，可能是一种手盗龙类。

小新疆猎龙 （*Xinjiangovenator parvus*）
体长3米，70千克

化石：一小部分头后骨骼。

解剖学特征：信息不足。

年代：早白垩世。

分布和地层：中国西北部，连木沁组。

注释：与鸟兽脚类恐龙的亲缘关系尚不明确。

克氏史托龙 （*Stokesosaurus clevelandi*）
体长2.5米，60千克

化石：一小部分头后骨骼。

解剖学特征：信息不足。

年代：晚侏罗世，中提塘期。

分布和地层：犹他州，莫里逊组中部。

栖息地：比莫里逊组更下部地层湿润的地区，或者半干旱草原和沿河树林。

朗氏史托龙？ （*Stokesosaurus? langhami*）
体长5米，500千克

化石：小部分头后骨骼。

解剖学特征：信息不足。

年代：晚侏罗世，早提塘期。

分布和地层：英格兰南部，钦莫利黏土组 （Kim-meridge Clay）。

侏罗祖母暴龙 （*Aviatyrannis jurassica*）
体长1米，5千克

化石：一小部分头后骨骼，可能是未成年个体。

解剖学特征：信息不足。

年代：晚侏罗世，钦莫利期。

分布和地层：葡萄牙，卡莫达斯德阿尔科巴萨组 （Camadas de Alcobaca）。

栖息地：有开阔树林的大型季节性干旱岛屿。

注释：与阿伦克尔劳尔哈龙 （*Lourinhasaurus alenquerensis*）共享栖息地。

奇异帝龙 （*Dilong paradoxus*）
体长1.6米，15千克

化石：一些近乎完整的头骨和部分头后骨骼，体表有毛状覆盖物。

解剖学特征：头部很大、较深。鼻部有Y形冠状物。前牙为D形，其他牙齿很大。前掌很长。腿较长。原始毛状覆盖物的长度不详。

年代：早白垩世，巴雷姆期。

分布和地层：中国东北部，义县组下部。

栖息地：水分充沛的森林和湖泊。

鹰爪伤龙 （*Dryptosaurus aquilunguis*）
体长7.5米，1.5吨

化石：小部分头后骨骼。

解剖学特征：前肢和手指爪很长。

年代：晚白垩世，晚坎潘期或早马斯特里赫特期。

分布和地层：新泽西州，马谢尔顿组 （Marshall-town）。

习性：前肢作武器用。猎物包括鸭嘴龙。

注释：发现于海相沉积物中。

郎氏始暴龙 （*Eotyrannus lengi*）
体长3米，70千克

化石：小部分头骨和头后骨骼。

解剖学特征：头骨强壮，脑袋前部很深，上颌前牙横截面为D形。骨骼轻巧。前肢长。腿部细长。

年代：早白垩世，巴雷姆期。

分布和地层：怀特岛、英格兰，韦塞克斯组。

习性：追赶型掠食者。撕咬会对猎物造成严重的冲压性伤害而非冲击性伤害。也会用前肢作武器。

白魔雄关龙 （*Xiongguanlong baimoensis*）
体长5米，200千克

化石：变形头骨的大部和小部分头后骨骼。

解剖学特征：头部特别是吻部长而浅。

年代：早白垩世，可能是阿普特期或阿尔布期。

分布和地层：中国中部，新民堡群下部。

注释：说明一些暴龙类在白垩纪中期就已经非常大。猎物包括北山龙 （*Beishanlong*）。

进步的暴龙类

体型从小型到庞大，白垩纪时期的暴龙类，生活在亚洲和北美洲。

解剖学特征：相当统一。头大而长、异常粗壮。布满皱纹的吻部上有中线脊，脊板上可能有内孔。眼眶上方有小眉角或眉板。前肢高度退化，外侧指高度退化只剩两个发达的指，但指的作用依然很大。腰带很大，腿很长，所以腿部肌肉非常发达，脚很长且呈扁长形。

克氏盗王龙（*Raptorex kriegstenis*）
体长2.7米，70千克

化石：大部分头骨和头后骨骼。

解剖学特征：典型的进步的暴龙类。

年代：早白垩世，可能是巴雷姆期。

分布和地层：中国—蒙古边界东北部地区，可能是义县组下部。

注释：发现的确切位置和地层尚不确定。表明早白垩世后期演化出了前肢短小、体型纤细的暴龙，头部是主要杀伤性武器，出现时间更晚、体型更大的物种中的未成年个体保留了粗壮的前肢。该物种是敏捷的掠食者，前肢短小，以上表明前肢退化不是更大型暴龙类消亡的证据。

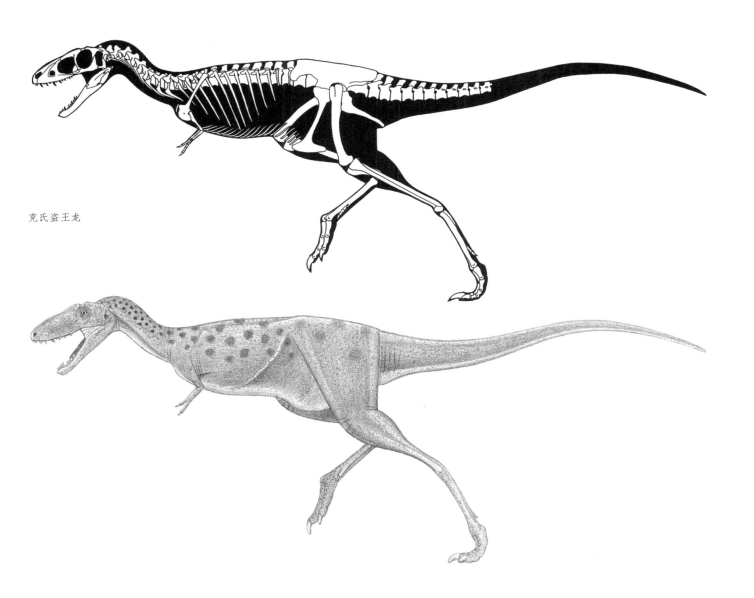

克氏盗王龙

暴龙类

体型从小型到庞大，暴龙类，仅生活在晚白垩世更晚期的北美洲和亚洲。

解剖学特征：高度统一。侧开的颞区内有结实的棒状结构，该结构进一步加固了头骨。头骨的后半部是一个能附着极强的颌肌的宽阔盒状区。视线部分向前，可能有某种程度上的立体视觉。布满皱纹的吻部有中线脊，脊板上可能有内孔。眼眶上方有小眉角或眉板。吻部前面比常见的更宽广丰满，支撑着U形弧度齿系，牙齿横截面为D形，非常结实，且比一般情况更接近圆柱形。下颌很深，尤其是后半部。脖子强健，肌肉发达。躯干短粗。尾巴比其他大型兽脚类恐龙更短更轻。尾巴和前肢退化、腿部增大变长表明它们可能比其他巨型兽脚类恐龙速度更快。鳞片较小，有卵石花纹。未成年个体的骨骼非常纤细，随体型变大骨骼逐渐变粗壮，但基本特征不变。未成年个体的头骨很长、较浅、很优美，成年恐龙的吻部更深、更短。大脑比一般的大型兽脚类恐龙更大，嗅球特别大。

个体发育：成长速度较快，大约二十年后达到成年恐龙大小，寿命一般不超过六十年。一些被命名的小型个体是大型个体的幼年时期，不确定是否有像未成年个体一样大小的成年恐龙物种。

习性：未成年个体的长长的吻部表明它们独立捕食。较小的个体可能捕食敏捷的似鸵龙类和鸟脚类以及原角龙类（Protoceratopsians）、肿头龙类（Pachycephalosaurs）、小型鸭嘴龙类和角龙类（Ceratopsians）。巨大的成年恐龙捕食所有已知栖息地中的鸭嘴龙类和甲龙类，以及角龙类和巨龙类（蜥脚类）（有这类恐龙的情况下），它们利

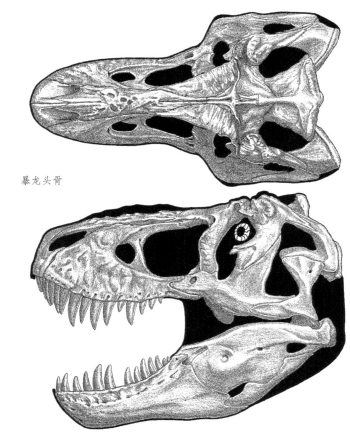

暴龙头骨

用巨大的头部和坚固的牙齿进行捕猎，再加上前向的视觉，能对猎物造成严重的冲压性伤害而非冲击性伤害。在成功制服猎物前，可以利用脖子上发达的肌肉配合强有力的下颌来削弱猎物的战斗力。前肢功能了解不多：似乎太过短小，不能用来处理猎物；雄性交

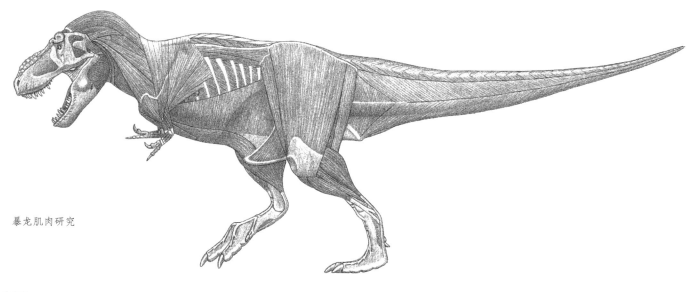

暴龙肌肉研究

配时可能用前肢起控制作用。脑袋大概可以在种内竞争时用于撞击。

注释：整体上看是最先进、最复杂的大型兽脚类恐龙。栖息地中可能存在大量善于捕猎的未成年暴龙，这就限制了那些体型更小的兽脚类恐龙的数量，如恐爪龙类和伤齿龙类。

奥氏独龙（*Alectrosaurus olseni*）
成年恐龙体型不确定

化石：部分头骨、骨骼，可能是未完全发育的恐龙。
解剖学特征：典型的体型更小的纤细暴龙类。
年代：晚白垩世。
分布和地层：中国，二连达布苏组。
栖息地：季节性干旱、湿润树林。
习性：假设已知标本是成年恐龙，那么它们可以捕食体型类似的恐龙，包括那些速度最快的恐龙。
注释：猎物包括古似鸟龙（*Archaeornithomimus*）。

遥远分支龙（*Alioramus remotus*）
成年恐龙体型不确定

化石：头骨、一些部分头后骨骼，可能是未完全发育的恐龙。
解剖学特征：典型的、体型更小的纤细暴龙类。鼻部有细圆齿状中线脊。
年代：晚白垩世。
分布和地层：蒙古，尼古特萨组（Noggon Tsav）。

阿尔泰分支龙（*Alioramus altai*）
成年恐龙体型不确定

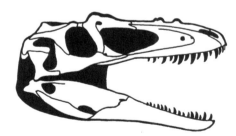

遥远分支龙

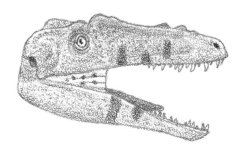

化石：未完全发育的头骨、一些部分头后骨骼。
解剖学特征：吻部特别长，而且比同样大小的暴龙类位置更低。鼻部有细圆齿状中线脊。
年代：晚白垩世，早马斯特里赫特期。
分布和地层：蒙古，纳摩盖吐组。
注释：存活时间上与遥远分支龙（*A. remotus*）有些不同，如果两者不是同一物种的话。

希氏虐龙（*Bistahieversor sealeyi*）
体长8米，2.5吨

化石：近乎完整的头骨和头后骨骼。
解剖学特征：吻部特别深，头顶后部有明显的中线脊。
年代：晚白垩世，晚坎潘期。
分布和地层：新墨西哥州，科特兰组下部。
注释：虐龙是西南部各州的优势掠食者，同期的艾伯塔龙（*Albertosaurus*）和恶霸龙（*Daspletosaurus*）主导了北部各州。猎物包括结节头龙（*Nodocephalosaurus*）、裂角龙（*Chasmosaurus*）、小贵族龙（*Kritosaurus*）和副栉龙（*Parasaurolophus*）。

蒙哥马利阿巴拉契亚龙（或艾伯塔龙）[*Appalachiosaurus (or Albertosaurus) montgomeriensis*]
成年恐龙体型不确定

化石：部分头骨、骨骼。
解剖学特征：典型的体型更小的纤细暴龙类。
年代：晚白垩世，早坎潘期。
分布和地层：阿拉巴马州，赫尔摩坡斯组（Dermopolis）。

希氏虐龙

蒙哥马利阿巴拉契亚龙（或艾伯塔龙）

未成年个体

成年个体

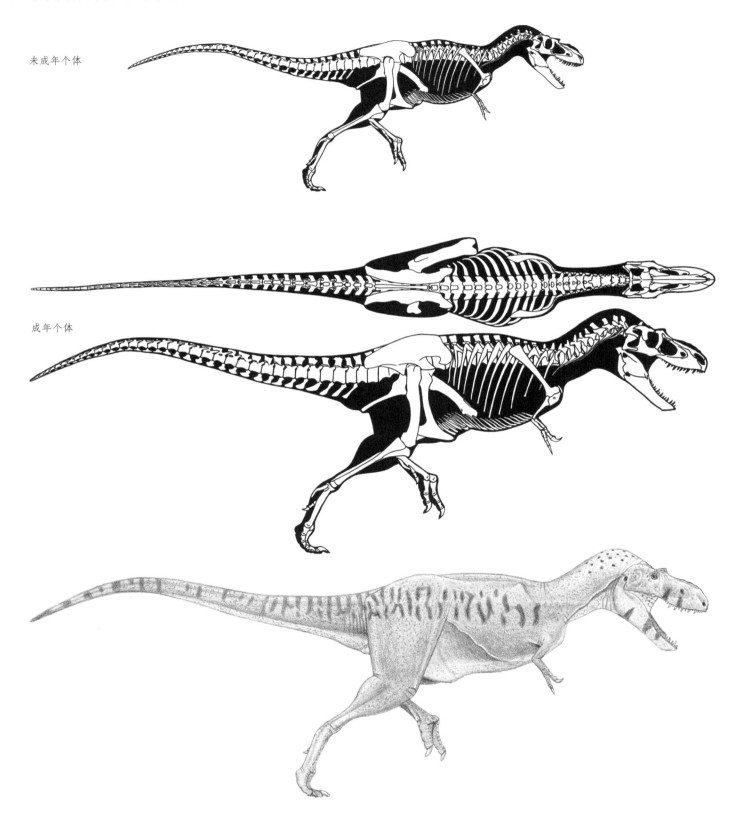

平衡艾伯塔龙 （=蛇发女怪龙）［*Albertosaurus* （*=Gorgosaurus*）*libratus*］
体长8米，2.5吨

化石： 大量的、未成年和成年恐龙的头骨和头后骨骼，小块皮肤痕迹，完全已知。

解剖学特征： 典型的大型暴龙类。眉角非常突出。骨骼不是很沉重。

年代： 晚白垩世，晚坎潘期。

分布和地层： 艾伯塔，蒙大拿；至少分布于恐龙公园组中部，也可能在朱迪思河组和双麦迪逊组上部。

栖息地： 水分充沛地区，有沿海湿地和沼泽、草木丛生的河漫滩，在寒冷冬日也能生存，干燥山地。

习性： 体型相对细长，表明成年恐龙专门捕食"赤手空拳"的鸭嘴龙，虽然有时也会捕食角龙类和甲龙类。

注释： 一些证据显示为一个单独的属，与食肉艾伯塔龙 （*Albertosaurus sarcophagus*）极其相似。平衡艾伯塔龙是否经历了恐龙公园组所跨越的整个地质年代则还不能确定。

食肉艾伯塔龙 （*Albertosaurus sarcophagus*）
体长8米，2.5吨

化石： 一些头骨和部分头后骨骼，比较了解。

解剖学特征： 与平衡艾伯塔龙极其相似。平衡艾伯塔龙可能是该物种的祖先。腿部可能稍微有些长。

年代： 晚白垩世，早马斯特里赫特期。

分布和地层： 艾伯塔，蒙大拿州；马蹄铁峡谷组（Horseshoe Canyon）下部。

栖息地： 水分充沛地区，有沿海湿地和沼泽、草木丛生的河漫滩，在寒冷冬日也能生存。

习性： 体型相对细长，表明成年恐龙专门捕食鸭嘴龙。

注释： 包括艾克艾伯塔龙 （*A. arctunguis*），可能是平衡艾伯塔龙的后裔。

食肉艾伯塔龙

惧龙未命名种（*Daspletosaurus unnamed species*）
体长9米，2.5吨

化石：头骨和部分头后骨骼。

解剖学特征：与强健惧龙（*D. torosus*）相似。

年代：晚白垩世，中晚坎潘期。

分布和地层：蒙大拿州，上双麦迪逊组（Upper Two Medicine）。

栖息地：季节性干旱的山地树林。

注释：尚未描述，未能证明与强健惧龙（*D. torosus*）有所不同。惧龙可能属于暴龙（类）。

强健惧龙（*Daspletosaurus torosus*）
体长9米，2.5吨

化石：完整的头骨和大部分头后骨骼，包括未成年个体在内的其他化石。

解剖学特征：头骨宽阔强健。眉角退化，牙齿粗壮。骨骼强壮。腿部比一般种群略长。

年代：晚白垩世，中坎潘期。

分布和地层：艾伯塔；老人组（Oldman）上部。

栖息地：水分充沛地区，有沿海湿地和沼泽、草木丛生的河漫滩，在寒冷冬日也能生存。

习性：身体短小精悍，表明该种可能专门对付角龙类，必要的时候还会对抗带甲的甲龙类，这增加了它的觅食区域，当然，该种仍可能以常见的软弱不堪的鸭嘴龙类为食。

惧龙未命名种（*Daspletosaurus unnamed species*）
体长9米，2.5吨

化石：一些完整度不同的头骨和头后骨骼，包括未成年个体。

解剖学特征：头骨宽阔强健。眉角退化，牙齿粗壮。骨骼强壮。腿部比一般种群略长。

年代：晚白垩世，晚坎潘期。

分布和地层：艾伯塔，恐龙公园组。

栖息地：水分充沛地区，有沿海湿地和沼泽、草木丛生的河漫滩，在寒冷冬日也能生存。

习性：与强健惧龙（*D. torosus*）类似。

注释：可能包含多个物种。与平衡艾伯塔龙体型相同，但后者骨骼更轻、稍更常见一些，而且可能专门捕食鸭嘴龙类，二者共享栖息地。

强健惧龙

勇士暴龙（特暴龙）[Tyrannosaurus (Tarbosaurus) bataar]
体长9.5米，4吨

化石：很多来自未成年和成年恐龙的头骨与头后骨骼，完全已知。小块皮肤痕迹。

解剖学特征：头骨很大，但是即便是最大的头骨也不会很宽。眉板是强烈的扁长形，牙齿粗壮但不是特别大。骨骼较粗壮。

年代：晚白垩世，晚坎潘期和/或早马斯特里赫特期。

分布和地层：蒙古和中国北部；纳摩盖吐组、纳摩盖吐思维塔组（Nemegt Svita）、园圃组、秋扒组等。

栖息地：有雨季的水分充沛的树林。

习性：成年恐龙主要猎食栉龙（Saurolophus）、巨龙类和甲龙类。

注释：该物种的未成年个体会和阿尔泰分支龙（Alioramus altai）竞争。

勇士暴龙（特暴龙）
（下页仍是）

成长序列

勇士暴龙（特暴龙）

霸王龙（*Tyrannosaurus rex*）
体长12米，6吨

化石：一些头骨和头后骨骼，包括一些小暴龙。成年暴龙已完全了解。小块皮肤痕迹。

解剖学特征：头骨比其他暴龙类重得多，也结实得多。各年龄段的头骨后部都非常宽阔，可容纳超大号的下颌和颈部肌肉，强大的撕咬能力在陆地掠食者中独占鳌头。视线更加向前，增加了重叠视野。吻部也很宽。下颌非常深。眉板粗壮但不突出，牙齿异常巨大、呈锥形。脖子很结实。头小，前肢很长，半成年暴龙的腿非常长。成年暴龙的整体骨骼结构按比例加粗、变壮，但腿部仍然细长。一些体型健壮的暴龙存在生殖特质的骨组织，所以推测其可能是雌性。未成年暴龙牙齿锋利，头相对较小，前肢和前掌要大得多。

年代：晚白垩世，晚马斯特里赫特期。

分布和地层：艾伯塔、蒙大拿州、达科他州、怀俄明州、科罗拉多州、犹他州、新墨西哥州；兰斯组、地狱溪组、斯科勒德组、丹佛组、拉勒米组、北角组、海沃利组等。

栖息地：朝北部和东部的水分充沛的森林，朝西部和南部的季节性干旱盆地。

习性：一种演化到了极致的暴龙类，成年鸭嘴龙类和角龙类身上愈合的伤口表明成年暴龙经常捕杀体型庞大的猎物。暴龙捕猎时会用巨大的头和牙齿对猎物造成致命伤害，捕食危险性较小的未成年个体时则无须这样的体力和体型。西部和南部地区可能也有蜥脚类恐龙可供捕食。

注释：一度被认为比较罕见，非常值钱的化石促进了大量标本的发现。一些研究人员认为兰斯矮暴龙（*Nanotyrannus lancensis*）是一个独立分类单元，但后者缺少成年恐龙而暴龙又缺少未成年恐龙，所以这种分类不大可能。没有任何已知的兽脚类恐龙会在生长过程中发生如此极端的变化，其中包括从刃状齿到锥形齿的转变，这种生长过程中的强烈变化可能是由于狩猎对象的彻底转变造成的，小暴龙捕食行动敏捷的猎物，如似鸟龙类，而成年暴龙捕食体型庞大、快速出击的成年角龙类。可能是其已知范围内的唯一大型掠食者。

霸王龙

霸王龙
(下页仍是)

强健变体

纤细变体

小暴龙

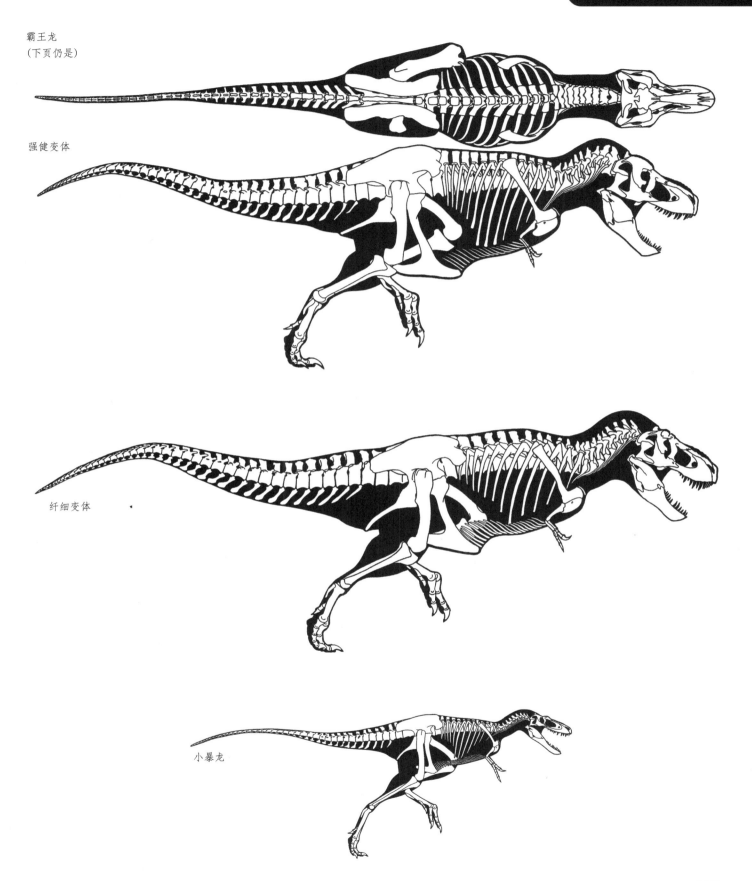

霸王龙

似鸟龙类

体型从小型到庞大型，白垩纪时期的非肉食性鸟兽脚类恐龙，仅生活在北半球。

解剖学特征：比较统一。不是特别结实。头部较小、浅而窄，牙齿退化或消失，有浅而迟钝的喙部，视线部分向前，可能有某种程度的立体视觉，下颌没有外关节。脖子长而纤细。前肢和手修长。腿长，脚爪上的脚趾较短。大脑的结构和大小为半鸟类水平，嗅球退化。胃里有时存在胃石。

栖息地：水分充沛地区。

习性：头骨小巧细长，喙无钩状结构，颈部轻巧，以上特征显示该物种不是食肉动物。可能是杂食性动物，主要以植物为食，偶尔会吃一些小型动物和昆虫。利用长长的前肢和前掌来收集食物。主要靠速度进行防御，还会利用强壮的腿进行踢打或用大手爪进行搏斗防御。

注释：和鸵鸟及其他大型平胸类鸟最相似的恐龙。零碎的化石表明澳大利亚也可能存在该物种。

基干似鸟龙类

体型从小到大、似鸟龙类、生活在白垩纪时期的欧亚大陆。

解剖学特征：与后期的似鸟龙类相比，该物种体型没那么纤细，腰带没那么大，脚部没那么强烈的扁长形，仍然存在拇指。也许能分成很多分支。

多锯似鹈鹕龙（*Pelecanimimus polyodon*）
体长2.5米，30千克

化石：完整的头骨和前面部分头后骨骼，一些软组织。

解剖学特征：吻部很长并逐渐变细，眼眶上方有号角状小型眉角，下颌前面有数以百计的小牙齿。手指长度几乎相等，爪几乎是直的。脑袋后面有小型的柔软头冠，有喉囊，皮肤光滑，皮肤上有限区域内没有羽毛的痕迹。

年代：早白垩世，晚巴雷姆期。

分布和地层：西班牙中部，卡泽斯胡格纳组（Calizas de al Huergina）。

习性：可能用牙齿来啃咬植物和/或过滤小生物，喉囊可能用于存放捕获的鱼类。角和头冠用于种内展示。

注释：发现于海相沉积物中。

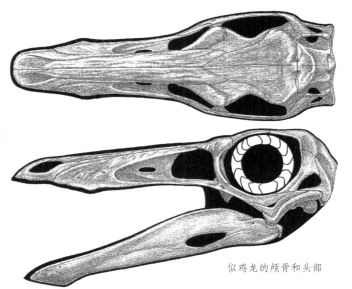

似鸡龙的颅骨和头部

东方神州龙（*Shenzhousaurus orientalis*）
体长1.6米，10千克

化石：完整的头骨和大部分头后骨骼。

解剖学特征：体型较小，下颌前端有圆锥形牙齿。拇指不如其他手指长，爪几乎是直的。

年代：早白垩世，巴雷姆期。

分布和地层：中国东北部，义县组下部。

习性：水分充沛的森林和湖泊。

似鸟身女妖龙（*Harpymimus okladnikovi*）
体长3米，50千克

化石：近乎完整的头骨和大部分头后骨骼。

解剖学特征：下颌尖端有一些小牙齿。拇指不如其他手指长，爪轻轻弯曲。

年代：早白垩世，晚阿尔布期。

分布和地层：蒙古，塞胡德组（Shinekhudag）。

短脚似金翅鸟龙（*Garudimimus brevipes*）
体长2.5米，30千克

化石：完整的头骨和大部分头后骨骼。
解剖学特征：没有牙齿，有喙。
年代：晚白垩世早期。

多锯似鹈鹕龙

似鸟身女妖龙

短脚似金翅鸟龙

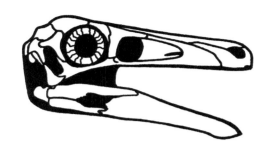

分布和地层：蒙古，巴彦什热组（Bayanshiree）。

注释：与阿基里斯龙（*Achillobator*）共享栖息地。

巨大北山龙（*Beishanlong grandis*）
体长7米，550千克

化石：小部分头后骨骼。

解剖学特征：十分粗壮。

年代：早白垩世，可能是阿普特期或阿尔布期。

分布和地层：中国中部，新民堡群下部。

注释：雄关龙（*Xiongguanlong*）的猎物。

奇异恐手龙（*Deinocheirus mirificus*）
体长10米，2吨

化石：前肢。

解剖学特征：前肢长2.4米，手指几乎一样长，爪像尖端很钝的钩子。

年代：晚白垩世，晚坎潘期和/或早马斯特里赫特期。

分布和地层：蒙古，纳摩盖吐组。

栖息地：有雨季的水分充沛的林地。

注释：该物种发现于20世纪60年代，但令人沮丧的是，之后再也没有发现这种大型恐龙。可能是另一种超大的、可在高处觅食的兽脚类恐龙，就像巨盗龙（*Gigan-*

toraptor）和镰刀龙（*Therizinosaurus*）一样。主要天敌是勇士暴龙（*Tyrannosaurus bataar*），比小型似鸟龙类更擅长保护自己免受肉食性恐龙的攻击。

似鸟龙类

体型中等，白垩纪时期的似鸟龙类，仅生活在北半球。

解剖学特征：高度统一。体型细长。喙中没有牙齿。手指长度几乎相等，爪至少相当长且不强烈弯曲。躯干紧凑。尾巴比标准的兽脚类恐龙短小轻巧。腰带很大，腿很长，腿部肌肉非常发达。脚很长、强烈扁长形，拇指完全退化消失，所以奔跑速度可能非常高。

习性：主要靠快速奔跑进行防御。

注释：驰龙类和伤齿龙类的猎物，也会遭到未成年暴龙类的猎杀。

孔敬似金娜里龙（*Kinnareemimus khonkaensis*）
大小不详

化石：小部分头后骨骼。

解剖学特征：信息不足。

年代：早白垩世，瓦兰今期或欧特里夫期。

分布和地层：泰国，萨卡组（Sao Khua）。

注释：暹逻暴龙（*Siamotyrannus*）的猎物。

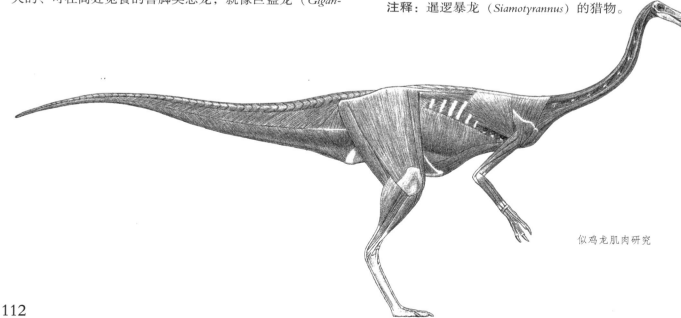

似鸡龙肌肉研究

亚洲古似鸟龙 （*Archaeornithomimus asiaticus*）
成年恐龙体型未知
- -
化石：小部分头后骨骼。

解剖学特征：信息不足。

年代：晚白垩世。

分布和地层：中国，二连达布苏组。

栖息地：季节性干旱、潮湿的林地。

注释：独龙 （*Alectrosaurus*） 的猎物。

董氏中国似鸟龙 （*Sinornithomimus dongi*）
体长2.5米，45千克
- -
化石：十几个头骨和头后骨骼，很多都很完整，包括成年和未成年个体，完全了解。

解剖学特征：头骨有点短，与大部分后期似鸟龙类相比，骨骼没那么纤细。

年代：晚白垩世，土仑期。

分布和地层：中国，乌兰苏海组。

注释：与吉兰泰龙 （*Chilantaisaurus*） 和假鲨齿龙 （*Shaochilong*） 共享栖息地。

扁爪似鹅龙 （*Anserimimus planinychus*）
体长3米，50千克
- -
化石：小部分头后骨骼。

解剖学特征：前掌适度变长。

年代：晚白垩世，早马斯特里赫特期。

分布和地层：蒙古，纳摩盖吐思维塔组 （Nemegt Svita）。

栖息地：有雨季的水分充沛的林地。

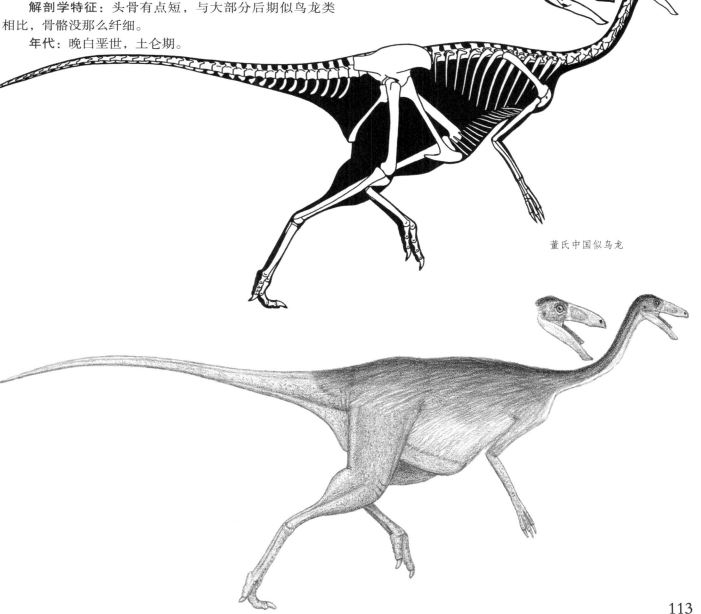

董氏中国似鸟龙

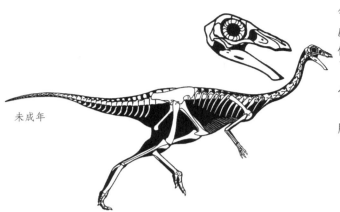

未成年

气腔似鸡龙（或似鸵龙）〔*Gallimimus*（or *Struthiomimus*）*bullatus*〕

体长6米，450千克

化石：一些来自未成年和成年恐龙的完整头骨与头后骨骼，完全了解。

解剖学特征：喙细长，与其他高等似鸟龙类相比前肢和腿都较短，速度可能不一样。

年代：晚白垩世，晚坎潘期和/或早马斯特里赫特期。

分布和地层：蒙古，纳摩盖吐组。

栖息地：有雨季的水分充沛的林地。

注释：主要天敌是勇士暴龙的未成年体。

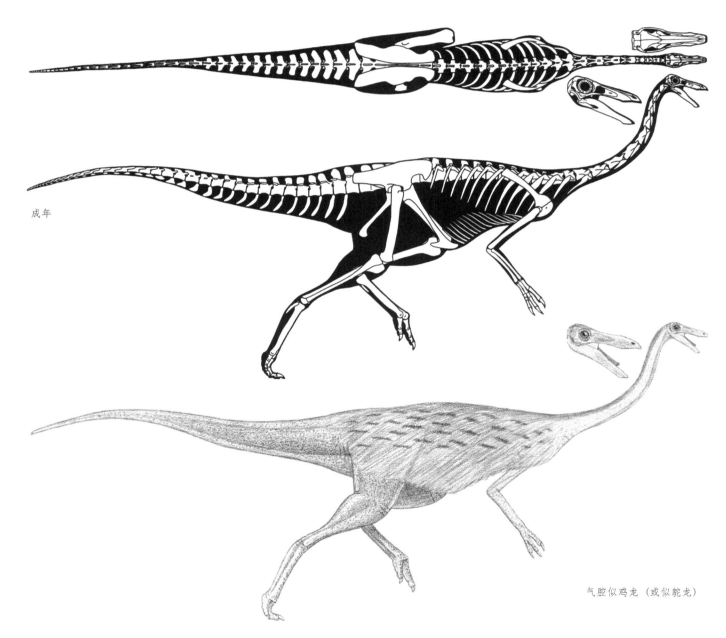

成年

气腔似鸡龙（或似鸵龙）

高似鸵龙（*Struthiomimus altus*）
体长4米，150千克

化石：部分头后骨骼。

解剖学特征：腿很长。

年代：晚白垩世，中坎潘期。

分布和地层：艾伯塔，老人组上部。

栖息地：水分充沛地区，有沿海湿地和沼泽、草木丛生的河漫滩，在寒冷冬日也能生存。

注释：以现有化石来证明其属于似鸟龙属还存在疑问。

似鸵龙未命名种（*Struthiomimus unnamed species*）
体长4米，150千克

化石：一些完整度不同的头骨和头后骨骼。

解剖学特征：头骨轻巧，手指爪很长，腿很长。

年代：晚白垩世，晚坎潘期。

分布和地层：艾伯塔；恐龙公园组，层位未知。

栖息地：水分充沛地区，有沿海湿地和沼泽、草木丛生的河漫滩，在寒冷冬日也能生存。

注释：提塘期常被归于出现时间更早的高似鸵龙（*S. altus*），但这种分类方式往往是错误的，高似鸵龙可能是该物种的直系祖先。该分类单元可能包含不止一个种。主要天敌是未成年的平衡艾伯塔龙。

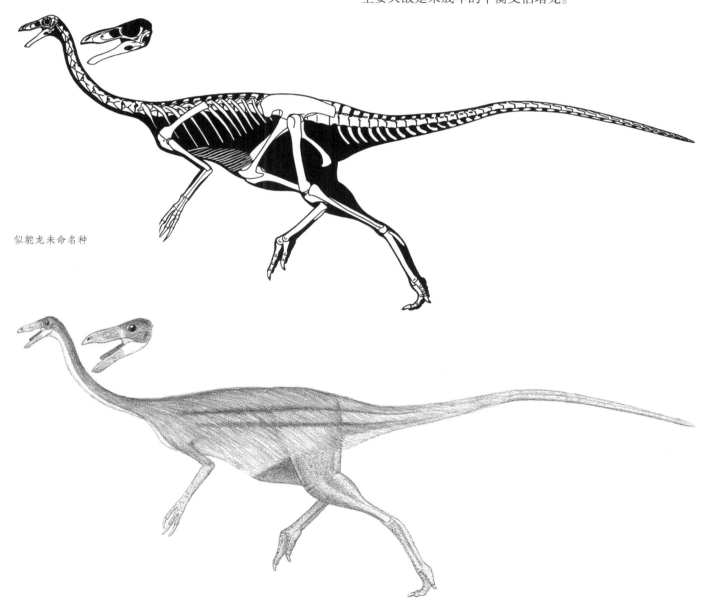

似鸵龙未命名种

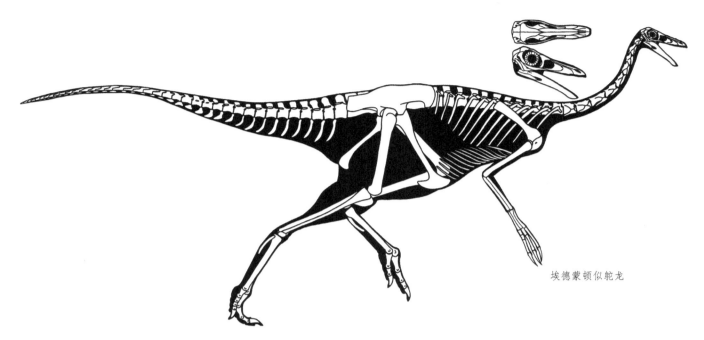

埃德蒙顿似鸵龙

埃德蒙顿似鸵龙

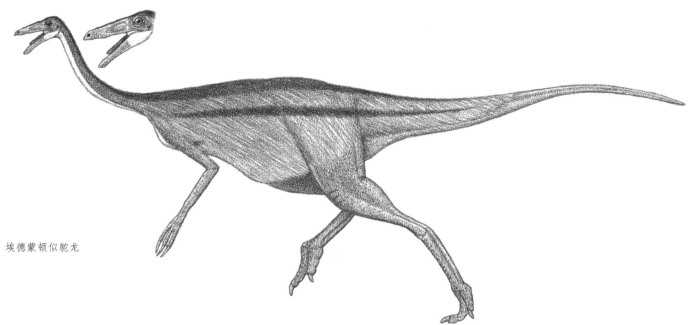

埃德蒙顿似鸵龙

埃德蒙顿似鸵龙（*Struthiomimus edmontonicus*）
体长3.8米，170千克

化石：一些完整的头骨和头后骨骼。

解剖学特征：头骨轻巧。手指几乎一样长。爪很长、很精美、基本是直的。腿特别长。

年代：晚白垩世，早马斯特里赫特期。

分布和地层：艾伯塔，马蹄铁峡谷组下部。

栖息地：水分充沛地区，有沿海湿地和沼泽、草木丛生的河漫滩，在寒冷冬日也能生存。

注释：可能包括了短背似鸸鹋龙（*Dromicieomimus brevitertius*）。可能是高似鸵龙（*S. altus*）的后裔。主要天敌是未成年的食肉艾伯塔龙（*Albertosaurus sarcophagus*）。

森德斯？似鸵龙？（*Struthiomimus ? sedens ?*）
体长4.8米，350千克

化石：部分头后骨骼。

解剖学特征：腿长。

年代：晚白垩世，晚马斯特里赫特期。

分布和地层：科罗拉多州，怀俄明州，南达科塔州；丹佛组、地狱溪组、费利斯组。

栖息地：水分充沛的森林。

注释：凭着有限的鉴定特征可推断该物种包括极速似鸟龙（*Ornithomimus velox*）。森德斯似鸵龙（*S. sedens*）的化石也有待商榷。主要天敌是未成年的霸王龙。

手盗龙类

体型从小型到庞大，肉食性和植食性虚骨龙类，晚侏罗世至恐龙时代结束，遍布陆地上大部分地区。

解剖学特征：变异范围非常大。头部由大到小，有齿到无齿，有喙，牙齿的锯齿通常不太明显，甚至无锯齿结构。颈部长度从中等至非常长。尾巴很长到很短。肩带通常像鸟类一样，肩胛骨板水平或垂直，前者有喙突，前肢长度从很长到较短，通常有一个很大的半月形腕块，前肢可以像鸟类一样折起。手通常很长，手指数量从三个到一个。大脑变大，半鸟类形式。

个体发育：生长速度看似为中等水平。

习性：生殖习性类似于平胸类鸟和鸠形目鸟类（tinamous）；至少在某些情况下由雄性孵蛋，可能是一夫多妻制；同一窝蛋往往不会同步孵化。

注释：包含手盗龙的种群一直在变动，这里使用之前的广义定义。南极洲没有该物种可能反映了已知的化石数量不足。

美颌龙类

小型掠食性手盗龙类，仅生活在晚侏罗世和早白垩世的欧亚大陆和南美洲。

解剖学特征：比较统一。很多方面代表了小型虚骨龙类。颈部较长。尾巴很长。因为拇指和爪都异常粗壮结实，其他指细长，所以前掌非常不对称。耻骨前端膨大，腿比较长。

习性：伏击和追赶小型猎物，在某些情况下还会捕鱼。拇指是狩猎和/或种内战斗的重要武器。

注释：这种经典的虚骨龙类恐龙可能是当时动物界的常见种群，就像今天的小型犬科动物一样。是否属于恐爪龙类尚不确定。

斯氏侏罗猎龙 （*Juravenator starki*）
成年恐龙体型不确定

化石：近乎完整的未成年个体头骨和头后骨骼，骨骼上有小块皮肤痕迹。

解剖学特征：头骨亚三角形，吻部非常深，而且有凹。牙齿很大。腿部和尾巴上的皮肤有小鳞片，身体其他部位的覆盖物无法确定。

年代：晚侏罗世，晚钦莫利期。

分布和地层：德国南部，索伦霍芬组（Solnhofen）。

栖息地：发现于潟湖沉积物中，可能栖息在有灌木覆盖的干旱岛屿附近。

习性：巨大的牙齿表明该物种能猎食体型很大的动物，弯曲的上颌表明该物种也捕鱼为食。

注释：一些研究人员认为该物种是比美颌龙类更基干的恐龙。与美颌龙和始祖鸟共享栖息地。

长足美颌龙 （*Compsognathus longipes*）
体长1.25米，2.5千克

化石：两个近乎完整的头骨和头后骨骼。

解剖学特征：吻部亚三角形，牙齿较小。

年代：晚侏罗世，晚钦莫利期。

分布和地层：德国南部、法国南部；索伦霍芬组。

栖息地：发现于潟湖沉积物中，可能栖息在有灌木覆盖的干旱岛屿上。

注释：索伦霍芬已知的第二种有完整头骨和头后骨骼的恐龙。猎物包括始祖鸟。

原始中华龙鸟 （*Sinosauropteryx prima*）
体长1米，1千克

化石：一些完整的头骨和头后骨骼，体表毛状物、蛋。

解剖学特征：吻部亚三角形，牙齿较小。前肢比其他美颌龙短，拇指和爪比其他美颌龙粗壮。除吻部上方之外的头部，以及除前后肢之外的身体大部分地方覆盖着毛状物。头顶和身体以及尾巴上的毛状物有暗棕色或红棕色暗带，中间有更浅的过渡带。蛋细长，长度约4厘米。

年代：早白垩世，早阿普特期。

分布和地层：中国东北部，义县组。

栖息地：水分充沛的森林和湖泊。

习性：蛋都是成对的。

注释：与体型更大、体能更强的华夏颌龙（*Huaxiagnathus*）和中华丽羽龙（*Sinocalliopteryx*）共享栖息地。

中华龙鸟未命名种？ （*Sinosauropteryx? Unnamed species*）
体长1米，1千克

化石：近乎完整的头骨和头后骨骼，体表毛状覆盖物。

解剖学特征：脑袋亚三角形，牙齿较大。尾巴很短，前肢和前掌很小。腿较长。身体大部分地方覆盖着毛状物。尾巴末端有丛羽装饰。

年代：早白垩世，早阿普特期。

分布和地层：中国东北部，义县组。

栖息地：水分充沛的森林和湖泊。

习性：快速追赶掠食者。

注释：不归属于原始中华龙鸟，二者共享栖息地。

斯氏侏罗猎龙

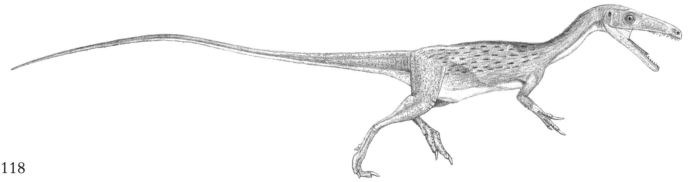

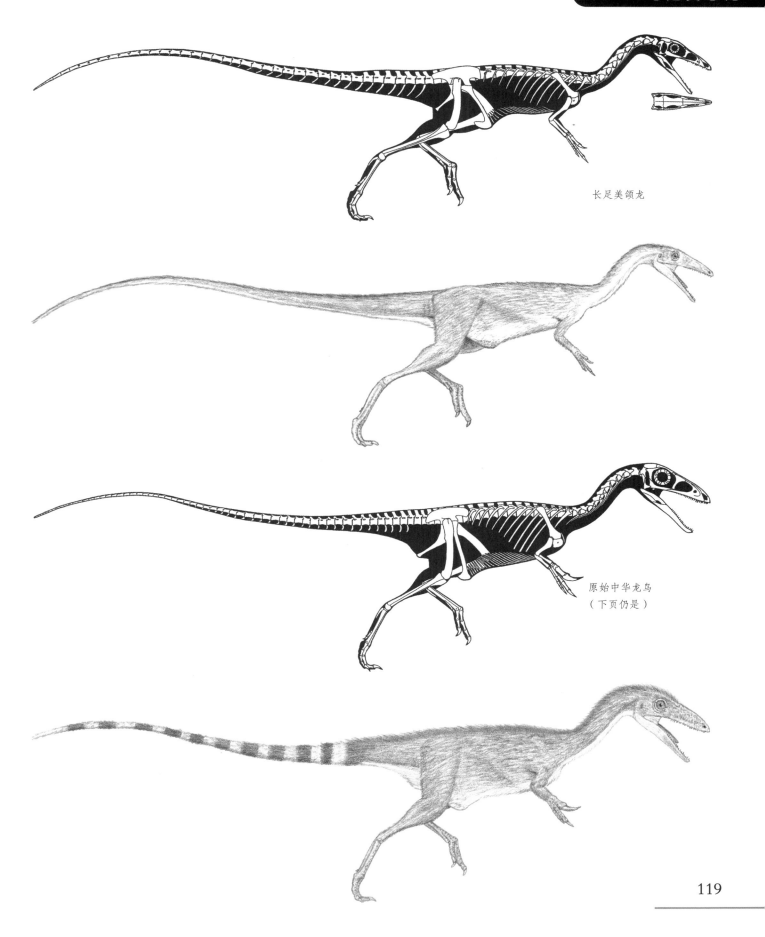

长足美颌龙

原始中华龙鸟
（下页仍是）

原始中华龙鸟和圣贤孔子鸟

中华龙鸟？未命名

中华龙鸟? 未命名

巨型中华丽羽龙

巨型中华丽羽龙（*Sinocalliopteryx gigas*）
体长2.3米，20千克

　　化石： 完整的头骨和头后骨骼，体表毛状覆盖物。

　　解剖学特征： 脑袋亚三角形，吻部顶上有一对小型冠状物，牙齿非常大。尾巴很短。腿较长。身体大部分地方覆盖着原始羽毛，包括上脚面，髋部、尾巴基部和大腿部位的羽毛很长。尾巴末端有丛羽装饰。

　　年代： 早白垩世，早阿普特期。

　　分布和地层： 中国东北部，义县组。

　　栖息地： 水分充沛的森林和湖泊。

　　习性： 快速追赶型掠食者。比体型较小的华夏颌龙捕食的猎物大。脚上的羽毛可能是用来展示的。

　　注释： 已知最大的美颌龙。

东方华夏颌龙（*Huaxiagnathus orientalis*）
体长1.7米，5千克

　　化石： 近乎完整的头骨和头后骨骼。

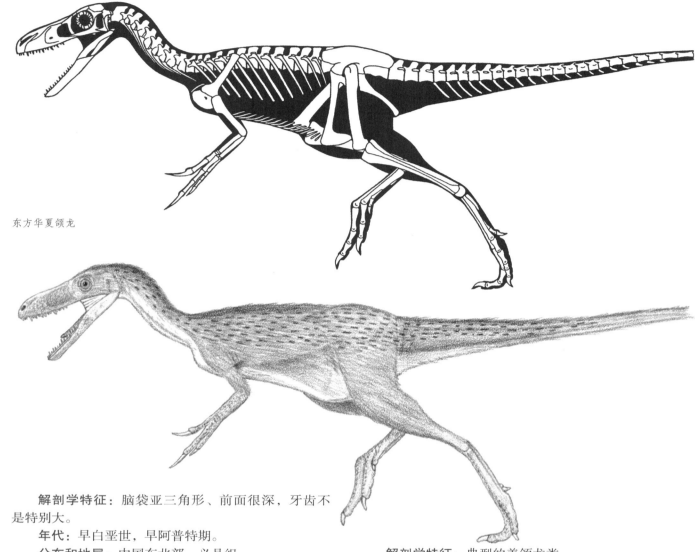

东方华夏颌龙

解剖学特征：脑袋亚三角形、前面很深，牙齿不是特别大。

年代：早白垩世，早阿普特期。

分布和地层：中国东北部，义县组。

栖息地：水分充沛的森林和湖泊。

习性：快速追赶型掠食者。比体型较小的中华龙鸟捕食的猎物大，而且会捕食中华龙鸟。

小极鳄龙 （*Aristosuchus pusillus*）
体长2米，7千克

化石：小部分头后骨骼。

解剖学特征：信息不足。

年代：早白垩世，巴雷姆期。

分布和地层：怀特岛、英格兰；韦塞克斯组。

不对称小坐骨龙 （*Mirischia asymmetrica*）
体长2米，7千克

化石：小部分头后骨骼，保留了一些内脏痕迹。

解剖学特征：典型的美颌龙类。

年代：早白垩世，可能是阿尔布期。

分布和地层：巴西东部，桑塔纳组。

注释：发现于海相沉积物中。

手盗龙类杂集

小型肉食性手盗龙类，中侏罗世到晚白垩世。

注释：这些广义的虚骨龙类之间的亲缘关系尚不确定；最终可分成许多分支。

斯氏恩霹渥巴龙 （*Nqwebasaurus thwazi*）
体长1米，1千克

化石：小部分头骨和大部分头后骨骼。

解剖学特征：前掌较长，拇指膨大。耻骨前端较小，腿长而纤细。

年代：晚侏罗世或早白垩世。

分布和地层：南非南部，上柯克伍德组。

习性：奔跑速度快，捕食小型猎物。

注释：巨大的拇指表明该物种与美颌龙类有一定关系，但该物种耻骨底部不够大，所以二者没有太大关系。

布氏原角鼻龙（*Proceratosaurus bradleyi*）
体长3~4米，50~100千克

化石：大部分头骨。

解剖学特征：脑袋亚三角形，吻部很深，有鼻角。后脑非常坚固，牙齿特别大。

年代：中侏罗世，中巴通期。

分布和地层：英格兰中部，林纹石灰石组（Forest Marble）。

习性：可以捕食体型与自己类似的猎物。

注释：该物种的名字暗示其与角鼻龙有一定的祖先关系，但二者区别很大。可能与嗜鸟龙（*Ornitholestes*）有很近的亲缘关系。有些研究者认为它是已知最早的暴龙类。

赫氏嗜鸟龙（*Ornitholestes hermanni*）
体长2米，13千克

化石：近乎完整的头骨和大部分头后骨骼。

解剖学特征：脑袋亚三角形，头部相对于身体来说显得很小。下颌的牙齿没超出上颌的前牙，腿较长。

布氏原角鼻龙

年代：晚侏罗世，晚牛津期。

分布和地层：怀俄明州，莫里逊组下部。

栖息地：雨季短暂地区，或者半干旱河漫滩和河边树林。

习性：可能伏击和追赶小型猎物，也会捕鱼。

注释：一种经典的虚骨龙类。与虚骨龙和长臂猎龙（*Tanycolagreus*）共享栖息地。

帕氏长臂猎龙（*Tanycolagreus topwilsoni*）
体长4米，120千克

化石：大部分头骨和头后骨骼。

解剖学特征：脑袋大而长、亚三角形。腿长而纤细。

年代：晚侏罗世，晚牛津期。

分布和地层：怀俄明州，莫里逊组下部。

栖息地：雨季短暂地区，或者半干旱河漫滩和河边树林。

习性：猎物中包含体型很大的动物。

赫氏嗜鸟龙

破碎虚骨龙 （ *Coelurus fragilis* ）
体长2.5米，15千克

化石：大部分头后骨骼。

解剖学特征：骨骼轻巧，手指长而纤细。

年代：晚侏罗世，晚牛津期。

分布和地层：怀俄明州，莫里逊组下部。

栖息地：雨季短暂地区，或者半干旱河漫滩和河边树林。

习性：追赶猎物的速度比嗜鸟龙快。

注释：化石显示莫里逊组的上部有着与其亲缘关系很近的恐龙。

霍氏内德科尔伯特龙 （ *Nedcolbertia justinhofmanni* ）
成年恐龙体型不确定

化石：一些头后骨骼的一小部分，未完全发育的恐龙。

解剖学特征：腿长而纤细。

年代：早白垩世，可能是巴雷姆期。

分布和地层：犹他州，下雪松山组 （Lower Cedar Mountain）。

栖息地：雨季短暂地区，或者半干旱河漫滩和开阔林地，以及沿河森林。

小巧吐谷鲁龙 （ *Tugulusaurus facilis* ）
体长2米，13千克

化石：小部分头后骨骼。

解剖学特征：信息不足。

年代：早白垩世。

分布和地层：中国西北部，连木沁组。

达尔文安尼柯龙 （ *Aniksosaurus darwini* ）
体长2.5米，30千克

化石：一些部分头后骨骼。

解剖学特征：非常粗壮。腰带后部宽大。

年代：晚白垩世早期。

分布和地层：阿根廷南部，布特柏锐组 （Bajo Barreal）。

萨姆奈特棒爪龙 （ *Scipionyx samniticus* ）
成年恐龙体型不确定

化石：完整的头骨和基本完整的头后骨骼，未成年个体，保留了一些内脏痕迹。

解剖学特征：典型的未成年个体比例。

年代：早白垩世，早阿尔布期。

分布和地层：意大利中部，未命名地层。

习性：该物种的未成年个体可能捕食小型脊椎动物和昆虫。

长掌义县龙 （ *Yixianosaurus longimanus* ）
体长1米，1千克

化石：前肢。

解剖学特征：前掌加长；手指爪很长，呈强有力的钩形。

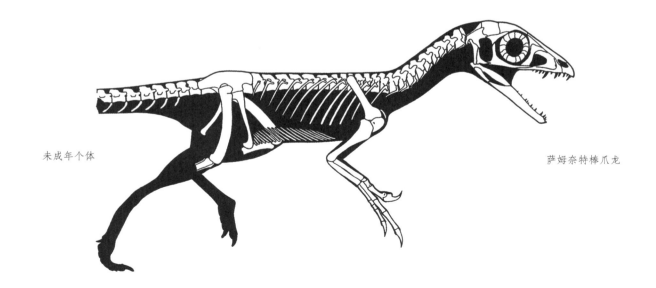

未成年个体   萨姆奈特棒爪龙

海氏擅攀鸟龙

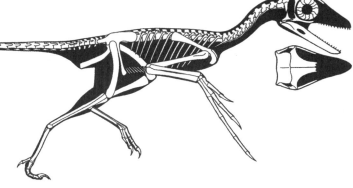

年代：早白垩世，巴雷姆期。

分布和地层：中国东北部，义县组。

栖息地：水分充沛的森林和湖泊。

习性：前肢发达，适合处理猎物和攀爬。

注释：该种可能属手盗龙类。

擅攀鸟龙类

晚侏罗世时期生活在亚洲的小型手盗龙类。

解剖学特征：牙齿小。尾巴很长。前肢长，因为外侧指过长，所以前掌非常不对称。至少未成年个体的腰带浅，拇指翻转。

习性：像狐猴一样长的手指和翻转的拇指表明这可能是已知兽脚类恐龙中树栖程度最高的物种。长长的手指可能也用来抓取树木内的昆虫。可能食虫。

注释：与其他虚骨龙类之间的亲缘关系还不确定，可能属于手盗龙类，也可能不是。

海氏擅攀鸟龙 （ *Scansoriopteryx heilmanni* ）
成年恐龙体型不确定

化石：两个未成年个体的头骨和头后骨骼，有一具近乎完整。

解剖学特征：典型的擅攀鸟龙类。

年代：可能是晚侏罗世。

分布和地层：中国北部，道虎沟组。

注释："擅攀鸟龙"这个名字似乎已经在优先级竞争中击败了宁城树息龙（ *Epidendrosaurus ningchenensis* ）。一种最独特、最不寻常的兽脚类恐龙，可以说是最擅长攀爬的恐龙。

阿瓦拉慈龙类

小型手盗龙类，晚侏罗世至恐龙时代结束。

解剖学特征：头部轻巧、长而浅，吻部半管状，牙齿数量增多、尺寸变小，锯齿减少。脖子细长。尾巴较长。拇指粗壮，有1~3根功能指。

习性：主要靠速度进行防御。

注释：最初认为是鸟胸龙类，非常接近鸟类，但不适合飞行；如今，其他特性表明它们不属于鸟胸龙类。头骨和腿发育得很像鸟类。

灵巧简手龙 （ *Haplocheirus sollers* ）
体长2.2米，25千克

化石：近乎完整的头骨和头后骨骼。

解剖学特征：吻部不是阿瓦拉慈龙那样的管状结构。眶后棒完整，牙齿为刃状和带锯齿。前肢和前掌较长，拇指不大，有3根功能指。耻骨垂直，靴状。脚较长。不像其他阿瓦拉慈龙类那么小。

年代：晚侏罗世，可能是牛津期。

分布和地层：中国西北部，石树沟组。

注释：表明该类群早在侏罗纪时期就已经出现。

鸟面龙头骨

125

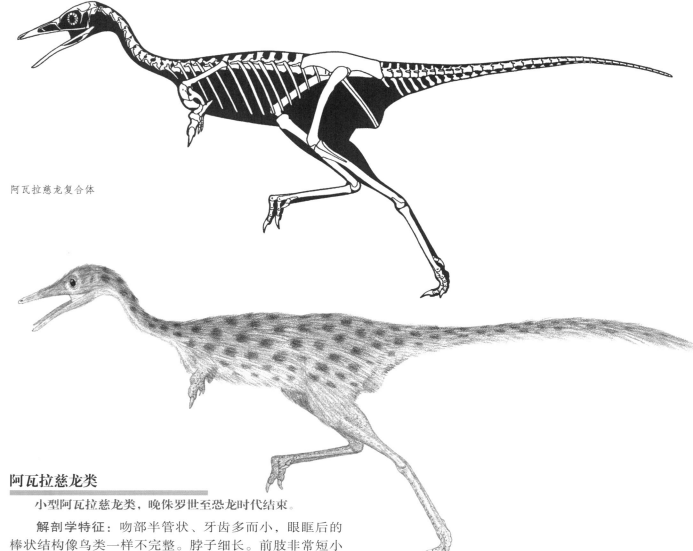

阿瓦拉慈龙复合体

阿瓦拉慈龙类

小型阿瓦拉慈龙类,晚侏罗世至恐龙时代结束。

解剖学特征:吻部半管状、牙齿多而小,眼眶后的棒状结构像鸟类一样不完整。脖子细长。前肢非常短小粗壮,肌肉发达,前掌退化到只剩一个巨大的功能指和健壮的爪。耻骨向后弯曲,非靴状,腿和脚很修长。

习性:以白蚁和其他土栖性昆虫为食,用巨大的手爪伸进坚硬的泥土或木巢收集昆虫,也可以用管状吻部捕食昆虫,可能有细长的舌头。

注释:在晚白垩世,这类恐龙可能很多。

卡氏阿瓦拉慈龙 (*Alvarezsaurus calvoi*)
体长1米,3千克

- -
化石:小部分头后骨骼。
解剖学特征:脚不会强烈扁长形。
年代:晚白垩世,圣通期。
分布和地层:阿根廷西部,布特德拉卡帕组(Bajo de la Carpa)。
栖息地:有雨季的水分充沛的林地。

注释:曼氏阿基里斯龙 (*Achillesaurus manazzonei*) 可能是该物种的成年体。

普氏巴塔哥尼亚爪龙 (*Patagonykus puertai*)
体长1米,3.5千克

- -
化石:小部分头后骨骼。
解剖学特征:耻骨不强烈向后弯曲。
年代:晚白垩世,土仑期或康尼亚克期。
栖息地:水分充沛的林地,短期的干燥季节。
分布和地层:阿根廷西部,里约内乌肯组。

北方艾伯塔爪龙 (*Albertonykus borealis*)
体长1.1米,5千克

- -
化石:小部分头后骨骼。

解剖学特征：信息不足。

年代：晚白垩世，中马斯特里赫特期。

分布和地层：艾伯塔；马蹄铁峡谷组上部。

栖息地：水分充沛地区，有沿海湿地和沼泽、草木丛生的河漫滩，在寒冷冬日也能生存。

斜小驰龙 （*Parvicursor remotus*）
体长0.4米，0.2千克

化石：部分头后骨骼。

解剖学特征：耻骨强烈向后弯曲，脚强烈扁长形。

年代：晚白垩世早期。

分布和地层：蒙古，巴彦思维塔组 （Bayenshiree Svita）。

斑点角爪龙 （*Ceratonykus oculatus*）
体长0.6米，1千克

化石：部分头骨和小部分头后骨骼。

解剖学特征：脚强烈扁长形。

年代：晚白垩世早期，圣通期或坎潘期。

分布和地层：蒙古，巴如安郭组 （Baruungoyot）。

栖息地：有沙丘和绿洲的半沙漠地区。

注释：与膨头龙 （*Tylocephale*） 和弱角龙 （*Bagaceratops*） 共享栖息地。

沙漠鸟面龙 （*Shuvuuia deserti*）
体长1米，3.5千克

化石：两块近乎完整的头骨和一些部分头后骨骼，体表毛状覆盖物。

解剖学特征：耻骨强烈向后弯曲，脚强烈扁长形。头部和身体有短小的、中空的毛状覆盖物。

年代：晚白垩世，晚圣通期和/或早坎潘期。

分布和地层：蒙古，德加多克赫塔组 （Djadokhta）。

栖息地：有沙丘和绿洲的沙漠地区。

注释：主要天敌是伶盗龙 （*Velociraptor*）。与足龙 （*Kol*） 和单爪龙 （*Mononykus*） 共享栖息地。

美足龙 （*Kol ghuva*）
体长1.8米，20千克

化石：小部分头后骨骼。

解剖学特征：信息不足。

年代：晚白垩世，晚圣通期和/或早坎潘期。

分布和地层：蒙古，德加多克赫塔组。

栖息地：有沙丘和绿洲的沙漠地区。

注释：主要天敌是伶盗龙 （*Velociraptor*）。

鹰嘴单爪龙 （*Mononykus olecranus*）
体长1米，3.5千克

化石：部分头后骨骼。

解剖学特征：典型的阿瓦拉慈龙类。

年代：晚白垩世，可能是坎潘期。

分布和地层：蒙古，中国北部；德加多克赫塔组，二连达布苏组。

栖息地：从沙漠地区到季节性干旱、湿润的林地。

鸟胸龙类

体型从小型到庞大，肉食性和植食性手盗龙类，晚侏罗世至恐龙时代结束，遍布陆地上大部分地区。

解剖学特征：变异范围非常大。有齿到无齿，有喙，通常牙齿的锯齿不明显，甚至没有锯齿。尾巴从很长到很短。肩带通常像鸟类一样。肩胛骨板水平或垂直，前者有喙突。前肢长度从很长到较短，通常有一个很大的半月形腕块，前肢可以像鸟类一样折起，手通常很长。大脑增大，半鸟类形式。整体外观很像鸟。

个体发育：生长速度明显适中。

习性：生殖通常类似于平胸类鸟和鸥形目鸟 （tinamous）；至少在某些情况下由雄性孵蛋，可能是一夫多妻制；同一窝蛋往往不会同步孵化。

注释：倾向于演化出飞行能力或丧失飞行能力，后者更明显。也许这种演化反复发生了很多次，鸟胸龙类包括鸟类。最早的化石可能来自中侏罗世晚期。南极洲较少发现此类化石，可能反映样本不足。

沙漠鸟面龙

恐爪龙类

体型从小型到中型、肉食性和杂食性鸟胸龙类、晚侏罗世至恐龙时代结束，遍布陆地上大部分地区。

解剖学特征：视线部分向前，可能有某种程度上的立体视觉。牙齿的锯齿退化或消失。尾巴细长，尾巴基部很灵活，特别是向上弯曲。前肢和前掌很发达、有时很长。手指爪像大钩子。第二趾特别长，而且/或者爪也增长。

习性：非常敏捷，复杂的肉食者和杂食者，捕食各种昆虫、小型猎物和大猎物。攀爬能力普遍很好，特别是较小的物种、前肢较长的物种和未成年个体。对于那些生活在树林中的物种，攀爬时可能用长的脚趾作钩和刺。二趾型的足迹表明第二趾上那过长的大爪不接触地面；它们的行迹相对较少，说明大多数恐爪龙类并没有花太多时间沿海岸线巡行。

始祖鸟肌肉研究

注释：大多数不会飞的恐爪龙类都存在大型胸骨板、骨化的胸肋和钩状，表明它们是次生丧失了飞行能力的。

恐爪龙类杂集

注释：这些鸟胸龙类不属于恐爪龙类，而且它们在种群中的位置也不能确定。

吉氏理查德伊斯特斯龙（或理查德斯特龙）[*Richardoestesia*（or *Ricardoesteria*）*gilmorei*]
体长1.1米，10千克

化石：小部分头骨。
解剖学特征：下颌十分修长。
年代：晚白垩世，晚坎潘期。
分布和地层：艾伯塔，恐龙公园组，具体层位不详。
栖息地：水分充沛地区，有沿海湿地和沼泽、草木丛生的河漫滩，在寒冷冬日也能生存。
习性：捕食小型猎物，有时会捕鱼。
注释：可能属于驰龙类或伤齿龙类。这些化石表明该属种在晚白垩世的另一个栖息地十分常见。

道虎沟足羽龙（*Pedopenna daohugouensis*）
体长1米，1千克

化石：小腿和有羽的足部。
解剖学特征：第二趾上的爪明显更长。上脚面有大而匀称的羽毛。
年代：不确定。中侏罗世到早白垩世。
分布和地层：中国北部，道虎沟组。
栖息地：水分充沛的森林和湖泊。
习性：脚上对称的羽毛表明它们是用来展示的，而不是为飞行准备的。
注释：可能不属于恐爪龙类，或者可能与近鸟龙有很近的亲缘关系。

赫氏近鸟龙（*Anchiornis huxleyi*）
体长0.4米，0.25千克

化石：头骨和头后骨骼，羽毛痕迹。
解剖学特征：头骨轻巧、较短、亚三角形，牙齿没锯齿。身体宽大。前肢很长，但仍比腿短。第二个脚趾可能不是特别长。有发达的头部羽冠，对称的初级飞羽，胳膊和腿上的羽毛长度适中，脚趾上的羽毛较短，大部分羽毛为深灰色或黑色，头部羽毛有红棕色斑点，脑壳部分为棕色或红棕色，前肢和腿上有宽阔的白色羽毛条带，中间穿插着不规则黑暗条带，初级飞羽尖端为黑色。
年代：晚侏罗世，可能是牛津期。

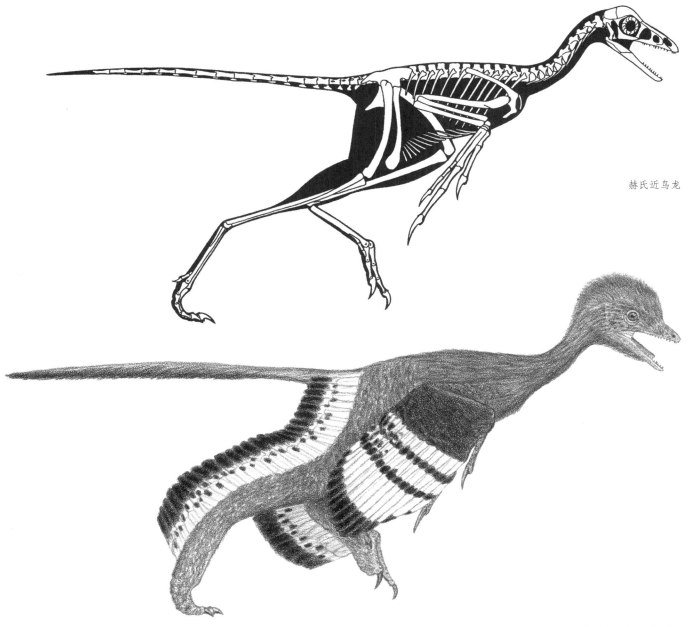

赫氏近鸟龙

分布和地层： 中国东北部，髫髻山组。

习性： 臂翼太小、初级飞羽不太对称、身体阻力太大，所以还不能飞行。最多有空降能力，可能是次生失去飞行能力的。

注释： 体型和小鸽子类似，除鸟类之外已知最小的恐龙。可能是已知的最早的、新失去飞行能力的恐龙。可能来自晚中侏罗世。一些研究人员认为是伤齿龙类，但总体特征表明它是基干恐爪龙类。

始祖鸟类

小型会飞的肉食性恐爪龙类，仅生活在晚侏罗世的欧洲。

解剖学特征： 骨骼轻巧。脑袋亚三角形，吻部突出，近圆锥形、无锯齿的牙齿的数量和大小都有限。体型不宽。尾巴长度适中，尾巴上一系列较长的羽片构成翼。有骨化的胸骨板，没有胸肋和钩突。前肢和前掌都很大，比腿部更加健壮，不对称的羽毛构成了发达的和弦翅膀，上臂翼羽毛的大小尚不确定。耻骨适度向后弯曲，腿长，但比前肢短，拇指相当大且半翻转，小腿支撑着大小适中的羽毛机翼。身体大部分都覆盖着短羽。

习性： 食物包括昆虫和小型猎物，可能还有鱼。初级动力飞行和滑翔能力可能稍次于会鸟（*Sapeornis*）。腿不能近水平展开，所以羽毛可能用作辅助船舵和空气制动器。

129

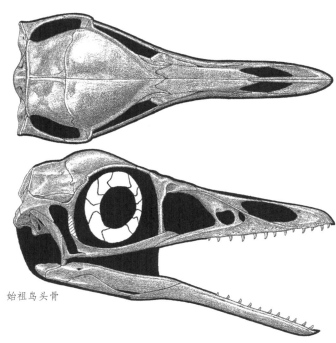

始祖鸟头骨

可能已经能够带着翅膀游泳。优秀的攀爬能力和空降能力。防御方式包括攀爬和飞行，以及手爪。

注释：广泛被人们看作第一种鸟，也是会飞的恐龙。始祖鸟类（Archaeopterygids）仅发现于欧洲可能反映了已知的化石数量不足。

印石板始祖鸟（*Archaeopteryx lithographica*）
体长 0.5米，翼展 0.7米，0.5 千克

化石：一些完整的部分头骨和头后骨骼，羽毛痕迹。基本完全已知。

年代：晚侏罗世，晚钦莫利期。

分布和地层：德国南部。

栖息地：发现于潟湖沉积物中。可能栖息在潟湖附近布满灌木和红树林的干旱岛屿，这些岛屿很快封闭了北美洲的东北海岸线。

注释：现在还不能确定始祖鸟是否只有一个种或更多种，始祖鸟包括了沃尔赫费尔龙（*Wellnhoferia*）。一些研究者认为所有的标本都是始祖鸟的未成年个体，最大个体的质量超过较重个体的25%。美颌龙（*Compsognathus*）和侏罗猎龙（*Juravenator*）的猎物。

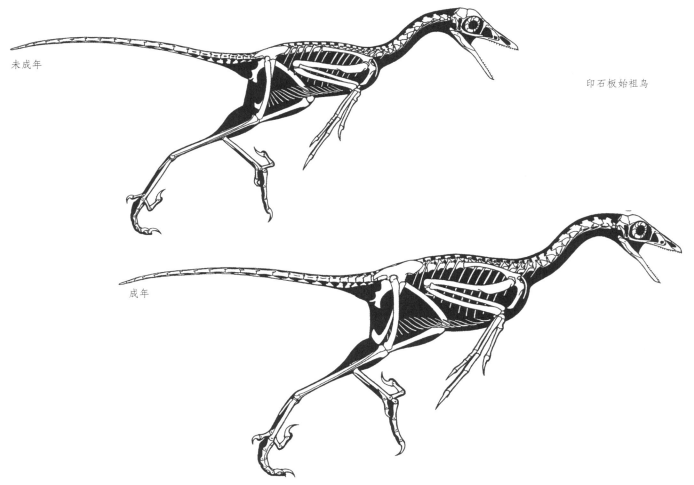

未成年

印石板始祖鸟

成年

130

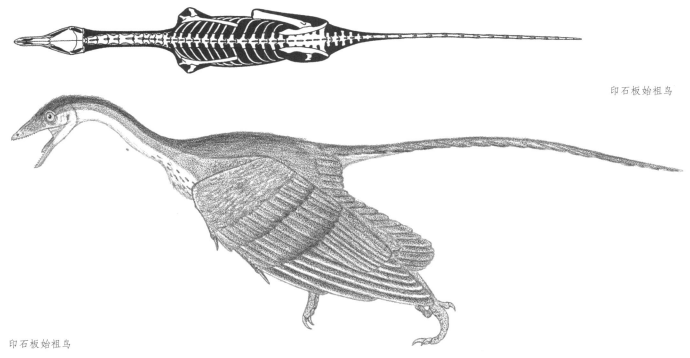

印石板始祖鸟

印石板始祖鸟

驰龙类

体型从小型到中型，白垩纪时期会飞的和不会飞的食肉恐爪龙类，遍布陆地上大部分地区。

解剖学特征：变异范围非常大。牙齿锋利，仅背缘有锯齿。前肢从较大到非常大。尾巴较长，非常细长、僵化的肌腱嵌入其中。有大块骨化胸骨板、胸肋和钩突。镰刀脚爪，脚趾延长。嗅球膨大。

习性：主要以伏击和追赶的方式捕食，并用镰刀爪作为主要武器来杀死体型较大的猎物以及小型猎物。镰刀爪还有助于捕食高处的猎物。爬树或捕食时的跳跃性非常优秀。不会飞的驰龙类保留了翼龙那样僵化的肌腱进一步证明它们是次生失去飞行能力的。体型较大的物种的未成年个体有较长的前肢，可能拥有一些飞行能力。

注释：发现的牙齿化石表明当时间来到晚侏罗世，该种群内可能已经演化出小型成员。零星化石表明澳大利亚可能存在该物种；南极洲没有该物种可能反映了已知的化石数量不足。

小盗龙类

小型会飞的驰龙类，生活在白垩纪时期的北半球。

解剖学特征：高度统一。骨骼轻巧。眶后棒可能和鸟类一样不完整，最前面的牙齿没有锯齿。身形较薄。前肢和前掌都很大，而且逐渐变得比腿更长、更壮。偏外、偏上的手骨弯曲，中间手指僵化并基本变平，以更好地支持由不对称羽毛组成的发达的宽大和弦翅膀。耻骨强烈向后弯曲，腿很长，支持着由对称羽毛组成的发达次翼，上脚面也有对称羽毛，股骨头比其他兽脚类恐龙更接近球形，镰刀爪发育良好。头的一部分和身体的大部分覆盖着短小、简单的羽毛。

栖息地：水分充沛的森林和湖泊。

习性：长满羽毛的僵硬大脚不适合跑步，但攀爬能力可能很好，可能至少在某种程度上树栖。胸骨、肋骨和钩突更加发达，身体更具流线型，前肢和中间指演化得更好，上臂翼更大，演化出额外的腿翼，翼龙状尾巴，以上特征都表明中国鸟龙类的飞行能力比始祖鸟和会鸟更强大。虽然双腿看似已经比其他兽脚类恐龙更易横向展开，但后翅不能拍打，并且可能在滑行或跃升的时候增加额外的翅膀面积，当着陆或在空中伏击猎物时可作制动用。

注释：类似的翅膀结构表明所有小盗龙类都有前翅和后翅，只在赵氏小盗龙（S. zhaoianus）保留了后翅（许多其他义县组鸟类都没有保存翅膀上的羽毛）。仅在北半球发现了这类原始驰龙可能反映了已知的化石数量不足。

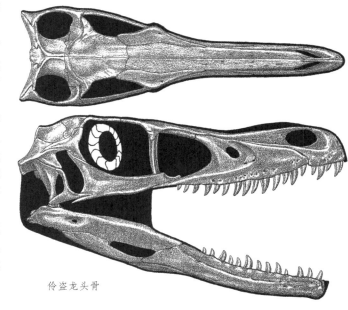

伶盗龙头骨

陆家屯中国鸟龙（=纤细盗龙）[*Sinornithosaurus*（*=Graciliraptor*）*lujiatunensis*]
体长1米，1.5千克

化石：小部分头骨和头后骨骼。
解剖学特征：种群代表性物种。
年代：早白垩世，巴雷姆期。
分布和地层：中国东北部，义县组下部。
栖息地：水分充沛的森林和湖泊。
注释：可能是千禧中国鸟龙（S. millenii）的直系后裔。

千禧中国鸟龙（*Sinornithosaurus millenii*）
体长1.2米，3千克

化石：近乎完整的头骨和大部分头后骨骼，羽毛保存得不好。
解剖学特征：脑袋较大，长而浅，所有牙齿都是带锯齿的。胸骨未融合在一起。
年代：早白垩世，早阿普特期。
分布和地层：中国东北部，义县组。
习性：猎物包括尾羽龙（*Caudipteryx*）和鹦鹉嘴龙（*Psittacosaurus*）。
注释：郝氏中国鸟龙（S. haoina）可能是千禧中国鸟龙（S. millenii）的成年状态。与天宇盗龙（*Tianyuraptor*）共享栖息地。

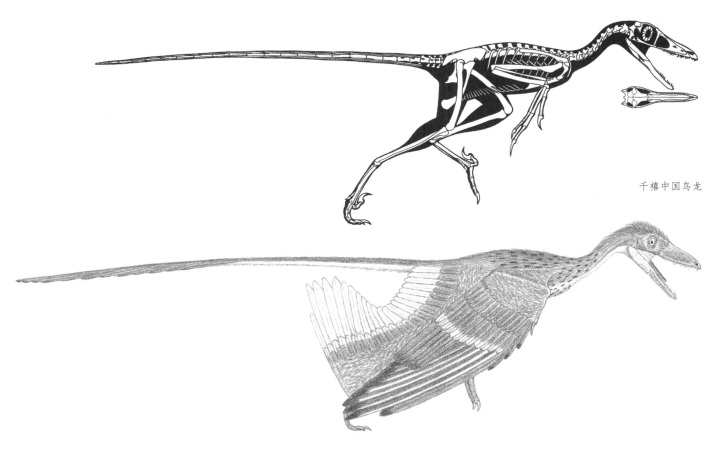

千禧中国鸟龙

赵氏中国鸟龙（小盗龙）［*Sinornithosaurus*（or *Microraptor*）*zhaoianus*］
体长0.7米，翼展0.75米，0.6千克

化石：大量完整的头骨和部分头后骨骼，羽毛痕迹。

解剖学特征：脑袋大得不成比例、亚三角形，牙齿与千禧中国鸟龙（*S. millenii*）相比，刃状和锯齿都稍弱一些。胸骨融合到一起。有长满羽毛的小头冠。

年代：早白垩世，早或晚阿普特期。

分布和地层：中国东北部，九佛堂组。

栖息地：水分充沛的森林和湖泊。

习性：体型较小、牙齿的刃状和锯齿不显著，以上信息都表明小盗龙的猎物比中国鸟龙的更小。猎物包括尾羽龙（*Caudipteryx*）和鹦鹉嘴龙（*Psittacosaurus*）。

注释：顾氏小盗龙（*M. gui*）和保氏羽龙（*Crypto-volans pauli*）可能都属于赵氏中国鸟龙（小盗龙）［*S. (M.) zhaoianus*］，它们只有体型和一些细节特征与早期的中国鸟龙不同。通过分析也许能得知羽毛的颜色。

阿斯勒中国鸟龙（佛舞龙）［*Sinornithosaurus*（or *Shanag*）*ashile*］
体长1.5米，5千克

化石：小部分头骨。

解剖学特征：信息不足。

年代：早白垩世。

分布和地层：蒙古，凹石床组（Ossh beds）。

习性：可能是已知最大的小盗龙。可能会追捕最大型的猎物。

注释：人们对于该物种了解太少，无法将其与中国鸟龙区分开来。

伊氏西爪龙（*Hesperonychus elizabethae*）
体长1米，1.5千克

化石：一些不太完整的骨骼。

解剖学特征：信息不足。

年代：晚白垩世，晚坎潘期。

分布和地层：艾伯塔，至少在恐龙公园组中上部。

栖息地：水分充沛地区，有沿海湿地和沼泽、草木丛生的河漫滩，在寒冷冬日也能生存。

注释：西爪龙（*Hesperonychus*）表明小盗龙类存活至晚白垩世末期。该物种似乎非常普遍，是驰龙、蜥鸟龙（*Saurornithoides*）和蜥鸟盗龙（*Saurornitholestes*）的猎物。

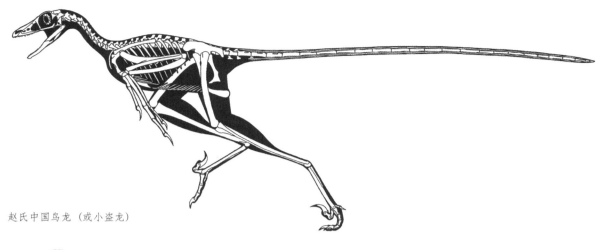

赵氏中国鸟龙（或小盗龙）

驰龙类杂集

注释：这些驰龙类之间的亲缘关系尚不确定。

奥氏天宇盗龙（*Tianyuraptor ostromi*）
成年恐龙体型不确定

> **化石：**未完全发育的恐龙的完整头骨和头后骨骼。
> **解剖学特征：**前肢不算细长，腿非常细长。
> **年代：**早白垩世，早阿尔布期。
> **分布和地层：**中国东北部，义县组。
> **栖息地：**水分充沛的森林和湖泊。
> **习性：**与前肢更长的驰龙类相比，可能树栖性较弱，为大型陆地掠食者。
> **注释：**与千禧中国龙鸟（*Sinornithosaurus millenii*）共享栖息地。

南戈壁大黑天神龙（*Mahakala omnogovae*）
体长0.5米，0.4千克

> **化石：**小部分头骨和部分头后骨骼。
> **解剖学特征：**信息不足。
> **年代：**晚白垩世，晚圣通期和/或早坎潘期。

> **分布和地层：**蒙古，德加多克赫塔组。
> **栖息地：**有沙丘和绿洲的沙漠。
> **习性：**捕食小动物和昆虫。
> **注释：**也许因为经过长期演化而与飞行祖先差异很大，所以虽然出现较晚，但外表却像基干驰龙类。

河南栾川盗龙（*Luanchuanraptor henanensis*）
体长1.1米，2.5千克

> **化石：**小部分头骨和头后骨骼。
> **解剖学特征：**信息不足。
> **年代：**晚白垩世。
> **分布和地层：**中国中部，秋扒组（Qiupa）。

费氏斑比盗龙（*Bambiraptor feinbergi*）
体长1.3米，5千克

> **化石：**基本完整的头骨和部分头后骨骼，一具不太完整的头后骨骼，基本了解。
> **解剖学特征：**骨骼轻巧。脑袋亚三角形。前肢和前掌很长。耻骨适当向后弯曲。腿长，镰刀爪很大。
> **年代：**晚白垩世，中和/或晚坎潘期。

分布和地层：蒙古，上双麦迪逊组。

栖息地：季节性干旱的山地树林。

习性：可能是一个多面猎手，能够使用头部、前肢和镰刀爪来处理和伤害各种大小猎物，包括小型鸟臀类和原角龙类恐龙。前肢很长表明具有优秀的攀爬能力，而且可能同时具有有限的飞行能力，尤其是未成年个体。

驰龙类

体型从小型到大型，仅生存在白垩纪时期的北半球。

解剖学特征：变异范围非常大。身体粗壮。牙齿很大。前牙为D形。

习性：坚硬的头骨和坚固的大牙表明这个驰龙类的分支在捕猎时，其头部的使用率高于其他的驰龙类。

奥氏犹他盗龙（ *Utahraptor ostrommaysi* ）
体长5.5米，300千克

化石：很多来自未成年和成年恐龙的部分头后骨骼。

解剖学特征：非常强壮，镰刀爪，脚爪很大。

年代：早白垩世，可能是巴雷姆期。

分布和地层：犹他州，下雪松山组。

栖息地：雨季短暂地区，或者半干旱河漫滩和开阔树林，以及河边树林。

习性：速度不是特别快，伏击型掠食者，猎物为大型恐龙。

注释：已知的最大驰龙类。

巨大阿基里斯龙（ *Achillobator giganticus* ）
体长5米，250千克

化石：小部分头骨和头后骨骼。

解剖学特征：头很宽，耻骨垂直，镰刀爪很大。

年代：晚白垩世早期。

分布和地层：蒙古，巴彦什热组（Bayanshiree）。

习性：捕食大型恐龙。

蒙古恶灵龙（ *Adasaurus mongoliensis* ）
体长2米，15千克

化石：部分头骨和部分头后骨骼。

解剖学特征：有些强壮，耻骨稍微向后弯曲，镰刀爪，脚爪不大。

年代：晚白垩世，晚坎潘期和/或早马斯特里赫特期。

分布和地层：蒙古，纳摩盖吐组。

栖息地：有雨季的水分充沛的树林。

习性：镰刀爪不如其他驰龙类使用得多。

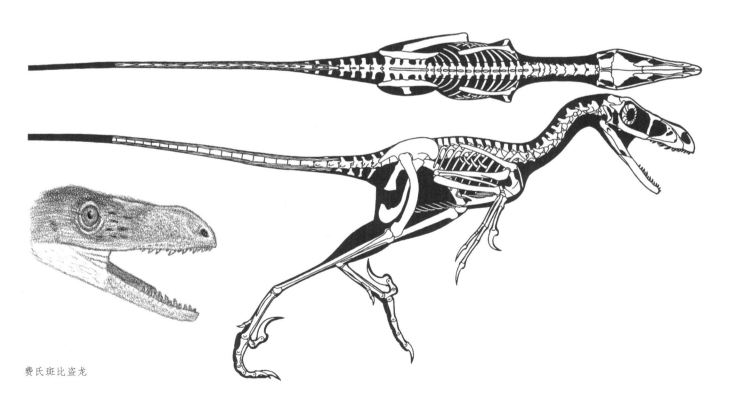

费氏斑比盗龙

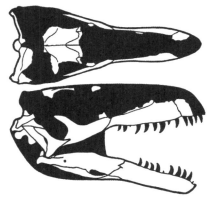

艾伯塔驰龙

艾伯塔驰龙（*Dromaeosaurus albertensis*）
体长2米，15千克

化石：大部分头骨，骨骼碎片。

解剖学特征：头又宽又壮，牙齿大而粗壮，前牙横截面为D形。

年代：晚白垩世，晚坎潘期。

分布和地层：艾伯塔，恐龙公园组，层位未知。

栖息地：水分充沛地区，有沿海湿地和沼泽、草木丛生的河漫滩，在寒冷冬日也能生存。

习性：能攻击相当大的恐龙。

注释：在栖息地中不常见。

伶盗龙类

体型从小型到中型，仅生活在白垩纪时期的北半球。

解剖学特征：非常统一。吻部很长。骨骼轻巧。

马氏野蛮盗龙（*Atrociraptor marshalli*）
体长2米，15千克

化石：部分头骨和一小部分头后骨骼。

解剖学特征：头很深，牙齿粗壮。

年代：晚白垩世，早马斯特里赫特期。

分布和地层：艾伯塔，蒙大拿州，马蹄铁峡谷组下部。

栖息地：水分充沛地区，有沿海湿地和沼泽、草木丛生的河漫滩，在寒冷冬日也能生存。

习性：能攻击相当大的猎物，该物种捕猎时对强大的脑袋和牙齿的使用频率比其他伶盗龙类要高。

注释：不确定是驰龙类还是伶盗龙类。

平衡恐爪龙（*Deinonychus antirrhopus*）
体长3.3米，60千克

化石：一些较完整的头骨和部分头后骨骼。

解剖学特征：前肢很长。头部轻巧、又大又长、亚三角形，吻部弯曲。耻骨适度向后弯曲，腿较长，镰刀爪很大。

年代：早白垩世，中阿尔布期。

分布和地层：蒙大拿，克洛夫利组（Cloverly）上部。

栖息地：雨季短暂地区，或者半干旱河漫滩和开阔树林，以及河边森林。

习性：可能是个多面手，伏击和追赶各种大小的猎物。

注释：经典的驰龙类，使其闻名的主要是《侏罗纪公园》里的"迅猛龙"。来自克洛夫利组下部的化石通常归于这一物种，这些化石可能是一个或多个不同的分类。是其栖息地中最常见的掠食者，最丰富的猎物是提氏腱龙（*Tenontosaurus tilletti*）。

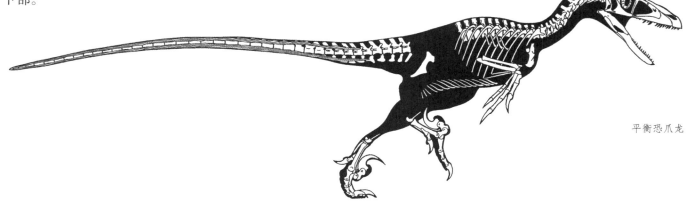

平衡恐爪龙

曼嘎斯伶盗龙（或白魔龙）〔*Velociraptor*（or *Tsaagan*）*mangas*〕
体长2米，15千克

化石：一近乎完整的头骨和一小部分头后骨骼。

解剖学特征：头部轻巧，吻部不像蒙古伶盗龙那样低浅。

年代：晚白垩世，晚圣通期和/或早坎潘期。

分布和地层：蒙古，中国北部；德加多克赫塔组。

栖息地：有沙丘和绿洲的沙漠。

注释：与蒙古伶盗龙（*V. mongoliensis*）共享栖息地。

蒙古伶盗龙（*Velociraptor mongoliensis*）
体长2.5米，25千克

化石：很多完整的和部分的头骨和头后骨骼，从未成年个体到成年个体完全了解。

解剖学特征：头部长而轻巧，未成年个体的头非常低，成年恐龙的这种程度减轻，前肢相当长，上臂有羽茎瘤表明其身上有大型羽毛序列。耻骨强烈向后弯曲。镰刀爪很大。

年代：晚白垩世，晚圣通期和/或早坎潘期。

分布和地层：蒙古，中国北部；德加多克赫塔组，巴

音满达呼组？

栖息地：有沙丘和绿洲的沙漠。

习性：可能是个多面猎手，伏击和追赶各种大小的猎物。有著名的伶盗龙和原角龙对决中的化石。

注释：另一类经典驰龙，是其栖息地中最常见的掠食者之一，另一个是蒙古细爪龙（*Stenonychosaurus mongoliensis*）。可能包括同期的奥氏伶盗龙（*V.osmolskae*）。

蓝氏蜥鸟盗龙？（*Sauromitholestes langstoni*?）
体长1.3米，5千克

化石：小部分头骨和头后骨骼。

解剖学特征：吻部不那么浅。

年代：晚白垩世，晚坎潘期。

分布和地层：艾伯塔、可能有蒙大拿；至少在恐龙公园组中下部，可能在上双麦迪逊组。

栖息地：水分充沛地区，有沿海湿地和沼泽、草木丛生的河漫滩，以及干燥山地树林。

注释：化石充足，但是不完全可靠。其栖息地中最常见的小型食肉动物之一，另一个是因克利细爪龙（*Stenonychosaurus inequalis*）。

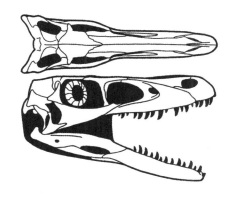

曼嘎斯伶盗龙（或白魔龙）

蒙古伶盗龙
（下页仍是）

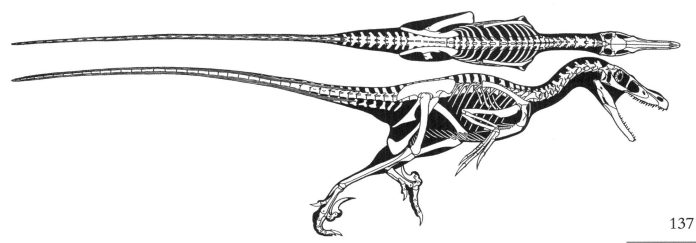

蒙古伶盗龙

半鸟龙类

体型从小型到中型，晚白垩世时期会飞的和不会飞的驰龙类，仅生活在南半球。

解剖学特征：变异范围大，耻骨垂直。

注释：半鸟龙类表明驰龙类在南半球经历了形式独特的演化辐射，其中包括会飞的物种；可能发生了丢失和/或独立的飞行演化。

奥氏肋空鸟龙 （*Rahonavis ostromi*）
体长0.7米，1千克

化石：部分头后骨骼。

解剖学特征：手非常大，上臂的羽茎瘤表明身上长有大的飞羽。耻骨垂直。脚趾超大，镰刀爪。

年代：晚白垩世，坎潘期。

分布和地层：马达加斯加岛，梅法拉诺组(Maevarano)。

栖息地：有沿海湿地和沼泽、季节性干旱的河漫滩。

习性：食物可能包括水生和/或陆生小型猎物，镰刀爪可能用来杀死体型更大的猎物。动力飞行的能力优于始祖鸟和会鸟。优秀的攀爬能力和跳跃能力。防御包括攀爬、飞行和使用镰刀爪。

注释：不知道该种的头部是否和体型更大的半鸟一样细长。

柯马半鸟龙 （*Unenlagia comahuensis*）
体长3.5米，75千克

化石：小部分头后骨骼。

解剖学特征：镰刀爪中等大小。

年代：晚白垩世，晚土仑期。

分布和地层：阿根廷西部，波特阻络组。

栖息地：旱季短暂、水分充沛的树林。

习性：也许能杀死体型更大的猎物，包括巴塔哥尼亚爪龙（*Patagonykus*）。可能和其他半鸟龙类一样捕鱼。

注释：头骨可能长而低、牙齿细小，就像其他不会飞的半鸟龙类一样。可能包括佩氏半鸟龙（*U.paynemili*）和阿根廷内乌肯盗龙（*Neuquenraptor argentinus*）。与大盗龙（*Megaraptor*）共享栖息地。猎物包括巨谜龙（*Macro-gryphosaurus*）。

戈氏鹫龙 （*Buitreraptor gonzalezorum*）
体长1.5米，3千克

化石：大部分头骨和头后骨骼。

解剖学特征：头很长、窄而浅，尤其是吻部和下颌，牙齿又小又多、无锯齿。前肢较长，但前掌很短。腿部修长。镰刀爪不大。

年代：晚白垩世，早塞诺曼期。

分布和地层：阿根廷西部，坎德勒斯组（Candeleros）。

栖息地：旱季短暂、水分充沛的树林。

习性：捕食小型猎物，包括鱼类，主要靠速度和使用镰刀爪进行防御。

卡氏南方盗龙 （*Austroraptor cabazai*）
体长6米，300千克

化石：大部分头骨和小部分头后骨骼。

解剖学特征：头很长、较浅，尤其是吻部和下颌，牙齿又小又多、呈圆锥状。上臂非常短（其他特征未知）。

年代：晚白垩世，晚坎潘期。

分布和地层：阿根廷中部，艾伦组。

栖息地：半干旱海岸线地区。

习性：可能吃鱼，似乎也捕食陆上猎物。

注释：脑袋形态和棘龙类相似。

卡氏南方盗龙

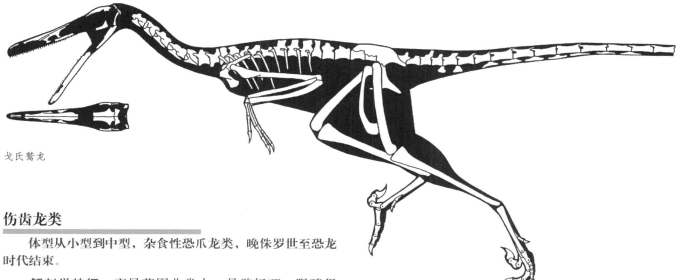

戈氏鹫龙

伤齿龙类

体型从小型到中型，杂食性恐爪龙类，晚侏罗世至恐龙时代结束。

解剖学特征：变异范围非常大。骨骼轻巧。眼睛很大、视线强烈向前，牙齿又多又小，尤其是上颌的前牙。不存在骨化的胸肋和钩突。尾巴不如驰龙长。没有骨化的胸骨。前肢不太细长。耻骨垂直或略向后弯曲，腿修长，镰刀爪非极度延长。蛋适度拉长、圆锥形。大脑可能不如早期估计的大。

栖息地：多种多样。从沙漠到极地森林。

习性：奔跑能力很强，与其他恐爪龙类相比跳跃和攀爬能力较弱。追赶型掠食者，主要捕食小型猎物，但可以用镰刀爪捕杀更大的猎物。因为也会吃一些植物，所以可能是杂食性的。将恐龙蛋近垂直地产在环形巢内，每个巢内可能不止一个雌性来产蛋，蛋部分暴露，以便成年恐龙坐在中心进行孵化。未成年个体不是高度发育的，所以可能会被安置在巢内和巢附近。

注释：发现的牙齿化石表明小型伤齿龙类在晚侏罗世演化出来，一些研究人员认为同期的近鸟龙（*Anchiornis*）是该种群最早的成员。这个种群也许能细分成很多分支。

杨氏中国似鸟龙（*Sinornithoides youngi*）
体长1.1米，2.5千克

化石：部分头骨和完整骨骼，个体未完全发育。
解剖学特征：典型的伤齿龙。

杨氏中国似鸟龙

年代：早白垩世。

分布和地层：中国北部，伊金霍洛组。

注释：骨骼发现的时候蜷缩在一起，姿势跟寐龙一样。猎物包括内蒙古鹦鹉嘴龙（*Psittacosaurus neimongoliensis*）。

华美金凤鸟 （*Jinfengopteryx elegans*）
体长0.5米，0.4千克

化石：完整的头骨和头后骨骼，羽毛。

解剖学特征：头部短小轻巧、亚三角形。沿整个尾部长满发达的羽毛。

年代：晚侏罗世或早白垩世早期。

分布和地层：中国东北部，桥头组。

习性：主要食物为小型猎物和昆虫。腹部的圆状物可能是大的种子或坚果。

注释：可能是一个未成年个体。最初认为是一种与始祖鸟亲缘关系很近的鸟，从骨骼特征判断是已知最早的伤齿龙类。

寐龙 （*Mei long*）
体长0.45米，0.4千克

化石：一些近乎完整的头骨和头后骨骼。

解剖学特征：头部短小轻巧、亚三角形。眶后棒像鸟类一样不完整。

年代：早白垩世，巴雷姆期。

分布和地层：中国东北部，义县组下部。

栖息地：水分充沛的森林和湖泊。

习性：主要食物为小型猎物和昆虫。

注释：与中国猎龙 （*Sinovenator*） 和窦鼻龙 （*Sinusonasus*） 共享栖息地。

张氏中国猎龙 （ *Sinovenator changii*）
体长1米，2.5千克

化石：部分头骨和大部分头后骨骼。

解剖学特征：头部短小、亚三角形。前牙无锯齿，其他牙齿的锯齿很小，而且局限于后缘。

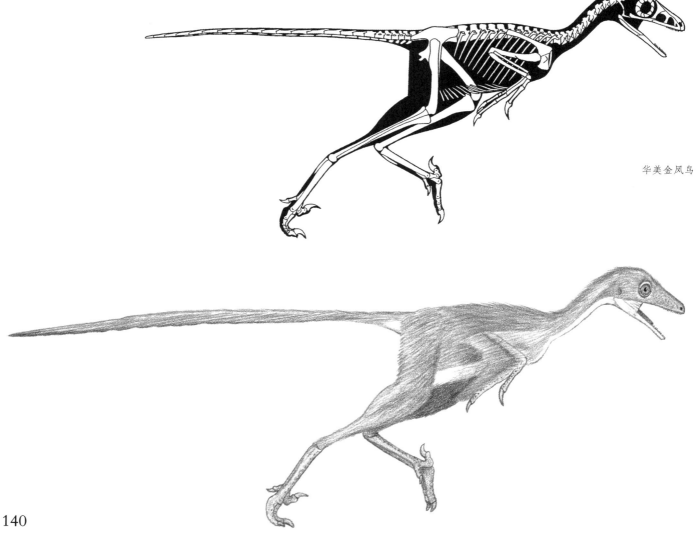

华美金凤鸟

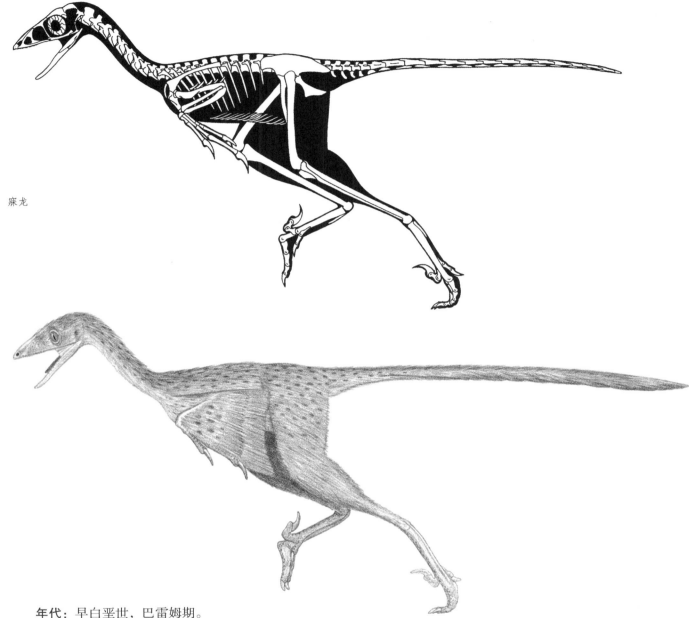

寐龙

年代：早白垩世，巴雷姆期。
分布和地层：中国东北部，义县组下部。
栖息地：水分充沛的森林和湖泊。

注释：攻击的猎物比中国猎龙（*Sinovenator*）大，比中国鸟龙（*Sinornithosaurus*）小。

大牙窦鼻龙 （ *Sinusonasus magnodens* ）
体长1米，2.5千克

　　化石：部分头骨和大部分头后骨骼。
　　解剖学特征：头部长而浅。前牙无锯齿，其他牙齿的锯齿很小，而且局限于后缘，牙齿相对较大。
　　年代：早白垩世，巴雷姆期。
　　分布和地层：中国东北部，义县组。
　　栖息地：水分充沛的森林和湖泊。
　　习性：主要食物为小型猎物和昆虫。

杰氏拜伦龙 （ *Byronosaurus jafferi* ）
体长2米，20千克

　　化石：部分头骨和小部分头后骨骼。
　　解剖学特征：吻部很长、很浅、有点低。牙齿锋利、无锯齿。
　　年代：晚白垩世，晚圣通期和/或晚坎潘期。
　　分布和地层：蒙古，德加多克赫塔组。
　　栖息地：有沙丘和绿洲的沙漠。
　　习性：捕食小型猎物，可能会捕鱼。

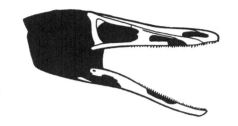

杰氏拜伦龙

注释：与细爪龙（*Stenonychosaurus*）和伶盗龙共享栖息地。

蜥鸟龙？未命名种 （*Saurornithoides? unnamed species*）
体长2.5米，35千克

化石：头骨和部分头后骨骼，完整的巢。

解剖学特征：脑袋十分坚固、较浅，吻部半管状，牙齿有大的锯齿。细长的蛋长约18厘米。

年代：晚白垩世，中和/或晚坎潘期。

分布和地层：蒙大拿，上双麦迪逊组。

栖息地：季节性干旱的山地树林。

习性：捕食小型猎物和大猎物，可能会捕鱼。夜行的能力可能超过大多数兽脚类恐龙。

注释：人们通常将一些不完整的化石归入美丽伤齿龙（*Troodon formosus*）；不能确定是否和细爪龙（*S. inequalis*）属于同一物种。

窄爪？蜥鸟龙？ （*Saurornithoides? inequalis?*）
体长2.5米，35千克

化石：头骨和部分头后骨骼。

解剖学特征：脑袋十分坚固、较浅，吻部半管状，牙齿有大的锯齿。

年代：晚白垩世，晚坎潘期。

分布和地层：艾伯塔，可能是恐龙公园组上部。

栖息地：水分充沛地区，有沿海湿地和沼泽、草木丛生的河漫滩，在寒冷冬日也能生存。

习性：捕食小型猎物和大猎物，可能会捕鱼。夜行的能力可能超过大多数兽脚类恐龙。

注释：化石缺乏足够的特征，不能确定是否和蜥鸟龙（*Saurornithoides*）属于同一物种。与蜥鸟盗龙（*Saurornitholestes*）共享栖息地。

蒙古蜥鸟龙 （*Saurornithoides mongoliensis*）
成年恐龙体型不确定

化石：大部分头骨和小部分头后骨骼。

解剖学特征：脑袋十分坚固、较浅，吻部半管状，牙齿有大的锯齿。

年代：晚白垩世，晚圣通期和/或早坎潘期。

分布和地层：蒙古，德加多克赫塔组。

栖息地：有沙丘和绿洲的沙漠。

习性：捕食小型猎物和大猎物，可能会捕鱼。夜行的能力可能超过大多数兽脚类恐龙。

注释：曾经可能与小蜥鸟龙（*S. junior*）、伶盗龙共享栖息地。猎物包括葬火龙（*Citipati*）和窃蛋龙。

蜥鸟龙？未命名种

窄爪？蜥鸟龙？

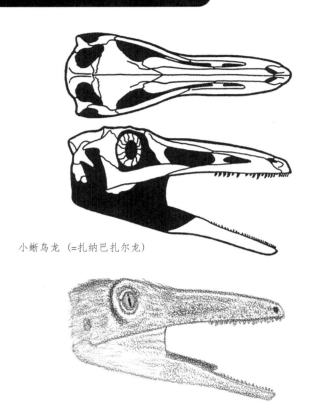

小蜥鸟龙（=扎纳巴扎尔龙）

小蜥鸟龙 （=扎纳巴扎尔龙） [*Saurornithoides* (*=Zanabazar?*) *junior*]
体长2.3米，25千克

化石：大部分头骨和小部分头后骨骼。

解剖学特征：脑袋十分坚固、较浅，吻部半管状，牙齿有大的锯齿。

年代：晚白垩世，晚圣通期和/或早坎潘期。

分布和地层：蒙古，纳摩盖吐组。

栖息地：有雨季、水分充沛的树林。

习性：捕食小型猎物和大猎物，可能会捕鱼。夜行的能力可能超过大多数兽脚类恐龙。

注释：猎物包括似鸡龙 （*Gallimimus*）。

窃蛋龙类

体型从小型到大型，会飞的和不会飞的植食性或杂食性鸟胸龙类，仅生活在白垩纪的北半球。

解剖学特征：变异范围非常大。头不是很大、短而深，脑后两侧有细长的骨杆；很多骨头融合在一起，其中包括下颌；下颌中部没有额外的关节，下颌关节非常灵活，可以进行咀嚼，牙齿退化或消失。脖子很长。尾巴较短，前肢从较短到很长，手指三到两个。腿从较短到非常长。

习性：杂食性或植食性，至少偶尔会吃一些小动物。防御包括用喙咬、用手爪搏斗和闪避。

注释：大多数标本存在大型胸骨板、骨化的胸肋、钩突和短尾，某些个体的外侧指退化，表明这种不会飞的窃蛋龙类是次生失去飞行能力的，为会飞的杂食鸟类（Omnivoropterygids）的后裔。另外，这两个种群关系并不密切，头部和手部以收缩方式演化，杂食鸟类也可能是窃蛋龙类的飞行后裔。因为头和下颌的构造不同寻常，所以很难确定窃蛋龙类有何种特定的饮食习惯。断断续续出现的化石表明澳大利亚可能存在该物种。

杂食鸟类

小型的、飞行窃蛋龙类，仅生活在早白垩世的亚洲。

解剖学特征：下颌较浅，上颌前部有几个平的小尖牙。肋骨上没有钩突。尾巴很短，尾巴末端的椎骨融合成尾综骨。可能没有胸骨板和骨化的胸肋。前肢和前掌很长，表明有非常大的翅膀，外侧指严重退化，只有两个功能齐全的手指。耻骨适度向后弯曲，腰带很宽，腿部较短且不如前肢强壮，脚趾长，拇指逆转。

习性：低级动力飞行能力和滑翔能力可能稍优于始祖鸟，可能跃升能力也比始祖鸟强。有出色的攀爬能力。

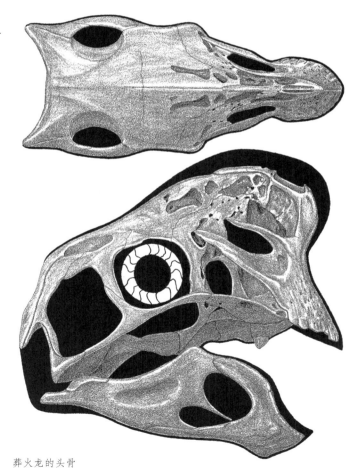

葬火龙的头骨

朝阳会鸟（*Sapeornis chaoyangensis*）
体长0.4米，1千克

化石： 几个完整的头骨和大部分头后骨骼，胃石。

年代： 早白垩世，早或中阿普特期。

分布和地层： 中国东北部，九佛堂组。

栖息地： 水分充沛的森林和湖泊。

注释： 可能与中美合作杂食鸟（*Omnivoropteryx sinousaorum*）或季氏二趾鸟（*Didactylornis jii*）属于同一物种，虽然不是同一物种但可能是同一个属。一定有大飞羽，但没保存下来。

原始祖鸟类

小型窃蛋龙类，仅生活在早白垩世的亚洲。

解剖学特征： 高度统一。头骨不如其他窃蛋龙类深、亚三角形，腭部位于上颌下缘，下颌浅，最前面的牙齿细长、耐磨，其他牙齿较小、不锋利、无锯齿，下颌前端没有牙齿。骨骼轻巧。有大的胸骨板，臂长，爪上有三个手指，爪为钩状。腿长。

注释： 牙齿尺寸和形状的差异远远大于其他兽脚类恐龙。切牙一样的前牙让人想起啮齿动物，表明该物种会啃咬一些坚硬的植物。攀爬能力和奔跑能力似乎都很高，主要靠攀爬、快速和撕咬进行防御。

朝阳会鸟

原始祖鸟类

戈氏原始祖鸟（或切齿龙）[*Protarchaeopteryx*（or *Incisivosaurus*）*gauthieri*]
体长0.8米，2千克

化石：近乎完整的头骨和一小部分头后骨骼。
解剖学特征：典型的原始祖鸟类。牙齿数量和粗壮原始祖鸟（*P.robusta*）不同。
年代：早白垩世，巴雷姆期。

分布和地层：中国东北部，义县组下部。
栖息地：水分充沛的森林和湖泊。
注释：最初被人们认为是一种新属——切齿龙，可能是原始祖鸟属的另一个种。

粗壮原始祖鸟（*Protarchaeopteryx robusta*）
体长0.7米，1.6千克

化石：变形严重的大部分头骨和头后骨骼，羽毛痕迹。
解剖学特征：前肢和尾巴上的羽毛很长，羽片对称。
年代：早白垩世，早阿尔布期。
分布和地层：中国东北部，义县组。

146

习性：胳膊不够长，前肢上的羽毛对称，所以不能飞行，但可能有一些空降能力。

注释：最初被误认为是与始祖鸟关系密切的祖先，实际上，始祖鸟比该物种出现得早得多。它可能是更早的戈氏原始祖鸟（*P. gauthieri*）的后裔。

耀龙类

小型窃蛋龙类，仅生活在晚侏罗世或早白垩世的亚洲。

解剖学特征：头部亚三角形，下颌较浅，上颌前部有几个平伏的小尖牙。有尾综骨。有小型骨化胸骨板，前肢较长，爪大。耻骨垂直、明显很短，腿不是很长。

习性：攀爬能力可能很好。

注释：早期被认为是擅攀鸟龙的祖先，而后被窃蛋龙类取代。

胡氏耀龙 （*Epidexipteryx hui*）
体长0.3米，0.22千克

化石：完整的头骨和大部分有羽毛的头后骨骼。

解剖学特征：前肢上的羽毛明显较短，尾巴上有四条

很长的带状尾羽，身体的大部分覆盖着简单的羽毛。

年代：晚侏罗世或早白垩世。

分布和地层：中国北部，道虎沟组。

栖息地：水分充沛的森林和湖泊。

习性：尾巴上的长羽毛用于种群内展示。

注释：道虎沟组的年龄尚不确定，耀龙属于窃蛋龙类，那么可据此推断道虎沟组处于白垩纪；如果它来自侏罗纪，那么就是该种群已知最古老的成员，也许比始祖鸟还要原始。

尾羽龙类

小型窃蛋龙类，仅生活在早白垩世的亚洲。

解剖学特征：头部较小、亚三角形，下颌浅，上颌前部有几个平伏的小尖牙。骨骼轻巧。躯干较短，肋骨上有钩突。有骨化的胸骨板和胸肋，胳膊较短。外侧指严重退化，所以只有两个功能齐全的手指。爪不是很大。耻骨平伏，腰带很大，腿很长、十分纤细，腿部肌肉特别发达，大拇趾较小、半翻转，所以速度可能非常快。

注释：攀爬能力低，或者没有攀爬能力。主要靠快速进行防御。

胡氏耀龙

邹氏尾羽龙

邹氏尾羽龙

邹氏尾羽龙 （*Caudipteryx zoui*）
体长0.65米，2.2千克

化石：很多完整的头骨和头后骨骼，大量羽毛，胃石。

解剖学特征：没有尾综骨。前掌上有发达的、呈扇状的羽毛，另一个分裂的羽扇在尾巴末端，后者有色素带，羽毛较大、对称，身体大部分地方都覆盖着比较简单的羽毛。

年代：早白垩世，早阿尔布期。

分布和地层：中国东北部，义县组。

栖息地：水分充沛的森林和湖泊。

习性：有一些锋利的小牙齿，表明尾羽龙可能会抓一些小动物，但胃石表明该物种吃需要研磨的植物。前掌和尾巴上的羽扇可能用于种内展示。

注释：董氏尾羽龙 （*C. dongi*）可能属于该物种，而董氏尾羽龙可能是义县尾羽龙 （*C.yixianensis*）的祖先。一系列美颌龙类和恐爪龙类的猎物。通过分析也许能揭示羽毛的颜色。

义县尾羽龙 （=似尾羽龙）[*Caudipteryx* （ =*Similicaudipteryx*） *yixianensis*]
体长1米，7千克

化石：大部分头后骨骼。

解剖学特征：尾巴末端的椎骨融合成尾综骨。

年代：早白垩世，早或中阿尔布期。

分布和地层：中国东北部，九佛堂组。

栖息地：水分充沛的森林和湖泊。

拟鸟龙类

小型窃蛋龙类，仅生活在晚白垩世的亚洲。

解剖学特征：头部显然又短又深，眶后棒像鸟类一样不完整，上颌前有小牙齿。前肢较短，前掌融合在一起。耻骨平伏，腰带又大又宽，腿很长，腿上的肌肉特别发达，脚很长且强烈扁长形，没有大拇趾，脚趾较短，所以速度可能非常快。

注释：宽大的髋部表明该物种的肚子很大，以便处理植物食料。主要靠快速进行防御。

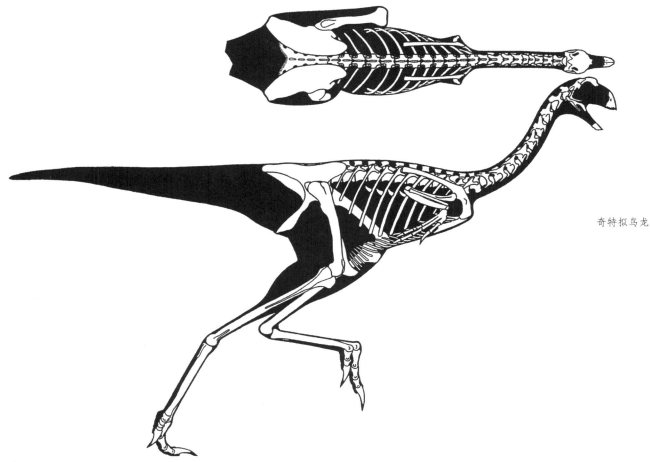

奇特拟鸟龙

奇特拟鸟龙 （*Avimimus portentosus*）
体长1.2米，12千克

    化石：部分头骨和头后骨骼。
    年代：晚白垩世，圣通期。
    分布和地层：中国北部，二连达布苏组。
    栖息地：季节性干旱、湿润的树林。
    注释：与巨盗龙 （*Gigantoraptor*）共享栖息地。

近颌龙类

    白垩纪时期的小型窃蛋龙类。

    解剖学特征：相当统一。下颌不太深、没有牙齿，喙较迟钝。前肢和前掌较长，三指的爪发育很好。
    习性：主要靠奔跑、攀爬、手爪和撕咬进行防御。
    注释：许多或所有近颌龙类都可能有鸸鹋状的头冠。

快速小猎龙 （*Microvenator celer*）
成年恐龙体型不确定

    化石：部分头后骨骼，未成年个体。
    解剖学特征：信息不足。

    年代：早白垩世，中阿尔布期。
    分布和地层：蒙大拿州，克洛夫利组上部 （Cloverly）。
    栖息地：雨季短暂地区，或者半干旱河漫滩和开阔树林，以及河边森林。
    注释：不确定小猎龙 （*Microvenator*）是否属于窃蛋龙类。主要天敌是平衡恐爪龙 （*Deinonychus antirrhopus*）。

巨型哈格里芬龙 （*Hagryphus giganteus*）
体长2.1米，50千克

    化石：一小部分头后骨骼。
    解剖学特征：信息不足。
    年代：晚白垩世，晚坎潘期。
    分布和地层：犹他州，凯佩罗维兹组 （Kaiparowits）。

柯氏近颌龙 （*Caenagnathus collinsi*）
体长1.6米，50千克

    化石：下颌。
    解剖学特征：下颌较浅。
    年代：晚白垩世，晚坎潘期。
    分布和地层：艾伯塔，恐龙公园组下部。

栖息地：水分充沛地区，有沿海湿地和沼泽、草木丛生的河漫滩，在寒冷冬日也能生存。

注释：该属可能包括纤手龙（*Macrophalangia*），而纤手龙的化石更少。

近颌龙？未命名种 （ *Caenagnathus? unnamed species* ）
体长4米，350千克

化石：大部分头骨和头后骨骼。

解剖学特征：头冠又大又宽，腿长。

年代：晚白垩世，早马斯特里赫特期。

分布和地层：南达科塔州，地狱溪组。

栖息地：水分充沛的森林。

注释：通常包含在皮氏纤手龙（*Chirostenotes pergracilis*）里。

皮氏纤手龙 （ *Chirostenotes pergracilis* ）
体长2米，50千克

化石：大部分头骨和头后骨骼。

解剖学特征：下颌很深。

年代：晚白垩世，晚坎潘期。

分布和地层：艾伯塔，恐龙公园组中部。

栖息地：水分充沛地区，有沿海湿地和沼泽、草木丛生的河漫滩，在寒冷冬日也能生存。

习性：奔跑速度快。

注释：可能包括优雅纤手龙（*Chirostenotes elegans*）。

近颌龙？未命名种

纤手龙未命名种？（*Chirostenotes? unnamed species*）
体长2.5米，100千克

化石：小部分头骨和头后骨骼。

解剖学特征：典型的近颌龙类。

年代：晚白垩世，早马斯特里赫特期。

分布和地层：艾伯塔，马蹄铁峡谷组下部。

栖息地：水分充沛地区，有沿海湿地和沼泽、草木丛生的河漫滩，在寒冷冬日也能生存。

注释：通常包括皮氏纤手龙（*C. pergracilis*），更可能是更早期近颌龙类的后裔。

稀罕单足龙(或纤手龙)［*Elmisaurus*(or *Chirostenotes*) *rarus*］
体长1米，4.5千克

化石：一小部分头后骨骼。

解剖学特征：信息不足。

年代：晚白垩世，晚坎潘期和/或早马斯特里赫特期。

分布和地层：蒙古，纳摩盖吐组。

栖息地：有雨季、水分充沛的树林。

注释：已知化石与纤手龙极其相似，可能与纤手龙是同一个属。

牛盘沟山阳龙（*Shanyangosaurus niupanggouensis*）
体长1.5米，15千克

化石：小部分头后骨骼。

解剖学特征：信息不足。

年代：晚白垩世晚期。

分布和地层：中国北部，山阳组。

注释：不能确定山阳龙是否为一种窃蛋龙类。

马氏亚洲近颌龙（*Caenagnathasia martinsoni*）
体长0.6米，1.4千克

化石：两块下颌骨。

解剖学特征：信息不足。

年代：晚白垩世早期。

分布和地层：乌兹别克斯坦，纳摩盖吐组。

栖息地：有雨季、水分充沛的树林。

戈壁天青石龙（*Nomingia gobiensis*）
体长1.7米，20千克

化石：部分头后骨骼。

解剖学特征：尾巴末端的椎骨融合成与鸟类一样的尾综骨，该尾综骨可能支撑着一个羽扇。

年代：晚白垩世，晚坎潘期和/或早马斯特里赫特期。

分布和地层：蒙古，纳摩盖吐组。

栖息地：有雨季、水分充沛的树林。

注释：不能确定戈壁天青石龙属于近颌龙类还是窃蛋龙类，如果是后者的话，那么它可能属于纳摩盖吐组发现的另一个物种。

窃蛋龙类

体型从小型到大型，仅生活在晚白垩世晚期的亚洲。

解剖学特征：比较统一。脑袋高度气腔化、亚三角形，大多数或所有发育成熟的成年恐龙通常都有头冠，但不是总有。吻部短，鹦鹉嘴般的喙、深且钝。上颌腭骨有锯齿状明显的、下指的腭突。眼睛不是特别大，下颌较深。肋骨上有钩突。有骨化的胸骨板和骨化胸肋，前肢不短，外面两指长度和粗壮性几乎相等，手指爪发育良好。耻骨平伏，腿部不修长。蛋非常细长。嗅球减小。

习性：向下突出的腭突表明该物种具有冲压行为。防御方式包括奔跑、攀爬、手爪和撕咬。空腔较多的头冠太过华丽，不适合撞击，可能是用于种内展示。蛋都是成对形成，并成对下在双层环形巢中，巢中的恐龙蛋平放、部分暴露，每个窝中可能不止一个雌性。成年恐龙坐在巢的中心空处，用长满羽毛的前肢和尾巴覆盖住蛋进行孵化。

注释：该种群划分出的属种似乎过多，因为无头冠的物种可能就是有头冠的物种中的雌性或未成年个体。头冠外包覆的角质层可能使其看起来更大，就像鹤鸵那样。

二连巨盗龙（*Gigantoraptor erlianensis*）
体长8米，2吨

化石：小部分头骨和大部分头后骨骼。

解剖学特征：前掌细长。

年代：晚白垩世，圣通期。

分布和地层：中国北部，二连达布苏组。

栖息地：季节性干旱、湿润的树林。

习性：也许与另外一些能在高处觅食的大型兽脚类恐龙，如恐手龙（*Deinocheirus*）和镰刀龙（*Therizinosaurus*）类似。比起体型更小的窃蛋龙类，巨盗龙更能保护自己免受掠食者攻击，也容易在掠食者面前逃脱。

注释：亚洲发现过直径达3米的环形巢，而巢中的恐龙蛋长达0.5米，这些蛋可能来自体型大如巨盗龙（*Gigantoraptor*）的窃蛋龙类。

嗜角龙窃蛋龙（*Oviraptor philoceratops*）
体长1.6米，22千克

化石：大部分头骨和小部分头后骨骼。

解剖学特征：脑袋不如其他窃蛋龙深，头冠的全尺

二连巨盗龙

嗜角龙窃蛋龙

寸不详，前掌很大。

年代： 晚白垩世，晚圣通期和/或早坎潘期。

分布和地层： 蒙古，德加多克赫塔组。

栖息地： 有沙丘和绿洲的沙漠。

习性： 骨骼胃区中发现有蜥蜴骨骼，说明这种窃蛋龙的食物至少包含一些小动物。

注释： 与更常见的葬火龙（*Citipati*）共享栖息地。这些窃蛋龙类的主要天敌是细爪龙和伶盗龙，尤其是后者。

奥氏葬火龙（*Citipati osmolskae*）
体长2.5米，75千克

化石： 一些完整的和部分头骨和头后骨骼，来自胚胎和成年恐龙的头后骨骼，巢，一些完整巢中还有保持孵卵姿势的成年恐龙。

解剖学特征： 喙上方有向前的发达头冠；蛋细长，长度为18厘米（7英寸）。

年代： 晚白垩世，晚圣通期和/或早坎潘期。

分布和地层： 蒙古，德加多克赫塔组。

栖息地： 有沙丘和绿洲的沙漠。

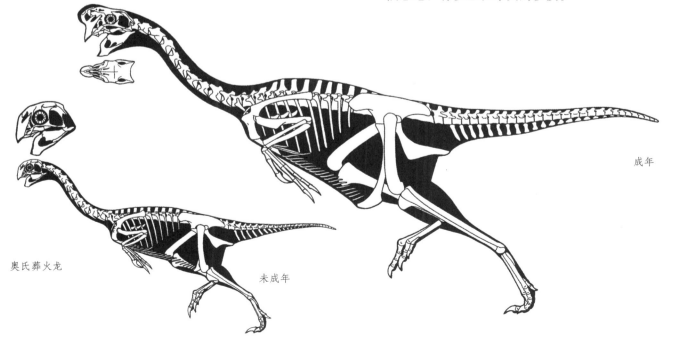

奥氏葬火龙

未成年

成年

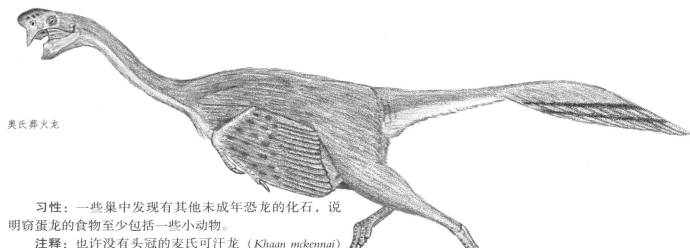

奥氏葬火龙

习性：一些巢中发现有其他未成年恐龙的化石，说明窃蛋龙的食物至少包括一些小动物。

注释：也许没有头冠的麦氏可汗龙（*Khaan mckennai*）就是该物种的未成年状态。是蒙古伶盗龙（*Velociraptor mongoliensis*）和蒙古蜥鸟龙（*Saurornithoides mongoliensis*）的猎物。

巴氏葬火龙（=耐梅盖特母龙）〔*Citipati*（=*Nemegtomaia*）*barsboldi*〕
体长2米，40千克

化石：完整头骨和小部分头后骨骼。

解剖学特征：喙上方有发达的冠。

年代：晚白垩世，晚坎潘期和/或早马斯特里赫特期。

分布和地层：蒙古，纳摩盖吐组。

栖息地：有雨季、水分充沛的树林。

注释：不能确保与葬火龙（*Citipati*）为两个独立物种，二者极其相似。与瑞钦龙（*Rinchenia*）共享栖息地。

纤弱窃螺龙（或葬火龙）〔*Conchoraptor*(or *Citipati*) *gracilis*〕
体长1.5米，17千克

化石：来自未成年和成年恐龙的部分头骨与头后骨骼。

解剖学特征：长有指向前方的巨大头冠。至少一种形态的尾巴很粗短。拇指大概和其他手指一样长，至少

一种形态的手十分粗壮。

年代：晚白垩世，可能是中坎潘期。

分布和地层：蒙古，赫米特撒红层组。

栖息地：有雨季、水分充沛的树林。

习性：硕大的大拇指可能是一种武器，而且可能会以某种方式来利用大拇指进食。

注释：可能来自这一地层的全部物种都是未成年个体。由于杨氏雌驼龙（*Ingeniayanshini*）这一学名已被一种无脊椎动物先占而无效了，所以该属的成年恐龙的分类学十分复杂。

黄氏河源龙（或葬火龙）〔*Heyuannia*（or *Citipati*）*huangi*〕
体长1.5米，20千克

化石：部分头骨和头后骨骼。

解剖学特征：典型的窃蛋龙类。

年代：晚白垩世晚期。

分布和地层：中国南部，大塱山组。

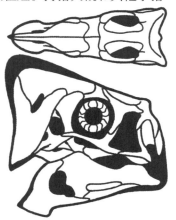

巴氏葬火龙（=耐梅盖特母龙）

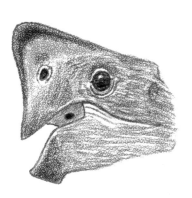

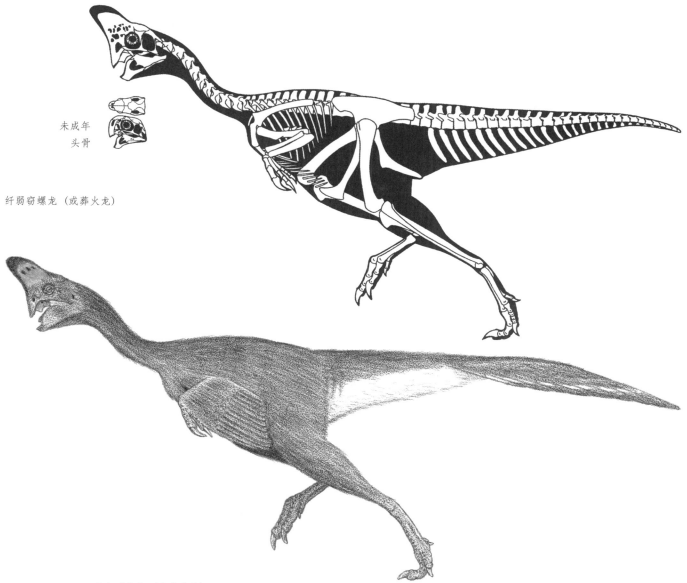

未成年
头骨

纤弱窃螺龙（或葬火龙）

蒙古瑞钦龙（或葬火龙）

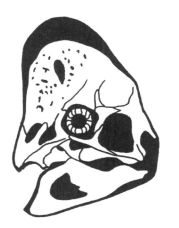

蒙古瑞钦龙（或葬火龙）[*Rinchenia* (or *Citipati*) *mongoliensis*]
体长1.7米，25千克

化石：完整的头骨和小部分头后骨骼。

解剖学特征：头冠非常大。

年代：晚白垩世，晚坎潘期和/或早马斯特里赫特期。

分布和地层：蒙古，纳摩盖吐组。

栖息地：有雨季、水分充沛的树林。

注释：与巴氏葬火龙（*Citipati barsboldi*）共享栖息地。是勇士暴龙未成年个体的猎物。

遗忘始兴龙（*Shixinggia oblita*）
体长2米，40千克

化石：小部分头后骨骼。

解剖学特征：信息不足。

年代：晚白垩世，马斯特里赫特期。

分布和地层：中国南部，上湖组。

镰刀龙类

体型从小型到庞大，植食性鸟胸龙类，仅生活在白垩纪的北半球。

解剖学特征：变异范围大。脑袋小，上喙钝，下颌中部没有额外的关节。牙齿又小又钝、叶形、无锯齿，可能有颊部。脖子细长。躯干倾斜向上、向后弯曲，因此腰带和尾巴水平，肚子大。尾巴从很长到非常短。前肢较长，半月形手腕的发育状态从良好到较差，手爪很大。腰带不严重外倾，脚不算窄，有三到四个承重趾。

习性：以草为主要食物的植食性恐龙，可能偶尔会吃一些小动物。速度太慢，不易逃避兽脚类恐龙的攻击，主要靠长臂、手爪进行防御，也会用脚爪踢打天敌。

能量学特征：对于该类恐龙来说，其能耗水平和食物消耗水平可能偏低。

注释：这种植食性镰刀龙类在形式上非常独特，人们在发现足够的化石之前不能确定它们是否属于兽脚类恐龙，或者是属于原蜥脚类。人们复原出该物种的一个完整的第一趾，发现它已缩短成上爪，不同于其他兽脚类。可能不属于鸟胸龙类。其祖先也许能滑翔。兽脚类恐龙中植食性最强的恐龙。

基干镰刀龙类

中等大小，镰刀龙类，仅生活在早白垩世。

解剖学特征：躯干略向上倾斜，腹膜肋十分灵活。

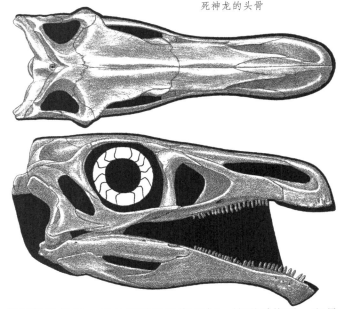

死神龙的头骨

肩带结构像鸟，半月形腕骨发育良好，钩形手指爪。耻骨不向后弯曲，腿很长，后足仍然有三趾，内趾是短小的大拇趾，脚爪没增大。

习性：与那些更先进的镰刀龙类相比，基干镰刀龙类更擅长奔跑。

犹他镰龙（*Falcarius utahensis*）
体长4米，100千克

化石：小部分头骨和几乎完整的骨骼化石，来自许多部分标本，包括未成年和成年个体。

解剖学特征：尾巴很长。

年代：早白垩世，巴雷姆期。

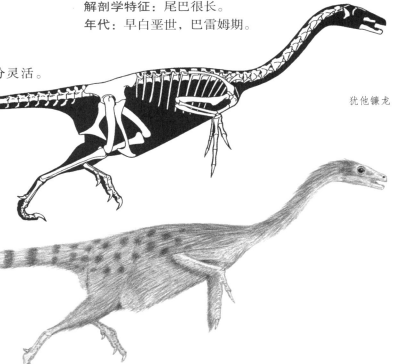

犹他镰龙

分布和地层：犹他州，下雪松山组。

栖息地：雨季短暂地区，或者半干旱河漫滩和开阔树林，以及河边树林。

注释：犹他盗龙（*Utahraptor*）的猎物。

阿拉善龙类

体型从小型到庞大，白垩纪的镰刀龙类。

解剖学特征：变异范围非常大。下颌尖端下翻。骨骼粗壮。尾巴短。肩带不像鸟类，前肢较长，半月形腕块不是特别发达，手指不太长但具有非常大的钩爪。腰带前端膨大、侧面突出。耻骨向后弯曲，支持着更大的肚子。脚短而宽，有四趾，趾爪没有增长。已知的蛋为亚圆形。

习性：缺乏回埋的巢和孵化证据，这表明父母对未成年个体的照顾很少，甚至不会照顾未成年个体。发育良好的幼仔孵化出来后可能可以马上离开巢。

注释：该属种也许能细分出很多分支。

阿乐斯台阿拉善龙 （*Alxasaurus elesitaiensis*）
体长4米，400千克

化石：一些较完整的骨骼。

解剖学特征：典型的阿拉善龙类。

年代：早白垩世，可能是阿尔布期。

分布和地层：中国北部，巴音戈壁组 （Bayin-Gobi）。

意外北票龙 （*Beipiaosaurus inexpectus*）
体长1.8米，40千克

化石：头骨，两个部分头后骨骼，羽毛。

解剖学特征：头部较浅、朝前方急剧变细。尾巴末端的椎骨融合成一个小尾综骨。后脑勺上下方以及躯干后有数组长条带状羽，沿着尾巴也有这样的长条羽；身体大部分覆盖着简单的毛。

年代：早白垩世，早阿尔布期。

分布和地层：中国东北部，义县组。

栖息地：水分充沛的森林和湖泊。

习性：羽毛往往是用来展示的。

注释：不确定头骨和头后骨骼是否属于同一物种。

阿乐斯台阿拉善龙

意外北票龙
（下页仍是）

意外北票龙

似大地懒肃州龙 （ *Suzhousaurus megatheriodes* ）
体长6米，1.3 吨

> **化石**：部分头后骨骼。
> **解剖学特征**：典型的阿拉善龙类。
> **年代**：早白垩世晚期，阿普特期或阿尔布期。
> **分布和地层**：中国东北部，新民堡群下部。

美掌二连龙 （ *Erlianosaurus bellamanus* ）
体长4米，400千克

> **化石**：部分头后骨骼。
> **解剖学特征**：典型的阿拉善龙类。
> **年代**：晚白垩世，圣通期。
> **分布和地层**：中国北部，二连达布苏组。
> **栖息地**：有雨季，水分充沛的树林。
> **注释**：还不能确定该物种属于阿拉善龙类还是镰刀龙类。与内蒙古龙（ *Neimongosaurus* ）共享栖息地。

杨氏内蒙古龙 （ *Neimongosaurus yangi* ）
体长3米，150千克

> **化石**：小部分头骨和头后骨骼。
> **解剖学特征**：信息不足。
> **年代**：晚白垩世，可能是坎潘期。
> **分布和地层**：中国北部，二连达布苏组。
> **栖息地**：季节性干旱、湿润的树林。
> **习性**：与二连龙（ *Erliansaurus* ）共享栖息地。

注释：还不能确定是属于阿拉善龙类还是镰刀龙类。

步氏未命名属 （ *Unnamed genus bohlini* ）
体长6米，1.3吨

> **化石**：部分头后骨骼。
> **解剖学特征**：信息不足。
> **年代**：晚白垩世，阿尔布期。
> **分布和地层**：中国北部，新民堡群。
> **注释**：还不能确定该物种属于阿拉善龙类还是镰刀龙类，最初被归于南雄龙（ *Nanshiungosaurus* ），但南雄龙比该物种出现更晚。

麦氏懒爪龙 （=格氏？） [*Nothronychus mckinleyi* （=graf-mani?）]
体长5.1米，1.2吨

> **化石**：一个部分头后骨骼和一具近乎完整的头后骨骼。
> **解剖学特征**：腹膜肋不灵活，手指爪钩状，脚趾爪没有增大。
> **年代**：晚白垩世，早和中土仑期。
> **分布和地层**：新墨西哥州，麦金利山组（Moreno Hill）、热带页岩组（Tropic Shale）。
> **栖息地**：有沼泽和湿地的沿海地区。
> **注释**：麦金利山组中最早发现了一些标本，随后又在海相沉积物（热带页岩组）中发现了一些更好的标本，它们是否为同一物种还不能确定，完整度好的骨骼也更健壮一些。另外，还不能确定该物种属于阿拉善龙类还是镰刀

麦氏懒爪龙（=格氏？）

龙类。可能由于该物种不是狼吞虎咽型的植食性动物，腹部体积不会发生太大变化，所以其腹膜肋不灵活。与祖尼角龙（*Zuniceratops*）共享栖息地。

镰刀龙类

体型从中等到庞大，晚白垩世的镰刀龙类。

解剖学特征：比较统一。下颌尖端下翻。骨骼更强壮有力。躯干向上倾斜更严重。尾巴较短。肩带不像鸟，半月形腕块更不发达，手指不是很长但有着非常大的爪。腰带前端进一步扩大、侧面突出，以支持更大的肚子，脚很宽、有四个脚趾。

习性：身体强烈向上倾斜表明这些恐龙能吞食高处的嫩叶。

注释：该类恐龙与近代的大地懒极其相似。

戈壁慢龙（*Segnosaurus galbinensis*）
体长6米，1.3吨

化石：小部分头骨和头后骨骼。

解剖学特征：颊部不像死神龙（*Erlikosaurus*）那样宽。腰带前端明显增大，脚趾爪增大。

年代：晚白垩世早期。

分布和地层：蒙古，巴彦思维塔组（Bayenshiree Svita）。

习性：可能用巨大脚趾爪和前掌进行防御。

注释：与死神龙（*Erlikosaurus*）共享栖息地。蒙古秘龙（*Enigmosaurus mongoliensis*）可能归于该种，或者是死神龙的一种。

安氏死神龙（*Erlikosaurus andrewsi*）
体长4.5米，500千克

化石：完整头骨。

解剖学特征：牙齿比慢龙（*Segnosaurus*）小，也比慢龙多；颊部很发达。趾爪增大。

年代：晚白垩世早期。

分布和地层：蒙古，巴彦思维塔组（Bayenshiree Svita）。

习性：可能用巨大脚趾爪和前掌进行防御。

注释：可能包括蒙古秘龙（*Enigmosaurus mongoliensis*）。

安氏死神龙

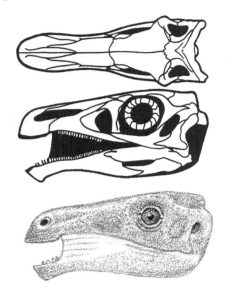

短棘南雄龙（*Nanshiungosaurus brevispinus*）
体长5米，600千克

　　化石：部分头后骨骼。
　　解剖学特征：典型的镰刀龙类。
　　年代：晚白垩世，坎潘期。
　　分布和地层：中国南部（译者注：原文北部，应该是南部，在广东），园圃组。

龟型镰刀龙（*Therizinosaurus cheloniformis*）
体长10米，5.1吨

　　化石：前肢和一些爪，部分后肢。
　　解剖学特征：前肢长达3.5米，前肢上长着军刀形长爪，没计入角质的爪长达0.7米。
　　年代：晚白垩世，晚坎潘期和／或早马斯特里赫特期。
　　分布和地层：蒙古，纳摩盖吐组。
　　栖息地：有雨季、水分充沛的树林。
　　注释：已知最大的手盗龙类。与巨盗龙和恐手龙一样，均为能在高处觅食的高大兽脚类恐龙，主要天敌是勇士暴龙。

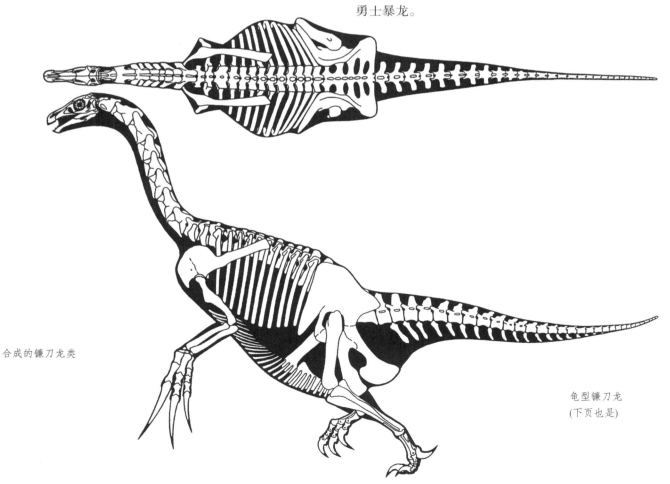

合成的镰刀龙类

龟型镰刀龙
（下页也是）

蜥脚形类恐龙

体型从小型到庞大，杂食性和植食性蜥臀类恐龙，晚三叠世至恐龙时代结束，遍布所有大陆。

解剖学特征：一般变异范围大。头部较小，鼻孔扩大，牙齿较钝，无锯齿。脖子细长。尾巴长。半四足或四足动物，都能用后肢站立，前肢和腿不长或不修长。五个手指。腰带从较小到很大，五到四个脚趾。骨骼不含气，对呼吸系统的了解不多，不过可以肯定不具备鸟类呼吸系统。大脑为爬行动物水平。有时吞下砂石，这些砂石有助于胃研磨或搅动摄入的食物。

栖息地：多种多样，从沙漠地区到水分充沛的森林，从热带地区到极地地区。

习性：尽管它们可能会吃一些小动物，但主要是吃嫩叶和青草，吞咽之前不会充分咀嚼食物。主要靠脚爪和尾巴进行防御。

原蜥脚类

体型从小型到大型、肉食性和植食性蜥脚形类、晚三叠世至早侏罗世，遍布所有大陆。

解剖学特征：相当统一。头骨轻巧，至少某些物种可能有部分的、具有弹性的颊部，还有些长有原始的钝喙。颈部中等长度，十分纤细。躯干长。尾巴长。半四足，恐龙足迹显示他们的前足离行迹中线的距离总是远于后足。前肢和腿部弯曲，但并不细长或修长，所以能够进行中速奔跑。肩带不大，前掌又短又宽、抓握爪相当长，大多数手指都呈大勾形，尤其是拇指。腰带较短，耻骨强烈平伏，小腿基本和大腿一样长、脚很长，脚趾长而灵活，外脚趾严重退化，最里面的脚趾呈巨大的勾形。

个体发育：生长速度适中。

栖息地：多种多样，沙漠地区到水分充沛的森林。

习性：最早出现的植食性恐龙，能够啃食高处的嫩叶，特别是站立的时候；一些或所有这类恐龙可能都是杂食动物。防御手段主要为站立、用手爪和脚猛击天敌。小型原蜥脚类可能会用手爪挖地洞。

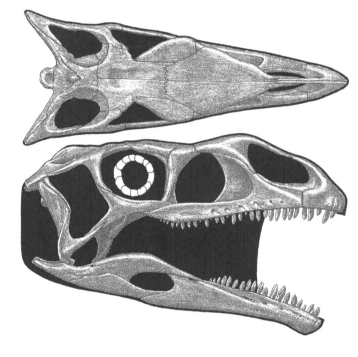

板龙的头骨和肌肉研究

能量学特征：体温调节能力可能为中间水平，产能水平和食物消费水平可能比进步程度更大的恐龙低。

　　注释：部分化石显示南极洲存在这类恐龙。许多属的划分是否合理还有待商榷。这一种群也许能细分为很多分支，但种群内以及与蜥脚类之间的亲缘关系还不是很确定。许多研究人员认为已知原蜥脚类是蜥脚类恐龙的姐妹组，而另外一些人则认为前五个属中的一些或全部都位于原蜥脚类—蜥脚类分支下面，或后者可能是从进步程度更大的原蜥脚类演化而来的。基于来自早侏罗世的不甚确凿的化石进行推测，出口峨山龙（*Eshanosaurus deguchiianus*）可能归于原蜥脚类而不是镰刀龙类，或它出现在下一个纪元（白垩纪）。

首祖滥食龙（ *Panphagia protos* ）
体长1.7米，2千克

　　化石：部分头骨和头后骨骼。

　　解剖学特征：下前牙锋利，前肢较短。

　　年代：晚白垩世，康尼亚克期。

　　分布和地层：阿根廷北部；伊斯基瓜拉斯托组（Ischigualasto）。

　　栖息地：季节性水分充沛的森林，包括茂密的大针叶树林。

　　注释：与皮萨诺龙（*Pisanosaurus*）共享栖息地。天敌包括始盗龙（*Eoraptor*）和艾雷拉龙（*Herrerasaurus*）。

本地农神龙（ *Saturnalia tupiniquim* ）
体长1.5米，10千克

　　化石：部分头骨和大部分头后骨骼。

　　解剖学特征：前肢较短。

　　年代：晚白垩世，早康尼亚克期。

　　分布和地层：巴西南部；圣玛利亚组。

　　注释：南十字龙（*Staurikosaurus*）的猎物。

坎德拉里瓜巴龙（ *Guaibasaurus canderlariensis* ）
体长2米，25千克

　　化石：部分头后骨骼。

　　解剖学特征：信息不足。

　　年代：晚三叠世，诺利期。

　　分布和地层：巴西南部；卡特瑞塔组。

　　注释：早期被认为是基干兽脚类。

耶鲁安然龙（ *Asylosaurus yalensis* ）
体长2米，25千克

　　化石：小部分头后骨骼。

　　解剖学特征：信息不足。

年代：晚三叠世，可能是瑞替期。

分布和地层：英格兰西南部；未命名地层。

注释：发现于远古裂缝填充物中。

古槽齿龙（ *Thecodontosaurus antiques* ）
体长2.5米，40千克

　　化石：小部分头骨和部分头后骨骼。

　　解剖学特征：前肢可能较短。

　　年代：可能是晚三叠世，可能是瑞替期。

　　分布和地层：威尔士；未命名地层。

　　注释：发现于远古裂缝填充物中。一些化石毁于第二次世界大战。

卡杜克斯槽齿龙（ *Pantydraco caducus* ）
成年恐龙体型不确定

　　化石：近乎完整的头骨，一些较完整的骨骼。

　　解剖学特征：脑袋较短、亚三角形，前肢相对于腿部来说可能偏长。

　　年代：晚三叠世或早侏罗世。

　　分布和地层：威尔士；未命名地层。

　　注释：发现于远古裂缝填充物中。这些标本被归于古槽齿龙（*Thecodontosaurus antiques*）。骨骼比例尚不确定。

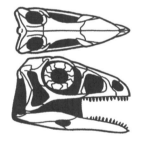

卡杜克斯槽齿龙

波里齐拉斯近蜥龙（ *Anchisaurus polyzelus* ）
体长2.2米，20千克

　　化石：近乎完整的头骨和大部分头后骨骼。

　　解剖学特征：头骨较浅、亚三角形，前肢长度适中。

　　年代：早侏罗世，普林斯巴期和/或托阿尔期。

　　分布和地层：康涅狄格州、马萨诸塞州；波特兰组。

　　栖息地：有湖泊的半干旱裂谷。

　　注释：与砂龙（*Ammosaurus*）共享栖息地。

波里齐拉斯近蜥龙
（下页仍是）

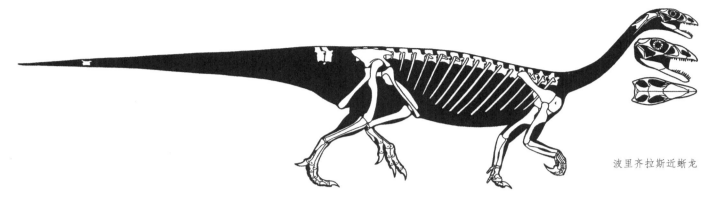

波里齐拉斯近蜥龙

大砂龙（Ammosaurus major）
体长3米，70千克

化石：大部分头骨和头后骨骼。
解剖学特征：信息不足。
年代：早侏罗世，普林斯巴期和/或托阿尔期。
分布和地层：康涅狄格州；波特兰组。
栖息地：有湖泊的半干旱裂谷。

未命名属 未命名种（Unnamed genus and species）
体长4.5米，250千克

化石：小部分头后骨骼。
解剖学特征：信息不足。
年代：早侏罗世，普林斯巴期和/或托阿尔期。
分布和地层：亚利桑那州；纳瓦霍砂岩组（Navajo Sandstone）。
栖息地：有沙丘的沙漠。
习性：可能以绿洲河道边上的植物为食。
注释：曾经被归于大砂龙（Ammosaurus major）和大椎龙（Massospondylus），但其归属还有待商榷。与斯基龙（Segisaurus）共享栖息地。

短体科罗拉多斯龙（Coloradisaurus brevis）
体长3米，70千克

化石：完整头骨。
解剖学特征：脑袋短而宽、亚三角形。

年代：晚三叠世，诺利期。
分布和地层：阿根廷北部；洛斯科洛拉多斯组（Los Colorados）。
栖息地：季节性湿润的树林。

巴塔哥尼亚鼠龙（Mussaurus patagonicus）
成年恐龙体型不确定

化石：将近十二个完整或不完整的头骨和头后骨骼，小型未成年恐龙到成年恐龙。

刚孵化的巴塔哥尼亚鼠龙雏体

解剖学特征：成年恐龙信息不详，未成年个体的长前肢表明它们幼年期是典型的四足动物。
年代：晚三叠世，可能是诺利期。
分布和地层：阿根廷南部；红湖组（Laguna Colorada）。
习性：小型未成年恐龙可能吃昆虫。

米氏远食龙（Adeopapposaurus mognai）
体长3米，70千克

化石：一些较完整的头骨和头后骨骼。
解剖学特征：头浅而宽、亚三角形。前掌宽大。
年代：早侏罗世。
分布和地层：阿根廷南部；卡农科罗拉多组（Canon del Colorada）。

短体科罗拉多斯龙

米氏远食龙

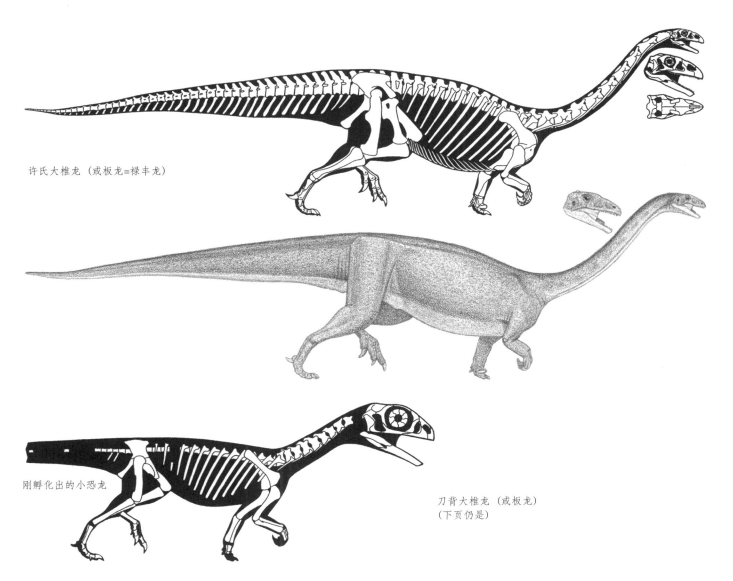

许氏大椎龙（或板龙=禄丰龙）

刚孵化出的小恐龙

刀背大椎龙（或板龙）
（下页仍是）

许氏大椎龙（或板龙=禄丰龙）［*Massospondylus (or Plateosaurus =Lufengosaurus) huenei*］
体长9米，1.7吨

化石：超过24个颅骨和头后骨骼，一些较完整，未成年恐龙到成年恐龙，完全已知。

解剖学特征：脖子比大多数原蜥脚类都长，前肢较短表明四肢运动程度稍弱。

年代：早侏罗世，赫塘期和/或辛涅缪尔期。

分布和地层：中国西南部；下禄丰组下部和上部。

刀背大椎龙（或板龙）［*Massospondylus (or Plateosaurus) carinatus*］
体长4.3米，200千克

化石：很多头骨和头后骨骼，很多较完整，未成年体到成年体，完全了解。

解剖学特征：脑袋亚三角形。拇指和脚爪很大。未成年个体前肢很长、成年恐龙前肢中等长度，表明随年龄增长二足性增强。

年代：早侏罗世。赫塘期，可能至普林斯巴期。

分布和地层：南非、莱索托、津巴布韦；上艾略特组，砂岩灌木丛组，上卡鲁砂岩组，森林砂岩组。

栖息地：至少生活在某些沙漠地区。

习性：可能以绿洲河道边上的植物为食。

注释：原始标本不足，如果将其看作一个物种的话那么其时间跨度有点过长。来自上艾略特组的卡氏大椎龙（*M. kaalae*）可能是不同物种。与莱索托龙（*Lesothosaurus*）共享栖息地。龙猎龙（*Dracovenator*）的猎物。

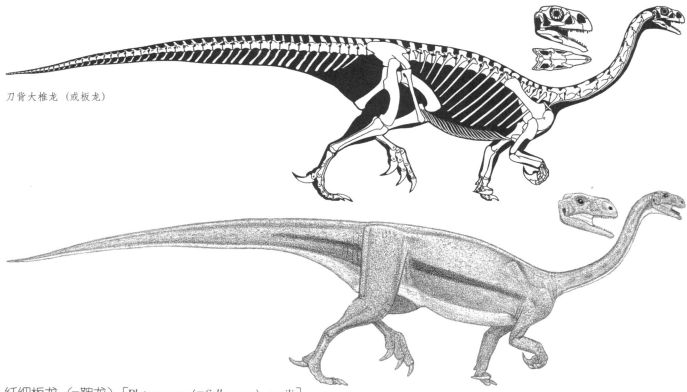

刀背大椎龙（或板龙）

纤细板龙（＝鞍龙）[*Plateosaurus* (*=Sellosaurus*) *gracilis*]
体长5米，300千克

化石：超过24个较完整的头骨和头后骨骼。

解剖学特征：脑袋较浅、亚三角形。前肢长度适中。

年代：晚三叠世，中诺利期。

分布和地层：德国南部，洛温斯坦组中下部。

注释：诊断埃弗拉士龙（*Efraasia diagnosticus*）可能是该种的未完全发育个体。与长头板龙（*P. longiceps*）非常相似，二者属于同一属。伪鳄类主龙类（Pseudosuchian archosaurs）的猎物。

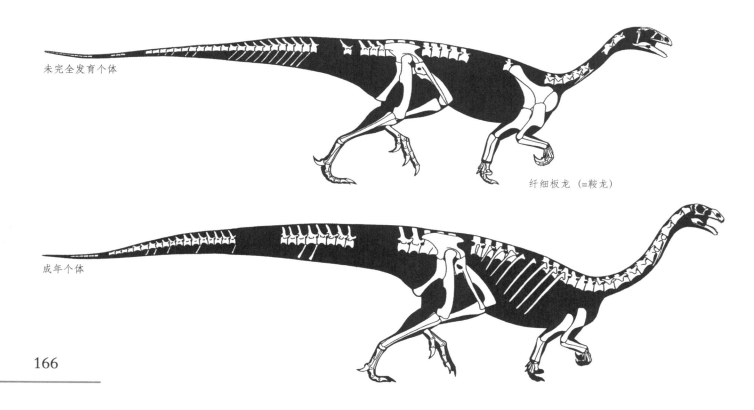

未完全发育个体

纤细板龙（＝鞍龙）

成年个体

长头板龙
（下页仍是）

长头板龙（*Plateosaurus longiceps*）
体长8米，1.3吨

化石：许多来自未成年和成年恐龙的完整和部分头骨和头后骨骼，完全已知。

解剖学特征：脑袋较浅、亚三角形。前肢长度适中。

年代：晚三叠世，中诺利期。

分布和地层：德国、瑞士、法国东部；特洛辛根组（Trossingen,）、洛温斯坦组上部、诺勒莫格组、欧泊布特莫格组（Obere Bunte Mergel）、马内斯爱丽丝组（Marnes Irisees Superieures）。

注释：典型原蜥脚类，有大量化石。也许是纤细板龙（*P. gracilis*）的直系后裔。贝德海姆吕勒龙（*Ruehleia bedheimensis*）可能是该物种的发育成熟状态。理理恩龙（*Liliensternus*）的猎物。

恩氏板龙（*Plateosaurus engelhardti*）
体长8.5米，1.9吨

化石：很多来自未成年和成年恐龙的部分头后骨骼。

解剖学特征：骨骼健壮。

年代：晚三叠世，晚诺利期。

分布和地层：德国南部，伏乐泰组（Feuerletten）。

注释：可能是长头板龙（*P. longiceps*）的直系后裔。可能受兽脚类恐龙的攻击，所以体型会更大。

恩氏板龙

长头板龙

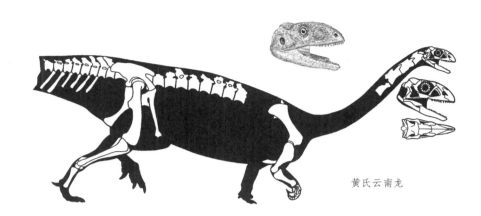

黄氏云南龙

新洼金山龙

黄氏云南龙（*Yunnanosaurus huangi*）
体长5米，230千克

　　化石：差不多24块来自未成年和成年恐龙的头骨和头后骨骼，其中一些比较完整。
　　解剖学特征：脑袋较小、亚三角形，可能没有颊部。前肢较短，表明四足程度稍低。
　　年代：早侏罗世，赫塘期到辛涅缪尔期。
　　分布和地层：中国西南部，下禄丰组下部到上部。
　　注释：可能是两个物种。

新洼金山龙（*Jingshanosaurus xinwaensis*）
体长9米，1.6吨

　　化石：完整头骨和头后骨骼。
　　解剖学特征：脑袋亚三角形，可能没有颊部。前肢较短，表明四足程度稍低。
　　年代：早侏罗世，辛涅缪尔期。
　　分布和地层：中国西南部，下禄丰组上部。

杨氏易门龙（*Yimenosaurus youngi*）
体长9米，2吨

  化石：完整头骨，很多部分
头后骨骼。
  解剖学特征：头骨很深。
  年代：早侏罗世，普林斯巴
期和/或托阿尔期。
  分布和地层：中国西南部，冯家河组（Fengjiahe）。

杨氏易门龙

北卡米洛特龙（*Camelotia borealis*）
体长10米，2.5吨

  化石：小部分头后骨骼。
  解剖学特征：信息不足。
  年代：晚三叠世，瑞替期。
  分布和地层：英格兰西南部，韦斯特伯里组（Westbury）。

似蜥脚莱森龙（*Lessemsaurus sauropoides*）
体长9米，2吨

  化石：小部分头后骨骼。
  解剖学特征：信息不足。
  年代：晚三叠世，诺利期。
  分布和地层：阿根廷北部，洛斯科洛拉多斯组（Los Colorados）。
  栖息地：季节性湿润的树林。
  注释：与里奥哈龙（*Riojasaurus*）共享栖息地。

迷里奥哈龙（*Riojasaurus incertus*）
体长6.6米，800千克

  化石：完整头骨，许多完整度不同的骨骼，未成年
个体到成年体。
  解剖学特征：脑袋亚三角形。长而健壮的前肢表明
四足程度很高。
  年代：晚三叠世，诺利期。
  分布和地层：阿根廷北部，洛斯科洛拉多斯组（Los Colorados）。
  栖息地：季节性湿润的树林。
  注释：与莱森龙（*Lessemsaurus*）共享栖息地。

强大优胫龙（*Eucnemesaurus fortis*）
体长6米，500千克

  化石：一些小部分头后骨骼。
  解剖学特征：信息不足。
  年代：晚三叠世，晚卡尼期或早诺利期。
  分布和地层：非洲东南部，下艾略特组（Lower Elliot）。
  栖息地：干旱地区。
  注释：其稀少化石曾归为优胫龙（*Aliwaliarex*），优
胫龙是一种大型艾雷拉龙类。与黑丘龙（*Melanorosaurus*）、
祖父板龙（*Plateosauravus*）、贝里肯龙（*Blikanasaurus*）和雷
前龙（*Antetonitrus*）共享栖息地。

瑞氏黑丘龙（*Melanorosaurus readi*）
体长8米，1.3吨

  化石：受损的完整头骨和头后骨骼，部分化石。
  解剖学特征：前肢长而粗壮，表明四足程度很高。

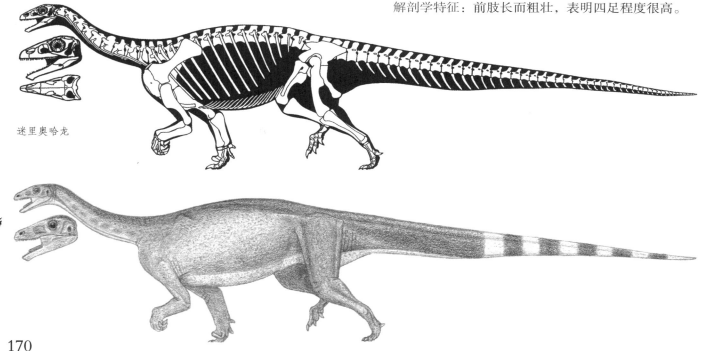

迷里奥哈龙

年代：晚三叠世，早诺利期。

分布和地层：非洲东南部，下艾略特组（Lower Elliot）。

栖息地：干旱地区。

柯氏祖父板龙（*Plateosauravus cullingworthi*）
体长9米，2吨

化石：一些部分头后骨骼。

年代：晚三叠世，早诺利期。

分布和地层：非洲东南部，下艾略特组。

栖息地：干旱地区。

注释：基于不充分的化石证据推断其他属于布朗氏优肢龙（*Euskelosaurus browni*）。

克氏贝里肯龙（*Blikanasaurus cromptoni*）
体长4米，250千克

化石：小部分头后骨骼。

解剖学特征：腿部很粗壮。

年代：晚三叠世，早诺利期。

分布和地层：非洲东南部，下艾略特组（Lower Elliot）。

栖息地：干旱地区。

蜥脚类恐龙

体型从较大到庞大、植食性蜥脚形类、晚三叠世至恐龙时代结束，遍布陆地上大部分地区。

解剖学特征：变异范围较大。头骨不沉重，鼻孔至少在某种程度上可收缩。骨骼健壮。颈长从中等至非常长。尾长从中等至非常长。正常运动时为四足动物，前后肢不如原蜥脚类弯曲。小腿比大腿短，脚短而宽。最初的骨骼是含气的，具备某种程度的似鸟的气囊换气呼吸系统。

注释：生存了1.5亿年，体型都和鲸鱼差不多，最成功的大型植食性恐龙类群。南极洲没有该物种，可能反映了已知的化石数量不足。

火山齿龙类

体型从较大到庞大、蜥脚类、晚三叠世和早侏罗世、仅生活在东半球。

解剖学特征：相当统一。头部较短，吻部狭窄丰满。脖子和尾巴长度适中。四肢适度弯曲。前肢长度适中，所以肩膀大概和腰带在同一高度。手不呈拱形，手指不是特别小。肠骨较浅，脚踝仍然很灵活。骨骼部分含气，所以正在形成似鸟的呼吸系统。

习性：在进食方面可能是多面手。也许能缓慢奔跑，主要防御手段为站立并用爪进行搏斗。

能量学特征：体温调节能力可能介于原蜥脚类和真蜥脚类之间。

注释：晚三叠世，一些原始蜥脚类就已经出现，这表明这类植食性的、有着庞大体型的动物演化出来的时间早得惊人。西半球没有该物种可能反映了已知的化石数量不足。对于一些解剖特点仍然知之甚少。该种群也许能细分成很多分支。

巨脚雷前龙（*Antetonitrus ingenipes*）
体长28米，1.5吨

化石：小部分头后骨骼。

解剖学特征：典型的火山齿龙类。

年代：晚三叠世，早诺利期。

分布和地层：非洲东南部，下艾略特组（Lower Elliot）。

栖息地：干旱地区。

注释：雷前龙（*Antetonitrus*）表明，当蜥脚类恐龙刚演化出现之时就和最大的原蜥脚类一样大。与优胫龙（*Eucnemesaurus*）、黑丘龙（*Melanorosaurus*）、祖父板龙（*Plateosauravus*）和贝里肯龙（*Blikanasaurus*）共享栖息地。

中和金沙江龙（*Chinshakiangosaurus chunghoensis*）
体长10米，3吨

化石：小部分头骨和头后骨骼。

解剖学特征：嘴巴非常宽，有宽大颊部。

年代：早侏罗世。

分布和地层：中国西南部，冯家河组。

阿氏伊森龙（*Isanosaurus attavipachi*）
体长13米，7吨

化石：一些来自未成年和成年恐龙的小部分头后骨骼。

解剖学特征：典型的火山齿龙。

年代：晚三叠世，晚诺利期和/或瑞替期。

分布和地层：泰国，南丰组（Nam Phong）。

注释：该属的大型个体可能是未成年个体的成年形态，也归入伊森龙（*Isanosaurus*）。伊森龙表明大型蜥脚类在恐龙出现之后2000万年就演化出来了。

石碑珙县龙

石碑珙县龙 (*Gongxianosaurus shibeiensis*)
体长11米，3吨

化石：大部分头后骨骼。

解剖学特征：尾巴基部很深。

年代：早侏罗世。

分布和地层：中国中部，自流井组。

卡里巴火山齿龙 (*Vulcanodon karibaensis*)
体长11米，3.5吨

化石：小部分头后骨骼。

解剖学特征：典型的火山齿龙类。

年代：早侏罗世，可能是赫塘期。

分布和地层：津巴布韦，火山齿龙床组（Vulcan-odon Beds）。

奈氏塔邹达龙 (*Tazoudasaurus naimi*)
体长11米，3.5吨

化石：小部分头骨和两具头后骨骼，未成年和成年恐龙。

解剖学特征：典型的火山齿龙类。

年代：早侏罗世，托阿尔期。

分布和地层：摩洛哥，塔邹达组（Dour of Tazouda）。

牙地哥打龙 (*Kotasaurus yamanpalliensis*)
体长9米，2.5吨

化石：大部分头后骨骼。

解剖学特征：典型的火山齿龙类。

年代：早侏罗世。

分布和地层：印度东南部，哥打组（Kota）。

注释：与巨脚龙（*Barapasaurus*）共享栖息地。

真蜥脚类

体型从大型到庞大，蜥脚类恐龙，早侏罗世至恐龙时代结束，遍布陆地上大部分地区。

解剖学特征：变异范围非常大。吻部变宽、圆形或方形，鼻孔收缩性更加良好，没有颊部。骨骼健壮。颈长从中等至非常长。躯干深而紧凑，通常椎骨僵化。尾长从中等至非常长。正常运动时为四足动物，前后肢呈柱状且十分健壮，所以奔跑速度不会快于大象，步速最快的时候也比较缓慢。肩带很大，前掌呈垂直拱形，指很短，十分僵硬或退化消失，没有肉垫、只有拇指有大爪或所有手指都没有。腰带很大，肠骨很深且顶部强烈弯曲，表明大腿肌肉发达，耻骨近乎垂直，小腿短于大腿，脚踝灵活性有限，脚非常短、很宽，有五个短的脚趾，有大脚垫，内趾有大爪，使得内趾内敛程度更大。含气骨，似鸟的呼吸系统发育更好。皮肤由玫瑰型小鳞片组成。

个体发育：至少一些较小物种的增长速度从较缓慢至非常快，体型庞大的物种增长速度尤其快；寿命不超过100年。

栖息地：季节性干旱、开阔林地和大草原，沿海湿地，从热带到极地地区。

习性：吃高处的嫩叶和低处的青草。速度太慢无法逃避攻击者，主要靠站立、用手爪和脚猛击或摆动尾巴来进行防御。通常重达数吨，与庞大的攻击性兽脚类恐龙体型类似。脖子长而高，可以用于物种内竞争展示，结构复杂的颈部表明该物种不像长颈鹿那样以脖子作为种内战争的冲撞武器。足迹表明小型未成年恐龙会与体型类似的其他小恐龙构成小群体，与体重超过1吨的大型未成年恐龙和成年恐龙群体相互独立。沿着河道发现了许多行迹，这表明许多大小不同的蜥脚类恐龙沿海岸线远行，但在水中运动的能力有限，因为它们的前掌很窄且没有肉垫，在软沉积物中极易陷入困境，一些化石似乎记录了这类情况。在干旱时期，可能使用带爪的后足挖掘河床取水。

能量学特征：长颈物种的产能可能极高，超大型心脏能够为高高在上的大脑提供很高的血压。

注释：最接近大象和长颈鹿的恐龙。零星的化石和足迹表明一些真蜥脚类恐龙的体重超过100吨。

鲸龙类

体型从大型到庞大，蜥脚类恐龙，侏罗纪至恐龙时代结束，生活在北半球和南半球。

解剖学特征：相当统一。头部很短，吻部呈圆形。颈长从很短至中等长度，能够近乎垂直的抬起。尾巴长度适中，有时尾部有小钉刺或棒状武装。前肢较长，所以肩膀与腰带几乎一样高。

习性：在进食方面可能是多面手。

注释：这类蜥脚类恐龙非常常见，它们中很多物种之间的亲缘关系尚不明确。

泰氏巨脚龙 （*Barapasaurus tagorei*）
体长12米，7吨

化石：来自骨床的大部分头后骨骼。

解剖学特征：颈长适中。

年代：早侏罗世。

分布和地层：印度东南部，哥打组。

注释：与哥打龙 （*Kotasaurus*）共享栖息地。

阿纳川街龙 （*Chuanjiesaurus anaensis*）
恐龙体型不确定

化石：部分头后骨骼。

解剖学特征：信息不足。

年代：中侏罗世。

分布和地层：中国西南部，川街组。

维氏糙节龙 （*Dystrophaeus viaemalae*）
体长13米，7吨

化石：小部分头后骨骼。

解剖学特征：信息不足。

年代：中侏罗世和/或晚侏罗世，卡洛夫期和/或牛津期。

分布和地层：犹他州，萨默维尔组 （Summerville）。

注释：糙节龙 （*Dystrophaeus*）的亲缘关系不明确。

布鲁尼瑞拖斯龙 （*Rhoetosaurus brownei*）
体长15米，9吨

化石：小部分头后骨骼。

解剖学特征：信息不足。

年代：中侏罗世，巴柔期。

分布和地层：澳大利亚东北部，哈顿组 （Hutton）。

栖息地：极地森林地区，夏季温暖、阳光充足，冬季寒冷黑暗。

丘布特弗克海姆龙 （*Volkheimeria chubutensis*）
成年恐龙体型不确定

化石：小部分头后骨骼，未成年个体。

解剖学特征：信息不足。

年代：中侏罗世，卡洛夫期。

分布和地层：阿根廷南部，卡诺顿沥青组 （Canadon Asfalto）。

注释：与巴塔哥尼亚龙 （*Patagosaurus*）、特维尔切龙 （*Tehuelchesaurus*）和短颈潘龙 （*Brachytrachelopan*）共享栖息地。

尼日棘刺龙 （*Spinophorosaurus nigerensis*）
体长13米，7吨

化石：小部分头骨，大部分头后骨骼。

解剖学特征：颈长适中。尾巴末端附件可能有一对成对的小钉刺。

年代：可能是中侏罗世，巴柔期或巴通期。

分布和地层：尼日尔，伊哈泽组 （Irhazer）。

注释：唯一已知有尾钉的蜥脚类恐龙。

李氏蜀龙 （*Shunosaurus lii*）
体长9.5米，3吨

化石：很多头骨和头后骨骼，完全已知。

解剖学特征：按照蜥脚类恐龙的标准而言，该物种

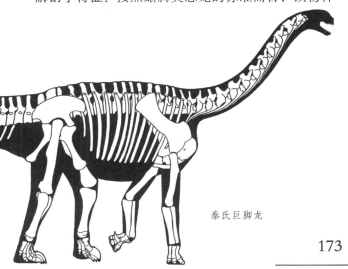

泰氏巨脚龙

尼日棘刺龙

未成年个体

李氏蜀龙

成年个体

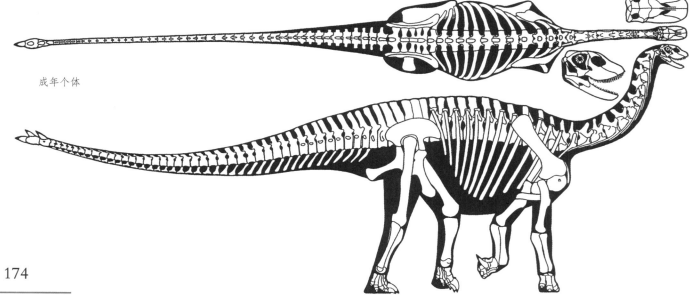

李氏蜀龙与建设气龙

颈部较短。尾巴末端有小尾锤。腿部相对于身体来说很长。

年代：中侏罗世，巴通期和/或卡洛夫期。

分布和地层：中国中部，下沙溪庙组。

栖息地：茂密森林地区。

习性：吃中高处的植物。防御手段包括高速甩出的尾锤。

注释：几乎与梅氏短颈潘龙（*Brachytrachelopan mesai*）的脖子一样短。

巴山酋龙（*Datousaurus bashanesis*）
体长10米，4.5吨

化石：部分头骨和头后骨骼。

解剖学特征：颈部较长，肩胛稍高。

李氏蜀龙

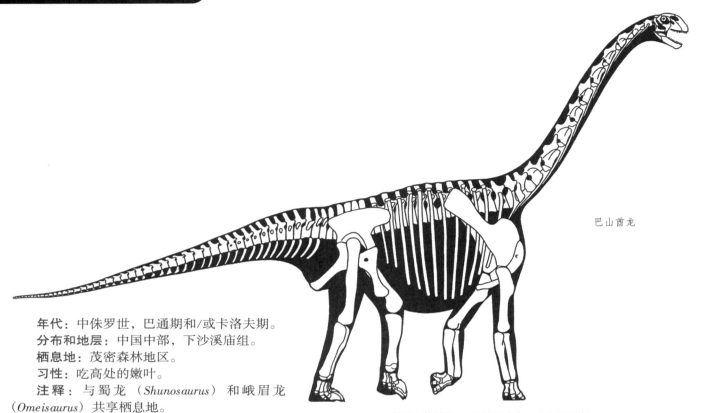

巴山茜龙

年代：中侏罗世，巴通期和/或卡洛夫期。

分布和地层：中国中部，下沙溪庙组。

栖息地：茂密森林地区。

习性：吃高处的嫩叶。

注释：与蜀龙（*Shunosaurus*）和峨眉龙（*Omeisaurus*）共享栖息地。

江驿元谋龙（*Yuanmousaurus jiangyiensis*）
体长17米，12吨

化石：部分头后骨骼。

解剖学特征：颈部长。

年代：中侏罗世。

分布和地层：中国西南部，张河组（Zhanghe）。

习性：高大的吃嫩叶动物。

注释：与始马门溪龙（*Eomamenchisaurus*）共享栖息地。

巴塔哥尼亚杏齿龙（*Amygdalodon patagonicus*）
体长12米，5吨

化石：小部分头后骨骼。

解剖学特征：信息不足。

年代：中侏罗世，巴柔期。

分布和地层：阿根廷南部，卡曼若组（Cerro Carmerero）。

法氏巴塔哥尼亚龙（*Patagosaurus fariasi*）
体长16.5米，8.5吨

化石：小部分头骨和许多骨骼。

解剖学特征：颈长适中，尾巴很长。

年代：中侏罗世，卡洛夫期。

分布和地层：阿根廷南部，卡诺顿沥青组（Canadon Asfalto）。

习性：长尾巴有助于站立起来吃高处的嫩叶。

注释：与弗克海姆龙（*Volkheimeria*）、特维尔切龙（*Tehuelchesaurus*）和短颈潘龙（*Brachytrachelopan*）共享栖息地。

贝氏特维尔切龙（*Tehuelchesaurus benitezii*）
体长15米，9吨

化石：大部分头后骨骼，皮肤碎片。

解剖学特征：信息不足。

年代：中侏罗世，卡洛夫期。

分布和地层：阿根廷南部，卡诺顿沥青组（Canadon Asfalto）。

栖息地：湿季短暂地区，或者草原，沿河森林，开阔冲积平原。

法氏巴塔哥尼亚龙

阿尔及利亚切布龙 （*Chebsaurus algeriensis*）
成年恐龙体型不确定

化石：部分头后骨骼，未成年个体。

解剖学特征：信息不足。

年代：中侏罗世。

分布和地层：阿尔及利亚，未命名地层。

牛津鲸龙 （*Cetiosaurus oxoniensis*）
体长16米，11吨

化石：大部分头后骨骼。

解剖学特征：颈长适中。

年代：中侏罗世，巴通期。

分布和地层：英格兰中部，林纹石灰石组（Forest Marble）。

习性：在进食方面可能是个多面手。

威氏费尔干纳龙 （*Ferganasaurus verzilini*）
体长18米，15吨

化石：小部分头后骨骼。

解剖学特征：信息不足。

年代：中侏罗世，卡洛夫期。

分布和地层：吉尔吉斯斯坦，巴拉班赛组（Balabansai）。

注释：有人声称这种龙有两个手爪，该观点有待商榷。

戴氏简棘龙 （*Haplocanthosaurus delfsi*）
体长16米，13吨

解剖学特征：信息不足。

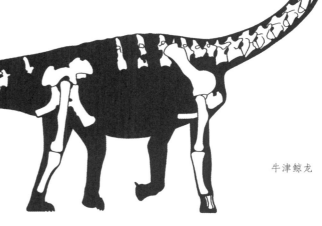

牛津鲸龙

年代：晚侏罗世，晚牛津期。

分布和地层：科罗拉多州，莫里逊组下部。

栖息地：雨季短暂地区，或者半干旱河漫滩草原以及河边森林。

习性：在进食方面可能是个多面手。

注释：不能确定是否与后来出现的、体型纤细的原简棘龙（*H. priscus*）属于同一物种。

原简棘龙 （*Haplocanthosaurus priscus*）
体长12米，5吨

化石：两具较完整的骨骼。

解剖学特征：颈长适中。

年代：晚侏罗世，晚牛津期和/或早钦莫利期。

分布和地层：科罗拉多州、怀俄明州，莫里逊组下部。

栖息地：雨季短暂地区，或者半干旱河漫滩草原以及河边森林。

习性：在进食方面可能是个多面手。

注释：可能是戴氏简棘龙（*H. delfsi*）的直系后裔。莫里逊组的上部地层中似乎不存在该属种。

戴氏简棘龙

盘足龙类和马门溪龙类

体型从较大到庞大，蜥脚类恐龙，仅生活在中侏罗世和晚侏罗世的亚洲地区。

解剖学特征：变异范围大。头部很短，吻部呈圆形。颈长从较长至非常长，能够垂直抬起。尾巴长度适中。前肢较长，所以肩膀至少比腰带稍高。腰带后倾，有助于缓慢步行，双脚站立的时候可以保持髋部和尾巴水平，尾巴下的雪橇形脉弧可以帮助尾巴更好地作为支柱来帮助进食。

习性：无论四脚着地还是双脚着地的时候，都以高处的嫩叶为食。

注释：代表亚洲大陆孤立时，一个明显的亚洲蜥脚类恐龙辐射，这些属种之间的亲缘关系模糊不清，该种群也许能细分成很多分支，一些研究人员认为盘足龙类与马门溪龙类无关。

师氏盘足龙（*Euhelopus zdanskyi*）
体长11米，3.5吨

化石：大部分头骨和两具头后骨骼。

解剖学特征：脖子很长。颈部的基部附近的神经棘分叉。前肢很长，所以肩膀高于腰带。

年代：晚侏罗世，钦莫利期或早提塘期。

分布和地层：中国东部，蒙阴组。

注释：前肢和腿的比例不详。

苏氏巧龙＝（戈壁克拉美丽龙?）[*Bellusaurus sui*（= *Klamelisaurus gobiensis*?）]
体长15米，5吨

化石：约20个部分头后骨骼，基本都来自未成年个体，可能也包括了成年个体。

解剖学特征：成年恐龙脖子很长。

年代：中侏罗世。

分布和地层：中国西北部，五彩湾组。

注释：戈壁克拉美丽龙（*Klamelisaurus gobiensis*）可能是该恐龙的成年状态。可能是一种盘足龙类。单脊龙（*Monolophosaurus*）的猎物。

中日蝴蝶龙（*Hudiesaurus sinojapanorum*）
体长25米，25吨

化石：小部分头后骨骼。

解剖学特征：颈部的基部附近的神经棘分叉。

年代：晚侏罗世。

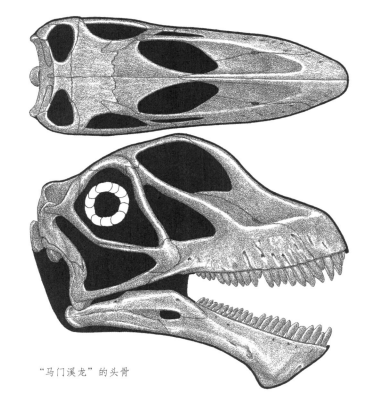

"马门溪龙"的头骨

师氏盘足龙

分布和地层： 中国西北部，喀拉扎组。

荣县峨眉龙 （*Omeisaurus junghsiensis*）
体长14米，4吨

化石： 部分头骨和头后骨骼。

解剖学特征： 脖子很长。

年代： 中侏罗世，巴通期和/或卡洛夫期。

分布和地层： 中国中部，下沙溪庙组。

栖息地： 茂密森林地区。

毛氏峨眉龙？ （*Omeisaurus? maoianus*）
体长15米，5吨

化石： 近乎完整的头骨和部分头后骨骼。

解剖学特征： 脖子很长。

年代： 晚侏罗世，可能是牛津期。

分布和地层： 中国中部，上沙溪庙组下部。

栖息地： 茂密森林地区。

天府未命名属 （*Unnamed genus tianfuensis*）
体长18米，8.5吨

化石： 大部分头骨和头后骨骼。

解剖学特征： 脖子非常细长。

年代： 中侏罗世，巴通期和/或卡洛夫期。

分布和地层： 中国中部，下沙溪庙组。

栖息地： 茂密森林地区。

注释： 与峨眉龙（*Omeisaurus*）差异过大，不能归于同一属种。有人认为这种蜥脚类恐龙有尾锤，该观点受到质疑。与蜀龙（*Shunosaurus*）和峨眉龙（*Omeisaurus*）共享栖息地。

毛氏峨眉龙？

天府未命名属
（下页仍是）

天府未命名属

天府未命名属

元谋始马门溪龙（*Eomamenchisaurus yuanmouensis*）
成年恐龙体型不确定

　　化石：小部分头后骨骼。
　　解剖学特征：信息不足。
　　年代：中侏罗世。
　　分布和地层：中国南部，张河组。
　　习性：高大的吃嫩叶动物。
　　注释：与元谋龙（*Yuanmousaurus*）共享栖息地。

建设马门溪龙（*Mamenchisaurus constructus*）
体长15米，5吨

　　化石：小部分头后骨骼。
　　解剖学特征：颈长适中。
　　年代：晚侏罗世，可能是牛津期。
　　分布和地层：中国中部，上沙溪庙组。
　　栖息地：茂密森林地区。

　　注释：基于一个不完整的标本，这个标本并没有非常长的脖子，这导致许多物种被归入马门溪龙，其中许多来自同一层位，表明这些蜥脚类在时间上重叠，并在某些情况下属于错误属种，同时，比起其他恐龙属，该属的种太多了。

合川"马门溪龙"（"*Mamenchisaurus*"*hochuanensis*）
体长21米，14吨

　　化石：部分头骨和一些头后骨骼。
　　解剖学特征：脖子特别长，颈部的基部附近的神经棘分叉，有小尾锤，四肢短小。
　　年代：晚侏罗世，可能是牛津期。
　　分布和地层：中国中部，上沙溪庙组。
　　栖息地：茂密森林地区。
　　习性：尾锤很小，用途不详。

合川"马门溪龙"

注释：上沙溪庙组的蜥脚类恐龙的主要天敌是永川龙（*Yangchuanosaurus*）。

杨氏"马门溪龙"（"*Mamenchisaurus*" *youngi*）
体长17米，7吨

　　化石：完整头骨和大部分头后骨骼。
　　解剖学特征：脖子很长，颈部的基部附近的神经棘分叉，髋部强烈后倾，尾巴强力向上，四肢短小。
　　年代：晚侏罗世，可能是牛津期。
　　分布和地层：中国中部，上沙溪庙组。

栖息地：茂密森林地区。
　　注释：一种造型特别的蜥脚类恐龙。与合川马门溪龙（*M. hochuanensis*）为同一属种，可能是后者的两性之一。

"井研马门溪龙"（"*Mamenchisaurus jingyanensis*"）
体长20米，12吨

　　化石：大部分头骨和小部分头后骨骼。
　　解剖学特征：脖子很长。

杨氏"马门溪龙"

"井研马门溪龙"

年代：晚侏罗世，可能是牛津期。
分布和地层：中国中部，上沙溪庙组。
栖息地：茂密森林地区。

注释：可能属于来自上沙溪庙组的物种之一。

"中加马门溪龙"（"*Mamenchisaurus sinocanadorum*"）
体长35米，75吨

化石：小部分头骨和大部分头后骨骼。
解剖学特征：脖子极长。颈部的基部附近的神经棘分叉。
年代：晚侏罗世，可能是牛津期。
分布和地层：中国西北部，石树沟组。

"中加马门溪龙"

注释：是体型最大的、有着大量头后骨骼的蜥脚类恐龙，最大型的个体的颈长接近17米，而且也是已知的最大型恐龙之一。主要天敌是永川龙。

安岳"马门溪龙"（"*Mamenchisaurus*" *anyuensis*）
体长25米，25吨

化石：一些部分头后骨骼。
解剖学特征：脖子极长。
年代：晚侏罗世。
分布和地层：中国中部，蓬莱镇组、遂宁组。

图里亚龙类

体型从中等到庞大、蜥脚类恐龙、仅生活在晚侏罗世的欧洲地区。

解剖学特征：脖子和尾巴长度适中。前肢较长，所以肩膀约和腰带一样高。

葛氏未命名属（*Unnamed genus greppini*）
体长7米，1吨

化石：三具不太完整的头后骨骼。
解剖学特征：信息不足。
年代：晚侏罗世，早钦莫利期。

分布和地层：瑞士，鲁和纳特组（Reuchenette）。
注释：曾经被归于出现时间更早的梁龙类似鲸龙（*Cetiosauriscus*）。

里奥德芬西斯图里亚龙（*Turiasaurus riodevensis*）
体长30米，50吨

化石：部分头后骨骼。
解剖学特征：一些脖子和躯干的神经棘分叉。
年代：晚侏罗世，提塘期末期。
分布和地层：西班牙东部，维拉阿布泊组（Villar del Arzobispo）。
注释：体型最大的非新蜥脚类恐龙（Nonneosauropod）。与露丝娜龙（*Losillasaurus*）共享栖息地。

巨型露丝娜龙（*Losillasaurus giganteus*）
成年恐龙体型不确定

化石：一些不太完整的骨骼。
解剖学特征：神经棘不分叉。
年代：晚侏罗世，提塘期末期。
分布和地层：西班牙东部，维拉阿布泊组（Villar del Arzobispo）。
注释：亚成年恐龙化石显示该物种是体型很大的蜥脚类恐龙。

艾氏加尔瓦龙（*Galveosaurus herreroi*）
成年恐龙体型不确定

化石：一些不太完整的骨骼。

解剖学特征：神经棘不分叉。

年代：晚侏罗世，提塘期末期。

分布和地层：西班牙东部，维拉阿布泊组（Villar del Arzobispo）。

注释：亚成年恐龙化石显示该物种是体型很大的蜥脚类恐龙。

新蜥脚类

体型从中等到庞大，蜥脚类恐龙，中侏罗世至恐龙时代结束，遍布陆地上大部分地区。

解剖学特征：含气骨，似鸟的呼吸系统发育良好。

注释：南极洲没有该物种可能反映了已知的化石数量不足。

梁龙类

从体型较小的蜥脚类到体型庞大的新蜥脚类，仅生活在中侏罗世到晚白垩世早期的美洲、欧洲和非洲。

解剖学特征：变异范围大。脑袋长而浅，瘦削的鼻孔强烈收缩至高于眼眶位置，但圆形鼻孔可能仍位于吻部前面附近，吻部很宽，呈方形，下颌较短，铅笔状牙齿仅长在下颌前部，头相对于颈部向下弯。颈长从较短至非常长。尾巴很长，尾尖挥动速度很快，也许已经达到超音速。前肢和前掌都很短，所以肩膀低于腰带，高神经棘使髋部提高。前肢很短、髋部很大、尾巴健壮且有雪橇形脉弧，这些都有助于静态进食。

习性：食性灵活，能非常容易的在各种高度（从地面到非常高处）觅食。

注释：澳大利亚和南极洲没有该物种可能反映了已知的化石数量不足。

雷巴齐斯龙类

体型从小型到中等的梁龙类，仅生活在早白垩世和晚白垩世早期的南美洲和非洲。

解剖学特征：相当统一。按照蜥脚类的标准，该物种颈长较短、颈肋略微重叠。神经棘不分叉。肩胛骨上部非常宽。

注释：非大鼻龙类和梁龙类最后的辐射性分布。

马拉尼昂亚马逊龙（*Amazonsaurus maranhensis*）
体长12米，5吨

化石：小部分头后骨骼。

解剖学特征：信息不足。

年代：早白垩世，阿普特期或阿尔布期。

分布和地层：巴西北部，伊塔佩库鲁组（Itapecuru）。

注释：亚马逊龙（*Amazonsaurus*）的亲缘关系尚不明确。

塔氏尼日尔龙（*Nigersaurus taqueti*）
体长9米，2吨

化石：大部分头骨，一些部分头后骨骼，很多孤立的骨头。

解剖学特征：头部非常轻巧，吻部非常宽且呈方形，只有下颌前缘有牙齿，牙齿很多、更替迅速。脖子短而浅。髋部没有帆状结构。

年代：早白垩世，晚阿普特期。

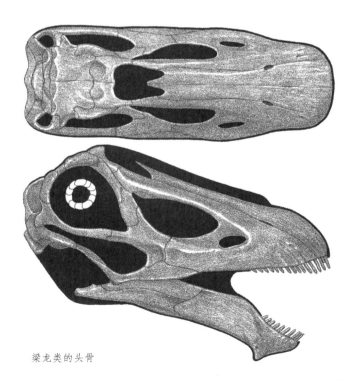

梁龙类的头骨

185

迷惑龙肌肉研究

塔氏尼日尔龙

阿格里奥雷巴齐斯龙（或雷尤守龙）［*Rebbachisaurus* (or *Rayosaurus*) *agrioensis*］

体长10米，2.5吨

化石：小部分头后骨骼。

解剖学特征：信息不足。

年代：早白垩世，阿普特期。

分布和地层：阿根廷西部，雷尤守组（Rayoso）。

注释：雷尤守龙（*Rayosaurus*）、雷巴齐斯龙（*Rebbachisaurus*）和利迈河龙（*Limaysaurus*）是否各为独立属种尚不确定。

特氏利迈河龙（或雷巴齐斯龙）［*Limaysaurus* (or *Rebbachisaurus*) *tessonei*］

体长15米，7吨

化石：小部分头骨和大部分头后骨骼。

解剖学特征：脖子非常深。高大的神经棘在髋部形成一个低矮的帆状结构。尾巴下面大部分地方可能没有脉弧。

年代：晚白垩世，早塞诺曼期。

分布和地层：阿根廷西部，坎德勒斯组（Candeleros）。

注释：与奥古斯丁龙（*Agustinia*）和利加布龙（*Ligabuesaurus*）共享栖息地。

戈氏雷巴齐斯龙（*Rebbachisaurus garasbae*）

体长14米，7吨

化石：部分头后骨骼。

解剖学特征：髋部有高大的帆状结构。

年代：晚白垩世，阿尔布期。

分布和地层：摩洛哥，塔戛纳组（Tegana）。

安奈鹭龙（*Cathartesaura anaerobica*）

体长12米，5吨

化石：部分头后骨骼。

解剖学特征：信息不足。

年代：晚白垩世，中塞诺曼期。

分布和地层：尼日尔，额哈兹组上部。

栖息地：沿海三角洲。

习性：脖子很长，脖根为方形，适合啃食地面上的草，也可以站立起来吃高处的植物。

注释：蜥臀类中齿系最复杂的恐龙，在某些方面与鸟臀目相似，不过该物种的牙齿只能吃植物。现在还不知道还有多少雷巴齐斯龙类也有类似的结构。另一种已知的同样有宽大方形喙的蜥脚类恐龙是巨龙类的博妮塔龙（*Bonitasaura*）。与特纳重爪龙（*Baryonyx tenerensis*）、沉龙（*Lurdusaurus*）和无畏龙（*Ouranosaurus*）共享栖息地，其中，无畏龙为植食性恐龙，长有竞争性的方形嘴巴。

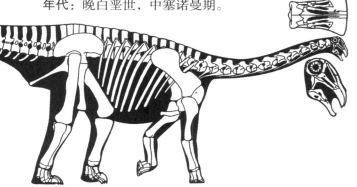

塔氏尼日尔龙

特氏利迈河龙（或雷巴齐斯龙）

分布和地层：阿根廷西部，乌因库尔组下部。
栖息地：旱季短暂、水分充沛的林地。
注释：已知的最晚期的梁龙类和非大鼻龙类。蝎猎龙（*Skorpiovenator*）的猎物。

叉龙类

　　小型梁龙类（以蜥脚类恐龙标准判断），仅生活在中侏罗世到早白垩世的南美洲和非洲。

　　解剖学特征：比较统一。按照蜥脚类恐龙标准判断，该物种脖子较短，神经棘高耸，所以脖子无法抬高到肩膀以上的位置，颈肋短且无重叠，脖子灵活性增加。高大的神经棘在髋部形成一个较低的帆状结构。大多数颈部和躯干的神经棘分叉。

梅氏短颈潘龙（*Brachytrachelopan mesai*）
体长11米，5吨

　　化石：部分头后骨骼。

解剖学特征：脖子短。
年代：中侏罗世，卡洛夫期。
分布和地层：阿根廷南部，卡诺顿沥青组（Canadon Asfalto）。
注释：已知的脖子最短的蜥脚类恐龙。与弗克海姆龙（*Volkheimeria*）、巴塔哥尼亚龙（*Patagosaurus*）和特维尔切龙（*Tehuelchesaurus*）共享栖息地。

汉氏叉龙（*Dicraeosaurus hansemanni*）
体长14米，5吨

　　化石：小部分头骨，一些头后骨骼，有的近乎完整，有的只是部分头后骨骼。

汉氏叉龙

解剖学特征：下颌下缘不像往常复原的那般扭曲。

年代：晚侏罗世，早提塘期。

分布和地层：坦桑尼亚，汤达鸠组中部。

栖息地：沿海地区，植被厚重、季节性干旱的内陆地区。

注释：可能是汉氏叉龙（*D. sattleri*）的直系后裔，与长颈巨龙（*Giraffatitan*）共享栖息地。

萨氏叉龙（*Dicraeosaurus sattleri*）

体长15米，6吨

化石：小部分头骨，一些头后骨骼，有的近乎完整，有的只是部分头后骨骼。

解剖学特征：下颌下缘不像通常复原的那样扭曲。

年代：晚侏罗世，中/晚提塘期。

分布和地层：坦桑尼亚，汤达鸠组上部。

栖息地：沿海地区，植被厚重、季节性干旱的内陆地区。

注释：与拖尼龙（*Tornieria*）共享栖息地。

波氏萨帕拉龙（*Zapalasaurus bonapartei*）

体长9米，2吨

化石：部分头后骨骼。

解剖学特征：信息不足。

年代：早白垩世晚期。

分布和地层：阿根廷西部，拉阿马拉组（La Amarga）。

栖息地：旱季短暂、水分充沛的林地。

注释：尚不确定萨帕拉龙（*Zapalasaurus*）是否属于叉龙类。与阿马加龙（*Amargasaurus*）共享栖息地。

卡氏阿马加龙（*Amargasaurus cazaui*）

体长13米，4吨

化石：小部分头骨和大部分头后骨骼。

解剖学特征：颈部的神经棘拉长成很长的钉状物，角质物可能延长了这些钉状物的长度。髋部有高大的帆状结构。

年代：早白垩世晚期。

分布和地层：阿根廷西部，拉阿马拉组（La Amarga）。

栖息地：旱季短暂、水分充沛的林地。

习性：防御手段包括弧形颈刺。后面的颈刺可能是用于种内展示的。

注释：有人认为颈部的钉状物支撑着帆脊，不过该观点可能有误。与萨帕拉龙（*Zapalasaurus*）共享栖息地。

埃米莉春雷龙（*Suuwassea emilieae*）

体长15米，5吨

化石：小部分头骨和头后骨骼。

解剖学特征：颈部没有强烈延长。

年代：晚侏罗世。

分布和地层：蒙大拿，可能是莫里逊组中部。

栖息地：比莫里逊组其他层有更多的沿海地区和更湿润的地区。

注释：这种梁龙类恐龙的亲缘关系不明。

卡氏阿马加龙

梁龙类

解剖学特征：变异范围大。颈长从长到极长；脖子不能垂直抬起；颈肋短且不重叠，这增加了脖子的灵活性。大多数颈部和躯干的神经棘分叉。高大的神经棘在髋部形成一个很低的帆状结构。鞭状尾很长。

梁龙类

体型从很大到异常巨大的梁龙类，仅生活在中晚侏罗世的北美洲、欧洲和亚洲。

解剖学特征：相当统一。骨骼轻巧。颈长从长到极长，非常纤细。尾巴很长。至少某些梁龙类的脊椎似乎有短且竖立的神经棘。

史氏似鲸龙（*Cetiosauriscus stewarti*）
体长15米，4吨

化石：部分头后骨骼。
解剖学特征：信息不足。
年代：中侏罗世，卡洛夫期。
分布和地层：英格兰东部，下牛津黏土组
注释：似鲸龙（*Cetiosauriscus*）的亲缘关系不详。

阿伦克尔劳尔哈龙（*Lourinhasaurus alenquerensis*）
体长18米，5吨

化石：一些不太完整的骨骼。
解剖学特征：信息不足。
年代：晚侏罗世，晚钦莫利期/早提塘期。
分布和地层：葡萄牙，卡莫达斯德组（Camadas de Alcobaca）。
栖息地：有开阔林地、季节性干旱的大型岛屿。
注释：可能包括劳尔哈丁赫罗龙（*Dinheirosaurus lourinhanensis*）。异特龙的猎物。

非洲拖尼龙（或重龙）[*Tornieria (or Barosaurus) africana*]
体长25米，10吨

化石：小部分头骨和一些头后骨骼。
解剖学特征：颈部特别长。
年代：晚侏罗世，中/晚提塘期。

分布和地层：坦桑尼亚，汤达鸠组上部。
栖息地：沿海地区，植被厚重、季节性干旱的内陆地区。
习性：虽然很容易啃食地面上的植被，但主要以高处嫩叶为食。
注释：与汉氏叉龙（*Dicraeosaurus sattleri*）和博氏南方梁龙（*Australodocus bohetii*）共享栖息地。

大斋重龙（*Barosaurus lentus*）
体长27米，12吨

化石：一些部分头后骨骼。
解剖学特征：颈部很长，尾巴不如梁龙长。
年代：晚侏罗世，可能是早提塘期。
分布和地层：南达科他州，可能有怀俄明州和犹他州，可能是莫里逊组中部。
栖息地：北部沿海附近地区，比莫里逊组其他地层更加湿润。
习性：虽然很容易啃食地面上的植被，但主要以高处嫩叶为食。
注释：出现在莫里斯地层中更靠近沿海的地区，可能是这些地区有更高的树木。

波利难觅龙（*Dyslocosaurus polyonychius*）
体长18米，5吨

化石：小部分头后骨骼。
解剖学特征：信息不足。
年代：可能是晚侏罗世。
分布和地层：怀俄明州，可能是莫里逊组。
栖息地：雨季短暂地区，或者半干旱河漫滩草原以及河边森林。
注释：无论是发现的地层和种内的关系都完全不了解。

博氏南方梁龙（*Australodocus bohetii*）
体长17米，4吨

化石：颈部椎骨。
解剖学特征：颈部很长。
年代：晚侏罗世，中/晚提塘期。

大斋重龙

分布和地层：坦桑尼亚，汤达鸠组上部。

栖息地：沿海地区，植被厚重、季节性干旱的内陆地区。

注释：与萨氏叉龙（*Dicraeosaurus sattleri*）和强壮詹尼斯龙（*Janenschia robusta*）共享栖息地。

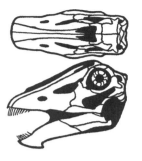

长梁龙

长梁龙（*Diplodocus longus*）
体长25米，12吨

化石：两块头骨，部分头后骨骼。

解剖学特征：颈部很长，尾巴特别长。

年代：晚侏罗世，晚牛津期到早钦莫利期。

分布和地层：科罗拉多州、犹他州，莫里逊组下部。

栖息地：雨季短暂地区，或者半干旱河漫滩草原以及河边森林。

注释：人们对该梁龙种知之甚少。主要天敌是异特龙。

卡内基梁龙（*Diplodocus carnegii*）
体长25米，12吨

化石：一些比较完整的骨骼。

解剖学特征：颈部很长，尾巴特别长。

年代：晚侏罗世，早提塘期。

分布和地层：怀俄明州，莫里逊组中部。

习性：梁龙进食灵活，既可以啃草也能够吃高处的嫩叶。

栖息地：雨季短暂地区，或者半干旱河漫滩草原以及河边森林。

哈氏梁龙（*Diplodocus hayi*）
成年恐龙体型不确定

化石：大部分头后骨骼。

解剖学特征：颈部很长，尾巴特别长。

年代：晚侏罗世。

分布和地层：怀俄明州；莫里逊组，层位不详。

栖息地：雨季短暂地区，或者半干旱河漫滩草原以及河边森林。

梁龙未命名种（*Diplodocus unnamed species*）
体长25米，12吨

化石：两块头骨和一些比较完整的骨骼。

解剖学特征：颈部很长，尾巴特别长。

年代：晚侏罗世，早提塘期。

分布和地层：犹他州，莫里逊组中部。

栖息地：雨季短暂地区，或者半干旱河漫滩草原以及河边森林。

注释：与迷惑龙（*Apatosaurus*）、重龙（*Barosaurus*）、圆顶龙（*Camarasaurus*）、腕龙（*Brachiosaurus*）和剑龙（*Stegosaurus*）共享栖息地。

卡内基梁龙

梁龙未命名种

梁龙未命名种

海氏梁龙？（=地震龙）

薇薇安超龙

海氏梁龙？（=地震龙）[*Diplodocus*（=*Seismosaurus*）*halli*?]
体长32米，30吨

化石：部分头后骨骼。

解剖学特征：颈部很长，尾巴特别长。

年代：晚侏罗世，早提塘期。

分布和地层：新墨西哥州，莫里逊组中部。

栖息地：雨季短暂地区，或者半干旱河漫滩草原以及河边森林。

注释：与迷惑龙（*Apatosaurus*）内部关系不详，可能与另一种梁龙为两个不同物种或者同一个物种。

高双腔龙或高梁龙（*Amphicoelias or Diplodocus altus*）
体长40~60米，100~150吨

化石：小部分头骨和头后骨骼，脊柱。

解剖学特征：按照蜥脚类恐龙标准判断，该物种腿部十分细长。

年代：晚侏罗世，中提塘期。

分布和地层：科罗拉多州、怀俄明州，莫里逊组上部。

栖息地：比莫里斯组更下部地层湿润的地区，或者半干旱河漫滩草原以及河边森林。

注释：身份不确定，可能属于梁龙，也可能是另一个不同属种。从巨大的躯椎（高达2.6米）判断，它可能是目前已知的体型最大的陆生动物，可以与蓝鲸相媲美，不过其椎体已经丢失了。如果是这样的话，那么包括莫里逊组其他大型梁龙类在内，细长的蜥脚类恐龙偶尔也能够达到极端的体型和体重，可以与腕龙类和巨龙类恐龙相匹敌，甚至超过它们。

薇薇安超龙（*Supersaurus vivianae*）
体长35米，35吨

化石：一些不太完整的骨骼。

解剖学特征：比其他梁龙类更强壮，颈部很长。

年代：晚侏罗世，早提塘期。

分布和地层：科罗拉多州，莫里逊组中部。

栖息地：雨季短暂地区，或者半干旱河漫滩草原以及河边森林。

注释：与其他梁龙类之间的亲缘关系还未完全了解。起初被错误地认为是一种腕龙类——巨超龙[*Ultrasauros*（=*Ultrasaurus*）]。

迷惑龙类

庞大的梁龙类，仅生活在晚侏罗世的北美洲。

解剖学特征：比较统一。骨骼健壮，颈长中等，躯干很短，鞭状尾很长，腰带大。

小迷惑龙（雷龙）[Apatosaurus (Brontosaurus) parvus]
体长22米，14吨

化石：大部分头后骨骼。

解剖学特征：颈部粗大、很深、较宽。叉状椎骨之间的裂口狭窄、呈U形。髋部有高大的帆状结构。腰带非常大。

年代：晚侏罗世，晚牛津期和/或早钦莫利期。

分布和地层：怀俄明州，莫里逊组下部。

栖息地：雨季短暂地区，或者半干旱河漫滩草原以及河边森林。

注释：这是来自莫里斯组中下部的迷惑龙的一个特殊版本，体型更短、颈部更窄。

秀丽迷惑龙（雷龙）[Apatosaurus (Brontosaurus) excelsus]
体长22米，15吨

化石：大部分头后骨骼。

解剖学特征：颈部粗大、很深、较宽。髋部有高大的帆状结构。腰带非常大。

年代：晚侏罗世，晚钦莫利期和/或早提塘期。

分布和地层：怀俄明州、科罗拉多州，莫里逊组中部。

栖息地：雨季短暂地区，或者半干旱河漫滩草原以及河边森林。

习性：迷惑龙形类也许能从地面到最高处灵活觅食。庞大的体型可以压倒树木。

注释：经典的蜥脚类恐龙。与梁龙（Diplodocus）、重龙（Barosaurus）、圆顶龙（Camarasaurus）、腕龙（Brachiosaurus）和剑龙（Stegosaurus）共享栖息地；主要天敌是异特龙。

路氏迷惑龙（雷龙）[Apatosaurus (Brontosaurus) louisae]
体长23米，18吨

化石：完整头骨和一些头后骨骼，其中一具基本完整。基本已知。

解剖学特征：颈部粗大、很深、较宽。叉状椎骨之间的裂口狭窄、呈U形。髋部有高大的帆状结构。腰带非常大。

年代：晚侏罗世，晚提塘期。

分布和地层：犹他州，莫里逊组中部。

栖息地：雨季短暂地区，或者半干旱河漫滩草原以及河边森林。

埃阿斯迷惑龙（Apatosaurus ajax）
体长23米，20吨

化石：一些头后骨骼，其中一具相当完整。

解剖学特征：颈部更长更浅、很宽。叉状椎骨之间的裂口呈V形。髋部的帆状结构不是特别高。前肢和腿很长。腰带不如更早期的迷惑龙大。

小迷惑龙（雷龙）

秀丽迷惑龙（雷龙）

路氏迷惑龙（雷龙）

路氏迷惑龙（雷龙）

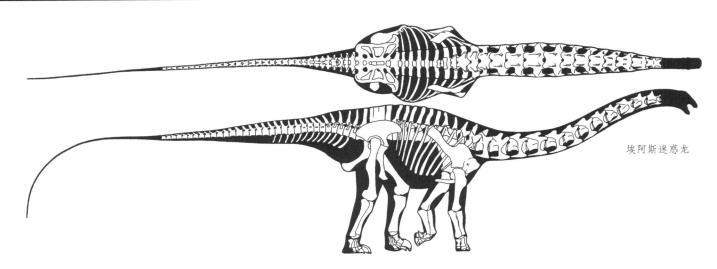

埃阿斯迷惑龙

年代：晚侏罗世，中提塘期。

分布和地层：科罗拉多州、怀俄明州，莫里逊组上部。

栖息地：比莫里逊组更早期地层湿润的地区，或者半干旱河漫滩草原以及河边森林。

习性：比迷惑龙形类更适合吃高处的嫩叶。

注释：与至高圆顶龙（*Camarasaurus supremus*）和双腔龙（*Amphicoelias*）共享栖息地；主要天敌是巨异特龙（*Allosaurus maximus*）。

大鼻龙类

体型从较大到庞大的新蜥脚类，中侏罗世至恐龙时代结束，遍布陆地上大部分地区。

解剖学特征：变异范围大，鼻孔增大，脖子能够近垂直抬起，前掌细长，耻骨很宽。

注释：南极洲没有该物种可能反映了已知的化石数量不足。

大鼻龙类杂集

注释：这些大鼻龙类之间的亲缘关系尚不确定。

东坡文雅龙（*Abrosaurus dongpoi*）
体长11米，5吨

化石：头骨。

解剖学特征：信息不足。

年代：中侏罗世，巴通期和/或卡洛夫期。

东坡文雅龙

分布和地层：中国中部，下沙溪庙组。

栖息地：茂密森林地区。

张氏大安龙（*Daanosaurus zhangi*）
成年恐龙体型不确定

化石：部分头后骨骼、未成年个体。

解剖学特征：信息不足。

年代：晚侏罗世。

分布和地层：中国中部，上沙溪庙组。

巨人亚特拉斯龙（*Atlasaurus imelakei*）
体长15米，14吨

化石：部分头骨和大部分头后骨骼。

解剖学特征：头部较宽且相当浅。脖子很短。尾巴不大。前肢和前掌很长，肱骨几乎和股骨一样长，所以肩带远远高于腰带。相对于身体来说，四肢较长。

年代：中侏罗世，晚巴通期。

分布和地层：摩洛哥，塔邹达组（Dour of Tazouda）。

栖息地：季节性干旱、湿润的海岸线地区，且仅在河道附近有高大树木。

习性：吃中高处和高处的嫩叶，不易啃食地面高度的植物。

注释：该物种的四肢比其他任何已知的蜥脚类都长，亚特拉斯龙（*Atlasaurus*）长于颈部的强壮腿部增加了垂直高度，其高度大于该种群已知的其他成员。

悬崖约巴龙（*Jobaria tiguidensis*）
体长16米，16吨

化石：完整头骨和一些头后骨骼，基本完全已知。

解剖学特征：头部不宽。脖子很短。尾巴较长。前肢和前掌很长，肱骨几乎和股骨一样长，所以肩带远远高于腰带。

年代：不详。

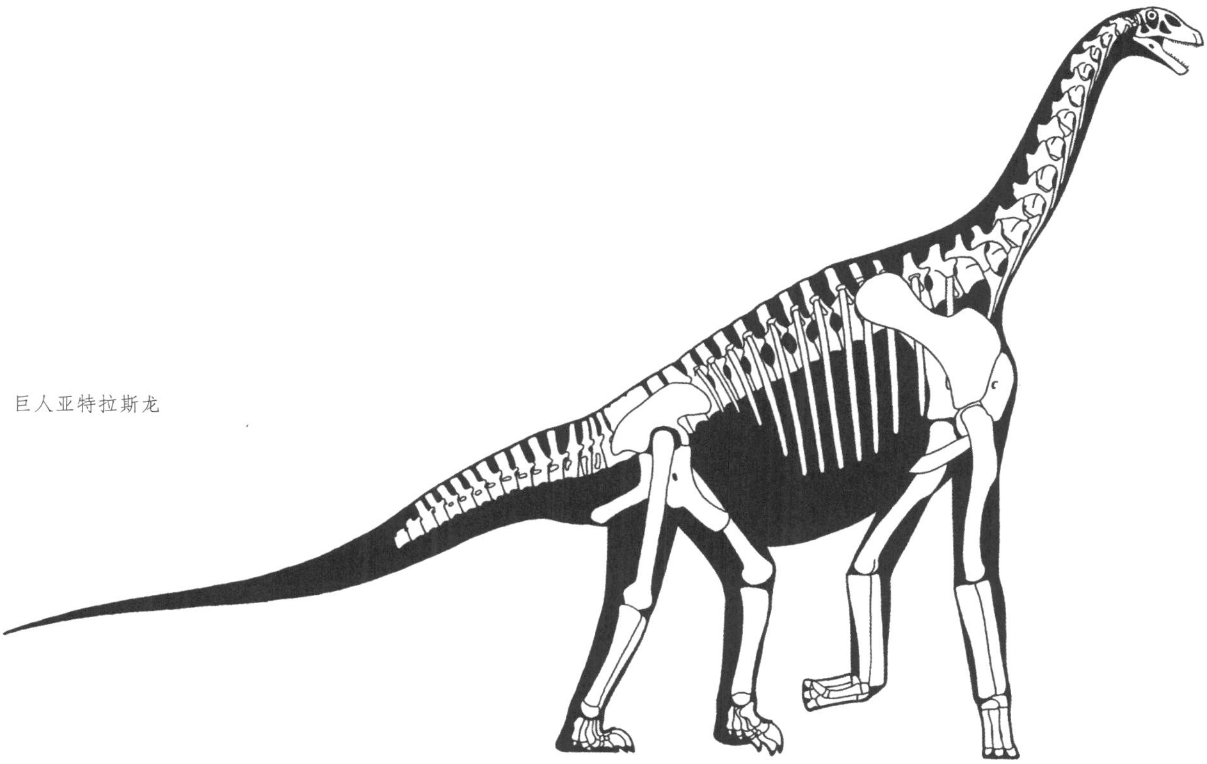

巨人亚特拉斯龙

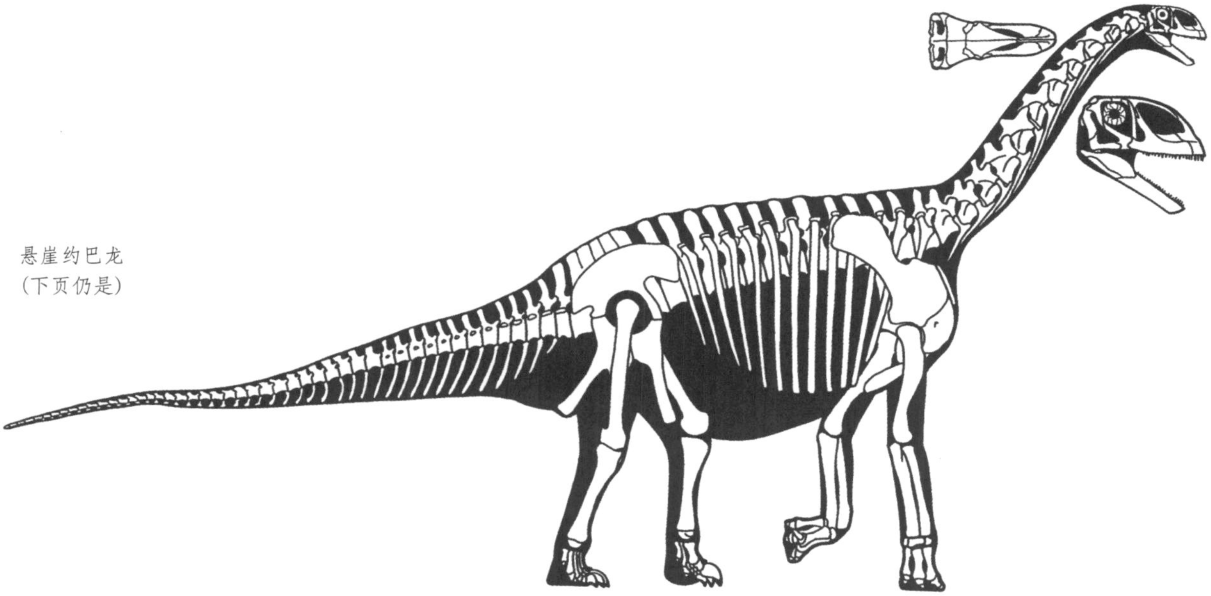

悬崖约巴龙
(下页仍是)

悬崖约巴龙

分布和地层： 尼日尔，提亚热组。

栖息地： 水分充沛的林地。

习性： 吃中高处和高处的嫩叶，不易啃食地面高度的植物。

注释： 最初认为来自早白垩世的欧特里夫期，但一些研究者把提亚热组归于中侏罗世。

圆顶龙类

体型从大型到庞大的大鼻龙类，晚侏罗世至（可能是）早白垩世，仅生活在北半球和欧洲。

解剖学特征： 比较统一。按照蜥脚类恐龙标准判断，该物种头部较大而深、牙齿相当大。脖子很短、浅而宽。大多数此类恐龙的颈部和躯干的神经棘分叉。尾巴长度适中。前肢和前掌较长，所以肩带稍高于腰带。盆骨前端和腹肋显著向两侧倾斜扩张，因此肚子显得非常宽大。腰带后倾，当抬起髋部和尾巴保持水平时，有助于双足缓慢步行。

习性： 吃中高处和高处的嫩叶，不易啃食地面高度的植物。可以吃粗糙植被。

注释： 不能确定圆顶龙类是否延续到早白垩世。

大圆顶龙 （*Camarasaurus grandis*）
体长14米，13吨

化石： 一些头骨和大部分头后骨骼。

解剖学特征： 典型的圆顶龙类。

年代： 晚侏罗世，晚钦莫利期和/或早提塘期。

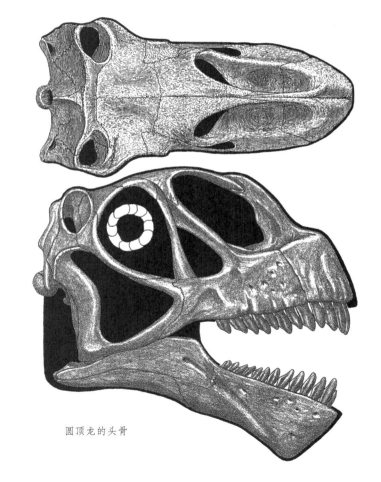

圆顶龙的头骨

大圆顶龙

分布和地层：怀俄明州、科罗拉多州、蒙大拿，莫里逊组中部。

栖息地：雨季短暂地区，或者半干旱河漫滩草原以及河边森林。

注释：与长圆顶龙（*C. lentus*）、迷惑龙、梁龙、重龙和剑龙共享栖息地；主要天敌是异特龙。

长圆顶龙（*Camarasaurus lentus*）
体长15米，15吨

化石：许多包括未成年个体在内的头骨和头后骨骼，完全已知。

解剖学特征：典型的圆顶龙。

年代：晚侏罗世，晚钦莫利期和/或早提塘期。

分布和地层：怀俄明州、科罗拉多州、犹他州，莫里逊组中部。

栖息地：雨季短暂地区，或者半干旱河漫滩草原以及河边森林。

至高圆顶龙（*Camarasaurus supremus*）
体长18米，23吨

化石：一些头骨和头后骨骼。

解剖学特征：典型的圆顶龙。

年代：晚侏罗世，中提塘期。

分布和地层：怀俄明州、科罗拉多州、新墨西哥州，莫里逊组上部。

栖息地：比莫里逊组更早期地层湿润的地区，或者半干旱河漫滩草原以及河边森林。

注释：特征上与长圆顶龙极其相似，长圆顶龙出现的时间更早一些，该物种可能与长圆顶龙为同一物种或者是其直系后裔。与迷惑龙和双腔龙（*Amphicoelias*）共享栖息地；主要天敌是巨异特龙（*Allosaurus maximus*）。

未成年恐龙

长圆顶龙
（下页仍是）

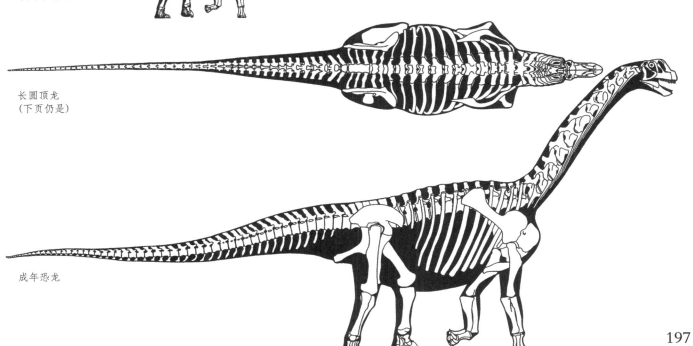

成年恐龙

长圆顶龙

至高圆顶龙

路氏圆顶龙 （*Camarasaurus lewisi*）
体长13米，10吨

　　化石：大部分头后骨骼。
　　解剖学特征：典型的圆顶龙。
　　年代：晚侏罗世，早提塘期。
　　分布和地层：科罗拉多州，莫里逊组中部。
　　栖息地：雨季短暂地区，或者半干旱河漫滩草原以及河边森林。

迷阿拉果龙 （*Aragosaurus ischiaticus*）
体长18米，25吨

　　化石：小部分头后骨骼。
　　解剖学特征：前肢比圆顶龙长，所以肩膀也更高。
　　年代：早白垩世，晚欧特里夫期和/或早巴雷姆期。
　　分布和地层：西班牙北部，卡斯特拉组 （Castellar）。
　　习性：吃高处的嫩叶。
　　注释：阿拉果龙 （*Aragosaurus*） 的亲缘关系尚不确定。

巨龙 （泰坦龙） 形类

　　体型从大型到庞大的大鼻龙类，晚侏罗世至恐龙时代结束，遍布陆地上大部分地区。

　　解剖学特征：变异范围大。牙齿细长。行迹比其他蜥脚类恐龙更宽。盆骨前端和腹肋显著向两侧倾斜扩张，因此肚子显得非常宽大。手指进一步退化或消失，拇指爪退化或消失。

　　注释：南极洲没有该物种可能反映了已知的化石数量不足。

巨龙形类杂集

　　注释：这些巨龙形类之间的亲缘关系尚不确定。

赵氏扶绥龙 （*Fusuisaurus zhaoi*）
体长22米，35吨

　　化石：小部分头后骨骼。
　　解剖学特征：信息不足。
　　年代：早白垩世。
　　分布和地层：中国南部，那派组。

刘家峡黄河巨龙 （*Huanghetitan liujiaxiaensis*）
体长12米，3吨

　　化石：小部分头后骨骼。
　　解剖学特征：信息不足。
　　年代：早白垩世晚期。
　　分布和地层：中国北部，河口群。
　　注释：与大夏巨龙 （*Daxiatitan*） 共享栖息地。

汝阳未命名属 （*Unnamed genus ruyangensis*）
大小不详

　　化石：小部分头后骨骼。
　　解剖学特征：信息不足。
　　年代：晚白垩世早期。
　　分布和地层：中国东部，蟒川组。
　　注释：体型很大的蜥脚类恐龙。起初被归于出现时间早得多的黄河巨龙 （*Huanghetitan*）。与汝阳龙 （*Ruyangosaurus*） 共享栖息地。

董氏东北巨龙 （*Dongbeititan dongi*）
体长15米，7吨

　　化石：小部分头后骨骼。
　　解剖学特征：骨骼健壮。颈部很宽、中等长度。
　　年代：早白垩世，早阿普特期。
　　分布和地层：中国东北部，义县组。
　　栖息地：水分充沛的森林和湖泊。

桑氏塔斯塔维斯龙 （*Tastavinsaurus sanzi*）
体长16米，8吨

　　化石：小部分头后骨骼。
　　解剖学特征：信息不足。
　　年代：早白垩世，早阿普特期。
　　分布和地层：西班牙东部，谢提组。

沃氏温顿巨龙 （*Wintonotitan wattsi*）
体长15米，10吨

　　化石：两具不太完整的骨骼。
　　解剖学特征：信息不足。
　　年代：早白垩世，阿普特期末期。
　　分布和地层：澳大利亚东北部，温顿组。
　　栖息地：水分充沛地区，在寒冷冬日也能生存。

腕龙类

从体型较小到庞大的大鼻龙类，仅生活在晚侏罗世到早白垩世的北美洲、欧洲和非洲。

解剖学特征：相当统一。头部非常宽，吻部在鼻孔处形成了遮挡结构。骨骼十分轻巧。颈从中等至非常长。尾巴不大。前肢和前掌很长，甚至极长，所以肩带远高于腰带。拇指爪退化或消失。腰带很小，向后弯曲。

习性：吃高处的嫩叶，不易啃食地面高度附近的植物。不如其他蜥脚类恐龙站立的频率高。

马达加斯加拉伯龙（*Lapparentosaurus madagascariensis*）
成年恐龙体型不确定

化石：一些部分头后骨骼，基本成年的个体到未成年个体。

解剖学特征：信息不足。

年代：中侏罗世，巴通期。

分布和地层：马达加斯加岛，伊萨鲁三组。

注释：拉伯龙的亲缘关系尚不确定。

豪氏欧罗巴龙（*Europasaurus holgeri*）
体长5.7米，750千克

化石：大部分头骨和大量头后骨骼。

解剖学特征：吻架短小，颈长中等，拇指爪很小。

年代：晚侏罗世，中钦莫利期。

分布和地层：德国北部，中钦莫利组（Mittlere Kimmeridge-Stufe）。

习性：体型较小，觅食高度有限。

长颈巨龙头骨

长颈巨龙肌肉研究

注释：发现于近岸群岛的海相沉积物中，这些群岛很快封堵了北美东北部海岸线。欧罗巴龙的体型很小，可能是由于食物有限而导致的岛屿侏儒症。

高胸腕龙 （*Brachiosaurus altithorax*）
体长22米，35吨

化石：小部分头后骨骼和其他骨头。

解剖学特征：尾短（对于蜥脚类恐龙来说）。前肢和前掌特别长，且肱骨长于股骨，所以肩膀非常高。

年代：晚侏罗世，早提塘期。

分布和地层：科罗拉多州，莫里逊组中部。

栖息地：雨季短暂地区，或者半干旱河漫滩草原以及河边森林。

注释：可能包括艾氏重梁龙 （*Dystylosaurus edwini*）。一块来自莫里逊组下部的头骨部分可能属于该种或该属的另一种，但也可能为另一个属，莫里逊组的其他化石的形态更像长颈巨龙 （*Giraffatitan*）。

布氏长颈巨龙 （*Giraffatitan brancai*）
体长23米，40吨

化石：一些完整的和部分头骨，一些部分头后骨骼。

解剖学特征：吻架较长。脖子很长。高耸的肩隆异常深入地锚定在颈腱中。背部脊柱相对较小。尾巴短（对于蜥脚类而言）。前肢和手特别长，肱骨长于股骨，所以肩膀非常高，与身体相比，四肢较长。拇指爪很小。

年代：晚侏罗世，晚钦莫利期/早提塘期。

分布和地层：坦桑尼亚，汤达鸠组中部。

栖息地：沿海地区，植被厚重、季节性干旱的内陆地区。

注释：已知的最像长颈鹿的恐龙，长期以来一直被不当的归于腕龙 （*Brachiosaurus*）。一些来自汤达鸠组中部和上部的化石也被放在布氏长颈巨龙 （*G. brancai*） 中，这些化石可能属于其他不同分类。脖子和四肢的长度都增加了垂直高度。与叉龙 （*Dicraeosaurus*） 共享栖息地。

阿塔拉葡萄牙巨龙 （*Lusotitan atalaiensis*）
体长21米，30吨

化石：小部分头后骨骼。

解剖学特征：肱骨长于股骨，所以肩膀非常高。

年代：晚侏罗世，提塘期。

分布和地层：葡萄牙，卢连雅扬组 （*Lourinha*）。

栖息地：有开阔林地、季节性干旱的大型岛屿。

注释：葡萄牙巨龙 （*Lusotitan*） 的亲缘关系尚不确定。该物种和其他庞大蜥脚类恐龙出现在葡萄牙岛并未产生岛屿侏儒症，这可能是因为种群从附近的大陆间歇性迁移所造成的。

豪氏欧罗巴龙

长颈巨龙

麦氏阿比杜斯龙（*Abydosaurus mcintoshi*）
成年恐龙体型不确定

　　化石：完整头骨和部分头骨，骨骼化石。
　　解剖学特征：吻架很长，鼻腔开孔和鼻腔突起发育适中。
　　年代：早白垩世，阿普特期。
　　分布和地层：犹他州，雪松山组中部。
　　栖息地：雨季短暂地区，或者半干旱河漫滩草原和开阔树林，以及河边树林。

麦氏阿比杜斯龙

侏儒侧空龙（*Pluerocoelus nanus*）
成年恐龙体型不确定

　　化石：来自未成年个体的一些小部分头骨和头后骨骼。
　　解剖学特征：未成年个体颈长适中。
　　年代：早白垩世，中或晚阿普特期或早阿尔布期。
　　分布和地层：马里兰，阿伦德尔组（Arundel）。
　　注释：最初因为化石记录不足，被认为是强氏星牙龙（*Astrodon johnstoni*）。

杰氏帕拉克西龙（*Paluxysaurus jonesi*）
体长17米，12吨

　　化石：一些较完整的骨骼。
　　解剖学特征：脖子较长。
　　年代：早白垩世，阿普特期。
　　分布和地层：得克萨斯州，鲁西组（Paluxy）、玫瑰谷组（Glen Rose）。
　　栖息地：有沿海沼泽和湿地的河漫滩。

完美波塞东龙（*Sauroposeidon proteles*）
体长27米，40吨

　　化石：颈椎骨。
　　解剖学特征：脖子非常长。
　　年代：早白垩世，阿普特期或中阿尔布期。
　　分布和地层：俄克拉荷马州，鹿角组（Antlers）。
　　栖息地：有沿海沼泽和湿地的河漫滩。
　　注释：主要天敌是高棘龙（*Acrocanthosaurus*）。

卫氏雪松龙（*Cedarosaurus weiskopfae*）
体长15米，10吨

　　化石：大部分头后骨骼。
　　解剖学特征：颈长不详。
　　年代：早白垩世，巴雷姆期。
　　分布和地层：犹他州，下雪松山组。
　　栖息地：雨季短暂地区，或者半干旱河漫滩草原和开阔树林，以及河边树林。

迪氏毒瘾龙（*Venenosaurus dicrocei*）
体长12米，6吨

　　化石：小部分头后骨骼。
　　解剖学特征：信息不足。
　　年代：早白垩世，下阿普特期。
　　分布和地层：犹他州，中雪松山组。
　　栖息地：雨季短暂地区，或者半干旱河漫滩草原和开阔树林，以及河边树林。

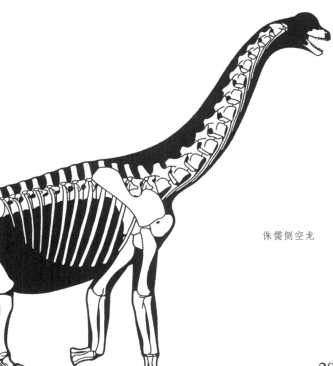
侏儒侧空龙

末成年

康熙桥湾龙 （*Qiaowanlong kangxii*）
体长12米，6吨

    化石：小部分头后骨骼。

    解剖学特征：脖子较长，神经棘分叉。

    年代：早白垩世，阿普特期或阿尔布期。

    分布和地层：中国中部，新民堡群中部。

    注释：可能是一种基干巨龙类。

巨龙（泰坦龙）类

    体型从大型到庞大的巨龙形类，晚侏罗世至恐龙时代结束，遍布陆地上大部分地区。

    解剖学特征：变异范围大。脊柱更加灵活，可能有助于抚养行为。尾巴长度适中，非常灵活，尤其是向上弯曲的时候。尾尖为短鞭状。前肢相当长，所以肩膀与腰带一样高，或高于腰带。通常有装甲，成年恐龙往往装甲较轻便。

    习性：常利用装甲的被动防御，该手段对于更脆弱的未成年个体来说可能是最重要的保护。灵活的尾巴可能用作炫耀器官，可以弯曲到背部以上。粪便化石表明巨龙类吃包括早期草类在内的开花植物，以及不开花植物。

    注释：南极洲没有该物种可能反映了已知的化石数量不足。最后的蜥脚类种群，巨龙类是唯一已知存活到晚白垩世末期的蜥脚类恐龙。装甲可能有助于它们在一个掠食者演化得愈发复杂的世界里成功存活下来。巨龙类化石非常多，但往往保留不完整，所以对其了解还不

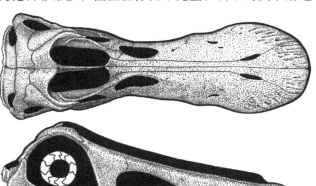
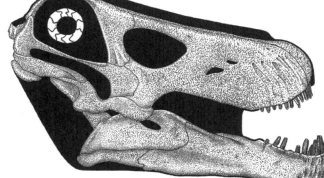

纳摩盖吐龙的头骨

是很清楚，该种群也许能细分成很多分支，可能包括盘足龙类（Euhelopids）。未得到很好归档的马氏巨体龙（*Bruhathkayosaurus matleyi*）可能是一只约150吨重的巨龙类，体型与双腔龙类似，或者超过双腔龙。当然也可能不属于巨龙类。

基干巨龙类

    体型从大型到庞大，巨龙类，晚侏罗世至恐龙时代结束，遍布陆地上大部分地区。

    解剖学特征：变异范围大。

强壮詹尼斯龙 （*Janenschia robusta*）
体长17米，10吨

    化石：一些不太完整的骨骼。

    解剖学特征：存在手指和拇指爪。

    年代：晚侏罗世，中/晚提塘期。

    分布和地层：坦桑尼亚，汤达鸠组上部。

    栖息地：沿海地区，植被厚重、季节性干旱的内陆地区。

    注释：已知最早的巨龙类，而且是唯一一种生活在侏罗纪的巨龙类。与萨氏叉龙（*Dicraeosaurus sattleri*）和非洲拖尼龙（*Tornieria africana*）共享栖息地。

黎氏利加布龙 （*Ligabuesaurus leanzi*）
体长18米，20吨

    化石：小部分头骨和部分头后骨骼。

    解剖学特征：颈长中等，颈椎和躯干非常宽。前肢很长，所以肩膀较高。

    年代：早白垩世，阿普特期或阿尔布期。

    分布和地层：阿根廷西部，罗汉库拉组（Lohan Cura）。

    注释：与奥古斯丁龙（*Agustinia*）和利迈河龙（*Limaysaurus*）共享栖息地。

佛罗瑞斯马拉圭龙 （*Malarguesaurus florenciae*）
成年恐龙体型不确定

    化石：来自体型较大的未成年个体的小部分头后骨骼。

    解剖学特征：信息不足。

    年代：晚白垩世，晚土仑期。

    分布和地层：阿根廷西部，波特阻络组。

    栖息地：旱季短暂、水分充沛的林地。

    注释：与富塔隆柯龙（*Futalognkosaurus*）和穆耶恩龙（*Muyelensaurus*）共享栖息地。

诗氏布万龙 （*Phuwiangosaurus sirindhornae*）
体长19米，17吨

化石：部分头后骨骼，未成年和成年个体。
解剖学特征：颈长适中，一些神经棘分叉。
年代：早白垩世，瓦兰今期或欧特里夫期。
分布和地层：泰国，萨卡组 （Sao Khua）。
栖息地：雨季短暂地区，或者半干旱河漫滩草原以及河边森林。

贺氏怪味龙 （*Tangvayosaurus hoffeti*）
体长19米，17吨

化石：两具部分头后骨骼。
解剖学特征：骨骼强壮。
年代：早白垩世，阿普特期或阿尔布期。
分布和地层：老挝，优级格雷斯组 （Gres Su-perieurs）。

神州戈壁巨龙 （*Gobititan shenzhouensis*）
体长20米，20吨

化石：小部分头后骨骼。
解剖学特征：信息不足。
年代：早白垩世，阿尔布期。
分布和地层：中国中部，新民堡群。

埃氏长生天龙 （*Erketu ellisoni*）
体长15米，5吨

化石：小部分头后骨骼。
解剖学特征：脖子非常长。颈椎比其他任何蜥脚类恐龙都长。
年代：早白垩世。
分布和地层：蒙古，未命名地层。
习性：可能吃高处嫩叶。

德氏安第斯龙 （*Andesaurus delgadoi*）
体长15米，7吨

化石：小部分头后骨骼。
解剖学特征：信息不足。
年代：晚白垩世，早塞诺曼期。
分布和地层：阿根廷西部，坎德勒斯组 （Can-deleros）。
栖息地：雨季短暂地区，或者半干旱河漫滩草原以及河边森林。
注释：与利迈河龙 （*Limaysaurus*） 共享栖息地。主要天敌是南方巨兽龙 （*Giganotosaurus*）。

喷氏穆耶恩龙 （*Muyelensaurus pecheni*）
体长11米，3吨

化石：小部分头后骨骼。
解剖学特征：骨骼轻巧。
年代：晚白垩世，晚土仑期。
分布和地层：阿根廷西部，波特阻络组。
栖息地：旱季短暂、水分充沛的林地。
注释：与富塔隆柯龙 （*Futalognkosaurus*） 和马拉圭龙 （*Malarguesaurus*） 共享栖息地。

异尾林孔龙 （*Rinconsaurus caudamirus*）
体长11米，3吨

化石：一些零散骨骼。
解剖学特征：颈长适中。
年代：晚白垩世，土仑期或康尼亚克期。
分布和地层：阿根廷西部，里约内乌肯组 （Rio Neuquen）。
栖息地：旱季短暂、水分充沛的林地。
注释：与门多萨龙 （*Mendozasaurus*） 共享栖息地。

利氏奥古斯丁龙 （*Agustinia ligabuei*）
体长15米，8吨

化石：小部分头后骨骼。
解剖学特征：沿身体上部有着成排的钉状装甲。
年代：早白垩世，晚阿普特期和/或早阿尔布期。
分布和地层：阿根廷西部，罗汉库拉组 （Lohan Cura）。
栖息地：旱季短暂、水分充沛的林地。
注释：最重的装甲蜥脚类。与利迈河龙 （*Limaysaurus*） 共享栖息地。

斯氏沉重龙 （*Epachthosaurus sciuttoi*）
体长13米，5吨

化石：大部分头后骨骼。
解剖学特征：信息不足。
年代：晚白垩世早期。
分布和地层：阿根廷南部，布特柏锐组 （Bajo Barreal）。
注释：与独孤龙 （*Secernosaurus*） 共享栖息地。

拜哈里耶埃及龙 （*Aegyptosaurus baharijensis*）
体长15米，7吨

化石：小部分头后骨骼。
解剖学特征：信息不足。
年代：晚白垩世，塞诺曼期。
分布和地层：埃及，拜哈里耶组。
栖息地：沿海红树林。
注释：与潮汐龙 （*Paralititan*） 共享栖息地。主要天敌是鲨齿龙 （*Carcharodontosaurus*）。

巨型汝阳龙（*Ruyangosaurus giganteus*）
体长30米，50.1吨

化石：小部分头后骨骼。

解剖学特征：信息不足。

年代：晚白垩世早期。

分布和地层：中国东部，蟒川组。

注释：表明亚洲巨龙类的体型已经达到南美洲巨龙类的水平。

乌因库尔阿根廷龙（*Argentinosaurus huinculensis*）
体长30米，50.1吨

化石：部分头后骨骼。

解剖学特征：信息不足。

年代：白垩纪中期。

分布和地层：阿根廷西部；乌因库尔组（Huincul），层位不详。

栖息地：雨季短暂地区，或者半干旱河漫滩草原以及河边森林。

瑞氏普尔塔龙（*Puertosaurus reulli*）
体长30米，50.1吨

化石：很小一部分头后骨骼。

解剖学特征：颈长中等。

年代：晚白垩世，早马斯特里赫特期。

分布和地层：阿根廷南部，帕里赤穗组（Pari Ako）。

栖息地：雨季短暂地区，或者半干旱河漫滩草原以及河边森林。

注释：体型与阿根廷龙（*Argentinosaurus*）、富塔隆柯龙（*Futalognkosaurus*）、柏利连尼龙（*Pellegrinisaurus*）和汝阳龙（*Ruyangosaurus*）类似，这种巨龙表明超大型的蜥脚类幸存到恐龙时代结束。

超级银龙（*Argyosaurus superbus*）
体长17米，12吨

化石：小部分头后骨骼。

解剖学特征：信息不足。

年代：晚白垩世，坎潘期或马斯特里赫特期。

分布和地层：阿根廷南部，卡斯蒂约组（Castillo）。

标志丘布特龙（*Chubutisaurus insignis*）
体长18米，12吨

化石：两具部分头后骨骼。

解剖学特征：信息不足。

年代：早白垩世，阿尔布期。

分布和地层：阿根廷南部，科诺巴西诺组（Cerro Barcino）。

注释：巨暴龙（*Tyrannotitan*）的猎物。

米氏澳洲南方龙（*Austrosaurus mckillopi*）
体长20米，16吨

化石：一些不太完整的骨骼。

解剖学特征：信息不足。

年代：早白垩世，阿尔布期。

分布和地层：澳大利亚东北部，阿拉乌组（Allaru）。

柯氏伊希斯龙（*Isisaurus colberti*）
体长18米，15吨

化石：部分头后骨骼。

解剖学特征：颈长中等。前肢和前掌很长，所以肩带远高于腰带。

年代：晚白垩世，马斯特里赫特期。

分布和地层：印度中部，拉米塔组（Lameta）。

注释：伊希斯龙的外形近似于腕龙类，看上去也像现代的长颈鹿那般。与耆那龙（*Jainosaurus*）共享栖息地。主要天敌为印度鳄龙（*Indosuchus*）和胜王龙（*Rajasaurus*）。

炳灵大夏巨龙（*Daxiatitan binlingi*）
成年恐龙体型不确定

化石：小部分头后骨骼。

解剖学特征：信息不足。

年代：晚白垩世早期。

分布和地层：中国北部，河口群。

注释：与黄河巨龙（*Huanghetitan*）共享栖息地。

河南宝天曼龙（*Baotianmansaurus henanensis*）
体长20米，16吨

化石：小部分头后骨骼。

解剖学特征：信息不足。

年代：晚白垩世。

分布和地层：中国东部，高沟组。

注释：该巨龙类的亲缘关系不详。

岩盔龙类

体型从大型到庞大的巨龙类，从早白垩世晚期至恐龙时代结束，遍布陆地上大部分地区。

解剖学特征：变异范围大。颈由短至长。尾巴更加灵活。没有手指和拇指爪。幼仔的鼻尖有"卵齿"。

习性： 直径为1~1.5米的不规则浅巢中有几十个直径为15厘米的球状蛋，巢可能覆盖着植被，通过发酵来产生孵化所需的热量；巢群形成大型筑巢区域。难以确定父母是遗弃还是守卫巢。

注释： 最后的蜥脚类恐龙。

玛氏迪亚曼蒂纳龙 （*Diamantinasaurus matildae*）
成年恐龙体型不确定

化石： 小部头后骨骼。

解剖学特征： 信息不足。

年代： 早白垩世，阿尔布期末期。

分布和地层： 澳大利亚东北部，温顿组。

栖息地： 水分充沛的地区，在寒冷冬日也能生存。

迪克斯马拉维龙 （*Malawisaurus dixeyi*）
体长16米，10吨

迪克斯马拉维龙

化石： 小部分头骨和头后骨骼。

解剖学特征： 头骨短而深，颈部长、深、宽。

年代： 早白垩世，阿普特期。

分布和地层： 马拉维，未命名地层。

注释： 马拉维龙 （*Malawisaurus*） 显示有些巨龙类保留了短小的头部。可能是富塔隆柯龙 （*Futalognkosaurus*） 的近亲。

杜氏富塔隆柯龙 （*Futalognkosaurus dukei*）
体长30米，50.1吨

化石： 大部分头后骨骼。

解剖学特征： 颈部长而深。

年代： 晚侏罗世，晚提塘期。

分布和地层： 阿根廷西部，波特阻络组。

栖息地： 旱季短暂、水分充沛的林地。

习性： 可能吃高处的嫩叶。

注释： 从一具较完整的骨骼判断为已知最大的恐龙，与阿根廷龙 （*Argentinosaurus*）、普尔塔龙 （*Puertasaurus*）、柏利连尼龙 （*Pellegrinisaurus*） 和汝阳龙 （*Ruyangosaurus*） 的体型类似，另外，骨骼显示此前的体重估计过大。与穆耶恩龙 （*Muyelensaurus*） 和马拉圭龙 （*Malarguesaurus*） 共享栖息地。

首门多萨龙 （*Mendozasaurus neguyelap*）
体长20米，16吨

化石： 一些小部分头后骨骼。

解剖学特征： 颈部很短，神经棘很宽。

年代： 晚白垩世，土仑期到康尼亚克期。

分布和地层： 阿根廷西部，里约内乌肯组 （Rio Neuquen）。

栖息地： 旱季短暂、水分充沛的林地。

注释： 与林孔龙 （*Rinconsaurus*） 共享栖息地。

奥德河葡萄园龙 （*Ampelosaurus atacis*）
体长16米，8吨

化石： 一些小部分头后骨骼。

解剖学特征： 牙齿宽，齿骨大部都着生有牙齿。

年代： 晚白垩世，早马斯特里赫特期。

分布和地层： 法国，格雷斯德拉巴组、马内斯鲁格组、格瑞斯德塞尼特－石妮亚组。

注释： 葡萄园龙 （*Ampelosaurus*） 表明牙齿较宽的蜥脚类恐龙一直生存至恐龙时代末期。

礼贤江山龙 （*Jiangshanosaurus lixianensis*）
体长11米，2.5吨

化石： 小部分头后骨骼。

解剖学特征： 信息不足。

年代： 早白垩世，阿尔布期。

分布和地层： 中国东南部，金华组。

杜氏富塔隆柯龙

不寻常华北龙

不寻常华北龙（*Huabeisaurus allocotus*）
体长17米，8.5吨

    化石：大部分头后骨骼。

    解剖学特征：颈部长，肩带与腰带一样高。

    年代：晚白垩世。

    分布和地层：中国北部，灰泉堡组（Huiquanpu）。

    注释：与天镇龙（*Tianzhenosaurus*）共享栖息地。

北方耆那龙（*Jainosaurus septentrionalis*）
体长18米，15吨

    化石：部分头后骨骼。

    解剖学特征：信息不足。

    年代：晚白垩世，中到晚马斯特里赫特期。

    分布和地层：印度中部，拉米塔组（Lameta）。

    注释：基于不足的化石材料判断，该物种可能与天镇龙（*Titanzhenosaurus*）为同一属种。与伊希斯龙（*Isisaurus*）共享栖息地。印度鳄龙（*Indosuchus*）和胜王龙（*Rajasaurus*）的猎物。

里奥内格罗风神龙（*Aeolosaurus rionegrinus*）
体长14米，6吨

    化石：小部分头后骨骼。

    解剖学特征：信息不足。

    年代：晚白垩世，可能是坎潘期或马斯特里赫特期。

    分布和地层：阿根廷南部，安果斯图拉科罗拉多组（Angostura Colorado）。

弗氏冈瓦纳巨龙（*Gondwanatitan faustoi*）
体长7米，1吨

    化石：小部分头后骨骼。

    解剖学特征：信息不足。

    年代：晚白垩世，可能是坎潘期或马斯特里赫特期。

    分布和地层：巴西南部，阿达曼蒂纳组（Adamantina）。

    注释：与阿达曼提龙（*Adamantisaurus*）和马萨卡利神龙（*Maxakalisaurus*）共享栖息地。

米氏阿达曼提龙（*Adamantisaurus mezzalirai*）
体长13米，5吨

    化石：小部分头后骨骼。

    解剖学特征：信息不足。

    年代：晚白垩世，可能是坎潘期或马斯特里赫特期。

    分布和地层：巴西南部，阿达曼蒂纳组（Adamantina）。

阿斯提比细长龙（*Lirainosaurus astibiae*）
体长7米，1吨

    化石：一些小部分头后骨骼。

    解剖学特征：信息不足。

    年代：晚白垩世，晚坎潘期。

分布和地层：西班牙北部，未命名地层。

罗氏潮汐龙（*Paralititan stromeri*）
体长20.1米，20吨

　　化石：小部分头后骨骼。
　　解剖学特征：信息不足。
　　年代：晚白垩世，塞诺曼期。
　　分布和地层：埃及，拜哈里耶组。
　　栖息地：沿海红树林。
　　注释：早期有人认为潮汐龙（*Paralititan*）的体型可以与最大的巨龙相媲美，这种观点有误。与埃及龙（*Aegyptosaurus*）共享栖息地。主要天敌是鲨齿龙（*Carcharodontosaurus*）。

穆氏洛卡龙（*Rocasaurus muniozi*）
成年恐龙体型不确定

　　化石：小部分头后骨骼，未成年个体。
　　解剖学特征：颈部没有强烈延长。
　　年代：晚白垩世，晚坎潘期。
　　分布和地层：阿根廷中部，艾伦组。
　　栖息地：半干旱海岸线地区。
　　注释：与拉布拉达龙（*Laplatasaurus*）和强壮萨尔塔龙（*Saltasaurus robustus*）共享栖息地。

普氏三角区龙（*Trigonosaurus pricei*）
成年恐龙体型不确定

　　化石：两具部分头后骨骼。
　　解剖学特征：颈部较长。
　　年代：晚白垩世，马斯特里赫特期。
　　分布和地层：阿根廷中部，马里利亚组（Marilia）。

鲍氏柏利连尼龙（*Pellegrinisaurus powelli*）
体长25米，50吨

　　化石：小部分头后骨骼。
　　解剖学特征：信息不足。
　　年代：晚白垩世，晚圣通期和/或早坎潘期。
　　分布和地层：阿根廷中部，阿纳克莱托组（Anacleto）。
　　栖息地：半干旱海岸线地区。
　　注释：主要天敌是阿贝力龙（*Abelisaurus*）。与南极龙（*Antarctosaurus*）、巴罗莎龙（*Barrosasaurus*）和内乌肯龙（*Neuquensaurus*）共享栖息地。

卡氏巴罗莎龙（*Barrosasaurus casamiquelai*）
成年恐龙体型不确定

　　化石：小部分头后骨骼。

　　解剖学特征：信息不足。
　　年代：晚白垩世，晚圣通期和/或早坎潘期。
　　分布和地层：阿根廷中部，阿纳克莱托组（Anacleto）。
　　栖息地：半干旱海岸线地区。

威氏南极龙（*Antarctosaurus wichmannianus*）
体长17米，12吨

　　化石：下颌和小部分头后骨骼。
　　解剖学特征：头部可能长而浅，吻部前面宽阔、呈方形，铅笔状牙齿仅长在下颌前面。
　　年代：晚白垩世，晚圣通期和/或早坎潘期。
　　分布和地层：阿根廷西部，阿纳克莱托组（Anacleto）。
　　习性：下颌适合吃簇状植物，觅食高度可能与地面水平。

马氏发现龙？（*Pitekunsaurus macayai?*）
成年恐龙体型不确定

　　化石：小部分头后骨骼。
　　解剖学特征：颈长适中。
　　年代：晚白垩世，晚圣通期和/或早坎潘期。
　　分布和地层：阿根廷西部，阿纳克莱托组（Anacleto）。
　　注释：可能是另一种来自阿纳克莱托组的巨龙类的未成年状态，它们中的至少一员在同一地层中产下了很多恐龙蛋。

拉布拉达龙（*Laplatasaurus araukanicus*）
体长18米，14吨

　　化石：小部分头后骨骼。
　　解剖学特征：颈长适中。
　　年代：晚白垩世，晚坎潘期。
　　分布和地层：阿根廷中部，艾伦组。
　　栖息地：半干旱海岸线地区。
　　注释：与洛卡龙（*Rocasaurus*）和强壮萨尔塔龙（*Saltasaurus robustus*）共享栖息地。

圣胡安阿拉摩龙（*Alamosaurus sanjuanensis*）
体长20米，16吨

　　化石：部分头后骨骼。
　　解剖学特征：颈部较长。
　　年代：晚白垩世，马斯特里赫特期。
　　分布和地层：新墨西哥州，犹他州，得克萨斯州；科特兰组下部和上部、北角组、海沃利组（Javelina）、厄尔皮卡乔组（El Picacho）、黑峰组。

圣胡安阿拉摩龙

栖息地：季节性干旱的开阔林地。

习性：吃高处的嫩叶。

注释：已知的最大标本可能未完全发育成熟。北美洲已知的最后一类蜥脚类恐龙，阿拉摩龙也许代表了蜥脚类在北美大陆同南美大陆或亚洲大陆分离后的一次复兴。主要天敌是霸王龙。

克氏掠食龙 （*Rapetosaurus krausei*）
成年恐龙体型不确定

化石：大部分头骨和一具头后骨骼，体型较大的未成年个体。

解剖学特征：头部长而浅，骨化的鼻孔强烈收缩到高于眼眶的位置，但肉质鼻孔可能仍位于吻部前面附近，吻部很宽、呈方形，下颌较短，铅笔状牙齿仅长在下颌前部，头相对于颈部向下弯曲。脖子长。

年代：晚白垩世，坎潘期。

分布和地层：马达加斯加岛，梅法拉诺组（Maevarano）。

栖息地：季节性干旱、有沿海沼泽和湿地的河漫滩。

习性：吃高处的嫩叶。

注释：主要天敌是玛君龙（*Majungasaurus*）。栖息地中似乎没有植食性鸟臀类恐龙。

巨型未命名属 （*Unnamed genus giganteus*）
体长30.1米，80.1吨

化石：小部分头后骨骼。

解剖学特征：前肢很长，因而肩膀很高。四肢细长。

年代：晚白垩世，土仑期或康尼亚克期。

分布和地层：阿根廷西部，里约内乌肯组。

栖息地：旱季短暂、水分充沛的林地。

注释：早期被归于南极龙（*Antarctosaurus*）。体型与阿根廷龙（*Argentinosaurus*）、普尔塔龙（*Puertasaurus*）、富塔隆柯龙（*Futalognkosaurus*）、柏利连尼龙（*Pellegrinisaurus*）以及汝阳龙（*Ruyangosaurus*）类似。

萨氏博妮塔龙 （*Bonitasaura salgadoi*）
体长10米，5吨

化石：小部分头骨和头后骨骼。

解剖学特征：头部可能长而浅，吻部前面很宽、呈方形，铅笔状牙齿仅长在下颌前面，下部牙齿前似乎有短小的切喙。颈长适中。

年代：晚白垩世，圣通期。

分布和地层：阿根廷中部，布特德拉卡帕组（Bajo de la Carpa）。

习性：主要啃食地面覆盖的植物，也可以站起来吃高处的嫩叶。前牙和喙似乎已经改良了其消化能力。

注释：显然是唯一已知的有喙蜥脚类恐龙。该物种的喙很宽、呈方形，适合啃食地面上的植物，有着类似喙的结构的其他已知蜥脚类恐龙为梁龙类的雷巴齐斯龙类，如尼日尔龙（*Nigersaurus*）。

克氏掠食龙

未成熟

中华东阳巨龙（*Dongyangosaurus sinensis*）
体长15米，7吨

> **化石**：小部分头后骨骼。
> **解剖学特征**：信息不足。
> **年代**：晚白垩世早期。
> **分布和地层**：中国东部，方岩组。

东方纳摩盖吐龙（=非凡龙）［*Nemegtosaurus*（=*Qua-seitosaurus*）*orientalis*］
大小不详

> **化石**：部分头后骨骼。
> **解剖学特征**：头部长而浅。骨化的鼻孔强烈收缩至高于眼眶的位置，但肉质鼻孔可能仍位于吻部前面附近，吻部很宽、呈方形，下颌较短，铅笔状牙齿仅长在下颌前部，头相对于颈部向下弯曲。
> **年代**：晚白垩世，中坎潘期。
> **分布和地层**：蒙古，德加多克赫塔思维塔组（Djadokhta Svita）。

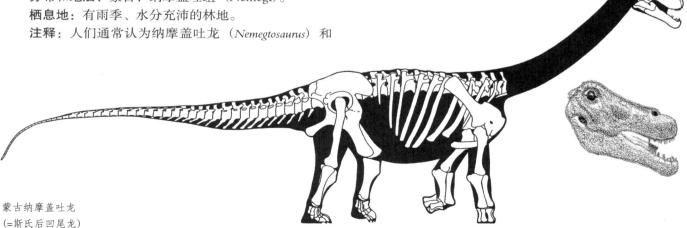

东方纳摩盖吐龙
（=非凡龙）

蒙古纳摩盖吐龙（=斯氏后凹尾龙）［*Nemegtosaurus mongoliensis*（=*Opisthocoelocaudia skarzynskii*）］
体长13.1米，8.5吨

> **化石**：一块近乎完整的头骨和一具头后骨骼的一大部分。
> **解剖学特征**：头部长而浅，骨化的鼻孔强烈收缩至高于眼眶的位置，但肉质鼻孔可能仍位于吻部前面附近，吻部很宽、呈方形，下颌较短，铅笔状牙齿仅长在下颌前面，头相对于颈部向下弯曲。骨骼健壮。
> **年代**：晚白垩世，晚坎潘期和/或早马斯特里赫特期。
> **分布和地层**：蒙古，纳摩盖吐组（Nemegt）。
> **栖息地**：有雨季、水分充沛的林地。
> **注释**：人们通常认为纳摩盖吐龙（*Nemegtosaurus*）和

后凹尾龙（*Opisthocoelocaudia*）是两类完全不同的蜥脚类恐龙，但两种恐龙分别只有一个头骨和一具头后骨骼，而且纳摩盖吐组中并没有其他巨龙类，所以二者可能是相同的恐龙。主要天敌是勇士暴龙。

马萨卡利神龙（*Maxakalisaurus topai*）
体长13米，5吨

> **化石**：小部分头后骨骼。
> **解剖学特征**：颈长适中。
> **年代**：晚白垩世，可能是坎潘期或马斯特里赫特期。
> **分布和地层**：巴西南部，阿达曼蒂纳组（Adamantina）。
> **注释**：与阿达曼提龙（*Adamantisaurus*）和冈瓦纳巨龙（*Gondwanatitan*）共享栖息地。

萨尔塔龙类

中等体型的岩盔龙类巨龙类，生活在晚白垩世的欧洲和南美洲。

> **解剖学特征**：比较统一。按照蜥脚类恐龙标准判断，该类物种颈部较短。

右江清秀龙（*Qingxiusaurus youjiangensis*）
体长15米，6吨

> **化石**：小部分头后骨骼。
> **解剖学特征**：信息不足。
> **年代**：晚白垩世。
> **分布和地层**：中国南部，未命名地层。
> **注释**：该种群成员不详。

蒙古纳摩盖吐龙
（=斯氏后凹尾龙）

达契马扎尔龙 (*Magyarosaurus dacus*)
体长6米，1吨

化石：十二个部分头后骨骼。
解剖学特征：典型的萨尔塔龙类。
年代：晚白垩世，晚马斯特里赫特期。
分布和地层：罗马尼亚，森彼初组 (Sanpetru)。
栖息地：森林覆盖的岛屿。
注释：大部分个体的体型都很小，表明该物种有岛屿侏儒症，但一些研究人员引用更大的蜥脚类标本和更高估的岛屿大小作为相反的证据。与厚甲龙 (*Struthiosaurus*)、强壮凹齿龙 (*Rhabdodon robustus*) 和沼泽龙 (*Telmatosaurus*) 共享栖息地。

南方萨尔塔龙 (内乌肯龙) [*Saltasaurus* (=*Neuquensaurus*) *australis*]
体长7.5米，1.8吨

化石：部分头后骨骼。
解剖学特征：典型的萨尔塔龙类。
年代：晚白垩世，早坎潘期。
分布和地层：阿根廷西部，阿纳克莱托组 (Ana-cleto)。
注释：主要天敌是阿贝力龙。与柏利连尼龙 (*Pellegrinisaurus*) 和南极龙 (*Antarctosaurus*) 共享栖息地。

强壮萨尔塔龙 (*Saltasaurus robustus*)
体长8米，2吨

化石：一些部分头后骨骼。
解剖学特征：典型的萨尔塔龙类。
年代：晚白垩世，晚坎潘期。
分布和地层：阿根廷中部，艾伦组。
注释：与洛卡龙 (*Rocasaurus*) 和拉布拉达龙 (*Laplatasaurus*) 共享栖息地。

护甲萨尔塔龙 (*Saltasaurus loricatus*)
体长8.5米，2.5吨

化石：小部分头骨和6个部分头后骨骼。
解剖学特征：典型的萨尔塔龙类。
年代：晚白垩世，可能是早马斯特里赫特期。
分布和地层：阿根廷北部，璐茜组 (Lecho)。
注释：可能是强壮萨尔塔龙 (*S. robustus*) 的后裔。

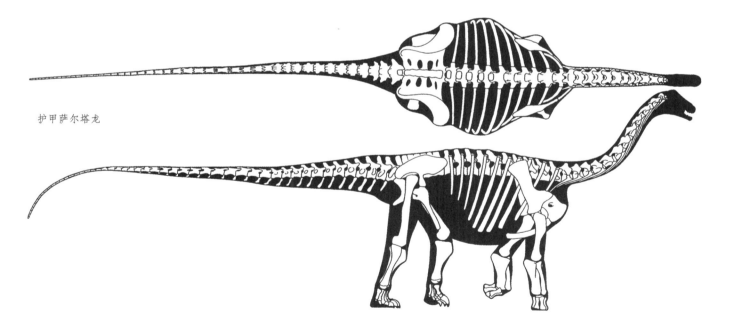

护甲萨尔塔龙

鸟臀类恐龙

体型从小型到庞大，植食性恐龙，晚三叠世至恐龙时代结束，遍布所有大陆。

解剖学特征：变异范围非常大。头的大小和形状可变，头骨健壮，下颌前面有喙，喙固定在下颌那无齿的前齿骨上，下齿列末端有垂直喙突，增加了下颌肌肉的杠杆作用。弹性颊部下面有成排的叶状齿。脖子不长。躯干僵硬。尾长从短至中等长度。两足动物到四足动物。前肢由短至长，通常是五个手指，有时有四个或三个。耻骨强烈后倾以容纳宽大的肚子，腰带大，肠骨浅。通常四个脚趾，有的则只有三个。骨骼非含气，没有似鸟的呼吸系统。大脑容量和形状为爬行动物水平。

栖息地：多种多样，从海平面地区到高地，从热带气候到极地冬天，从干旱地区到湿润地区。

注释：主要类群都是植食性的，一些体型较小的个体可能倾向于捕食小动物，也可能有些种类可能以腐肉为食；在吞咽食物之前会充分咀嚼。防御手段从被动护甲到奔跑，再到积极作战。较小的物种可能，或的确能够打洞。

基干鸟臀类

小型鸟臀类恐龙，生活在晚三叠世和早侏罗世的南美洲和非洲。

解剖学特征：头部大小适度、亚三角形，喙窄且不成钩状，牙齿位于上颌前部，主齿列嵌入不深，眼睛很大，眼睛上方有突起物。尾巴长度适度，骨化的肌腱使尾巴僵化。低速行走时可以四足着地，其他时候都是两足动物。前肢相当短，前掌小，有五个带钝爪的、可抓握的手指。腿细长弯曲，所以速度可能很快，有四个带钝爪的长脚趾。

习性：尽管可能会捕食小动物，但主要啃食低处的植被；主要为陆生，有些可能会爬树。主要防御方式为高速奔跑。

注释：现有的与之最接近的动物是小袋鼠、鹿和羚羊。这些普遍的鸟臀类恐龙之间的亲缘关系尚不明确，最终可分解成许多分支。

皮萨诺龙（*Pisanosaurus mertelli*）
体长1.3米，2千克

化石：小部分头骨和头后骨骼。

解剖学特征：典型的基干鸟臀类。

年代：晚三叠世，卡尼期。

分布和地层：阿根廷北部，伊斯基瓜拉斯托组（Ischigualasto）。

栖息地：季节性水分充沛的森林，包括茂密的巨大针叶树林。

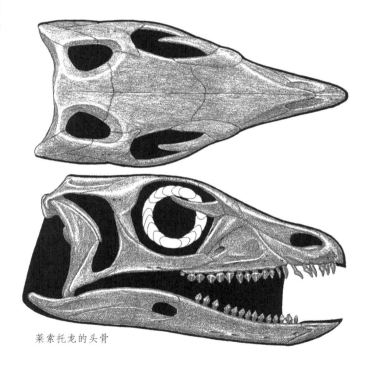

莱索托龙的头骨

注释：已知的最早的鸟臀类恐龙。与滥食龙（*Panphagia*）共享栖息地。主要天敌是始盗龙（*Eoraptor*）和艾雷拉龙（*Herrerasaurus*）。

娇小始驰龙 （*Eocursor parvus*）
体长1.1米，1千克

化石：部分头骨和头后骨骼，体型较大的未成年恐龙。

解剖学特征：典型的基干鸟臀类。

年代：晚三叠世，早诺利期。

分布和地层：非洲东南部，下艾略特组（Lower Elliot）。

栖息地：干旱地区。

诊断莱索托龙 （*Lesothosaurus diagnosticus*）
体长1.5米，2.5千克

化石：一些较完整的头骨和头后骨骼，未成年个体到成年个体。

解剖学特征：典型的基干鸟臀类。

年代：早侏罗世，赫塘期或辛涅缪尔期。

分布和地层：非洲东南部，上艾略特组（Upper Elliot）。

栖息地：干旱地区。

注释：起初由于化石材料不足而被归入南方法布尔龙（*Fabrosaurus australis*）；当氏斯托姆博格龙（*Stormbergia dangershoeki*）可能是该物种的未成年状态。与异齿龙（*Heterodontosaurus*）共享栖息地。

颌齿龙类

体型从小型到庞大，鸟臀类恐龙，早侏罗世至恐龙时代结束，遍布所有大陆。

解剖学特征：主齿列深深嵌入，增强了面颊活动能力。

栖息地：多种多样，从海平面到高地，从热带气候到极地冬天，从干旱地区到湿润地区。

覆甲龙类

体型从小型到非常大的，装甲的颌齿龙类，早侏罗世至恐龙时代结束，遍布陆地大部分地区。

解剖学特征：变异范围大。头部不大但很坚固，眼睛不大。骨骼健壮。尾巴长度适度。两足动物到完全四足动物，能够用后腿站立。臂长由短到长，五个手指。四到三个脚趾。总是存在坚固的装甲，一些标本的喉咙下有密集的小骨片。

诊断莱索托龙
（下页仍是）

诊断莱索托龙

个体发育：生长速度明显慢于大多数恐龙。

栖息地：多种多样，从沙漠地区到水分充沛的森林。

注释：唯一一类已知的、装甲的鸟臀类恐龙，只有巨龙类能与之相比。南极洲没有该物种可能反映了已知的化石数量不足。

肢龙类

体型从小型到中等的覆甲龙类，生活在早侏罗世的欧洲和非洲。

解剖学特征：头部不大但很坚固，窄喙，眼睛不大，牙齿位于上颌前部。腹部和髋部较宽。尾巴长。两足动物到完全四足动物。前肢和腿部弯曲，所以可以奔跑。臂长从短到长，有五个带钝爪的抓握手指。有四个带钝爪的长脚趾。装甲坚固但很简单，盾甲一般呈长排状排列，其中包括椎骨顶部和尾巴基部的盾甲。

习性：吃低处和地面上的植物；行动速度一般不快。主要防御方式为被动装甲，一些物种可能用装甲棘刺和尾锤作武器。

注释：其他大陆没有该物种可能反映了已知的化石数量不足。也许能分解出很多分支或小分类。

无畏小盾龙（*Scutellosaurus lawleri*）
体长1.3米，3千克
·······································
化石：一小部分头骨和两具较完整的骨骼，骨骼上有疏松的装甲。

解剖学特征：头部非常浅。前肢太短，所以只有低速行走时可以四足着地。腿特别长。

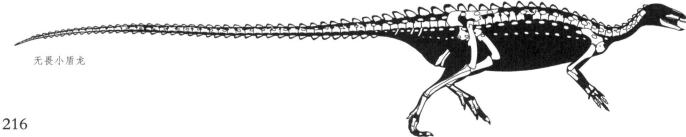

无畏小盾龙

年代：早侏罗世，辛涅缪尔期或普林斯巴期。

分布和地层：亚利桑那州，卡岩塔组中部。

栖息地：沙漠附近。

习性：防御手段包括奔跑。

注释：这种唯一已知的覆盾甲龙类是强烈两足动物，尾巴特别长；装甲分布不确定。卡岩塔腔骨龙（*Coelophysis kayentakatae*）的猎物。

恩氏莫阿大学龙（*Emausaurus ernsti*）
体长2.5米，50千克

化石：大部分头骨和小部分头后骨骼。

解剖学特征：头部较宽。

年代：早侏罗世，托阿尔期。

分布和地层：德国，未命名地层。

哈氏肢龙（*Scelidosaurus harrisonii*）
体长3.8米，270千克

化石：两块完整头骨和一些头后骨骼，未成年个体到成年个体，一些地方有装甲。

解剖学特征：头部非常浅。躯干和髋部较宽。前肢很长，所以为完全四足动物。装甲十分发达，头部后紧接着并排的三片甲。

年代：早侏罗世，晚辛涅缪尔期。

分布和地层：英国，下蓝里亚斯组（Lower Lias）。

注释：复原的腿龙骨骼是人类有史以来最早的完整恐龙化石。一些研究人员认为这是最早的基干甲龙类。肉龙（*Sarcosaurus*）的猎物。

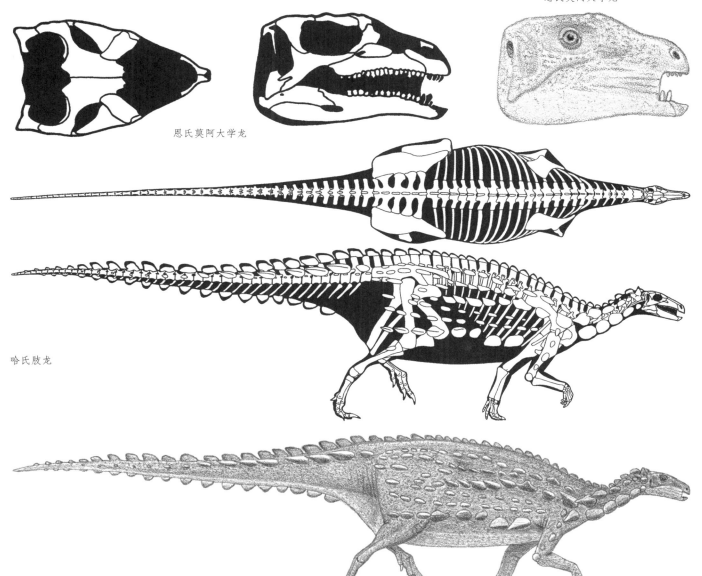

恩氏莫阿大学龙

恩氏莫阿大学龙

哈氏肢龙

扁脚类

体型从中等到非常大的覆甲龙类，生活在中侏罗世到晚白垩世的北美洲、欧洲和非洲。

解剖学特征：牙齿小。手、手指、脚、脚趾都较短，速度有限，指和趾前端都有蹄。

能量学特征：对于恐龙来说，该类的产能水平和食物消耗水平可能都偏低。

剑龙类

体型从中等到非常大的覆甲龙类，中侏罗世到早白垩世，遍布陆地大部分地区。

解剖学特征：喙狭窄。颈部呈U形弯曲。尾巴长度适度。基本上是四足动物。脚掌和三个脚趾都较短，所以速度有限。装甲主要类似于成排的高大板状和钉棘，沿脊柱顶端排列。

栖息地：半干旱到水分充沛的森林。

习性：吃低处到中高处的嫩叶。主要防御手段为通过摇摆尾巴，用末端的尾刺来刺伤兽脚类的脊椎。板状物和钉刺除了起保护作用之外，还可以用于种内展示，也可能可用于调节体温。

注释：其他大陆没有该物种可能反映了已知的化石数量不足。

华阳龙类

中等体型，剑龙类，仅生活在中侏罗世的亚洲地区。

解剖学特征：头部非常深、较宽，牙齿长在上颌前部。腹部和髋部较宽。臂长适度，所以肩带与腰带一样

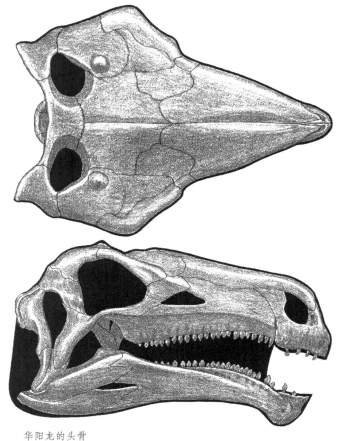

华阳龙的头骨

高。前肢和腿弯曲，所以能够奔跑。

习性：吃低处到中高处的嫩叶。防御方式为在快速行进中甩打尾巴。

剑龙类肌肉研究

太白华阳龙（下页仍是）

太白华阳龙（*Huayangosaurus taibaii*）
体长4米，500千克

化石：完整头骨和头后骨骼，一些部分头后骨骼。
解剖学特征：肩膀上有长长的肩棘，尾末端有尾刺。
年代：晚侏罗世，巴通期和/或卡洛夫期。
分布和地层：中国中部，下沙溪庙组。
栖息地：茂密森林地区。
注释：这类原始剑龙与蜀龙（*Shunosaurus*）共享栖息地。气龙（*Gasosaurus*）的猎物。

剑龙类

大型剑龙类，仅生活在晚侏罗世至早白垩世，遍布陆地上大部分地区。

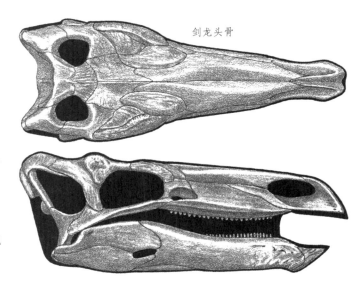

剑龙头骨

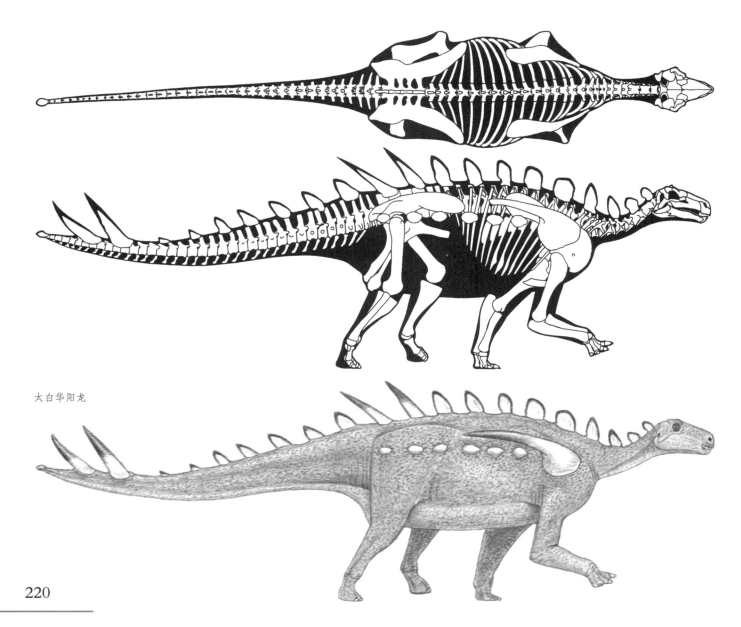

太白华阳龙

解剖学特征：相当统一。头部小而纤细，牙齿较小，且无前颌骨齿。脖子细长。脊柱向下弯曲，前肢相当短，所以肩带低于腰带。尾巴高高举起。前肢和腿成柱状，十分粗壮，全速奔跑速度不会快于大象。前肢短，髋部大，粗大尾巴下的雪橇形脉弧可以协助尾巴作为支柱，来帮助静态进食。

习性：吃中高处和高处的嫩叶。奔跑速度太慢而无法逃离攻击，所以遇到天敌后，它们会转过身来，始终让带刺的尾巴朝向天敌。

注释：晚白垩世的南印度龙（Dravidosaurus blanfordi）可能属于蛇颈龙类（Plesiosaur）而非剑龙类。

准噶尔将军龙（Jiangjunosaurus junggarensis）
体长6米，2.5吨

化石：部分头骨和小部分头后骨骼。

解剖学特征：信息不足。

年代：晚侏罗世，可能是牛津期。

分布和地层：中国西北部，石树沟组。

注释：主要天敌是董氏永川龙（Yangchuanosaurus dongi）。

德地勒苏维斯龙（Lexovisaurus durobrevensis）
体长6米，2吨

化石：一些部分头后骨骼。

解剖学特征：腹部和髋部很宽。四肢相当短。肩膀上有长长的肩棘。主要装甲的形态介于板状和刺状之间。

年代：中侏罗世，卡洛夫期。

分布和地层：英格兰东部，下牛津黏土组。

注释：与似鲸龙（Cetiosauriscus）共享栖息地。

多棘沱江龙（Tuojiangosaurus multispinus）
体长6.5米，2.8吨

化石：小部分头骨和一些较完整的骨骼，未成年个体到成年个体。

解剖学特征：头部较浅。腹部和髋部较宽。四肢相当短。前面的装甲为中型板状、中部装甲和尾刺更高大，大幅倾斜。有三对尾刺，其中前两对直立，最后一对向后侧排列。

年代：晚侏罗世，可能是牛津期。

分布和地层：中国中部，上沙溪庙组。

栖息地：茂密森林地区。

注释：江北重庆龙（Chungkingosaurus jiangbeiensis）和关氏嘉陵龙（Chialingosaurus kuani）可能是该物种的未成年状态。与巨棘龙（Gigantspinosaurus）共享栖息地。主要天敌是上游永川龙（Yangchuanosaurus shangyuensis）。

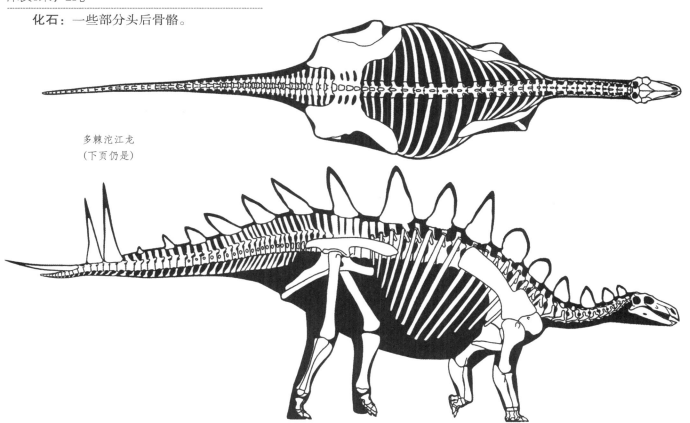

多棘沱江龙
（下页仍是）

多棘沱江龙

四川巨棘龙（*Gigantspinosaurus sichuanensis*）
体长4.2米，700千克

化石：小部分头骨和大部分头后骨骼。

解剖学特征：腹部和髋部非常宽大。四肢短小。装甲包括小型板状结构和钉刺，尾区装甲的排列不确定，肩棘庞大，其准确的定向尚不确定。

年代：晚侏罗世，可能是牛津期。

分布和地层：中国中部，上沙溪庙组。

栖息地：茂密森林地区。

注释：与沱江龙（*Tuojiangosaurus*）共享栖息地。主要天敌是上游永川龙。

埃塞俄比亚钉状龙（*Kentrosaurus aethiopicus*）
体长4米，700千克

化石：大量部分头后骨骼和骨骼，未成年个体到成年个体。

解剖学特征：腹部和髋部非常宽。四肢短小。前部装甲为中型板状，然后逐渐过渡到很长的尾刺，有长长的肩棘。

年代：晚侏罗世，晚钦莫利期/早提塘期。

分布和地层：坦桑尼亚，汤达鸠组中部。

栖息地：沿海地区，植被厚重、季节性干旱的内陆地区。

注释：一些汤达鸠组上部的化石也被归于该物种，这些化石很可能属于另一个不同的分类单元。人们一直认为其肩棘长在髋部。与布氏长颈巨龙（*Giraffatitan brancai*）和莱氏橡树龙（*Dryosaurus lettowvorbecki*）共享栖息地。

四川巨棘龙

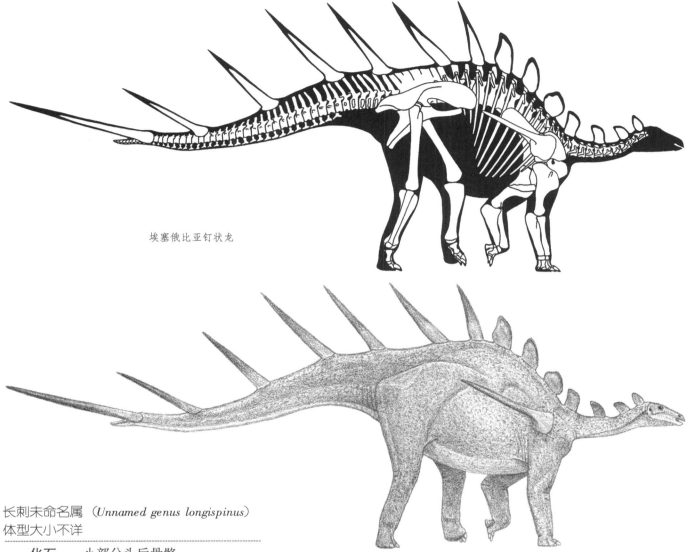

埃塞俄比亚钉状龙

长刺未命名属（*Unnamed genus longispinus*）
体型大小不详

　　化石：一小部分头后骨骼。
　　解剖学特征：神经棘特别长。
　　年代：晚侏罗世。
　　分布和地层：怀俄明州，莫里逊组，层位不详。
　　栖息地：雨季短暂地区，或者半干旱河漫滩草原以及河边森林。
　　注释：一直被归于剑龙，但可能是更基干的剑龙类（Stegosaurids）。

非洲似花君龙（*Paranthrodon africanus*）
体型大小不详

　　化石：小部分头骨。
　　解剖学特征：头部较浅。
　　年代：晚侏罗世或早白垩世。
　　分布和地层：南非南部，上柯克伍德组（Upper Kirkwood）。

装甲锐龙（*Dacentrurus armatus*）
体长8米，5吨

　　化石：部分头后骨骼。
　　解剖学特征：腹部和髋部非常宽大。四肢相当短。
　　年代：晚侏罗世，钦莫利期，可能到提塘期。
　　分布和地层：英格兰，可能西欧的其他地区也有；钦莫利黏土组，可能其他许多地层也有。
　　注释：所有分配给这个物种的化石实际上是否都属于该物种？这个问题还有待研究。与普氏弯龙（*Camptosaurus prestwichii*）共享栖息地。

长颈米拉加亚龙（*Miragaia longicollum*）
体长6.5米，2吨

　　化石：部分头骨和头后骨骼。

解剖学特征：头部长而低。颈部比躯干长。主要的装甲包括小型板状结构。

年代：晚侏罗世，晚钦莫利期/早提塘期。

分布和地层：葡萄牙，卢连雅扬组（Lourinha）。

栖息地：有开阔林地、季节性干旱的大型岛屿。

习性：非常适合吃高处的嫩叶；长脖子可能也用作种内展示。

平坦乌尔禾龙 （Wuerhosaurus homheni）
体长7米，4吨

化石：部分头后骨骼。

解剖学特征：腹部和髋部非常宽。四肢相当短。板状结构长而低。

年代：早白垩世。

分布和地层：中国西北部，连木沁组。

注释：之前有人认为该物种属于剑龙（Stegosaurus），实际上不是。

鄂尔多斯乌尔禾龙？ （Wuerhosaurus? ordosensis）
体长5米，1.2吨

化石：部分头后骨骼。

解剖学特征：颈部适当增长，躯干短小。腹部和髋部非常宽。

年代：早白垩世。

分布和地层：中国西北部，伊金霍洛组（Ejinhoro）。

注释：与平坦乌尔禾龙属于同一分类单元，还是为两个不同属种？该问题尚不确定。

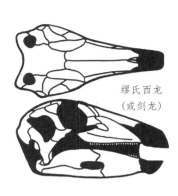

缪氏西龙
（或剑龙）

缪氏西龙 （或剑龙）[Hesperosaurus （ or Stegosaurus） mjosi]
体长6.5米，3.5吨

化石：完整头骨和大部分头后骨骼。

解剖学特征：头部相当深。腹部和髋部较宽。前部的板状结构更长，躯干上的板状结构更高，尾端有一对侧向排列的钉刺。

年代：晚侏罗世，晚牛津期。

分布和地层：怀俄明州，莫里逊组中最下部。

栖息地：雨季短暂地区，或者半干旱河漫滩草原以及河边森林。

注释：一些研究人员认为该物种属于剑龙，但是因为没有四肢化石，所以还不能下定论。

狭脸剑龙 （Stegosaurus stenops）
体长6.5米，3.5吨

化石：两块完整头骨和一些头后骨骼，完全已知。

解剖学特征：头部较浅。躯干短而深，腹部和髋部较窄且侧面平坦。腿长。躯干和尾巴上有非常大的、交替排列的甲板，两对尾刺在S形的尾端呈近垂直的侧向排列。

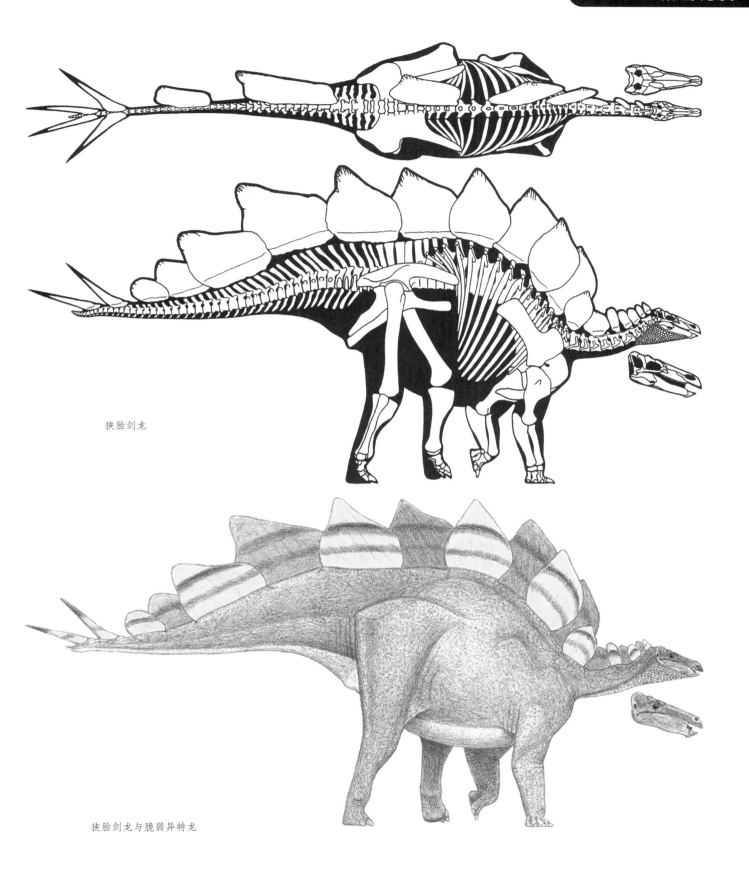

狭脸剑龙

狭脸剑龙与脆弱异特龙

年代：晚侏罗世，晚牛津期到中钦莫利期。

分布和地层：科罗拉多州，莫里逊组中下部。

栖息地：雨季短暂地区，或者半干旱河漫滩草原以及河边森林。

习性：非常适合站立，可能已经能够用双足缓慢行走，异特龙受创的尾巴显示剑龙会用尾刺作为武器。

注释：因为这种早期发现的剑龙标本不甚完整且记录文件不全，所以人们对该属种和各种不同物种知之甚少。主要的天敌是异特龙。

蹄剑龙（*Stegosaurus ungulatus*）
体长7米，3.8吨

化石：两个部分头后骨骼。

解剖学特征：躯干短而深，腹部和髋部较窄，侧面平坦。腿很长。躯干和尾巴上有非常大的、交替排列的甲板，有两对尾刺。

年代：晚侏罗世，中提塘期。

分布和地层：怀俄明州，莫里逊组上部。

栖息地：比莫里逊组更早期地层湿润的地区，或者半干旱河漫滩草原以及河边森林。

习性：非常适合站立，可能能够用双足缓慢行走。

注释：人们曾经认为该物种有四对尾刺。

甲龙类

体型从中等到非常大的扁脚覆甲龙类，晚侏罗世至恐龙时代结束，遍布所有大陆。

解剖学特征：相当统一。头部宽大强健，鼻腔较大，主齿列较短、牙齿较小。脖子短而直。尾肋与椎骨融合，躯干长和浅，腹部和髋部从很宽到极宽。尾巴底部从髋部垂下，尾巴离地面很近，尾长度适中。四足动物，肩膀与腰带一样高，前肢和腿短而弯曲，所以能够缓慢奔跑。四到三个脚趾。身体各处的装甲不同但总是很多，大盾板总是以纵向和横向排列，覆盖了颈部上面、躯干和尾巴的大部。未装甲的皮肤为标准的恐龙皮肤。

栖息地：多种多样，从沙漠地区到水分充沛的森林。

习性：吃低处的嫩叶和地面的青草。

注释：虽然装甲不是特别沉重，但却是最重的甲龙类，也是最像乌龟或雕齿兽的恐龙。头骨的装甲有时会融合，导致头骨丧失骨缝等细节。

敏迷龙类

中等体型，甲龙类，生活在早白垩世的澳大利亚。

蹄剑龙

包头龙肌肉研究

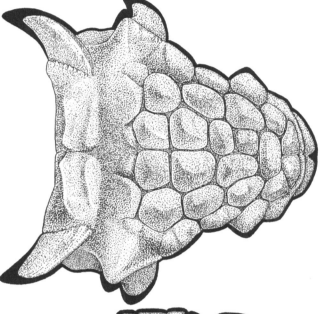

能会起到保护作用。

顺椎敏迷龙（*Minmi paravertebra*）
体长3米，300千克

> **化石**：小部分头后骨骼
> **解剖学特征**：典型的敏迷龙类。
> **年代**：早白垩世，阿普特期。
> **分布和地层**：澳大利亚东北部，邦吉尔组（Bungil）。

敏迷龙？未命名种（*Minmi? unnamed species*）
体长3米，300千克

> **化石**：一些头骨和头后骨骼，有的只保存了部分头后骨骼。

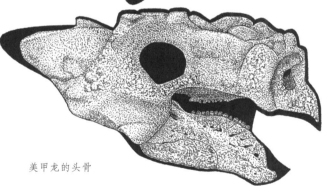

美甲龙的头骨

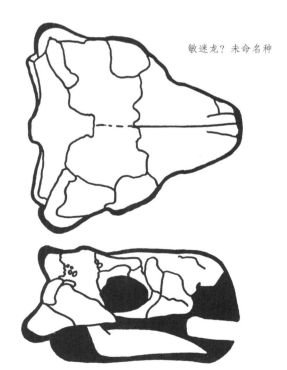

敏迷龙？未命名种

解剖学特征：吻部窄，头整体非常宽，头部后侧有突出的、三角的、号角状角。肚子非常宽大。四个脚趾。几乎包括肚皮和腿在内的大部分身体都包裹着护甲，没有大的棘刺，髋部侧面有较小的棘刺，没有尾锤。

栖息地：极地森林，夏季温暖、日光充足，冬季寒冷黑暗。

习性：可能会冲入茂密的灌木丛中来保护自己。当这些体型适中的恐龙被大型食肉动物扑倒的时候，其腹部装甲可

解剖学特征：典型的敏迷龙类。

年代：早白垩世，阿普特期。

分布和地层：澳大利亚东北部，邦吉尔组（Bungil）。

注释：尚不确定是否与顺椎敏迷龙（*M. paravertebra*）属于同一属种。

奇异辽宁龙 （*Liaoningosaurus paradoxus*）
成年恐龙体型不确定

化石：基本完整的扭曲头骨和头后骨骼，未成年个体。

解剖学特征：头部装甲厚重。腹部和腰带非常宽大。腹部被坚固的装甲板所覆盖。

年代：早白垩世，早阿普特期。

分布和地层：中国东北部，义县组。

注释：水分充沛的森林和湖泊。

多刺甲龙类

体型从中等到大型的甲龙类，晚侏罗世到晚白垩世，生活在北半球。

解剖学特征：喙不宽，头部整体非常宽大，头部的后侧方有三角的、号角状角。四个脚趾。髋部上方的装甲融合，没有尾锤。

习性：吃低处的嫩叶。防御手段包括肚皮贴地趴着不动、使用装甲板和钉刺来躲避伤害，同时使用宽大的身体来防止自己被推翻，有时可能会冲进茂密的灌木丛中。

注释：多刺甲龙类之间的亲缘关系尚不确定，也许能细分为很多分支。

棘皮怪嘴龙 （*Gargoyleosaurus parkpinorum*）
体长3米，300千克

化石：完整头骨，小部分头后骨骼。

解剖学特征：头部装甲沉重，牙齿长在上颌前部附近。

年代：晚侏罗世，可能是中提塘期。

分布和地层：怀俄明州，可能是莫里逊组上部。

栖息地：雨季短暂地区，或者半干旱河漫滩草原以及河边森林。

注释：与剑龙共享栖息地。主要天敌是异特龙。

武装林龙 （*Hylaeosaurus armatus*）
体长5米，2吨

化石：两个部分头后骨骼。

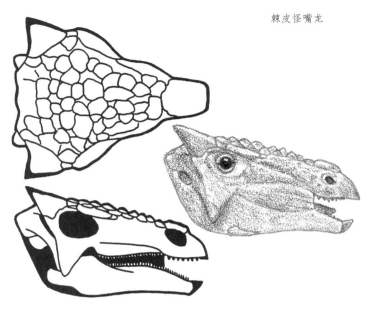
棘皮怪嘴龙

解剖学特征：长长的肩棘指向后面。

年代：早白垩世，瓦兰今期。

分布和地层：英格兰东南部，哈斯丁组（Hastings Beds）。

梅氏迈摩尔甲龙 （*Mymoorapelta maysi*）
体长3米，300千克

化石：小部分头骨和一些头后骨骼。

解剖学特征：信息不足。

年代：晚侏罗世。

分布和地层：科罗拉多州；莫里逊组，层位不详。

栖息地：雨季短暂地区，或者半干旱河漫滩草原以及河边森林。

博氏加斯顿龙 （*Gastonia burgei*）
体长5米，1.9吨

化石：一些头骨和部分头后骨骼，有的近乎完整，有的只是部分头后骨骼。

解剖学特征：头很小、装甲沉重，上颌前部没有牙齿。前肢和腿都很短。肚子非常宽大。有侧向突出的大肩棘，髋部没有侧面棘刺，尾巴侧面的钉刺大小适中。

年代：早白垩世，巴雷姆期。

分布和地层：犹他州，下雪松山组。

栖息地：雨季短暂地区，或者半干旱河漫滩草原和开阔树林，以及河边树林。

博氏加斯顿龙

马氏装甲龙（*Hoplitosaurus marshi*）
体长4.5米，1.5吨

化石：骨骼。
解剖学特征：装甲包括棘刺，排列方式不详。
年代：早白垩世，可能是巴雷姆期。
分布和地层：南达科塔州，拉科塔组（Lakota）。
注释：与达科塔齿龙（*Dakotadon*）和扁臀龙（*Planicoxa*）共享栖息地。

福氏多刺甲龙（*Polacanthus foxii*）
体长5米，2吨

化石：小部分头骨和两具头后骨骼。
解剖学特征：腹部非常宽大。装甲包括棘刺，排列方式不详。
年代：早白垩世，阿普特期。

分布和地层：英格兰南部；下海绿石砂组、韦塞克斯组、威克蒂斯组。
注释：与曼特尔龙（*Mantellisaurus*）共享栖息地。

兹氏龙胄龙（*Dracopelta zbyszewskii*）
体长3米，300千克

化石：小部分头后骨骼。
解剖学特征：没有肩棘。
年代：晚侏罗世，上钦莫利期或提塘期。
分布和地层：葡萄牙，卢连雅扬组（Lourinha）。
栖息地：有开阔林地、季节性干旱的大型岛屿。

屈眼戈壁龙（*Gobisaurus domoculus*）
体长6米，3.5吨

化石：近乎完整的头骨和头后骨骼。

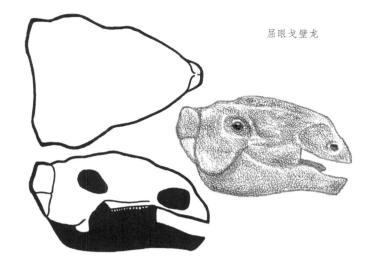

屈眼戈壁龙

解剖学特征：重型头部装甲。
年代：晚白垩世，土仑期。
分布和地层：中国北部，乌兰苏海组。
注释：可能是吉兰泰龙（*Chilantaisaurus*）的猎物。

装甲沙漠龙（*Shamosaurus scutatus*）
体长5米，2吨

化石：两块头骨，部分头后骨骼。
解剖学特征：头部较浅、装甲沉重，上颌前部没有牙齿。脖子上有半环形的装甲。
年代：早白垩世，阿普特期或阿尔布期。
分布和地层：蒙古，胡提思维塔组（Huhteeg Svita）。
注释：与高吻龙（*Altirhinus*）共享栖息地。

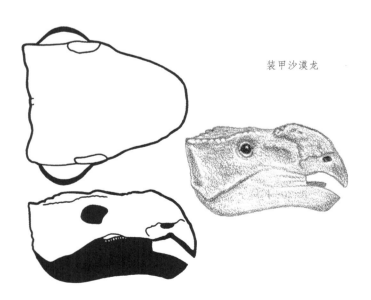

装甲沙漠龙

兰德顶盾龙（*Stegopelta landerensis*）
体长4米，1吨

化石：小部分头骨和部分头后骨骼。
解剖学特征：信息不足。
年代：晚白垩世，早塞诺曼期。
分布和地层：怀俄明州，前沿组（Frontier formation）。
注释：发现于海相沉积物中。

科氏尼奥布拉拉龙（*Niobrarasaurus coleii*）
体长6.5米，4吨

化石：小部分头骨和部分头后骨骼。
解剖学特征：信息不足。
年代：晚白垩世晚期。
分布和地层：堪萨斯州，尼奥布拉拉组（Niobrara）。
注释：发现于海相沉积物中。

奥氏南极甲龙（*Antarctopelta oliveroi*）
体长6米，350千克

化石：小部分头骨和头后骨骼。
解剖学特征：信息不足。
年代：晚白垩世，晚坎潘期。
分布和地层：南极洲东部，圣塔玛尔塔组（Santa Marta）。
栖息地：极地森林，夏季温暖、阳光充足；冬季寒冷、黑暗。
注释：唯一一种以南极洲命名的甲龙类；这是由于缺乏更广泛的沉积物露头和挖掘条件困难而造成的一种假象。

甲龙类

体型从中等到非常大的甲龙类，仅生活于白垩纪的北美洲和亚洲。

解剖学特征：喙和整个头部很宽，鼻腔复杂，头部装甲沉重，头部后侧方有三角形号角状的脚，上颌前部没有牙齿。腹部和髋部非常宽大。四肢短小。三个脚趾。没有大型棘刺，颈侧有两个短棘刺，尾巴的后半部分因为僵化的尾棒而变得僵硬，尾巴可轻轻拍打。

习性：吃低处的嫩叶和青草。防御手段包括在快速行进中摆动着棒状尾巴，这样可以令兽脚类恐龙无法接近它们，不停转动身体使尾棒始终朝着攻击者，同时利用尾巴击打袭击者的腿或体侧，或击翻袭击者，还可能冲入茂密的灌木丛中。尾锤可能用于种内展示与竞争。

圣经雪松甲龙 (*Cedarpelta bilbeyhallorum*)
体长7米，5吨

化石：小部分头骨和基本完整的骨骼，来自大量部分标本。

解剖学特征：头部较浅、装甲不沉重，牙齿位于上颌前部附近。

年代：早白垩世，巴雷姆期。

分布和地层：犹他州，雪松山组下部。

栖息地：雨季短暂地区，或者半干旱河漫滩草原和开阔树林，以及河边树林。

注释：与加斯顿龙 (*Gastonia*) 和重怪龙 (*Peloroplites*) 共享栖息地。

步氏 (=本溪) 克氏龙 [*Crichtonsaurus bohlini (=benxiensis)*]
体长3.5米，500千克

化石：一些部分头骨和头后骨骼，可能是未成年个体。

解剖学特征：信息不足。

年代：晚白垩世，塞诺曼期或土仑期。

分布和地层：中国东北部，孙家湾组。

长头白山龙 (*Tsagantegia longicranialis*)
体长3.5米，500千克

化石：头骨。

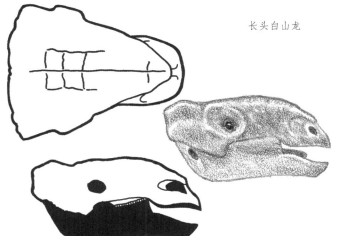

长头白山龙

库尔三美甲龙

解剖学特征：头部较浅。

年代：晚白垩世，圣通期。

分布和地层：蒙古，巴彦思维塔组 (Bayenshiree Svita)。

注释：与篮尾龙 (*Talarurus*) 共享栖息地。

叠刺篮尾龙 (*Talarurus plicatospineus*)
体长5米，2吨

化石：部分头骨，大部分头后骨骼。

解剖学特征：典型的甲龙类。

年代：晚白垩世早期。

分布和地层：蒙古，巴彦思维塔组 (Bayenshiree Svita)。

库尔三美甲龙 (*Saichania chulsanensis*)
体长5.2米，2吨

化石：一些完整头骨，两具近乎完整的骨骼，成年恐龙和未成年恐龙。

解剖学特征：身体和髋部两侧有短刺，前肢装甲沉重。

年代：晚白垩世，可能是坎潘期。

分布和地层：蒙古，中国北部，巴如安郭组，灰泉堡组。

栖息地：有一些沙丘和绿洲的半沙漠地区。

注释：杨氏天镇龙 (*Tianzhenosaurus youngi*) 可能是该物种的未成年状态。

巨大多智龙 (*Tarchia gigantea*)
体长4.5米，1.5吨

化石：很多完整头骨和头后骨骼，完全已知。

解剖学特征：信息不足。

年代：晚白垩世，晚坎潘期和/或早马斯特里赫特期。

分布和地层：蒙古，纳摩盖吐组，巴如安郭思维塔组和鸣特撒白床组。

栖息地：有雨季、水分充沛的林地。

注释：主要天敌是勇士暴龙。

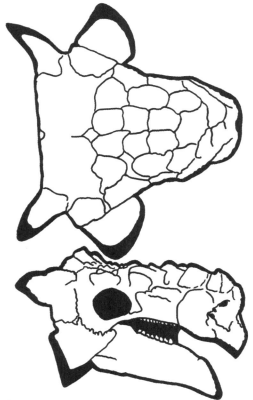

巨大多智龙

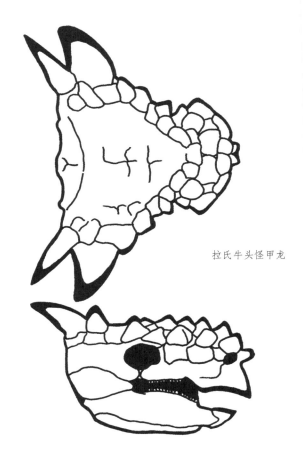

拉氏牛头怪甲龙

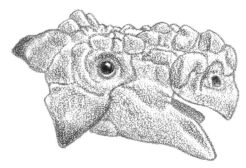

拉氏牛头怪甲龙 （*Minotaurasaurus ramachandrani*）
成年恐龙体型不确定

化石：完整头骨。

解剖学特征：头部装甲华丽，颊区有较薄的棘刺。

年代：晚白垩世晚期。

分布和地层：蒙古或中国，地层不详。

注释：该物种的来源还不能完全确定。

谷氏绘龙 （*Pinacosaurus granger*）
体长5米，1.9吨

化石：很多完整的和部分头骨和头后骨骼，来自未成
年和成年个体，完全已知。

解剖学特征：头部非常小，鼻孔在鼻两侧有多个
开口。沿着身体和髋部两侧有短刺，尾锤较小。

年代：晚白垩世，晚圣通期和/或早坎潘期。

分布和地层：蒙古、中国北部，德加多克赫塔组。

栖息地：有沙丘和绿洲的沙漠。

习性：可能沿着河道和绿洲觅食植物。小尾棒是
对付小型兽脚类的高速武器。六个小恐龙因为沙丘崩
塌在同一时间被掩埋，表明它们曾组成了一个群体。

注释：可能包括魔王绘龙 （*Pinacosaurus mephisto-
cephalus*）。栖息地内可能没有体型大到可以攻击成年
绘龙的兽脚类恐龙。

科特兰结节头龙 （*Nodocephalosaurus kirtlandensis*）
体长4.5米，1.5吨

化石：头骨。

解剖学特征：吻部上有球根状的皮内成骨。脑袋
后方的号角状角非常突出。

年代：晚白垩世，晚坎潘期和/或早马斯特里赫
特期。

分布和地层：新墨西哥州，科特兰组下部。

谷氏绘龙

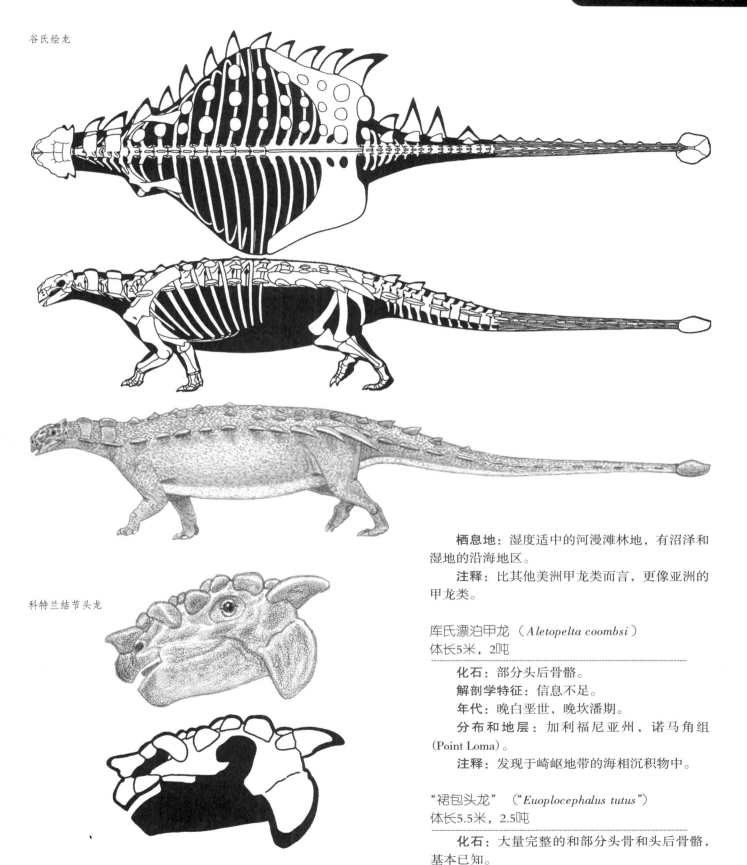

科特兰结节头龙

栖息地：湿度适中的河漫滩林地，有沼泽和湿地的沿海地区。

注释：比其他美洲甲龙类而言，更像亚洲的甲龙类。

库氏漂泊甲龙 （*Aletopelta coombsi*）
体长5米，2吨

化石：部分头后骨骼。

解剖学特征：信息不足。

年代：晚白垩世，晚坎潘期。

分布和地层：加利福尼亚州，诺马角组（Point Loma）。

注释：发现于崎岖地带的海相沉积物中。

"裙包头龙" （"*Euoplocephalus tutus*"）
体长5.5米，2.5吨

化石：大量完整的和部分头骨和头后骨骼，基本已知。

"裙包头龙"

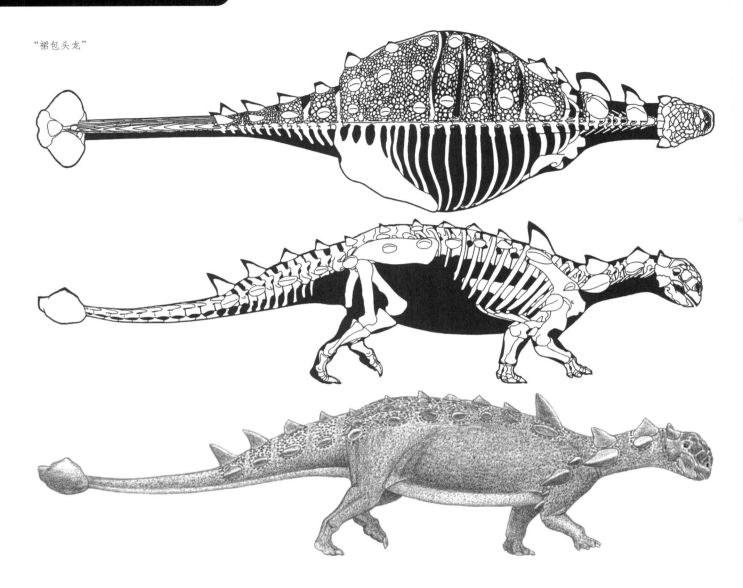

解剖学特征：上眼睑有装甲。尾巴基部和侧前面有短棘突。

年代：晚白垩世，晚坎潘期。

分布和地层：艾伯塔、蒙大拿州，恐龙公园组，层位不详，可能还有双麦迪逊组。

栖息地：水分充沛、草木丛生、有沿海沼泽和湿地的河漫滩，可能还包括稍微干旱一些的高地树林。

注释：早期标本不丰富造成标本间差异较大，来自恐龙公园组的重要标本却因具体层位不详，而无法确定其属名是否正确。双麦迪逊组具体包含其多少属种及其分类也不得而知。例如，来自恐龙公园组下部的阿氏包头龙（倍甲龙）可能是一个小分类单元。主要的天敌是惧龙（Daspletosaurus）和艾伯塔龙（Albertosaurus）。

包头龙未命名种？（"*Euoplocephalus unnamed species*"？）
体长5米，2吨

化石：一些完整的和部分的头骨和头后骨骼。

解剖学特征：尾巴基部和侧前面有短棘突。

年代：晚白垩世，早马斯特里赫特期。

分布和地层：艾伯塔，马蹄铁峡谷组下部。

栖息地：水分充沛地区，有沿海湿地和沼泽、草木丛生的河漫滩，在寒冷冬日也能生存。

注释：通常被归于出现时间较晚的裙包头龙（*E. tutus*）。

大腹甲龙（*Ankylosaurus magniventris*）
体长7米，6吨

化石：一些头骨和部分头后骨骼。

"裙包头龙"

解剖学特征：鼻孔位于吻部两侧，脑袋后方的号角状角非常突出，尾巴相当短。

年代：晚白垩世，晚马斯特里赫特期。

分布和地层：怀俄明州、蒙大拿州、艾伯塔，兰斯组、地狱溪组、斯科勒德组。

栖息地：水分充沛的森林。

注释：与斯氏埃德蒙顿甲龙 (*Edmontonia schlessmani*)、埃德蒙顿龙 (*Edmontosaurus*) 和三角龙 (*Triceratops*) 共享栖息地。主要天敌是暴龙。

结节龙类

体型从中等到大型的甲龙类，仅生活在白垩纪的北美洲和欧洲。

解剖学特征：喙不宽，头部整体不像其他甲龙那样高，头部装甲沉重，上颌前部没有牙齿。四肢比其他甲龙长。四个脚趾。没有尾锤。

习性：吃低处的嫩叶。防御手段包括肚皮贴地趴着不动、使用装甲板和钉刺来躲避伤害，同时使用宽大的身体来防止自己被推翻，必要时可能会冲进茂密的灌木丛中。

注释：该种群也许能分离出很多分类或分支。

雪松山重怪龙 (*Peloroplites cedrimontanus*)
体长6米，2吨

化石：一些不甚完整的标本有着小部分头骨和基本完整的头后骨骼。

解剖学特征：头部较浅。

年代：早白垩世，早阿尔布期。

分布和地层：犹他州，下雪松山组。

栖息地：雨季短暂地区，或者半干旱河漫滩草原和开阔树林，以及河边树林。

注释：与雪松甲龙 (*Cedarpelta*) 共享栖息地。

坎氏爪爪龙 (*Pawpawsaurus campbelli*)
成年恐龙体型不确定

化石：头骨和一具头后骨骼的一小部分，未成年个体。

解剖学特征：典型的结节龙类。

年代：早白垩世，晚阿尔布期。

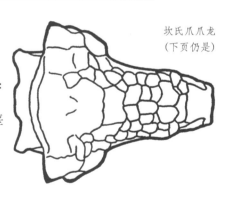

坎氏爪爪龙
（下页仍是）

大腹甲龙

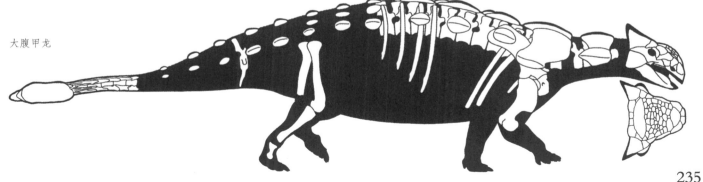

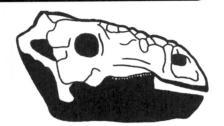

坎氏爪爪龙

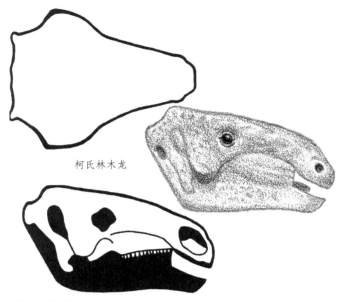

柯氏林木龙

分布和地层：得克萨斯州，爪爪组。

注释：可能包括得克萨斯龙（*Texasetes pleurohalio*）。发现于海相沉积物中。

柯氏林木龙（*Silvisaurus condrayi*）
体长4米，1吨

化石：头骨和小部分头后骨骼。

解剖学特征：上颌前部没有牙齿。

年代：晚白垩世，塞诺曼期。

分布和地层：堪萨斯州，达科塔组。

栖息地：水分充沛地区，有沿海湿地和沼泽、草木丛生的河漫滩。

注释：少数在东部内陆海道发现的恐龙之一。

纺结节龙（*Nodosaurus textiles*）
体长6米，3.5吨

化石：部分头后骨骼。

解剖学特征：信息不足。

年代：早白垩世，晚阿尔布期。

分布和地层：怀俄明州，前沿组下部。

注释：发现于海相沉积物中。

爱氏蜥结龙（*Sauropelta edwardsi*）
体长6米，2吨

化石：一些部分头骨和头后骨骼。

解剖学特征：腹部和髋部非常宽大。尾巴较长。颈侧的三个大棘排成两排，以及轻微错开的巨大肩棘。

年代：早白垩世，晚阿普特期到早阿尔布期。

分布和地层：怀俄明州，克洛夫利组上部。

栖息地：雨季短暂地区，或者半干旱河漫滩草原以及河边森林。

注释：与提氏腱龙（*Tenontosaurus tilletti*）共享栖息地。

丽水浙江龙（*Zhejiangosaurus lishuiensis*）
体长4.5米，1.4吨

化石：部分头后骨骼。

解剖学特征：头部较浅。

年代：晚白垩世，塞诺曼期。

分布和地层：中国东部，朝川组。

托马匈牙利龙（*Hungarosaurus tormai*）
体长4米，1吨

化石：部分头骨和头后骨骼。

解剖学特征：一对长度适中的腰带棘突着生在关节板上。

年代：晚白垩世，圣通期。

分布和地层：匈牙利，克塞班亚组（Csehbanya）。

奥地利厚甲龙（*Struthiosaurus austriacus*）
体长3米，300千克

化石：小部分头骨和头后骨骼。

解剖学特征：腹部和髋部非常宽大。

年代：晚白垩世，坎潘期。

分布和地层：奥地利、法国南部；高萨组、未命名地层。

栖息地：草木丛生的岛屿。

注释：朗格多克厚甲龙（*S. languedocensis*）可能是该物种的成年状态。厚甲龙（*Struthiosaurus*）的体型较小，一些研究人员推测岛屿性的栖息地使其矮化。

特兰西瓦尼亚厚甲龙（*Struthiosaurus transylvanicus*）
体长3米，300千克

化石：部分头骨和头后骨骼。

解剖学特征：信息不足。

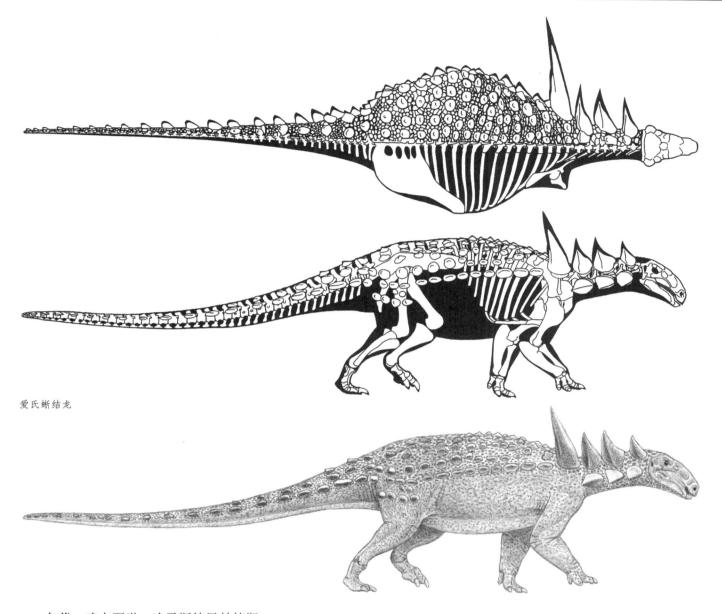

爱氏蜥结龙

年代： 晚白垩世，晚马斯特里赫特期。

分布和地层： 罗马尼亚，森彼初组（Sanpetru）。

栖息地： 草木丛生的岛屿。

注释： 可能是奥地利厚甲龙（*S. austriacus*）的后裔。与马扎尔龙（*Magyarosaurus*）共享栖息地。

雷氏活堡龙（*Animantarx ramaljonesi*）
体长3米，300千克

化石： 部分头骨和头后骨骼。

解剖学特征： 信息不足。

年代： 晚白垩世，早塞诺曼期。

分布和地层： 犹他州，雪松山组上部。

栖息地： 雨季短暂地区，或者半干旱河漫滩草原和开阔树林，以及河边树林。

注释： 与卡氏原赖氏龙（*Eolambia caroljonesa*）共享栖息地。

迷人胄甲龙（*Panoplosaurus mirus*）
体长5米，1.5吨

迷人胄甲龙
（下页仍是）

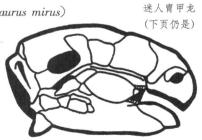

化石： 完整头骨和大部分头后骨骼。

解剖学特征： 面颊外覆盖着装甲板，没有大棘突。

年代：晚白垩世，晚坎潘期。

分布和地层：艾伯塔，至少在恐龙公园组中部。

栖息地：水分充沛地区，有沿海湿地和沼泽、草木丛生的河漫滩，在寒冷冬日也能生存。

注释：与包头龙（*Euoplocephalus*）和粗齿埃德蒙顿甲龙（*Edmontonia rugosidens*）共享栖息地。主要天敌是惧龙（*Daspletosaurus*）和艾伯塔龙（*Albertosaurus*）。

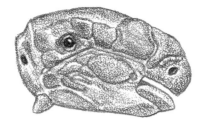

迷人胄甲龙

粗齿埃德蒙顿甲龙（*Edmontonia rugosidens*）
体长6米，3吨

化石：一些完整头骨和大部分头后骨骼。

解剖学特征：腹部和髋部非常宽大。面颊外覆盖着装甲，脖子和肩膀侧面有朝前的大棘刺，其中一对稍微错开，躯干或髋部没有刺。

年代：晚白垩世，中和/或晚坎潘期。

分布和地层：蒙大拿州、艾伯塔，上双麦迪逊组、可能有恐龙公园组中部、朱迪思河组。

栖息地：水分充沛、草木丛生、有沿海沼泽和湿地的河漫滩，以及稍微干旱一些的高地树林。

习性：可能用肩棘猛击种内对手和暴龙，肚皮贴地趴着不动、使用装甲板和钉刺来躲避伤害，同时使用宽大的身体来防止自己被推翻。

注释：不能确定除双麦迪逊组之外是否还有该物种。

长头埃德蒙顿甲龙（*Edmontonia longiceps*）
体长6米，3吨

化石：一些完整头骨和部分头后骨骼。

解剖学特征：肩棘大小适中、指向侧面。

年代：晚白垩世，早马斯特里赫特期。

分布和地层：艾伯塔，蒙大拿州，马蹄铁峡谷组下部。

栖息地：水分充沛地区，有沿海湿地和沼泽、草木丛生的河漫滩，在寒冷冬日也能生存。

注释：可能是粗齿埃德蒙顿甲龙（*E. rugosidens*）的直系后裔。

斯氏埃德蒙顿甲龙（=丹佛龙）[*Edmontonia*（=*Denversaurus*）*schlessmani*]
体长6米，3吨

化石：完整头骨，小部分头后骨骼。

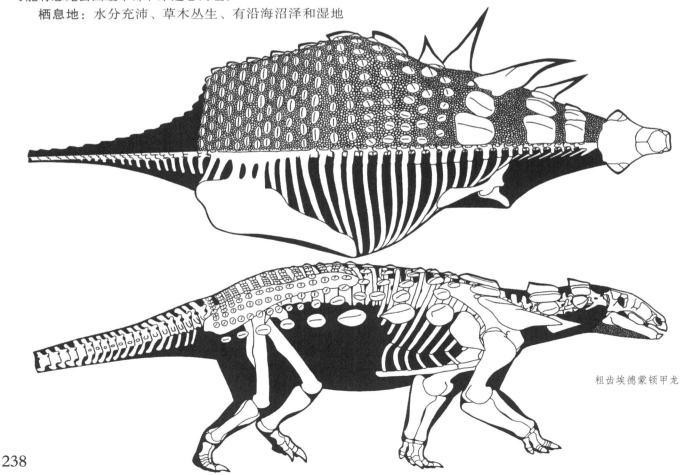

粗齿埃德蒙顿甲龙

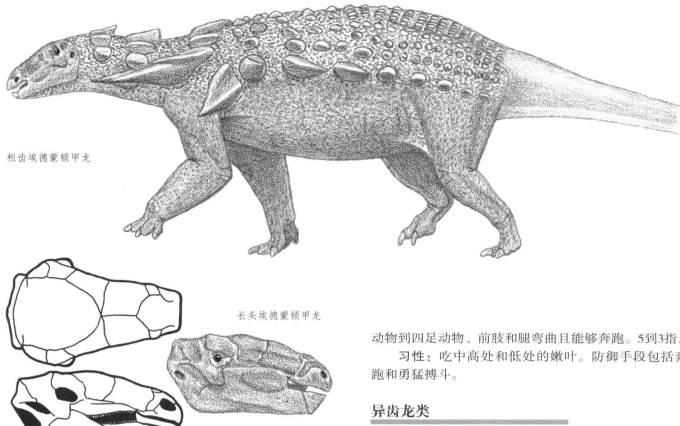

粗齿埃德蒙顿甲龙

长头埃德蒙顿甲龙

解剖学特征： 信息不足。

年代： 晚白垩世，晚马斯特里赫特期。

分布和地层： 蒙大拿州，南达科塔州，怀俄明州，地狱溪组、兰斯组。

栖息地： 水分充沛的森林。

注释： 可能是长头埃德蒙顿甲龙（*E. longiceps*）的直系后裔。与甲龙共享栖息地。主要天敌是霸王龙。

斯氏埃德蒙顿甲龙 （=丹佛龙）

异齿龙形类

体型从小型到庞大的鸟臀类，早侏罗世至恐龙时代结束，遍布陆地上大部分地区。

解剖学特征： 变异范围非常大。颊部上有大型的轭骨角突、喙狭窄。脖子呈S形弯曲。尾从较长到相当短。完全两足动物到四足动物、前肢和腿弯曲且能够奔跑。5到3指。

习性： 吃中高处和低处的嫩叶。防御手段包括奔跑和勇猛搏斗。

异齿龙类

小型异齿龙形类，侏罗纪和早白垩世，生活在非洲、欧洲和北美洲。

解剖学特征： 高度统一。头部大小中等、相当深、亚三角形，牙齿长在上颌前部，两个主要齿列上的牙齿比较大并呈凿状，大眼睛里有圆环遮挡物。骨化的肌腱使躯干和尾巴变得僵硬。尾长。两足动物和半四足动物。前肢和前掌相当长，三个大型的、可抓握的指，末端有大爪。腿部细长弯曲，所以速度很快，脚趾长，可能有钝脚爪。身体的大部覆盖着空心长毛状物。

习性： 能够以粗糙植被为食，也可能是一类吃小脊椎动物和腐肉的杂食动物。有优秀的攀爬能力。主要防御手段为高速奔跑和撕咬。颊部的轭骨角突可能用于战斗和/或种内展示。较长的背部毛状覆盖物可能用于展示，较短的则用于保温。

注释： 异齿龙类之间的亲缘关系尚不明确，它们曾被认为是不同的基干鸟臀目，或鸟臀类，或接近头饰龙类（Marginocephalians）；颊部突和凿齿使其倾向于后者。与之最接近的现生动物包括袋鼠，以及小型的、长有獠牙的鹿和羚羊。来自英国早白垩世的贝氏棘齿龙（*Echinodon becklesii*）因化石记录不足，不能确定是否属于异齿龙类。分布范围可能比已知的要大。

塔克异齿龙 （*Heterodontosaurus tucki*）
体长1.2米，3.5千克

化石：一些完整的和部分头骨，一具完整骨骼，未成年个体到成年个体。

解剖学特征：至少有一种性别的恐龙的主齿列前部有短獠牙。

年代：早侏罗世，赫塘期或辛涅缪尔期。

分布和地层：非洲东南部，上艾略特组。

栖息地：干旱地区。

习性：可能只有雄性才有獠牙，这样的獠牙可能是用于种内战斗和对抗掠食者。

注释：可能包括体型更小、没有獠牙的伴侣醒龙（*Abrictosaurus consors*）以及狭齿狼鼻龙（*Lycorhinus angustidens*）。与莱索托龙（*Lesothosaurus*）共享栖息地。腔骨龙（*Coelophysis*）的猎物。

哈嘉果齿龙 （*Fruitadens haagarorum*）
体长0.75米，0.8千克

化石：部分头骨和头后骨骼。

解剖学特征：下齿列前方有短獠牙。

年代：晚侏罗世，晚钦莫利期至中提塘期。

分布和地层：科罗拉多州，莫里逊组中部。

栖息地：雨季短暂地区，或者半干旱河漫滩草原以及河边森林。

注释：已知最小的鸟臀类恐龙。

孔子天宇龙 （*Tianyulong confuciusi*）
成年恐龙体型不确定

化石：部分头骨，有体表毛状覆盖物的骨骼，亚成年恐龙。

解剖学特征：主齿列前部有短獠牙，身上有浓密厚重的毛状覆盖物，躯干上的毛状覆盖物很长，尾巴上的特别长。

年代：早白垩世，早阿普特期。

分布和地层：中国东北部，义县组。

栖息地：水分充沛的森林和湖泊。

注释：该化石表明，至少一些小型鸟臀类恐龙体表覆有毛状覆盖物，而这样的覆盖物在种群内的早期物种间就已经演化出来了。与鹦鹉嘴龙（*Psittacosaurus*）共享栖息地，后者是中国鸟龙（*Sinornithosaurus*）的猎物。

头饰龙类

体型从小型到庞大，异齿龙形类，晚侏罗世至恐龙时代结束，遍布陆地上大部分地区。

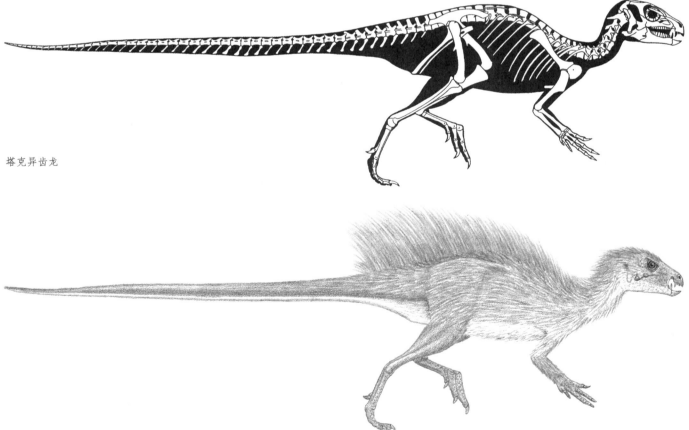

塔克异齿龙

解剖学特征：变异范围非常大。头大而沉重，脑后部很宽，至少有不发达的头冠，喙窄，眼睛不是很大。尾长由长到相当短。完全两足动物到四足动物，胳膊和腿弯曲且能奔跑。手指为5到3根，前端带有小钝爪或蹄。腿不够纤弱，所以奔跑速度可能一般，有四个长脚趾。

习性：吃中高处和低处的嫩叶。防御手段包括奔跑和勇敢搏斗。

肿头龙类

体型从小型到大型的头饰龙类，生活在白垩纪时期的北半球。

解剖学特征：相当统一。头部深而健壮，喙小，头骨增厚，可能所有成年恐龙都有头冠，至少某些物种中雄性的头冠更发达；有成排的、小型的、号角状角饰物，主齿列较短，牙齿小。椎骨健壮。躯干相当长。腹部、髋部和尾巴基部都非常宽大以容纳其大肚。尾巴长，尾巴基部从髋部延伸下来，骨化肌腱构成的致密网状结构使尾部的后三分之二更加僵化。完全两足动物。前肢和前掌小，五个有小钝爪的抓握手指。四个前端带有钝爪的长脚趾。

栖息地：多样，从半干旱地区到水分充沛的森林。

习性：用奔跑进行防御，也可能会用头撞击天敌。有竞争性的雄性可能会使用圆顶进行种内竞争与展示。种内竞争与对抗掠食者时，可能主要发生体侧碰撞，因为缺乏提供稳定性的宽大冲击面，所以不大可能发生头对头的高速冲撞。

注释：肿头龙类（Pachycephalosaurids）通常区分为两类：平头龙类和肿头龙类，但前者可能是后者的未发育成熟状态或其中的雌性个体。

凡登狭盘龙（*Stenopelix valdensis*）
体长1.4米，10千克

化石：大部分头后骨骼。

解剖学特征：尾巴基部不如其他肿头龙类那么宽。

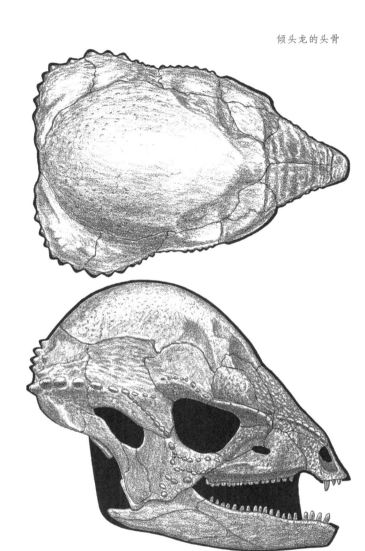

倾头龙的头骨

倾头龙肌肉研究

年代：早白垩世，贝里阿斯期。

分布和地层：德国中部，奥伯恩基兴砂岩组（Obernkirchen Sandstein）。

岩寺皖南龙（*Wannanosaurus yansiensis*）
成年恐龙体型不确定

化石：大部分头骨和小部分头后骨骼，可能是未发育成熟的个体。

解剖学特征：信息不足。

年代：晚白垩世，坎潘期。

分布和地层：中国东部，小岩组（Xiaoyan）。

注释：可能是一个未发育成熟的个体。

短剑角龙？（*Stegoceras? brevis*）
体长1.5米，10千克

化石：头骨拱形结构。

解剖学特征：头饰不沉重。

年代：晚白垩世，早/或中坎潘期。

分布和地层：艾伯塔，老人组、可能也有首位组（Foremost）。

栖息地：水分充沛地区，有沿海湿地和沼泽、草木丛生的河漫滩，在寒冷冬日也能生存。

注释：可能包括赖氏结头龙（*Colepiocephale lambei*）。

直立剑角龙（*Stegoceras validum*）
体长2.2米，40千克

化石：头骨拱形结构，可能完整的头骨和小部分头后骨骼。

解剖学特征：头饰不沉重。

年代：晚白垩世，晚坎潘期。

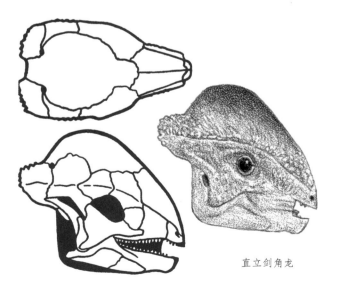
直立剑角龙

分布和地层：艾伯塔，恐龙公园组。

栖息地：水分充沛地区，有沿海湿地和沼泽、草木丛生的河漫滩，在寒冷冬日也能生存。

注释：化石数量不足，许多标本的具体层位还不确定，可能不止一个种，可能包括斯氏汉苏斯龙（*Hanssuesia sternbergi*），比恐龙公园组更早或更晚的地层中可能不存在该种。

埃德蒙顿剑角龙？（*Stegoceras? edmontonensis*）
体长2米，40千克

化石：头骨拱形结构。

解剖学特征：头饰不沉重。

年代：晚白垩世，早马斯特里赫特期。

分布和地层：艾伯塔，马蹄铁峡谷组。

栖息地：水分充沛地区，有沿海湿地和沼泽、草木丛生的河漫滩，在寒冷冬日也能生存。

拉氏饰头龙（或剑角龙）[*Goyocephale*（or *Stegoceras*）*lattimorei*]
成年恐龙体型不确定

化石：部分头骨和头后骨骼。

解剖学特征：典型的平头龙类。

年代：晚白垩世，晚圣通期和/或早坎潘期。

分布和地层：蒙古，未命名地层。

栖息地：有雨季、水分充沛的林地。

吉氏膨头龙（或剑角龙）[*Tylocephale*（or *Stegoceras*）*gilmorei*]
体长2米，40千克

化石：部分头骨。

解剖学特征：信息不足。

年代：晚白垩世，晚圣通期或坎潘期。

分布和地层：蒙古，巴如安郭组（Baruungoyot）。

栖息地：有一些绿洲和沙丘的半沙漠地区。

注释：与角爪龙（*Ceratonykus*）和弱角龙（*Bagaceratops*）共享栖息地。

下垂倾头龙（或剑角龙）[*Prenocephale*（or *Stegoceras*）*prenes*]
体长2.2米，40千克

化石：完整头骨和小部分头后骨骼。

解剖学特征：头饰不沉重。

年代：晚白垩世，晚坎潘期和/或早马斯特里赫特期。

分布和地层：蒙古，纳摩盖吐组。

栖息地：有雨季、水分充沛的林地。

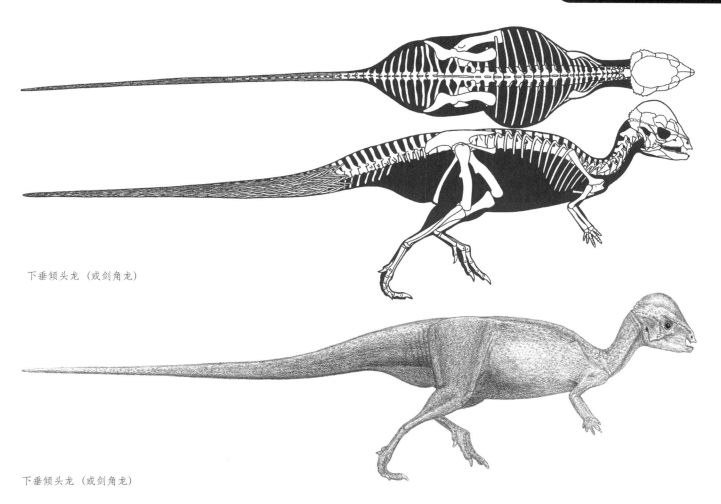

下垂倾头龙（或剑角龙）

下垂倾头龙（或剑角龙）

注释：平头的笼尾平头龙（*Homalocephale calathocer-cos*）可能是下垂倾头龙（*P. prenes*）的未发育成熟状态。未成年的勇士暴龙的猎物。

怀俄明厚头龙（*Pachycephalosaurus wyomingensis*）
体长4.5米，450千克

化石：一些头骨和大部分头后骨骼，未成年个体到成年个体。

解剖学特征：至少一些成年恐龙的脑后部有大棘刺。

年代：晚白垩世，晚马斯特里赫特期。

分布和地层：蒙大拿、南达科塔、怀俄明州；地狱溪组、兰斯组。

栖息地：水分充沛的森林。

习性：可能在种内战斗中使用钝的头刺作为附加的冲撞性武器。

注释：霍格沃茨龙王龙（*Dracorex hogwartsia*）和多刺冥河龙（*Stygimoloch spinifer*）可能是该物种的未成年状态，在这种情况下，棘刺是第二性征；也可能该属有两个物种，另一种是多刺厚头龙（*P. spinifer*）。主要天敌是霸王龙。

角龙类

体型从小型到庞大的头饰龙类，晚侏罗世至恐龙时代结束，生活在北半球和亚洲地区。

解剖学特征：变异范围大。上喙有喙、主齿列上的牙齿有用于切割的缘。

栖息地：非常多样，从沙漠地区到水分充沛的森林。

习性：可能是杂食动物，捕食小型脊椎动物和/或吃腐肉。防御手段包括撕咬。

朝阳龙类

小型角龙类，仅生活在晚侏罗世的亚洲。

解剖学特征：头部较深，眼睛上方有突起物，喙小、略微成钩状，上颌前方的牙齿很大，主齿列上的牙齿呈凿形。除低速行走时为四足动物，其他情况均为两足动物。前肢较短，抓握指前端带有小钝爪。脚趾长，前端有钝爪。

习性：防御手段包括用喙和前牙进行撕咬。

当氏隐龙（*Yinlong downsi*）
体长1.2米，10千克

化石：完整头骨和基本完整的骨骼。

解剖学特征：头部较宽、后半部分很大。

年代：晚侏罗世，牛津期。

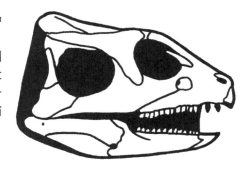

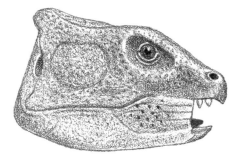

当氏隐龙

怀俄明厚头龙

成年

幼年

分布和地层：中国西北部，石树沟组上部。

注释：已知最早的角龙类。

辽西朝阳龙 （*Chaoyangsaurus youngi*）
体长1米，6千克

    化石：部分头骨和小部分头后骨骼。

    解剖学特征：头部非常宽。

    年代：晚侏罗世，提塘期。

    分布和地层：中国东北部，土城子组。

    栖息地：水分充沛的森林和湖泊。

聂氏宣化角龙 （*Xuanhuaceratops niei*）
体长1米，6千克

    化石：一些部分头骨和头后骨骼。

    解剖学特征：信息不足。

    年代：可能是晚侏罗世。

    分布和地层：中国东北部，后城组。

    栖息地：水分充沛的森林和湖泊。

派克角龙类

    体型从小型到庞大的角龙类，生活在白垩纪时期的北美洲和亚洲。

    解剖学特征：变异范围大，头部宽且沉重，鹦鹉状的喙很窄。轭骨角突非常大。主齿列上的牙齿有切削刃。皮肤由大型玫瑰状鳞片组成。

    栖息地：多种多样，从沙漠地区到水分充沛的森林。

    习性：能够以粗糙植被为食。可能是杂食动物，能捕食小型脊椎动物和/或用鹦鹉状喙和切割齿进食。防御手段包括奔跑和用喙撕咬。

鹦鹉嘴龙类

    小型角龙类，仅生活在早白垩世到白垩纪中期的亚洲。

    解剖学特征：高度统一。头部非常宽，喙不成钩状，鼻孔很小，轭骨角突特别大，视线部分向前，下颌很深、下边缘有凸缘，上颌前部没有牙齿，主齿列较短，牙齿为凿状。尾巴非常长，除低速行走时为四足动物，其他情况均为两足动物。前肢很短，三个抓握手指前端有小钝爪。脚趾很长且前端有小钝爪。至少一些物种的尾巴上有长毛状覆盖物。有胃石群。

    个体发育：生长速度一般。

    栖息地：多种多样，从沙漠地区到水分充沛的森林。

    习性：能够以坚硬的坚果为食，就像现生的鹦鹉那样。

侯氏红山龙 （*Hongshanosaurus houi*）
体长1.5米，15千克

    化石：两块近乎完整的头骨，可能是未成年和成年恐龙。

    解剖学特征：头部亚三角形，吻部很大。

    年代：早白垩世，早阿普特期。

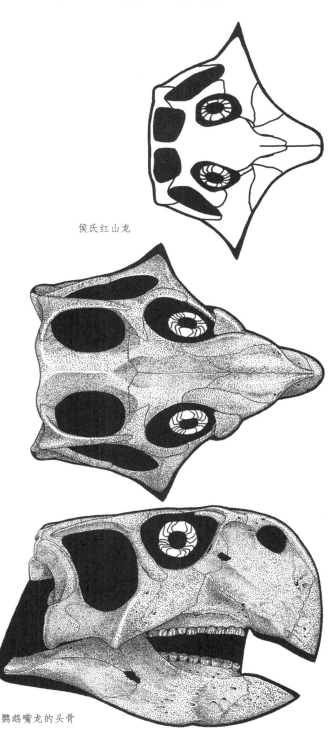

侯氏红山龙

鹦鹉嘴龙的头骨

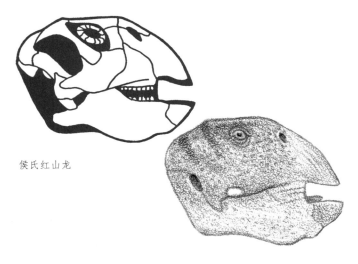

侯氏红山龙

分布和地层：中国东北部，义县组。
栖息地：水分充沛的森林和湖泊。

陆家屯鹦鹉嘴龙（*Psittacosaurus lujiatuensis*）
体长0.9米，5千克

化石：一些头骨和一小部分头后骨骼。
解剖学特征：头部亚三角形，吻部较短，宽度比长度更大。
年代：早白垩世，可能是晚欧特里夫期。
分布和地层：中国东北部，义县组最下部。
栖息地：水分充沛的森林和湖泊。

注释：该属内有着各不相同，又彼此相似的大量的种，这个分类可能是合理的。

鹦鹉嘴龙未命名种？（*Psittacosaurus? unnamed species*）
体长1.2米，10千克

化石：几乎完整的变形头骨和头后骨骼，皮肤和尾部毛状物。
解剖学特征：上臂有大型鳞片，尾巴上有长尾鬃。
年代：早白垩世，可能是早阿普特期。
分布和地层：中国东北部，义县组。
栖息地：水分充沛的森林和湖泊。
注释：最初的发现层位没有记录，在义县组中的层位可能要高于陆家屯鹦鹉嘴龙（*P. lujiatuensis*）。

中国鹦鹉嘴龙（*Psittacosaurus sinensis*）
体长1米，6千克

化石：大量头骨和头后骨骼，一些比较完整，完全已知。
解剖学特征：头部亚三角形，吻部较短，轭骨角突为大型钉刺状。
年代：早白垩世，阿普特期或阿尔布期。
分布和地层：中国东部，青山组。
注释：可能包括了杨氏鹦鹉嘴龙（*P. youngi*）。

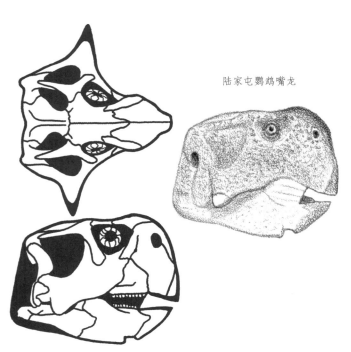

陆家屯鹦鹉嘴龙

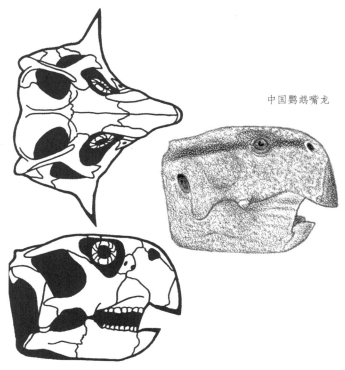

中国鹦鹉嘴龙

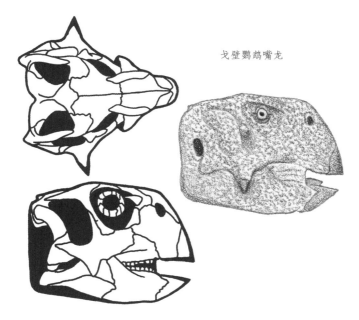

戈壁鹦鹉嘴龙

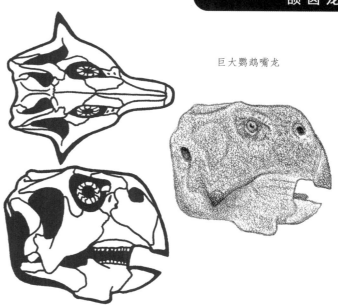

巨大鹦鹉嘴龙

戈壁鹦鹉嘴龙（*Psittacosaurus gobiensis*）
体长1米，6千克

化石： 完整头骨和大部分头后骨骼。

解剖学特征： 头部亚三角形，吻部较短，轭骨角突为大型钉刺状。眼眶后面有小型三角形的号角状角。

年代： 早白垩世，阿普特期。

分布和地层： 中国北部，巴彦戈壁组。

西伯利亚鹦鹉嘴龙（*Psittacosaurus sibiricus*）
体长1.5米，15千克

化石： 完整头骨和大部分头后骨骼，部分化石。

解剖学特征： 头部亚三角形，吻部较短、宽度大于长度，吻部特别深，眼眶前方和上方有大突起，轭骨角突为大型钉刺状。下颌上的凸缘增大。

年代： 早白垩世，阿普特期或阿尔布期。

分布和地层： 西伯利亚中部，伊列克组。

巨大鹦鹉嘴龙（*Psittacosaurus major*）
体长1.6米，18千克

化石： 完整头骨和基本完整的骨骼。

解剖学特征： 头部非常大但较浅、亚三角形。吻部较短。

年代： 早白垩世，早阿普特期。

分布和地层： 中国东北部，义县组。

栖息地： 水分充沛的森林。

注释： 这种两足动物的头部很大，但是很窄，可能是为了减轻体重。

梅勒营鹦鹉嘴龙（*Psittacosaurus meileyingensis*）
体长1.1米，8千克

化石： 两块完整的头骨和部分头后骨骼。

解剖学特征： 头部亚三角形，吻部较短，眼睛上方有凸起物。

年代： 早白垩世，早或晚阿普特期。

分布和地层： 中国东北部，九佛堂组。

栖息地： 水分充沛的森林和湖泊。

注释： 赵氏中国鸟龙（*Sinornithosaurus zhaoianus*）的猎物。

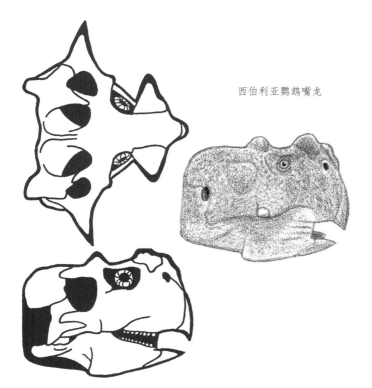

西伯利亚鹦鹉嘴龙

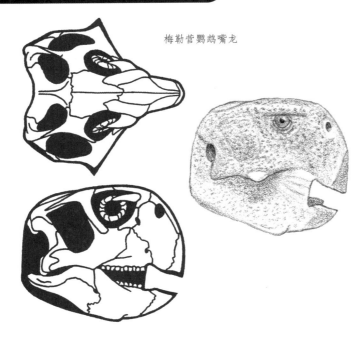

梅勒营鹦鹉嘴龙

内蒙古鹦鹉嘴龙 （*Psittacosaurus neimongoliensis*）
体长1.1米，8千克

化石：近乎完整的头骨和头后骨骼。
解剖学特征：头部亚三角形，吻部较短。
年代：早白垩世晚期。
分布和地层：中国北部，伊金霍洛组。
注释：可能包括鄂尔多斯鹦鹉嘴龙

（*P. ordosensis*）。中国似鸟龙（*Sinornithoides*）的猎物。

蒙古鹦鹉嘴龙 （*Psittacosaurus mongoliensis*）
体长1.5米，15千克

化石：几十块头骨和头后骨骼，很多是完整的，未成年个体到成年个体，完全已知。
解剖学特征：头部亚三角形，吻部较短。
年代：早白垩世，阿普特期和/或阿尔布期。
分布和地层：西伯利亚南部，蒙古，中国北部，胡特克斯卡思维塔组（Khukhtekskaya Svita）、胡恩格卡思维塔组（Khulsyngolskaya Svita）、赫斯科维卡思维塔组（Shestakovskaya Svita）。
注释：典型的鹦鹉嘴龙类（Psittacosaurids）。

马鬃山鹦鹉嘴龙 （*Psittacosaurus mazongshanensis*）
体型大小不详

化石：近乎完整的头骨和部分头后骨骼。
解剖学特征：吻部特别长。
年代：早白垩世晚期。
分布和地层：中国西北部，新民堡群。

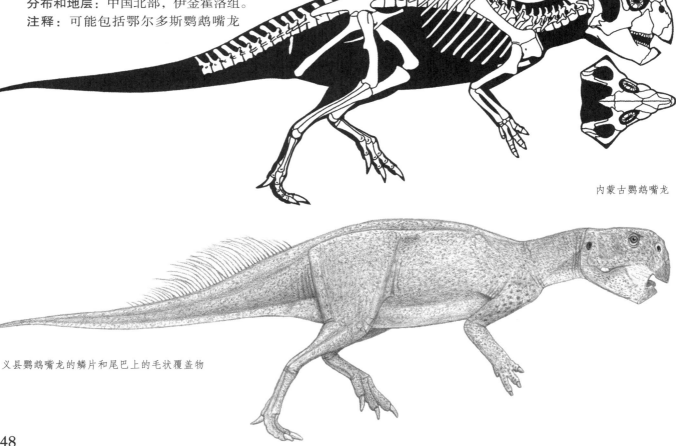

内蒙古鹦鹉嘴龙

义县鹦鹉嘴龙的鳞片和尾巴上的毛状覆盖物

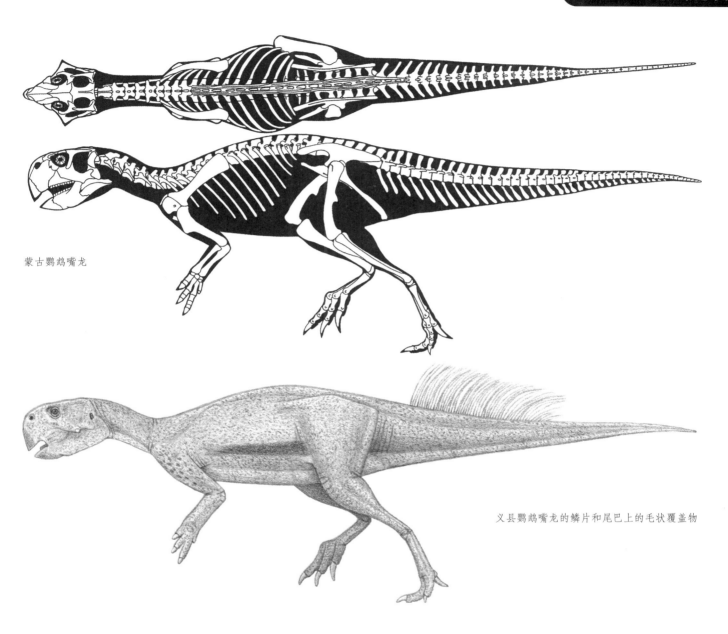

蒙古鹦鹉嘴龙

义县鹦鹉嘴龙的鳞片和尾巴上的毛状覆盖物

新疆鹦鹉嘴龙（*Psittacosaurus xinjiangensis*）
成年恐龙体型不确定

化石： 小部分头骨和大部分头后骨骼，体型较大的未成年个体。

解剖学特征： 头部亚三角形，吻部较短。眼睛上方有凸起物。

年代： 早白垩世晚期。

分布和地层： 中国西北部，吐谷鲁群。

新角龙类

体型从小型到庞大的角龙类，生活在白垩纪的北美洲和亚洲。

解剖学特征： 变异范围较大。头部非常大，轭骨角突后移朝向颌关节，上喙至少轻微呈钩状。颈部直，骨化的肌腱使得躯干僵硬。尾巴不长，主要为四足动物，也许能够奔跑或小跑。肩带稍低于腰带，前掌和五指较短，指和趾前端都有蹄。

栖息地： 多种多样，从沙漠地区到水分充沛的森林。

习性： 超大的头部可能至少在某种程度上用于种内竞争。防御手段可能往往是像猪类和犀类一样勇猛战斗。

原角龙类

体型从小型到非常大，原角龙类，生活在白垩纪的北美洲和亚洲。

解剖学特征：鼻腔开孔很高但是不大，主齿列较短，牙齿呈凿状。奔跑的时候也许既能两足着地又能四足着地。脚趾很长。

栖息地：多种多样，从沙漠地区到水分充沛的森林。

注释：该属种也许能细分成很多分支。其生活状态类似于现生的猪类。

燕子沟辽角龙 （*Liaoceratops yanzigouensis*）

体长0.5米，2千克

化石：两块头骨，未成年和成年个体。

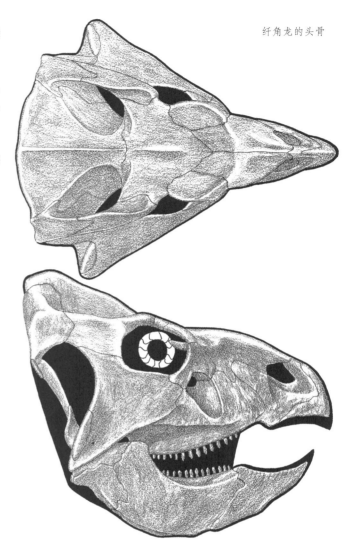

纤角龙的头骨

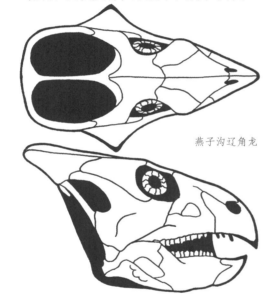

燕子沟辽角龙

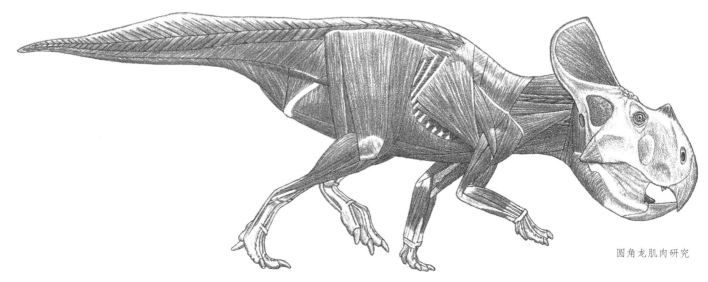

圆角龙肌肉研究

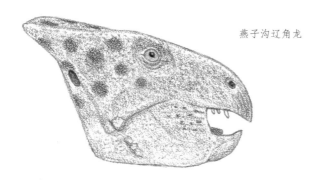

燕子沟辽角龙

解剖学特征：头部很深，顶饰很短且不宽，牙齿长在上颌前部附近。

年代：早白垩世，巴雷姆期。

分布和地层：中国东北部，义县组下部。

栖息地：水分充沛的森林和湖泊。

大岛氏古角龙 （*Archaeoceratops oshiami*）
体长0.9米，10千克

化石：头骨和部分头后骨骼。

解剖学特征：头部很深，眼睛上方有凸起物，顶饰刚刚发育，牙齿位于上颌前部附近。

年代：早白垩世，阿普特期。

分布和地层：中国中部，新民堡群。

注释：不能确定该物种是短前肢的两足动物，还是长前肢的四足动物。

贺氏斗吻角龙 （*Cerasinops hodgskissi*）
体长2.5米，175千克

化石：部分头骨和头后骨骼。

解剖学特征：头部很深，顶饰很短，下颌很深，前肢和后肢相比较短，所以可能比其他的原角龙更倾向于两足化。

年代：晚白垩世，圣通期。

分布和地层：蒙大拿，下双麦迪逊组。

栖息地：季节性干旱的山地树林。

兹氏安德萨角龙 （*Undanoceratops tschizhovi*）
体长4米，700千克

解剖学特征：头部很深，鼻腔开孔很大，下颌非常深且十分厚重，前肢和后肢相比较短，所以可能比其他的原角龙更倾向于两足化。

年代：晚白垩世，晚圣通期和/或早坎潘期。

分布和地层：蒙古，德加多克赫塔组。

栖息地：有沙丘和绿洲的沙漠地区。

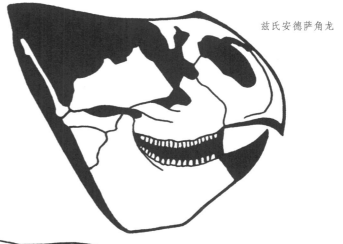

兹氏安德萨角龙

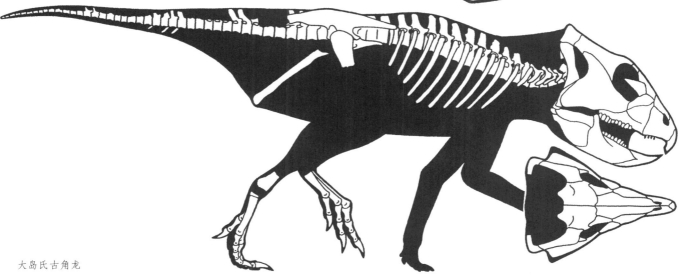

大岛氏古角龙

习性：下颌有断裂后愈合的痕迹，表明种内有激烈的争斗。

注释：可能包括埃氏贝恩角龙（*Bainoceratops efremovi*）。主要天敌是伶盗龙。

短颌太阳角龙（*Helioceratops brachygnathus*）
体长1.3米，20千克

化石：小部分头骨。

解剖学特征：下颌全长都非常深。

年代：早白垩世晚期，或晚白垩世早期。

分布和地层：中国东北部，泉头组。

注释：与长春龙（*Changchunsaurus*）共享栖息地。

东戈壁阎王角龙（*Yamaceratops dorngobiensis*）
体长0.5米，2千克

化石：大部分头骨和小部分头后骨骼。

解剖学特征：顶饰较短、非常宽。

年代：可能是晚白垩世，可能是圣通期或坎潘期。

分布和地层：蒙古，家和兰特组（Javkhlant）。

皱纹黎明角龙（*Auroraceratops rugosus*）
体长6米，1.3吨

化石：近乎完整的头骨。

解剖学特征：吻部较短，顶饰刚刚发育，牙齿位于上颌前部附近，下颌前面较浅，下喙突出。

年代：早白垩世，阿普特期。

分布和地层：中国北部，新民堡群。

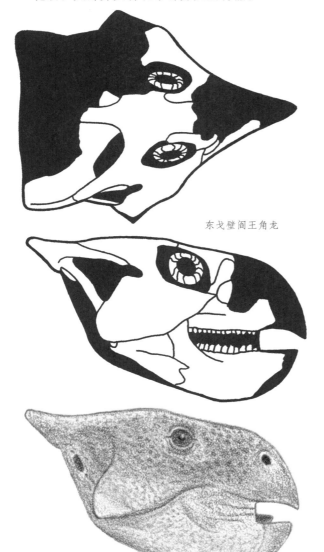

东戈壁阎王角龙

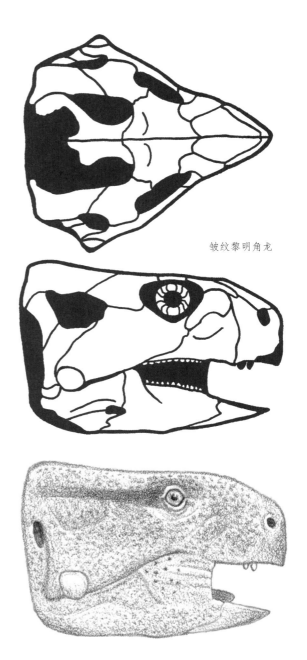

皱纹黎明角龙

派岗倾角龙（*Prenoceratops pieganensis*）
体长1.3米，20千克

  化石：完整头骨和来自大量头后部分的骨骼。
  解剖学特征：头部较深，顶饰的全长不详，上颌非常深。
  年代：晚白垩世，中和/或晚坎潘期。
  分布和地层：蒙大拿，上双麦迪逊组。
  栖息地：季节性干旱的山地树林。

纤细纤角龙（*Leptoceratops gracilis*）
体长2米，100千克

  化石：一些头骨和头后骨骼。
  解剖学特征：头部非常大、深，眼睛上方有凸起物，顶饰刚刚发育，下颌非常深。
  年代：晚白垩世，晚马斯特里赫特期。

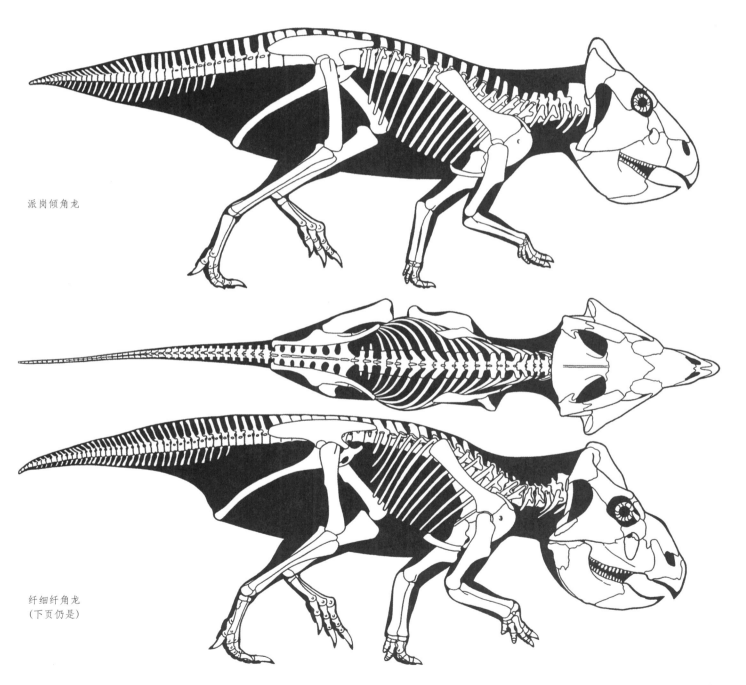

派岗倾角龙

纤细纤角龙
（下页仍是）

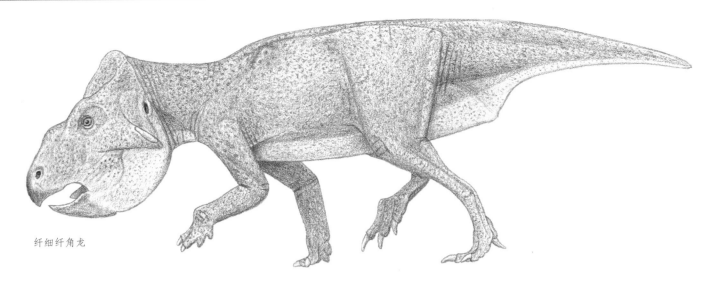

纤细纤角龙

分布和地层：蒙大拿州、怀俄明州、艾伯塔，地狱溪组、兰斯组、斯科勒德组等。

栖息地：山地森林。

角嘴蒙大拿角龙 （*Montanoceratops cerorhynchus*）
体长2.5米，170千克

化石：部分头骨和头后骨骼。

解剖学特征：头很深，没有鼻角，顶饰的最大尺寸不详。尾巴上的高大神经棘形成浅帆状结构。

年代：晚白垩世，早马斯特里赫特期。

分布和地层：艾伯塔、蒙大拿州，圣玛丽河组、马蹄铁峡谷组下部。

栖息地：水分充沛、草木丛生、有沿海沼泽和湿地的河漫滩。

蒙古纤细盗龙 （*Graciliceratops mongoliensis*）
成年恐龙体型不确定

化石：部分头骨和头后骨骼。

解剖学特征：头部顶饰较短且不宽。尾巴很长。

年代：晚白垩世。

分布和地层：蒙古，什热古山组 （Shireegiin Gashun）。

安氏原角龙 （*Protoceratops andrewsi*）
体长2.5米，175千克

化石：几十个头骨和一些部分头后骨骼，很多都很完整，未成年个体到成年个体。

解剖学特征：头部很深，且十分宽大。鼻角刚刚发育，顶饰很宽大，牙齿位于上颌前部附近。尾巴上的高大神经棘形成浅帆状结构。

年代：晚白垩世，晚圣通期和/或早坎潘期。

分布和地层：蒙古，中国北部；德加多克赫塔组（Djadokhta）、民和组。

栖息地：有沙丘和绿洲的沙漠地区。

习性：一只原角龙撕咬一只伶盗龙前肢的化石被保存下来，伶盗龙是原角龙的主要天敌。

注释：典型的原角龙类。与安德萨角龙（*Undanoceratops*）共享栖息地。

角嘴蒙大拿角龙

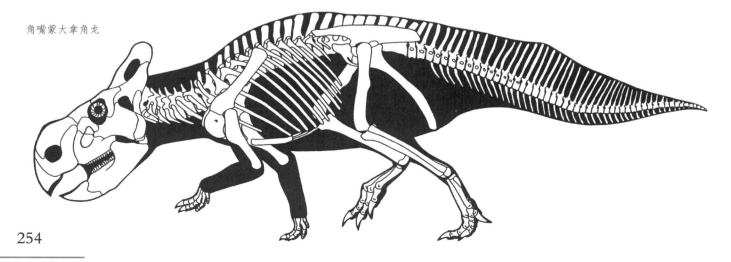

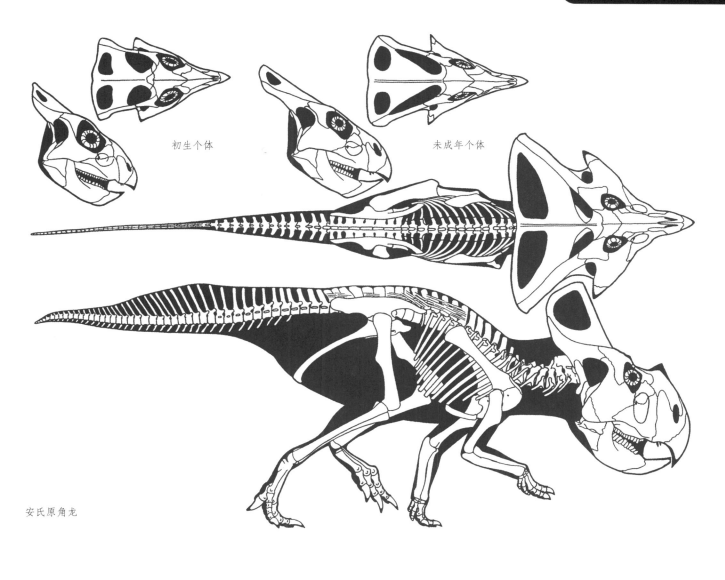

初生个体　　　　　　　　　　未成年个体

安氏原角龙

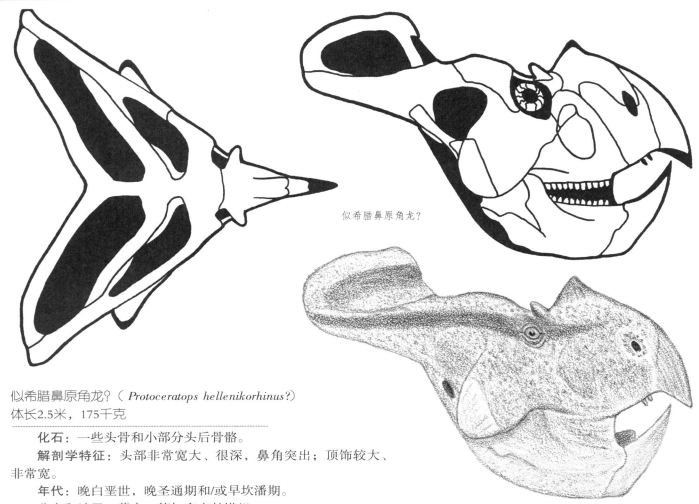

似希腊鼻原角龙?

似希腊鼻原角龙?（*Protoceratops hellenikorhinus?*）
体长2.5米，175千克

化石：一些头骨和小部分头后骨骼。
解剖学特征：头部非常宽大、很深，鼻角突出；顶饰较大、非常宽。
年代：晚白垩世，晚圣通期和/或早坎潘期。
分布和地层：蒙古，德加多克赫塔组。
栖息地：有沙丘和绿洲的沙漠。
注释：可能是安氏原角龙（*P. andrewsi*）的成年状态。

罗氏弱角龙（*Bagaceratops rozhdestvenskyi*）
体长0.8米，7千克

化石：一些完整头骨，许多部分头骨和头后骨骼。
解剖学特征：头部很深，有鼻突；顶饰很短但非常宽。

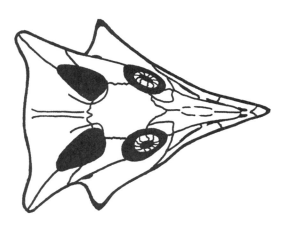

罗氏弱角龙

年代：晚白垩世，中坎潘期。

分布和地层：蒙古，和鸣特撒组（Hermiin Tsav）、巴如安郭组。

栖息地：有一些沙丘和绿洲的半沙漠地区。

注释：小戈壁角龙（Gobiceratops minutus）可能是该物种的未成年状态。与膨头龙（Tylocephale）共享栖息地。

董氏巨嘴龙（Magnirostris dongi）
体长2.5米，175千克

化石：大部分头骨。

解剖学特征：头部和下颌不如其他原角龙类那样深，喙较大。

年代：晚白垩世，坎潘期。

分布和地层：中国北部，乌兰苏海组。

克氏祖尼角龙（Zuniceratops christopheri）
体长2.2米，175千克

化石：一些部分头骨和头后骨骼。

解剖学特征：头部较长，没有鼻角，眉角较大；顶饰较长。

年代：晚白垩世，中土仑期。

分布和地层：新墨西哥州，麦金利山组。

栖息地：有沼泽和湿地的沿海地区。

习性：角和顶饰可能是炫耀和种内竞争的器官，另外还可以用来防御兽脚类恐龙的攻击。

注释：与懒爪龙（Nothronychus）共享栖息地。

角龙类

体型从很大到庞大的新角龙类，仅生活在晚白垩世晚期的北美洲和亚洲。

解剖学特征：除头饰不同外，其他特征相当统一。上喙呈钩状，吻部很大，有眉角和/或鼻角，头骨上各式各样的突起和号角状角饰，头部顶饰发达，下颌冠状突非常发达，上颌前部没有牙齿，主齿列很长且演化成复杂的切齿系，有数百颗牙齿。骨骼粗壮。最前部的颈椎融合在一起。髋部前面的肋骨彼此相连，并与腰带前的耻骨相连。尾巴变短、朝下。行迹显示后足比前足更接近身体中线。指较短。腰带非常大，表明它们的肌肉十分发达，脚趾更短。

个体发育：增长速度似乎非常快，这样可能有利于减少在掠食者前面的暴露机会，同时也可以迅速从掠食者的伤害中恢复过来。

习性：一些物种可能偶尔会到浅水处觅食；可能以腐肉为食。角和顶饰可能是炫耀器官和种内竞争的武器；胸腔的大型鳞甲可能有助于保护身体两侧。防御手段可能包括像熊一样站立和用倾斜顶饰恐吓攻击者，其次是爆发性很强的短角和/或喙。顶饰和棘刺（某些情况下）有助于保护颈部。单一物种构成的骨床表明至少某些物种有时会聚集成大的群落。

注释：在恐龙中，其相当于现代哺乳动物中的犀牛和现已灭绝的大型猪类。

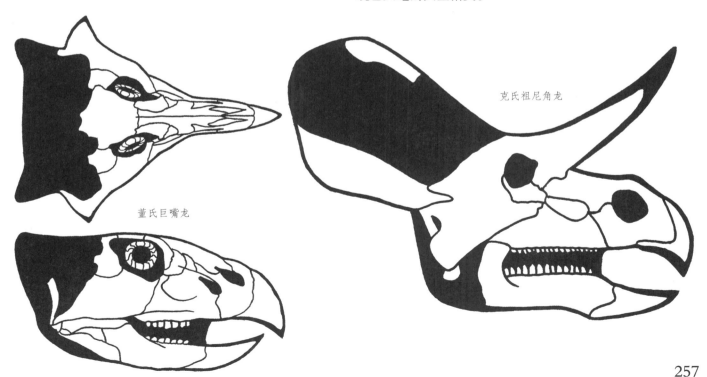

董氏巨嘴龙

克氏祖尼角龙

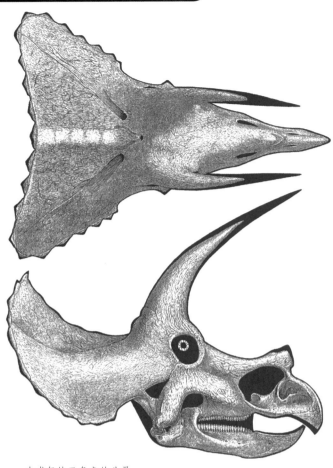

未成年的三角龙的头骨

年代：晚白垩世，中或晚土仑期。

分布和地层：乌兹别克斯坦，彼赛克提组（Bissekty）。

栖息地：沿海地区。

注释：亚洲发现的首例角龙类恐龙。与其他角龙类之间的亲缘关系尚不确定。与列弗尼斯氏龙（*Levnesovia*）共享栖息地。

尖角龙类

大型角龙类，仅生活在晚白垩世晚期的北美洲。

解剖学特征：除头饰不同外，其他特征相当统一。吻部亚三角形，顶饰往往未强烈延长，开放的、亚三角形的角，号角状角饰和突在同一物种间往往差异很大，而且个体上的这些装饰通常不对称。

伊氏艾伯塔角龙（＝恶魔角龙）〔*Albertaceratops*（=*Diabloceratops*）*eatoni*〕
体长4.5米，1.3吨

化石：大部分头骨。

解剖学特征：鼻突较低、成狭窄的脊线状，眉角大，顶饰近垂直、强烈向上倾斜，后边缘有一对朝外的细长棘刺，侧边有小型号角状饰物。

年代：晚白垩世，早坎潘期。

分布和地层：犹他州，洼河维泊组（Wahweap）。

慢图兰角龙（*Turanoceratops tardabilis*）
体长2米，175千克

化石：一些不太完整的头骨和头后骨骼。

解剖学特征：眉角很发达。

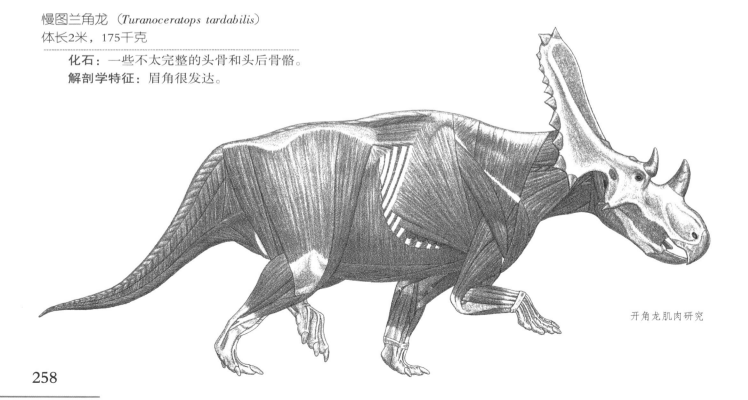

开角龙肌肉研究

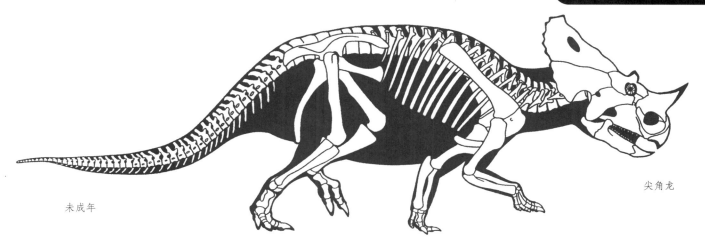

尖角龙

未成年

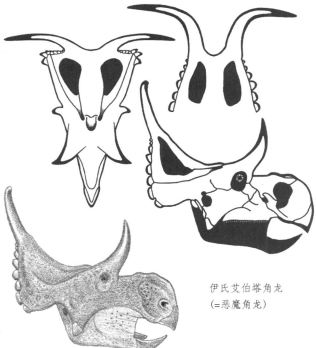

伊氏艾伯塔角龙
（=恶魔角龙）

奈氏艾伯塔角龙

奈氏艾伯塔角龙 (*Albertac-eratops nesmoi*)
体长5.8米，3.5吨

化石：一块头骨的大部，来自骨床的大部分头后骨骼。

解剖学特征：鼻突较低、成狭窄的脊线状，眉角大，顶饰近垂直，后边缘有一对朝外的细长棘刺，侧边有小的号角状饰物。

年代：晚白垩世，中坎潘期。

分布和地层：艾伯塔，老人组下部。

栖息地：水分充沛地区，有沿海湿地和沼泽、草木丛生的河漫滩，在寒冷冬日也能生存。

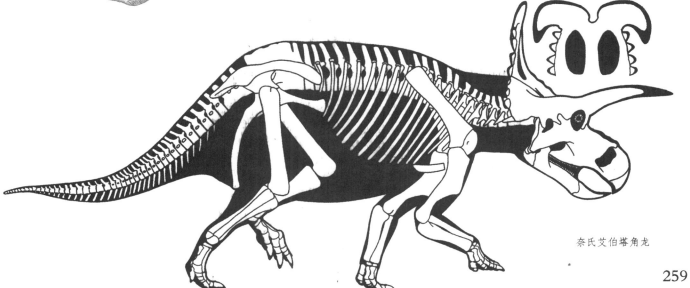

奈氏艾伯塔角龙

布氏尖角龙 (*Centrosaurus brinkmani*)
体长5米，2吨

化石：骨床的大量化石。

解剖学特征：鼻角较大、成垂直状，眉角较小、指向侧面，顶饰近垂直，边缘有小的号角状饰物。

年代：晚白垩世，中坎潘期。

分布和地层：艾伯塔，老人组上部。

栖息地：水分充沛地区，有沿海湿地和沼泽、草木丛生的河漫滩，在寒冷冬日也能生存。

习性：垂直的角表明该物种能做出向上插刺的动作。

注释：主要天敌是强健惧龙 (*Daspletosaurus torosus*)。

爱普尖角龙 (*Centrosaurus apertus*)
体长5.5米，2.3吨

化石：完整的和部分头骨和头后骨骼，骨床大量化石，完全已知。

解剖学特征：鼻角很大、垂直或朝前，眉角较小、指向侧面，顶饰近垂直，边缘有小的号角状饰物。

年代：晚白垩世，晚坎潘期。

分布和地层：艾伯塔，恐龙公园组下部。

栖息地：水分充沛地区，有沿海湿地和沼泽、草木丛生的河漫滩，在寒冷冬日也能生存。

习性：前向的角表明该物种能做出正面插刺的动作。

注释：可能是布氏尖角龙 (*C. brinkmani*) 的直系后裔。与罗氏开角龙 (*Chasmosaurus russelli*) 共享栖息地。来自蒙大拿州朱迪思河组的化石被命名为独角龙 (*Monoclonius*)，这是建立在化石记录不足的基础之上的，这些化石可能属于爱普尖角龙 (*C. apertus*) 和/或角鼻角鼻龙 (*C. nasicornis*)。

角鼻尖角龙 (*Centrosaurus nasicornis*)
体长5米，2吨

化石：完整的头骨和头后骨骼，骨床大量化石，完全已知。

解剖学特征：鼻角很大、总是垂直状，眉角较小、指向侧面，顶饰近垂直，边缘有小的号角状饰物。

年代：晚白垩世，晚坎潘期。

分布和地层：艾伯塔，恐龙公园组中部。

爱普尖角龙

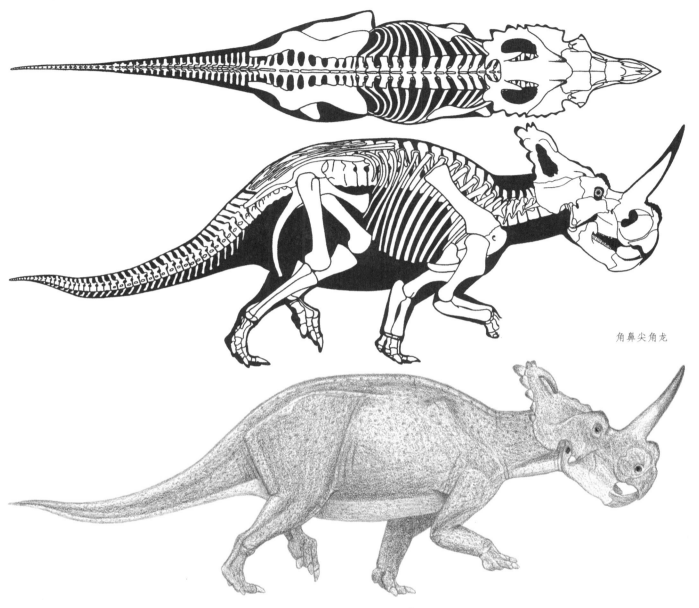

角鼻尖角龙

栖息地：水分充沛地区，有沿海湿地和沼泽、草木丛生的河漫滩，在寒冷冬日也能生存。

习性：垂直的角表明该物种能做出向上插刺的动作。

注释：可能是爱普尖角龙（*C. apertus*）的直系后裔。骨床的化石群表明该物种有时会聚集成很大的群落。与贝氏开角龙（*Chasmosaurus belli*）共享栖息地。

艾伯塔尖角龙（=戟龙）［*Centrosaurus*（=*Styracosaurus*）*albertensis*］
体长5.1米，1.8吨

化石：一些完整的以及部分的头骨和头后骨骼，骨床化石。

解剖学特征：鼻角很大，眉角较小，顶饰近垂直，边缘有一系列大棘刺，最里面的刺向外分叉，有号角状角饰环绕其边缘。

年代：晚白垩世，晚坎潘期。

分布和地层：艾伯塔，恐龙公园组上部。

栖息地：水分充沛地区，有沿海湿地和沼泽、草木丛生的河漫滩，在寒冷冬日也能生存。

习性：垂直的角表明该物种能做出向上插刺的动作。

注释：与尔文开角龙（*Chasmosaurus irvinensis*）共享栖息地。可能是角鼻尖角龙（*C. nasicornis*）的直系后裔。没有大型眉角和近垂直顶饰的尖角龙类的头骨和骨骼非常相似，除了角、突起物和顶饰的细节外，它们可能构成同一个属。

艾伯塔尖角龙 （=戟龙）

卵圆尖角龙 （=戟龙）

卵圆尖角龙 （=戟龙）［*Centrosaurus* （=*Styracosaurus*） *ovatus*］
体长5米，2吨

化石：小部分头骨。

解剖学特征：顶饰近垂直，边缘有一系列大棘刺，最里面的刺向内收敛。

年代：晚白垩世，中和/或晚坎潘期。

分布和地层：蒙大拿州，上双麦迪逊组。

习性：垂直的角表明该物种能做出向上插刺的动作。

栖息地：季节性干旱的山地树林。

注释：与前弯角尖角龙 （*C. procurvicornis*）共享栖息地。

前弯角尖角龙 （=野牛龙）［*Centrosaurus* （=*Einosaurus*） *procurvicornis*］
体长4.5米，1.3吨

化石：一些部分头骨和大量头后骨骼，未成年个体到成年个体。

解剖学特征：鼻角大而深，强烈向后弯曲，顶饰近垂直，后边缘中间附近有两个大棘刺，边缘有号角状角饰。

年代：晚白垩世，中和/或晚坎潘期。

分布和地层：蒙大拿州，上双麦迪逊组。

何氏尖角龙（=河神龙）

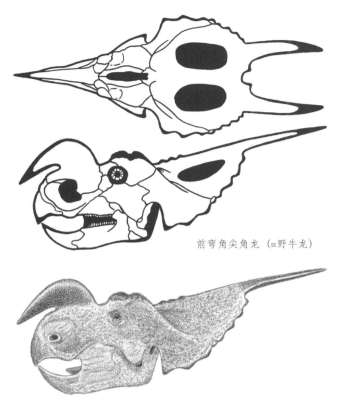

前弯角尖角龙（=野牛龙）

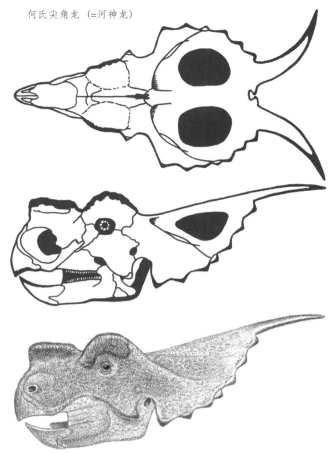

栖息地： 季节性干旱的山地树林。

习性： 可能会用号角状角饰边缘冲撞种内其他成员，以及暴龙类恐龙；对付后者的主要武器是它的喙。

注释： 一件命名为蒙大拿短角龙（*Brachycertops montanensis*）的未成年个体化石在分类学上不够合理，这种未成年个体可能属于该种，或者卵圆尖角龙（*C. ovatus*）。

何氏尖角龙（=河神龙）[*Centrosaurus*（=*Achelousaurus*）*horneri*]
体长6米，3吨

化石： 一些部分头骨和一具部分头后骨骼。

解剖学特征： 有鼻突和眉突，顶饰近垂直，后边缘中间附近有两个部分向外弯曲的长棘刺，边缘有号角状角饰。

年代： 晚白垩世，中和/或晚坎潘期。

分布和地层： 蒙大拿州，上双麦迪逊组。

拉氏尖角龙（=厚鼻龙）[*Centrosaurus*（=*Pachyrhinosaurus*）*lakustai*]
体长5米，2吨

化石： 大量部分头骨和头后骨骼。

解剖学特征： 未成年恐龙有低的鼻角，随年龄增长逐渐被鼻突和眉突取代，成年后鼻角和眉角融为一体。顶饰近垂直，至少一个成年个体的顶饰中线上，有不规则的垂直短角/结节/隆起物，后边缘有两个侧向弯曲的刺，沿着顶饰中线还有两个互指的小角，边缘有号角状角饰。

年代： 晚白垩世，晚坎潘期。

分布和地层： 艾伯塔，马鹿组（Wapati）中部。

栖息地： 水分充沛地区，有沿海湿地和沼泽、草木丛生的河漫滩，在寒冷至严寒的冬日也能生存。

注释： 诸多角构造不能完全排除其属于厚鼻龙类。

加拿大尖角龙（=厚鼻龙）[*Centrosaurus*（=*Pachyrhinosaurus*）*canadensis*]
体长6米，3吨

化石： 大量部分头骨和头后骨骼。

解剖学特征： 未成年恐龙有鼻突和眉突，成年后鼻角和眉角融为一体。顶饰近垂直，后缘有两个指向后面和侧面的刺，沿着中线有两个互指的小角，边缘有号角状角饰。

年代： 晚白垩世，早马斯特里赫特期。

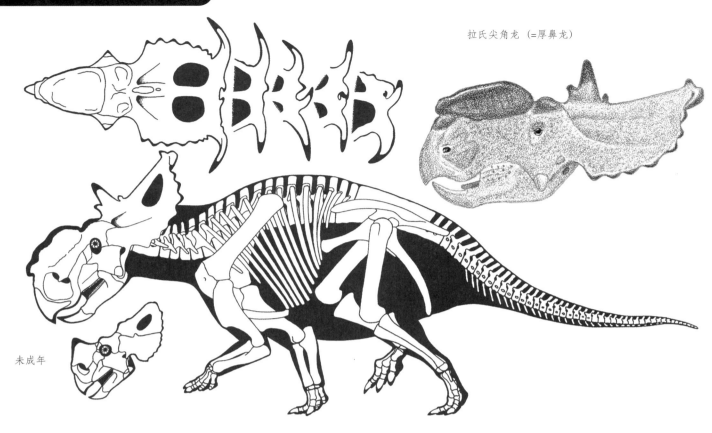

拉氏尖角龙（=厚鼻龙）

未成年

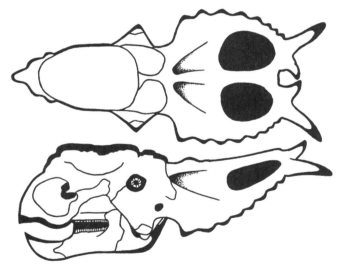

加拿大尖角龙（=厚鼻龙）

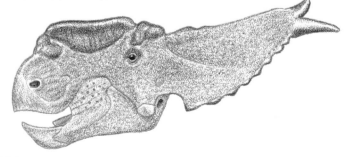

分布和地层：艾伯塔，马蹄铁峡谷组下部、圣玛丽河组。

栖息地：水分充沛地区，有沿海湿地和沼泽、草木丛生的河漫滩，在寒冷至严寒的冬日也能生存。

注释：可能是拉氏尖角龙（*C. lakustai*）的后裔。

角龙类

体型从很大到庞大的角龙类，仅生活在晚白垩世晚期的北美洲。

解剖学特征：吻部变长，眉角比鼻角更加突出，顶饰近垂直、至少在成年之前都为实心，在顶饰中线有号角状角饰。尾巴一般比尖角龙类短。

注释：该种群的可靠性尚不确定。

拉氏爱氏角龙（*Avaceratops lammersi*）
体长4米，1吨
- -
化石：一块或两块部分头骨和头后骨骼，为发育成熟的个体。

解剖学特征：可能有发达的眉角。

年代：晚白垩世，晚坎潘期。

分布和地层：蒙大拿州，朱迪思河组。

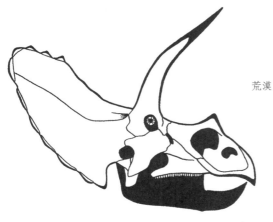

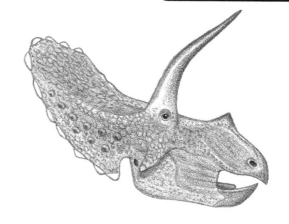

荒漠三角龙（=始三角龙）

栖息地：水分充沛、草木丛生、有沿海沼泽和湿地的河漫滩。

注释：最早标本中的头骨缺失顶部，第二块头骨则有眉角，后者在该种群的位置尚不确定。可能是已知最小的角龙类。这些未成熟的标本之间的亲缘关系还不确定，通常被认为是尖角龙类。

栖息地：水分充沛地区，有沿海湿地和沼泽、草木丛生的河漫滩，在寒冷冬日也能生存。

注释：目前已知最大的角龙类，可与已知的头部最大的陆生动物——斯氏开角龙（*Chasmosaurus sternbergi*）相媲美。将始三角龙（*Eotriceratops*）与非常相似的三角龙（*Triceratops*）分开建属是没有依据的。可能是恐怖三角龙（*T. horridus*）的直系祖先。通常认为开角龙类（Chasmosaurines）与准角龙（*Anchiceratops*）相关。

荒漠三角龙（=始三角龙）［*Triceratops*（=*Eotriceratops*）*xerinsularis*］
体长8.5米，10吨

化石：完整头骨和小部分头后骨骼。

解剖学特征：吻部浅，鼻角小，眉角长，顶饰较细长。

年代：晚白垩世，中马斯特里赫特期。

分布和地层：艾伯塔，马蹄
铁峡谷组上部。

褶皱三角龙（*Triceratops horridus*）
体长8米，9吨

化石：很多头骨，一些完整骨骼和部分头后骨骼，包括未成年个体，完全已知。

恐怖三角龙
（下页仍是）

未成熟

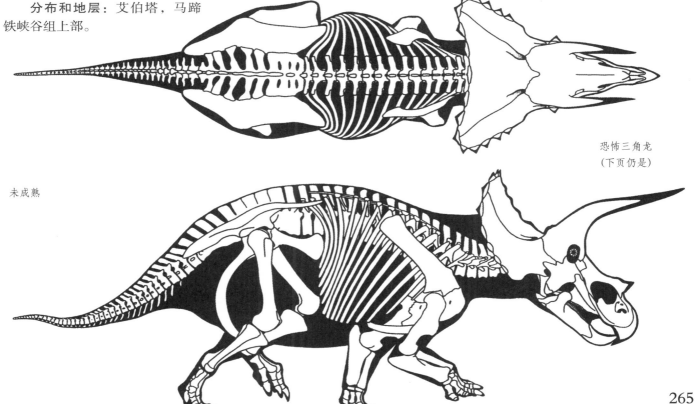

褶皱三角龙

发育成熟的（=宽牛角龙）

发育序列

解剖学特征：吻部浅，鼻角小，眉角长，随年龄增长，逐渐由后弯变为前弯。至少一个性别的顶饰可能随发育而大大拉长，同时发育出大开口。骨骼非常粗壮。行迹表明脚部靠着身体中线。鳞片通常比其他角龙类大，最大的鳞往往成突起的锥形体，成不规则间隔排列。

年代：晚白垩世，晚马斯特里赫特期。

分布和地层：科罗拉多州，达科他州，怀俄明州，蒙大拿州，兰斯组，地狱溪组，丹佛组，拉勒米组。

栖息地：水分充沛的森林。

注释：主要或完全局限在美国境内，发现恐怖三角龙（T. horridus）的概率比普氏三角龙（T. prorsus）高一倍。包括海氏双角龙（Diceratops hatcheri）。成年恐龙显然已经被归入牛角龙（Torosaurus），而来自更靠近西部和南部各州的不完整标本被分配给牛角龙或另一个分类单元，这种做法还有待商榷。主要天敌是暴龙。

完全发育成熟（=宽牛角龙）

普氏三角龙（*Triceratops prorsus*）
体长8米，9吨

化石：很多头骨和部分头后骨骼。

解剖学特征：吻部深，鼻角较长，眉角更长；顶饰不延长，完全发育成熟时可能会有大开口。骨骼非常粗壮。

年代：晚白垩世，晚马斯特里赫特期。

分布和地层：艾伯塔，萨斯喀彻温省，蒙大拿州，怀俄明州，斯科勒德组，法国人组，兰斯组，地狱溪组。

栖息地：水分充沛的森林，在寒冷冬日也能生存。

习性：一个被咬掉又愈合的眉角表明，该物种会与自己的主要天敌——暴龙积极战斗。

注释：晚马斯特里赫特期的分布于更北部的三角龙种，与美国加拿大边境的恐怖三角龙（*T. horridus*）有重叠，该地区的这两个种如果没有头骨的话可能会相互混淆。来自加拿大的，一个非常大的有开口顶饰的可能属于一只成熟的恐怖三角龙（*T. horridus*），或无鼻角龙（*Ar-rhinoceratops*）的一个种。

开角龙类

体型从很大到庞大的角龙类，仅生活在晚白垩世晚期的北美洲。

解剖学特征：吻部变长，顶饰总是又长又宽。尾巴一般比尖角龙类短。

小脸无鼻角龙（*Arrhinoceratops brachyops*）
体长4.5米，1.3吨

化石：完整头骨。

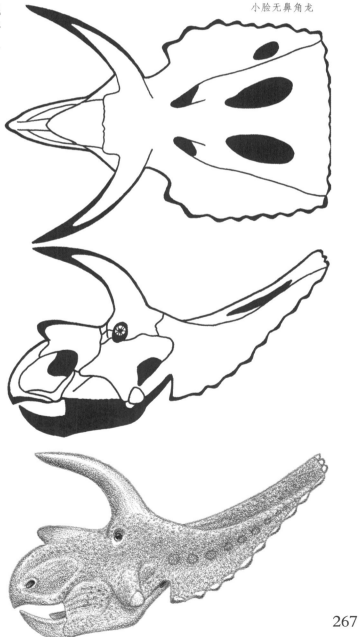

小脸无鼻角龙

普氏三角龙发育序列

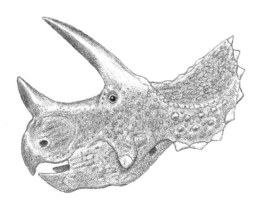

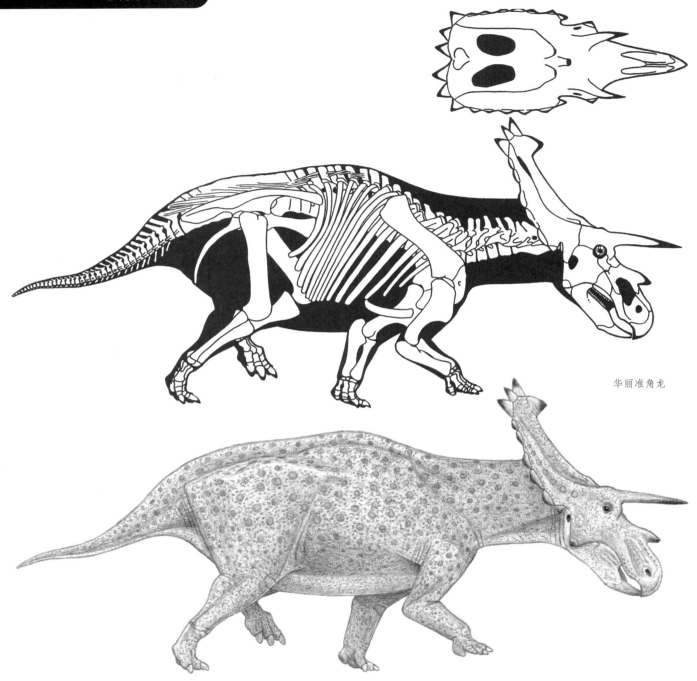

华丽准角龙

解剖学特征：鼻角短，眉角长；顶饰亚三角形，后边缘不宽。

年代：晚白垩世，早马斯特里赫特期。

分布和地层：艾伯塔，马蹄铁峡谷组下部。

栖息地：水分充沛地区，有沿海湿地和沼泽、草木丛生的河漫滩，在寒冷冬日也能生存。

注释：食肉艾伯塔龙（Albertosaurus sarcophagus）的猎物。一个来自加拿大，晚马斯特里赫特期的，非常大的顶饰化石可能属于后出现的、大型的无鼻角龙（Arrhinoceratops），或者是一只发育成熟的普氏三角龙

（T. prorsus）。

华丽准角龙（Anchiceratops ornatus）
体长4.3米，1.2吨
- -
化石：一块完整头骨和一具完整骨骼。

解剖学特征：鼻角短，眉角长，顶饰亚三角形，后边缘不宽，沿中线和背缘有大型号角状饰物，边缘有小的号角状饰物，脖子比其他角龙类长。

年代：晚白垩世，晚坎潘期到早马斯特里赫特期。

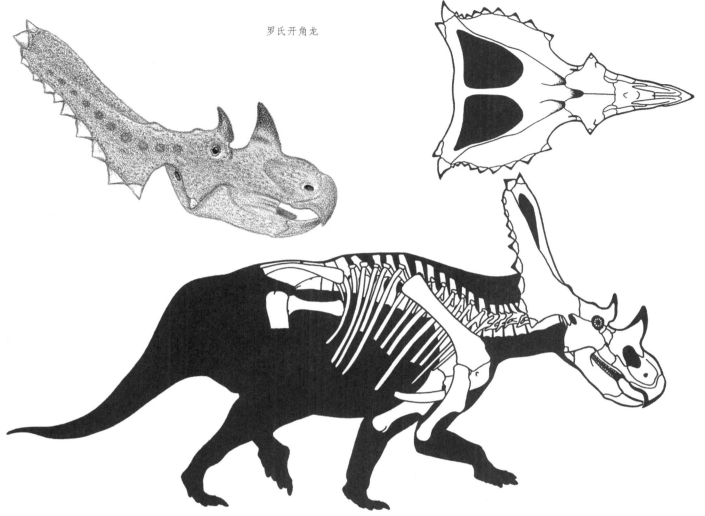

罗氏开角龙

罗氏开角龙

分布和地层：艾伯塔，恐龙公园组上部、马蹄铁峡谷组下部。

栖息地：水分充沛地区，有沿海湿地和沼泽、草木丛生的河漫滩，在寒冷冬日也能生存。

罗氏开角龙（*Chasmosaurus russelli*）
体重4.3米，1.5吨

化石：一块完整或部分头骨，部分头后骨骼。

解剖学特征：鼻角短，眉角短或长，顶饰亚三角形，后边缘非常宽并呈浅U形，侧向有大型的号角状结构，沿两侧边缘有小的号角状饰物，肩隆支撑着到脖子和脑袋的颈部韧带。腹部很宽，后腿呈弓形。

年代：晚白垩世，晚坎潘期。

分布和地层：艾伯塔，恐龙公园组下部。

栖息地：水分充沛地区，有沿海湿地和沼泽、草木丛生的河漫滩，在寒冷冬日也能生存。

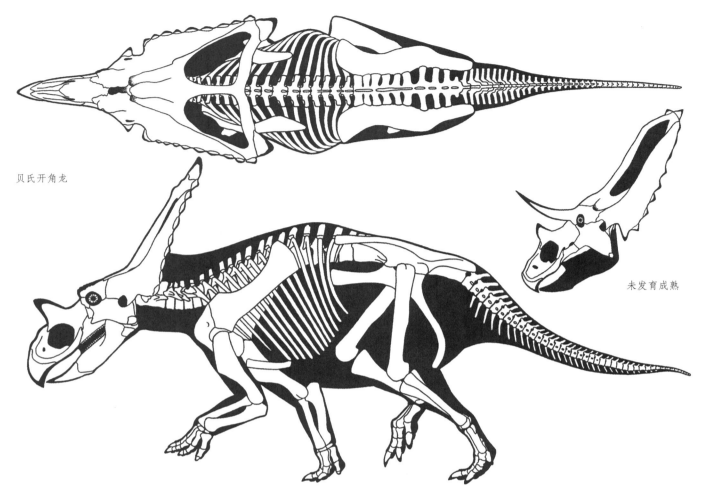

贝氏开角龙

未发育成熟

习性：短角的个体在防御时对喙的依赖性比角更高。

注释：与爱普尖角龙（Centrosaurus apertus）共享栖息地。

贝氏开角龙（*Chasmosaurus belli*）
体长4.8米，2吨

化石：很多头骨和头后骨骼，完全已知。

解剖学特征：鼻角和眉角较短、方向多变，顶饰亚三角形，后边缘非常宽并成浅V形，角落有大型的号角状结构，沿侧边缘有小的号角状饰物，肩隆支撑着到脖子和脑袋的颈部韧带。腹部很宽，后腿成弓形。

年代：晚白垩世，晚坎潘期。

分布和地层：艾伯塔，恐龙公园组中部。

栖息地：水分充沛地区，有沿海湿地和沼泽、草木丛生的河漫滩，在寒冷冬日也能生存。

习性：防御的时候对喙的依赖性可能比角更高。

注释：可能是罗氏开角龙（*C. russelli*）的直系后裔。与角鼻角鼻龙（*Centrosaurus nasicornis*）共享栖息地。

尔文开角龙（*Chasmosaurus irvinensis*）
体长4.5米，1.2吨

化石：一些头骨和一具扭曲骨骼的一大部分。

解剖学特征：鼻角较短、无眉角，顶饰不像开角龙（*Chasmosaurus*）那样细长，后边缘非常宽、垂直状，有号角状饰物，沿侧边缘有小的号角状饰物。腹部很宽，后腿呈弓形。

年代：晚白垩世，晚坎潘期。

分布和地层：艾伯塔，恐龙公园组上部。

未成年个体

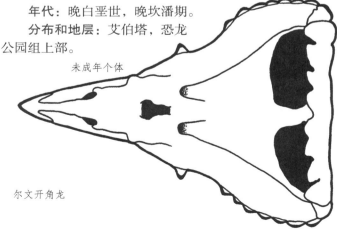

尔文开角龙

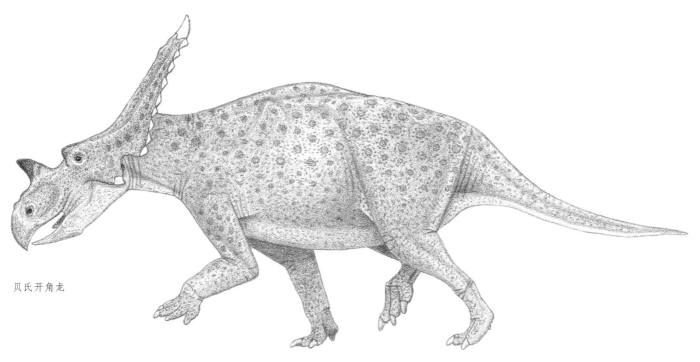

贝氏开角龙

年代：晚白垩世，晚坎潘期。

分布和地层：艾伯塔，恐龙公园组上部。

栖息地：水分充沛地区，有沿海湿地和沼泽、草木丛生的河漫滩，在寒冷冬日也能生存。

注释：可能是贝氏开角龙（*C. belli*）的直系后裔。与艾伯塔戟龙（*Styracosaurus albertensis*）共享栖息地。

马里斯科尔开角龙 （五角龙=阿古哈角龙）［*Chasmosaurus*（*Pentaceratops = Agujaceratops*）*mariscalensis*］

体长4.3米，1.5吨

化石：大量不关联的头骨和头后骨骼，未成年个体到成年个体。

解剖学特征：鼻角短、眉角长，顶饰细长，后边缘不宽、强烈缩进、有号角状饰物，沿侧边缘有小的号角状饰物。腹部很宽，后腿呈弓形。

年代：晚白垩世，坎潘期。

分布和地层：得克萨斯州，阿古哈组（Aguja）。

尔文开角龙

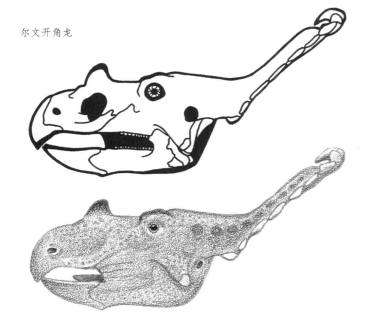

马里斯科尔开角龙 （五角龙=阿古哈角龙） （下页仍是）

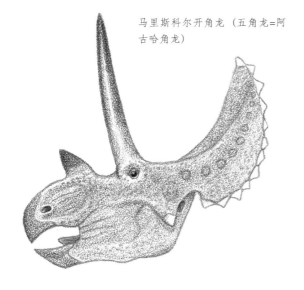

马里斯科尔开角龙（五角龙=阿古哈角龙）

注释： 早期被归于开角龙（*Chasmosaurus*），从开角龙类的头骨和头后骨骼来看，除了角和顶饰不同外，其他都很相似，所以它们可能构成一个属。该物种也可能和斯氏五角龙（*P. sternbergi*）构成一个分类单元。

斯氏开角龙（=五角龙）［*Chasmosaurus（Pentaceratops）sternbergi*］
体长6.4米，4.7吨

化石： 一些完整或部分头骨，一具完整骨骼和一些部分头后骨骼。

解剖学特征： 鼻角短或长，眉角长，顶饰十分细长、倾斜向上，后边缘不宽、强烈缩进、有号角状饰物，沿侧边缘有小的号角状饰物，肩隆支撑着到脖子和脑袋的颈部韧带。腹部很宽，后腿呈弓形。

年代： 晚白垩世，晚坎潘期和/或早马斯特里赫特期。

分布和地层： 新墨西哥州，弗鲁特兰组（Fruitland）、科特兰组下部。

栖息地： 较湿润的河漫滩林地，有湿地和沼泽的沿海地区。

注释： 荒漠三角龙（*Triceratops xerinsularis*）的头骨有3米长，表明它是已知的头部最大的陆生动物。五角龙（*Pentaceratops*）是否属于开角龙（*Chasmosaurus*）还有待研究。与结节头龙（*Nodocephalosaurus*）共享栖息地。

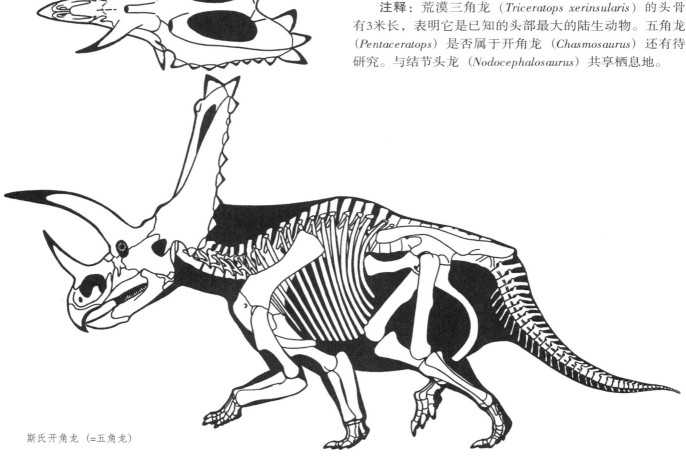

斯氏开角龙（=五角龙）

斯氏开角龙（=五角龙）

鸟脚类

体型从小型到庞大的鸟臀类恐龙，晚侏罗世至恐龙时代结束，遍布所有大陆。

解剖学特征：相当统一。头部没有强烈扩大，喙不成钩状，眼睛大，主齿列发育良好。脖子呈S形。骨化的肌腱使躯干和尾巴僵化。尾巴长度适中。两足动物或半四足动物、前肢和腿弯曲，腿往往较长，所以擅于奔跑。手指为五到四根、脚趾四到三个。髋部前的腰部没有肋骨，表明存在类似哺乳类的膈膜。大型个体有鳞片；较小个体的皮肤覆盖物不详，可能有保温毛状覆盖物。

个体发育：至少一些个体的增长速度很快。

栖息地：多种多样，从热带地区到极地冬季，从干旱地区到湿润地区。

习性：吃低处或中高处的嫩叶，偶尔会到浅水处觅食。主要防御手段为奔跑，中等体型或更大型的物种也会用脚进行踢打防御。

注释：它们就像是中生代最后期出现的袋鼠、鹿、羚羊和牛，是当时最常见的植食性恐龙。

棱齿龙类

体型从小型到庞大的鸟脚类恐龙，晚侏罗世至恐龙时代结束，遍布陆地上大部分地区。

棱齿龙类的头骨

273

解剖学特征：较统一。头部狭窄、亚三角形，喙窄，眼睛上方有突起物，牙齿位于上颌前部，主齿列发达。身体和髋部相当狭窄，至少一些个体在肋骨侧面有大型的板状结构。尾巴长度适中。除低速行走时为四足动物外，其他情况均为两足动物。前肢相当短，手小，五个前端带有小爪的指。腿长、往往十分纤细优美，所以奔跑速度可能很快，四个前端带有钝爪的长脚趾。

栖息地：多种多样，从热带地区到极地冬季，从干旱地区到湿润地区。

习性：吃低处的嫩叶，可能会捕食一些昆虫和小脊椎动物。以陆地活动为主，可能具有一定的攀爬能力。主要靠速度进行防御。

注释：与之最接近的现生动物包括小袋鼠、鹿和羚羊。人们首先在北美洲发现了小型鸟脚类的洞穴，然后是澳大利亚极区。这些广泛分布的鸟脚类之间的亲缘关系尚不确定，一些研究者认为它们不是一个统一类群，也许能细分出很多分类和分支。

劳氏灵龙（*Agilisaurus louderbacki*）
体长1.7米，12千克

化石：两块近乎完整的头骨和头后骨骼，一些不完整化石。

解剖学特征：头小，下颌前端附近有几颗锋利的大牙齿。尾巴基部相当深。

年代：晚侏罗世，巴通期和/或卡洛夫期。

分布和地层：中国中部，下沙溪庙组。

栖息地：茂密森林地区。

习性：锋利的牙齿有助于对抗体型较小的掠食者。

注释：多齿何信禄龙（*Hexinlusaurus multidens*）可能是该物种的未成熟状态。宣汉龙（*Xuanhanosaurus*）的猎物。

灵龙？未命名种（*Agilisaurus? unnamed species*）
体长3.8米，140千克

化石：一些不太完整的头骨和头后骨骼。

解剖学特征：典型的棱齿龙类。

年代：晚侏罗世，巴通期和/或卡洛夫期。

分布和地层：中国中部，上沙溪庙组。

栖息地：茂密森林地区。

注释：基于不充分的化石而被命名为鸿鹤盐都龙（*Yandusaurus hongheensis*），可能属于灵龙（*Agilisaurus*），或是劳氏灵龙的后裔。

尼氏德林克龙（*Drinker nisti*）
体长2米，20千克

化石：部分头后骨骼。

解剖学特征：信息不足。

劳氏灵龙

年代：晚侏罗世，中提塘期。

分布和地层：怀俄明州，莫里逊组上部。

栖息地：雨季短暂地区，或者半干旱河漫滩草原以及河边森林。

伴侣奥斯尼尔洛龙（*Othnielosaurus consors*）
体长2.2米，30千克

化石：完整头骨和大部分头后骨骼。

解剖学特征：头部较小、亚三角形。

年代：晚侏罗世，早提塘期。

分布和地层：怀俄明州，科罗拉多州，犹他州，莫里逊组中部。

栖息地：比莫里逊组更早期地层湿润地区，或者半干旱河漫滩草原以及河边森林。

注释：曾经被归于君王奥斯尼尔龙（*Othnielia rex*），这是基于不足的化石记录进行的划分。此处提到的头骨和头后骨骼都属于该物种还是属于其他1~2个分类单元？该问题还有待商榷。

上园热河龙（*Jeholosaurus shangyuanensis*）
成年恐龙体型不确定

化石：两块头骨和小部分头后骨骼，至少包括一只未成年个体。

解剖学特征：典型的棱齿龙类。

年代：早白垩世，巴雷姆期。

分布和地层：中国东北部，义县组下部。

栖息地：水分充沛的森林和湖泊。

注释：中华丽羽龙和赵氏中国鸟龙（*Sinornithosaurus zhaoianus*）的猎物。

娇小长春龙（*Changchunsaurus parvus*）
体长1.5米，10千克

化石：一块扭曲头骨的一大部分和骨骼不确定部分。

解剖学特征：头骨较浅，上喙和下喙很尖。

年代：早白垩世晚期或晚白垩世早期。

分布和地层：中国东北部，泉头组。

注释：与太阳角龙（*Helioceratops*）共享栖息地。

福氏棱齿龙（*Hypsilophodon foxii*）
体长2米，20千克

化石：大约十二块完整的以及部分头骨和头后骨骼，未成年个体到成年个体，完全已知。

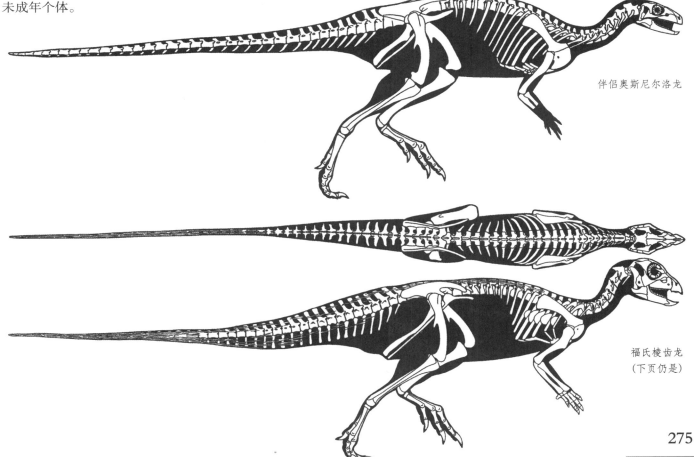

伴侣奥斯尼尔洛龙

福氏棱齿龙
（下页仍是）

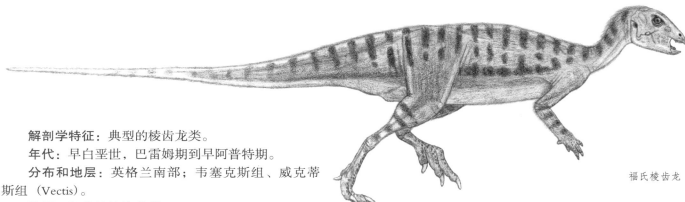

福氏棱齿龙

解剖学特征：典型的棱齿龙类。

年代：早白垩世，巴雷姆期到早阿普特期。

分布和地层：英格兰南部；韦塞克斯组、威克蒂斯组（Vectis）。

注释：经典的棱齿龙类。

阿米雷利诺龙（*Leaellynasaura amicagraphica*）
体长3米，90千克

化石：小部分头骨和头后骨骼。

解剖学特征：信息不足。

年代：早白垩世，早阿尔布期。

分布和地层：澳大利亚南部，尤梅阿拉组（Eumeralla）。

栖息地：极地森林，夏季温暖、阳光充足；冬季寒冷、黑暗。

南方闪电兽龙（*Fulgurotherium austral*）
体长1.3米，6千克

化石：小部分头后骨骼。

解剖学特征：信息不足。

年代：早白垩世，阿尔布期。

分布和地层：澳大利亚东南部，格里曼组（Griman）。

栖息地：极地森林，夏季温暖、阳光充足；冬季寒冷、黑暗。

无畏快达龙（*Qantassaurus intrepidus*）
体长2米，20千克

化石：小部分头骨。

解剖学特征：信息不足。

年代：晚白垩世。

分布和地层：澳大利亚南部，旺萨吉组（Wonthaggi）。

栖息地：极地森林，夏季温暖、阳光充足；冬季寒冷、黑暗。

沙氏西风龙（*Zephyrosaurus schaffi*）
体长2米，20千克

化石：部分头骨和两具部分头后骨骼。

解剖学特征：强化的上喙。

年代：早白垩世，中阿尔布期。

分布和地层：蒙大拿州，怀俄明州，克洛夫利组上部。

栖息地：雨季短暂地区，或者半干旱河漫滩草原和开阔树林，以及河边树林。

习性：强化的吻部表明它们会打洞。

注释：与腱龙（*Tenontosaurus*）共享栖息地。恐爪龙（*Deinonychus*）的猎物。

洞穴掘奔龙（*Oryctodromeus cubicularis*）
体长2米，20千克

化石：小部分头骨和头后骨骼，未成年和成年恐龙，洞穴。

解剖学特征：上喙强化，肩胛骨增大，腰带更强健。

年代：晚白垩世，塞诺曼期。

分布和地层：蒙大拿州，布莱克利夫组（Blackleaf）。

栖息地：季节性干旱的山地树林。

习性：在大腿的支撑下，用喙和前肢挖出几米长的蜿蜒地洞。

马氏奔山龙（*Orodromeus makelai*）
成年恐龙体型不确定

化石：大量部分头骨和头后骨骼。

解剖学特征：上喙强化，颊部上有大突起结构，肩胛骨增大。

年代：晚白垩世，中和/或晚坎潘期。

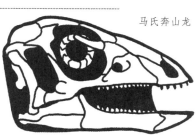

马氏奔山龙

分布和地层：蒙大拿州；上双麦迪逊组、可能有朱迪思河组。

栖息地：水分充沛、草木丛生、有沿海沼泽和湿地的河漫滩，稍微干旱一些的高地树林。

习性：强化的吻部和前肢表明它们会打洞。

瓦氏帕克氏龙（*Parksosaurus warreni*）
体长2.5米，45千克

化石：大部分头骨和头后骨骼。

解剖学特征：肩胛骨增大，前肢粗壮，脚趾特别长。

年代：晚白垩世，早马斯特里赫特期。

分布和地层：艾伯塔，马蹄铁峡谷组下部。

栖息地：水分充沛地区，有沿海湿地和沼泽、草木丛生的河漫滩，在寒冷冬日也能生存。

习性：长脚趾表明帕克氏龙可能已适应在沼泽和河道附近的软土上行走。强壮的肩膀和前肢表明它们会打洞。

漠视奇异龙（*Thescelosaurus neglectus*）
体长3米，90千克

化石：一些头骨和头后骨骼，成年恐龙，完全已知。

解剖学特征：肩胛骨增大，前肢粗壮。

年代：晚白垩世，晚马斯特里赫特期。

分布和地层：科罗拉多州，怀俄明州，南达科他州，艾伯塔，兰斯组，地狱溪组，拉勒米组，斯科勒德组等。

栖息地：水分充沛的森林。

习性：强壮的肩膀和前肢表明它会打洞。

注释：可能包括了加尔班尼氏奇异龙（*Thescelosaurus garbanii*）和下层厚颊龙（*Bugenasaura infernalis*）。未成年霸王龙的猎物。

准将城南方棱齿龙（*Notohypsilophodon comodorensis*）
体长1.3米，6千克

化石：小部分头后骨骼。

解剖学特征：信息不足。

年代：晚白垩世早期。

分布和地层：阿根廷南部，布特柏锐组（Bajo Barreal）。

萨氏阿纳拜斯龙（*Anabisetia saldiviai*）
体长2米，20千克

化石：部分头骨和头后骨骼。

解剖学特征：信息不足。

年代：晚白垩世，晚塞诺曼期和/或早土仑期。

分布和地层：阿根廷西部，利桑德罗组（Lisandro）。

栖息地：旱季短暂、水分充沛的林地。

冈瓦那巨谜龙（*Macrogryphosaurus gondwanicus*）
体长5米，300千克

化石：部分头后骨骼。

瓦氏帕克氏龙

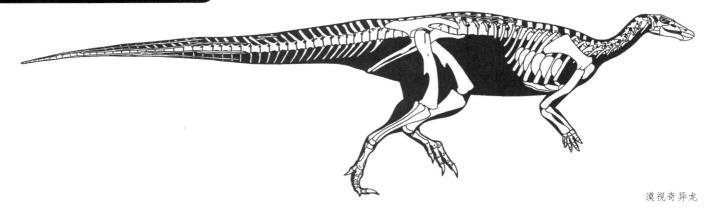

漠视奇异龙

解剖学特征：信息不足。

年代：晚白垩世，晚土仑期。

分布和地层：阿根廷西部，波特阻络组。

栖息地：旱季短暂、水分充沛的林地。

注释：半鸟龙（*Unenlagia*）和大盗龙（*Megaraptor*）的猎物。

辛科萨尔托斯加斯帕里尼龙（*Gasparinisaura cincosaltensis*）

体长1.7米，13千克

化石：部分头骨和头后骨骼，未成年个体到成年个体。

解剖学特征：典型的棱齿龙类。

年代：晚白垩世，晚圣通期和/或早坎潘期。

分布和地层：阿根廷西部，阿纳克莱托组。

注释：主要天敌是气腔龙（*Aerosteons*）和阿贝力龙（*Abelisaurus*）。

圣地小头龙（*Talenkauen santacrucensis*）

体长4.7米，300千克

化石：部分头骨和大部分头后骨骼。

解剖学特征：头部很小。

年代：晚白垩世，早马斯特里赫特期。

分布和地层：阿根廷南部，帕里艾克组（Pari Aike）。

注释：齿河盗龙（*Orkoraptor*）的猎物。

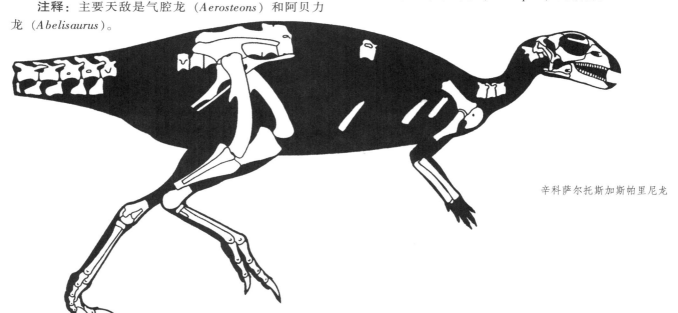

辛科萨尔托斯加斯帕里尼龙

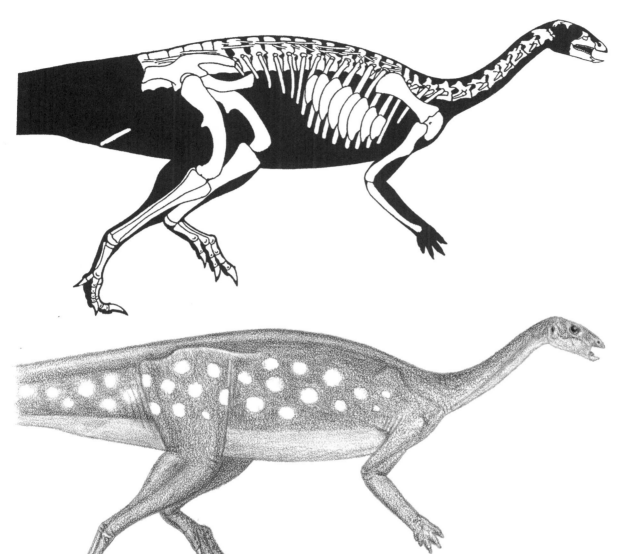

圣地小头龙

禽龙类

体型从小型到庞大的鸟脚类，晚侏罗世至恐龙时代结束，遍布陆地上大部分地区。

解剖学特征：上颌前部没有牙齿。强烈两足动物到半四足动物。5至4指，4至3根脚趾。
栖息地：多种多样，从海平面到山地，从热带地区到极地冬季，从干旱地区到湿润地区。
注释：南极洲没有该物种可能反映了已知的化石数量不足。

腱龙类

大型禽龙类，仅生活在早白垩世晚期的北美洲。

解剖学特征：头和喙都较窄，下喙边缘呈锯齿状，吻部细长，鼻孔张开扩大，眼睛上方有突起物。身体和髋部相当狭窄。尾巴长，尾巴基部非常深。脊柱向下弯曲，前肢长度中等，所以为半四足动物。手短而宽，五个前端有小爪的手指。四个前端带有钝爪的长脚趾。
习性：吃低处和中高处的嫩叶。

道氏腱龙？（*Tenontosaurus? dossi*）
体长7米，1吨

道氏腱龙？

化石：大部分头骨和头后骨骼。

解剖学特征：头部亚三角形。

年代：早白垩世，阿普特期。

分布和地层：得克萨斯州，双山组（Twin Mountains）。

注释：尚不确定与提氏腱龙（*T. tilletti*）是否属于同一属种。

提氏腱龙（*Tenontosaurus tilletti*）
体长6米，600千克

化石：大量完整的以及部分头骨和头后骨骼，完全已知。

解剖学特征：包括吻部在内的头部很深、亚三角形。

年代：早白垩世，中阿尔布期。

分布和地层：蒙大拿州、怀俄明州、得克萨斯州，克洛夫利组上部、鲁西组（Paluxy）。

栖息地：半干旱河漫滩到沿海地区。

注释：与西风龙（*Zephyrosaurus*）共享栖息地。主要天敌是恐爪龙。

凹齿龙类

中等体型的禽龙类，仅生活在晚白垩世晚期的北美洲。

解剖学特征：头大而宽、亚三角形、较沉重，喙窄，眼睛上方有突起物，下颌深、牙齿大。骨骼粗壮。身体和髋部相当宽大。除低速行走时为四足动物外，其他情况均为两足动物。前肢相当短。长脚趾前端有钝爪。

栖息地：草木丛生的岛屿。

注释：吃低处和中高处的嫩叶，可能吃粗糙的植被。

原凹齿龙（*Rhabdodon priscus*）
体长4米，250千克

化石：小部分头骨和头后骨骼。

解剖学特征：典型的凹齿龙类。

年代：晚白垩世，晚马斯特里赫特期。

分布和地层：法国，可能包括西班牙，奥地利，匈牙利，格瑞斯德拉博瑞组（Gres de Labarre），马内斯鲁格组，格瑞斯德塞尼特–石妮亚组（Gres de Saint-Chinian）。

注释：尚不确定来自多个地层的化石是否都属于该种，一部分化石曾被归于苏氏栅齿龙（*Mochlodon suessi*）。

提氏腱龙

强壮凹齿龙（=查摩西斯龙）

强壮凹齿龙（=查摩西斯龙）［*Rhabdodon (=Zalmoxes) robustus*］
体长4.5米，350千克

化石：大部分头骨和头后骨骼。
年代：晚白垩世，晚马斯特里赫特期。
分布和地层：罗马尼亚，森彼初组。
注释：可能包括什其佩里亚查摩西斯龙（*Z. shqiperorum*）。与沼泽龙（*Telmatosaurus*）共享栖息地。

橡树龙类

体型从小型到中等的禽龙类，仅生活在晚侏罗世和早白垩世晚期的北美洲、欧洲和非洲。

解剖学特征：相当统一。头小、亚三角形，喙小、在一定程度上呈方形，眼睛上方有突起物。身体和髋部相当狭窄。前肢很短，所以是完全两足动物。前掌宽大，五根有钝爪的、可抓握的短小手指。腿很细长，三根前端有钝爪的长脚趾。

习性：吃低处的嫩叶，主要防御手段为奔跑。

"橡树龙未命名种"（"*Dryosaurus unnamed species*"）
体长3米，100千克

化石：完整头骨和头后骨骼，其他骨骼，基本已知。
解剖学特征：典型的橡树龙类。

"橡树龙未命名种"（下页仍是）

"橡树龙未命名种"

高橡树龙

年代：晚侏罗世，早提塘期。

分布和地层：犹他州，莫里逊组中部。

栖息地：雨季短暂地区，或者半干旱河漫滩草原以及河边森林。

注释：通常被归于高橡树龙（D. altus），但二者可能不是同一物种，高橡树龙出现时间更晚，不能排除二者为不同属种。有人认为目前已知的最大标本是一只未发育成熟的橡树龙，但是并未发现更大的个体，所以该观点可能不成立。与阿氏弯龙（Camptosaurus aphanoecetes）共享栖息地。

高橡树龙（Dryosaurus altus）
体长3米，100千克

化石：部分头骨和部分头后骨骼。

解剖学特征：典型的橡树龙。

年代：晚侏罗世，中提塘期。

分布和地层：怀俄明州，莫里逊组上部。

栖息地：雨季短暂地区，或者半干旱河漫滩草原以及河边森林。

莱氏橡树龙（Dryosaurus lettowvorbecki）
体长2.5米，80千克

化石：大量头骨和部分头后骨骼，基本已知。

解剖学特征：典型的橡树龙。

年代：晚侏罗世，晚钦莫利期/早提塘期。

分布和地层：坦桑尼亚，汤达鸠组中部。

栖息地：沿海地区，植被厚重、季节性干旱的内陆地区。

注释：早期被命名为难捕龙（Dysalotosaurus）。与班氏轻巧龙（Elaphrosaurus bambergi）共享栖息地。

小沟荒漠龙（Valdosaurus canaliculatus）
体长1.2米，10千克

化石：一小部分头后骨骼。

解剖学特征：信息不足。

年代：早白垩世，巴雷姆期。

分布和地层：英格兰南部，韦塞克斯组。

注释：来自罗马尼亚和尼日尔的该属或该种的化石在分类位置上还存在疑问。

毒扁臀龙（Planicoxa venenica）
体长4.5米，450千克

化石：小部分头后骨骼。

解剖学特征：信息不足。

年代：早白垩世，可能是巴雷姆期。

分布和地层：犹他州，下雪松山组。

栖息地：雨季短暂地区，或者半干旱河漫滩草原和开阔树林，以及河边树林。

注释：与雪松山龙（Cedrorestes）共享栖息地。犹他盗龙（Utahraptor）的猎物。

莱氏橡树龙

直拇指龙类

体型从小型到庞大，禽龙类，晚侏罗世至恐龙时代结束，遍布所有大陆。

解剖学特征：头部狭窄。如有拇指爪，则为钉状。
栖息地：多种多样，从热带地区到极地冬季，从干旱地区到湿润地区。
习性：拇指钉可能用于种内竞争和防御掠食者。

弯龙类

体型从中等到大型，禽龙类，仅生活在晚侏罗世到早白垩世的北美洲、欧洲和澳大利亚。

解剖学特征：头比较小、亚三角形，喙窄，眼睛上方有突起物。身体和髋部相当宽大。除低速行走时为四足动物外，其他情况均为两足动物。前肢相当短，前掌短而宽，五个手指前端有小爪。髋部很深，四个长脚趾前端有钝爪。
习性：吃低处和中高处的嫩叶。

全异弯龙 （*Camptosaurus dispar*）
体长5米，500千克
- -
化石：大部分头骨和头后骨骼，包括未成年个体。
解剖学特征：典型的弯龙类。
年代：晚侏罗世，晚牛津期/早钦莫利期。
分布和地层：怀俄明州，莫里逊组下部。
栖息地：雨季短暂地区，或者半干旱河漫滩草原以及河边森林。
注释：主要天敌是异特龙。

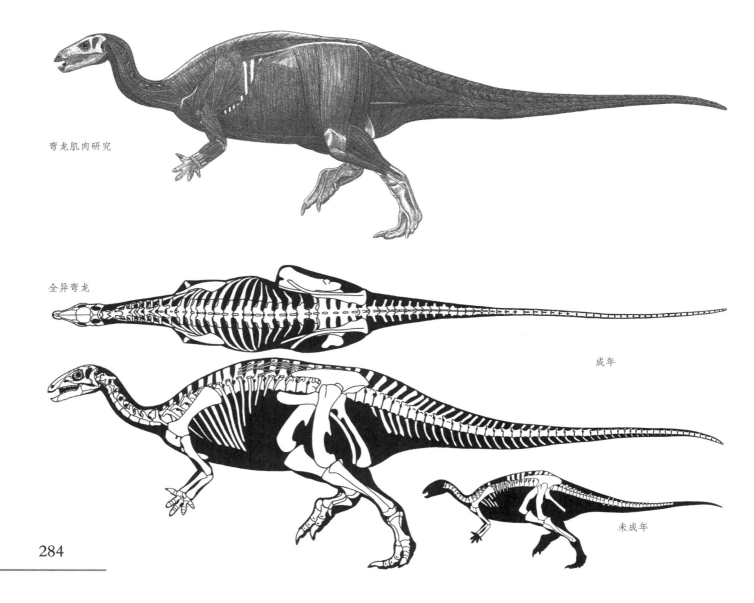

弯龙肌肉研究

全异弯龙

成年

未成年

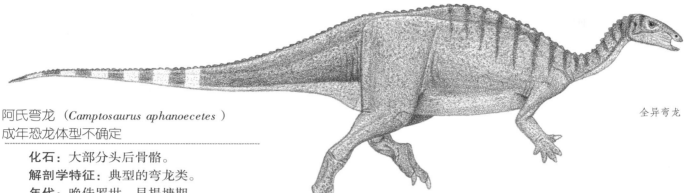

全异弯龙

阿氏弯龙（*Camptosaurus aphanoecetes*）
成年恐龙体型不确定
_____

　　化石：大部分头后骨骼。
　　解剖学特征：典型的弯龙类。
　　年代：晚侏罗世，早提塘期。
　　分布和地层：犹他州，莫里逊组中部。
　　栖息地：雨季短暂地区，或者半干旱河漫滩草原以及河边森林。
　　注释：可能是全异弯龙（*C. dispar*）的直系后裔。一个体重可达2吨的个体可能属于该种或另一个种。

普氏弯龙？（*Camptosaurus? prestwichii*）
体长3.2米，125千克
_____

　　化石：小部分头骨。
　　解剖学特征：典型的弯龙类。
　　年代：晚侏罗世，钦莫利期。
　　分布和地层：英格兰东部，钦莫利黏土组。
　　注释：不能确定是否属于弯龙（*Camptosaurus*）。与锐龙（*Dacentrurus*）共享栖息地。

罗氏龙爪龙（*Draconyx loureiroi*）
体长3.5米，150千克
_____

　　化石：部分头后骨骼。
　　解剖学特征：典型的弯龙类。
　　年代：晚侏罗世，提塘期。

　　分布和地层：葡萄牙，卢连雅扬组（Lourinha）。
　　栖息地：有开阔林地、季节性干旱的大型岛屿。

直拇指龙类杂集

　　注释：这些直拇指龙类之间的亲缘关系还不确定。

克氏众神花园龙（*Theiophytalia kerri*）
体长5米，500千克
_____

　　化石：大部分头骨。
　　解剖学特征：吻部亚三角形。
　　年代：早白垩世。
　　分布和地层：科罗拉多州，普加托阿组（Purgatoire）。
　　注释：这个头骨一直被错误地认为来自莫里逊组更下部的层位，还被用来重建弯龙（*Camptosaurus*），使其有一亚三角形、更深的吻部，直到最近，这一错误才被发现。

克氏众神花园龙

未发育成熟的个体

阿氏弯龙

道氏未命名属（*Unnamed genus dawsonii*）
体长8米，2.5吨

化石：两具不太完整的骨骼。

解剖学特征：信息不足。

年代：早白垩世，瓦兰今期。

分布和地层：英格兰东南部，哈斯丁组（Hastings Beds）。

注释：早期被归于禽龙（*Iguanodon*），而禽龙模式种出现的时间要晚得多。

兰氏木他龙（*Muttaburrasaurus langdoni*）
体长8米，2.8吨

化石：大部分头骨和部分头后骨骼。

解剖学特征：头长而宽、相当浅；新近研究表明其颌肌比其他直拇指龙类更发达，吻部长，吻部上有球根状突起，鼻孔向上，主齿列构成切齿系。前肢较长，所

以为半四足动物。

年代：早白垩世，阿尔布期。

分布和地层：澳大利亚东南部，马坤达组（Mackunda）。

习性：可能是吃腐烂尸体的杂食性动物。

手取福井龙（*Fukuisaurus tetoriensius*）
体长4.5米，400千克

化石：大部分头骨。

解剖学特征：头骨短且非常深。

年代：早白垩世，阿普特期或阿尔布期。

分布和地层：日本，北谷组（Kitadani）。

习性：福井龙可能是一种禽龙类。

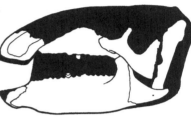

手取福井龙

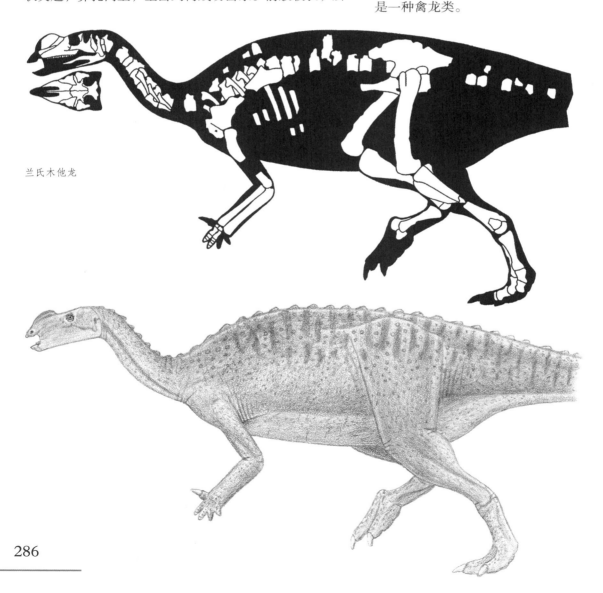

兰氏木他龙

禽龙类

体型从中等到庞大的直拇指龙类，生活在白垩纪的美洲、欧亚大陆和非洲。

解剖学特征：相当统一。头不深，吻部延长，鼻孔张开扩大，上喙远低于上齿列，下喙边缘成锯齿状，下颌冠状突非常发达，研磨齿系十分发达。头部强烈收缩于脖子上方。与其他鸟臀目恐龙相比，脖子更长更灵活。躯干和尾椎上有由骨化肌腱构成致密的网状结构，神经棘相当高。尾巴很深，且在大部分尾巴的两侧都收敛变平。前肢从较长到很长，所以是强烈两足动物到半四足动物。三根中间指很短、不够灵活且具有蹄，外侧指长而灵活，散开状，有一定的抓握能力。三个脚趾缩短、不灵活且具有蹄。

栖息地：多种多样，从热带地区到极地冬季，从季节性半干旱地区到水分充沛的森林。

习性：吃中高处和低处的嫩叶和青草。游泳的时候尾巴太僵硬，不能用来协助推进。

注释：白垩纪的庞然大物，该时期最常见的大型植食性恐龙。

禽龙类

体型从中等到非常大的禽龙类，生活在早白垩世的北美洲、欧亚大陆和非洲。

解剖学特征：相当统一。头很浅，吻部较长。眼睛上方通常有突起物。拇指钉固定在强壮的腕骨上。

注释：该类群的内部亲缘关系还不十分明确，最终可能细分成很多分支。澳大利亚和南极洲没有该物种可能反映了已知的化石数量不足。

拉科塔达科塔齿龙（*Dakotadon lakotaensis*）
体长6米，1吨

化石：大部分头骨，一小部分头后骨骼。

解剖学特征：头部亚三角形，喙窄、呈圆形。

年代：早白垩世，可能是巴雷姆期。

分布和地层：南达科塔，拉科塔组。

习性：吃中高处和低处的嫩叶。

拉科塔达科塔齿龙

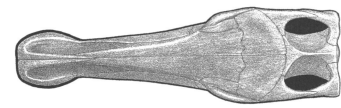

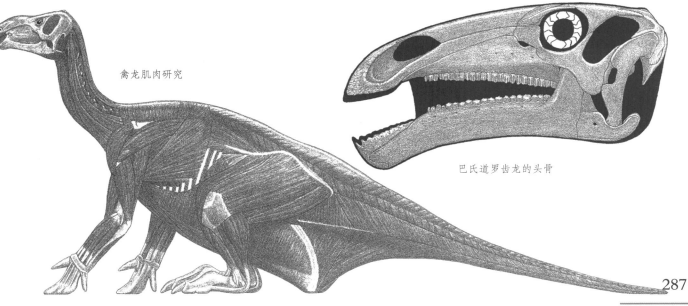
禽龙肌肉研究

巴氏道罗齿龙的头骨

287

注释：该种曾被错误地归于禽龙（*Iguanodon*）。与装甲龙（*Hoplitosaurus*）共享栖息地。

巨齿兰州龙（*Lanzhousaurus magnidens*）
体长10米，6吨

化石：小部分头骨和头后骨骼。

解剖学特征：骨骼粗壮。下颌相当深，牙齿非常大。肩隆大小适中，支撑着到脖子和脑袋的颈部韧带。

年代：早白垩世。

分布和地层：中国中部，河口群。

习性：吃中高处和低处的嫩叶，可以以粗糙的植被为食。

注释：兰州龙的牙齿是所有植食性恐龙中最大的。

沙地沉龙（*Lurdusaurus arenatus*）
体长7米，2.5吨

化石：一小部分头骨和部分头后骨骼。

解剖学特征：前肢粗壮，前掌短而宽，拇指钉非常大。

年代：早白垩世，晚阿普特期。

分布和地层：尼日尔，额哈兹组上部。

栖息地：沿海三角洲。

习性：吃中高处和低处的嫩叶。

注释：与豪勇龙（*Ouranosaurus*）和尼日尔龙（*Nigersaurus*）共享栖息地。

末命名属和末命名种（*Unnamed genus and species*）
成年恐龙体型不确定

化石：小部分头骨和头后骨骼。

解剖学特征：下颌较浅，喙和短的主齿列之间有很长的间隙。前肢十分粗壮，前掌长而窄，拇指钉非常大。

年代：早白垩世。

分布和地层：英格兰东南部，层位不详。

注释：早期被归于禽龙（*Iguanodon*），但禽龙类出现时间要晚得多。

菲氏未命名属（*Unnamed genus fittoni*）
大小不详

化石：一些不太完整的头骨。

解剖学特征：信息不足。

年代：早白垩世，瓦兰今期。

分布和地层：英格兰东南部，哈斯丁组。

注释：早期被归于禽龙，但禽龙的模式种出现的时间要晚得多。可能包括荷林顿禽龙（*I. hollingtoniensis*）。

贝尼萨尔禽龙（*Iguanodon bernissartensis*）
体长8米，3.2吨

化石：超过二十四块完整的头骨和头后骨骼，完全已知。

解剖学特征：骨骼沉重。头部亚三角形，喙窄、呈圆形，下颌相当深。前肢很长，所以是半四足动物。前掌和钉刺很大，前掌长且相当狭窄。脚很大。

年代：早白垩世，中巴雷姆期或阿普特期最早期。

分布和地层：比利时，埃诺组上部。

习性：吃中高处和低处的嫩叶。

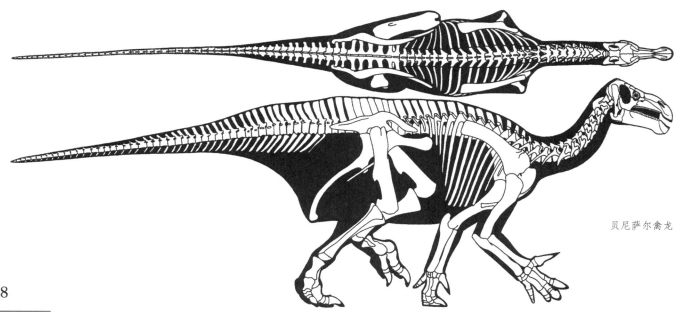

贝尼萨尔禽龙

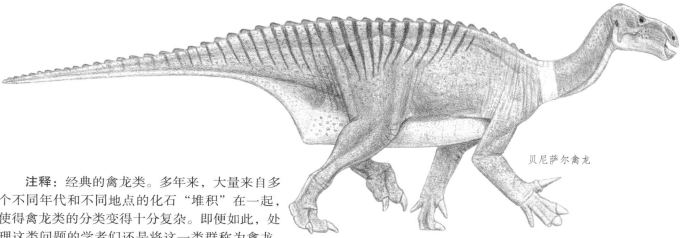

贝尼萨尔禽龙

注释： 经典的禽龙类。多年来，大量来自多个不同年代和不同地点的化石"堆积"在一起，使得禽龙类的分类变得十分复杂。即便如此，处理这类问题的学者们还是将这一类群称为禽龙。最初在英国发现的该属种的牙齿来自瓦兰今期，更加古老，但并不独特。其他来自德国和英格兰的化石可能属于禽龙，而且可能属于该种，也可能并非如此。这些化石在英格兰并不多见。化石发现于古裂缝填充物中。

巴氏道罗齿龙 （*Dollodon bampingi*）
体长6.5米，1.1 吨
────────────────────────
化石： 完整的头骨和头后骨骼。
解剖学特征： 头浅、亚三角形，吻部很长，喙窄、

呈圆形，喙和齿列之间有明显的间隙。躯干、髋部和尾巴上的高大神经棘突形成浅帆状结构。前肢很长，所以为半四足动物。 前掌狭长，拇指爪很小。
年代： 早白垩世，中巴雷姆期或阿普特期最早期。
分布和地层： 比利时，上埃诺组。
习性： 吃中高处和低处的嫩叶。

巴氏道罗齿龙 （下页仍是）

巴氏道罗齿龙

注释： 发现于古裂缝填充物中。人们一度将巴氏道罗齿龙与实际上差异很大的曼特尔龙（*Mantellisaurus*）混为一谈。一些化石表明该种或者说物种也存在于英格兰境内。与禽龙（*Iguanodon*）共享栖息地。

阿瑟菲尔德曼特尔龙（*Mantellisaurus atherfieldensis*）
成年恐龙体型不确定

化石： 近乎完整的头骨和大部分头后骨骼，大量头后骨骼。

解剖学特征： 吻部很长，喙窄、呈圆形。除低速行走时为四足动物外，其他情况均为两足动物。前肢非常短，前掌长而狭窄。外脚趾比其他禽龙类长。

年代： 早白垩世，早阿普特期，可能有巴雷姆期。

分布和地层： 英格兰东南部，下海绿石砂组下部、可能有上威尔德黏土组。

习性： 吃中高处和低处的嫩叶。

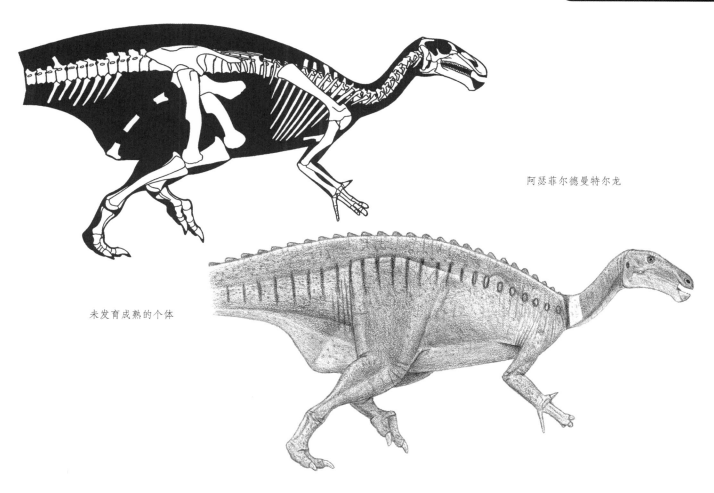

阿瑟菲尔德曼特尔龙

未发育成熟的个体

注释：被误归于禽龙（*Iguanodon*）。最常见的英国禽龙类。与多刺甲龙（*Polacanthus*）共享栖息地。

杨氏锦州龙（*Jinzhousaurus yangi*）
体长5米，600千克

化石：完整的头骨和头后骨骼。

解剖学特征：喙窄、呈圆形。前掌长而狭窄。

年代：早白垩世，早或中阿普特期。

分布和地层：中国东北部，九佛堂组。

栖息地：水分充沛的林地和湖泊。

习性：吃中高处和低处的嫩叶。

杨氏锦州龙

库氏高吻龙（*Altirhinus kurzanovi*）
体长6.5米，1.1吨

化石：近乎完整的和部分头骨，小部分头后骨骼。

解剖学特征：吻部加深并呈突出的冠状结构，喙窄、呈圆形，牙齿分布在口部的后三分之二处。前掌长而狭窄。

年代：早白垩世，阿普特期或阿尔布期。

分布和地层：蒙古，胡提思维塔组（Huhteeg Svita）。

习性：吃中高处和低处的嫩叶。

注释：与沙漠龙（*Shamosaurus*）共享栖息地。

库氏高吻龙

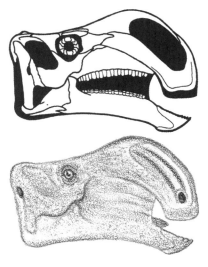

尼日豪勇龙 (*Ouranosaurus nigerensis*)
体长8.3米，2.2吨

化石：完整的头骨，两具较完整的骨骼。

解剖学特征：头浅、亚三角形，吻部很长，喙呈方形，头顶中部有低矮中线脊，嘴很宽、部分呈方形，喙和齿列之间有明显间隙。躯干、髋部和尾巴上高大的神经棘形成很高的帆状物。前肢很长，所以为半四足动物。前掌长而狭窄，拇指爪很小。

年代：早白垩世，晚阿普特期。

分布和地层：尼日尔，额哈兹组上部。

栖息地：沿海三角洲。

习性：末端方形的长吻部有利于啃食地面的青草，也能够吃中低处的嫩叶。

注释：与沉龙 (*Lurdusaurus*) 和尼日尔龙 (*Nigersaurus*) 共享栖息地，后者是一种颇具竞争性的方形嘴草食动物。

戈壁原巴克龙 (*Probactrosaurus gobiensis*)
体长5.5米，1吨

化石：一些较完整的头骨和头后骨骼。

解剖学特征：头亚三角形，喙窄、呈圆形，喙和齿列之间有明显间隙。牙齿分布在口部的后三分之二处。前肢很长，所以为半四足动物。前掌长而狭窄，拇指爪很小。

年代：早白垩世，阿尔布期。

分布和地层：中国北部，大水沟组。

习性：吃中低处和低处的嫩叶。

注释：可能包括阿拉善原巴克龙 (*P. alashanicus*)。

诺曼马鬃龙 (*Equijubus normani*)
体长7米，2.5吨

诺曼马鬃龙

化石：完整的头骨和小部分头后骨骼。

解剖学特征：头亚三角形，喙窄、呈圆形，眼睛上方没有突起物。喙和齿列之间有明显间隙。牙齿分布在口部的后三分之二处。

年代：早白垩世，

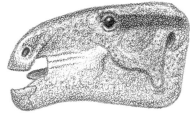

尼日豪勇龙

戈壁原巴克龙

阿尔布期。

    分布和地层：中国中部，新民堡群。

    习性：吃中低处和低处的嫩叶。

克氏雪松山龙（*Cedrorestes crichtoni*）
成年恐龙体型不确定

    化石：小部分头后骨骼。

    解剖学特征：信息不足。

    年代：早白垩世，很可能是巴雷姆期。

    分布和地层：犹他州，下雪松山组。

    栖息地：雨季短暂地区，或者半干旱河漫滩草原以及河边森林。

    注释：可能是原始的鸭嘴龙类，如果果真如此的话，那么该物种就是唯一一种来自早白垩世的鸭嘴龙。与扁臀龙（*Planicoxa*）共享栖息地。天敌包括犹他盗龙（*Utahraptor*）。

鸭嘴龙类

    体型从很大到庞大的禽龙类，仅生活在晚白垩世的美洲、欧亚大陆和南极洲。

    解剖学特征：比较统一，特别是头骨以外的部分。眼睛上方通常没有突起物，喙和短的主齿列之间有间隙，牙齿分布在口部的后三分之二处，数以百计的牙齿构成高度发达的研磨面。前脊柱向下弯曲，支撑着连接头颈部和较低肩膀的发达的韧带，前肢也较长，所以是半四足动物。腕骨退化，前掌细长狭窄，没有拇指，最多有四个手指。至少某些物种的肩膀附近有纵向的褶皱。

    习性：主要防御手段为利用细长的前肢协助奔跑来提高速度和转向能力，还可以用腿踢打天敌。巢中遗存了约12~24枚蛋，蛋上有土埋覆。

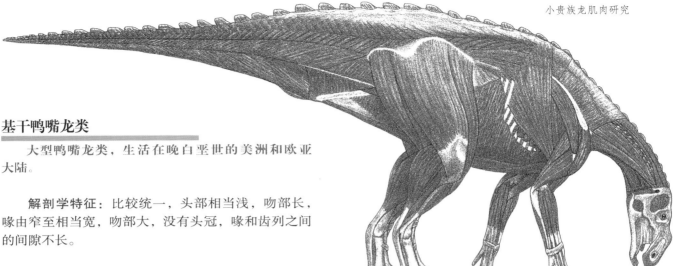

小贵族龙肌肉研究

基干鸭嘴龙类

大型鸭嘴龙类，生活在晚白垩世的美洲和欧亚大陆。

解剖学特征：比较统一，头部相当浅，吻部长，喙由窄至相当宽，吻部大，没有头冠，喙和齿列之间的间隙不长。

巨大诸城龙（*Zhuchengosaurus maximus*）
体长16.5米，15吨

化石：部分头骨和头后骨骼。

解剖学特征：沿躯干和尾巴基部的神经棘形成浅帆状结构。

年代：白垩纪中期，阿尔布期或塞诺曼期。

分布和地层：中国，地层不详。

注释：如果该属种归于鸭嘴龙类，那么它就是该类群中已知最早的成员。已知的最大型鸟臀目恐龙。

伯氏始鸭嘴龙（*Protohadros byrdi*）
成年恐龙体型不确定

化石：大部分头骨和小部分头后骨骼。

解剖学特征：上喙相当宽、呈圆形，整体强烈下弯；下颌前端很深，也强烈下弯。

年代：晚白垩世，中塞诺曼期。

分布和地层：得克萨斯州，伍德拜恩组（woodbine）。

栖息地：沿海三角洲。

习性：可能比其他禽龙类吃下更多的水草。

伯氏始鸭嘴龙

吉氏双庙龙（*Shuangmiaosaurus gilmorei*）
体长7.5米，2.5吨

化石：小部分头骨。

解剖学特征：信息不足。

年代：晚白垩世，塞诺曼期或土仑期。

分布和地层：中国东北部，孙家湾组。

卡氏原赖氏龙（*Eolambia caroljonesa*）
体长6米，1吨

化石：大部分头骨和部分头后骨骼，未成年个体到成年个体。

解剖学特征：吻部变长，嘴相当宽、部分呈方形。

年代：晚白垩世，早塞诺曼期。

卡氏原赖氏龙

分布和地层：犹他州，上雪松山组。

栖息地：雨季短暂地区，或者半干旱河漫滩草原和开阔林地，以及河边森林。

习性：吃中高处和低处的嫩叶，啃食青草。

注释：与活堡龙（*Animantarx*）共享栖息地。

河中列弗尼斯氏龙（*Levnesovia transoxiana*）
体长2米，175千克

化石：小部分头骨。

解剖学特征：信息不足。

年代：晚白垩世，中或晚土仑期。

分布和地层：乌兹别克斯坦，彼赛克提组（Bissekty）。

栖息地：沿海地区。

注释：与图兰角龙（*Turanoceratops*）共享栖息地。

姜氏巴克龙

姜氏巴克龙（*Bactrosaurus johnsoni*）
体长6.2米，1.2吨

> **化石**：大部分头骨和头后骨骼。
> **解剖学特征**：喙很窄、呈圆形。
> **年代**：晚白垩世，可能是塞诺曼期。
> **分布和地层**：中国北部，二连浩特组。
> **栖息地**：季节性干旱、湿润的林地。
> **习性**：吃中高处和低处的嫩叶。
> **注释**：可能包含蒙古计氏龙（*Gilmoreosaurus mongoliensis*），主要天敌是独龙（*Alectrosaurus*）。

柯氏独孤龙（*Secernosaurus koerneri*）
成年恐龙体型不确定

> **化石**：小部分头后骨骼，可能是未成年个体。
> **解剖学特征**：信息不足。
> **年代**：晚白垩世早期。
> **分布和地层**：阿根廷南部，布特柏锐组（Bajo Barreal）。
> **注释**：独孤龙（*Secernosaurus*）首次证实南美洲存在鸭嘴龙类，与沉重龙（*Epachthosaurus*）共享栖息地，怪踝龙（*Xenotarsosaurus*）的猎物。

特兰西瓦尼亚沼泽龙（*Telmatosaurus transsylvanicus*）
体长5米，600千克

> **化石**：大量部分头骨和头后骨骼。
> **解剖学特征**：喙窄、呈圆形。
> **年代**：晚白垩世，晚马斯特里赫特期。
> **分布和地层**：罗马尼亚，森彼初组。
> **栖息地**：草木丛生的岛屿。
> **习性**：吃中高处和低处的嫩叶。

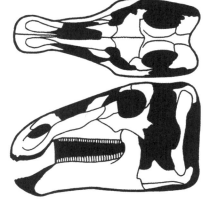

特兰西瓦尼亚沼泽龙

> **注释**：大多数个体的体型都很小，这表明该类群存在岛屿侏儒症，但一些研究人员引用更大的蜥脚类标本和更高估的岛屿大小作为相反的证据。与强壮凹齿龙（*Rhabdodon robustus*）共享栖息地。

岛屿特提斯鸭嘴龙（*Tethyshadros insularis*）
体长4米，300千克

化石：大量部分头骨和头后骨骼，一些额外化石。

解剖学特征：上喙整体向上，喙缘的锯齿结构发达，眼睛上方有突起物。尾巴的大部都较细。只有三指。腰带向后拉长，将很大一部分脏器移至大腿后侧区域。相对体重来说四肢较短，小腿细长，脚趾很短。

年代：晚白垩世，晚坎潘期或早马斯特里赫特期。

分布和地层：意大利，利比里亚组（Liburnian）。

栖息地：一个大型岛屿。

习性：虽然四肢短小，但却可能是已知的鸭嘴龙类中速度最快的。不过，它们的短小体型与奔跑速度不相符。

注释：已知最小的鸭嘴龙类，可能是一例岛屿侏儒症。特提斯鸭嘴龙的骨骼是目前发现的鸭嘴龙类中最特别的样本。

中国谭氏龙（*Tanius sinensis*）
体长7米，2吨

化石：一些不太完整的头骨和头后骨骼。

解剖学特征：信息不足。

年代：晚白垩世晚期。

分布和地层：中国东部，王氏组。

敏捷破碎龙（*Claosaurus agilis*）
成年恐龙体型不确定

化石：小部分头骨和部分头后骨骼。

解剖学特征：信息不足。

年代：晚白垩世晚期。

分布和地层：堪萨斯州，尼奥布拉拉组。

注释：发现于海相沉积物中。

真鸭嘴龙类

体型从很大到庞大的鸭嘴龙类，仅生活在晚白垩世的北半球。

习性：如果有头冠的话，头冠就是种内视觉区别与发出炫耀性呼啸的器官；它们的嗅觉没有提高。

鸭嘴龙类

体型从很大到庞大的真鸭嘴龙类，仅生活在晚白垩世的北半球。

解剖学特征：除头部之外，其他特征都非常统一。头很浅、亚三角形，吻部长，鼻腔开孔很大。

注释：该类群也许能细分出很多分支。所有恐龙中，只有鸭嘴龙类的体型能和蜥脚类恐龙相匹敌。

董氏乌拉嘎龙（*Wulagasaurus dongi*）
体长9米，3吨

化石：大量头骨和头后骨骼。

岛屿特提斯鸭嘴龙

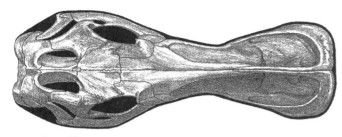

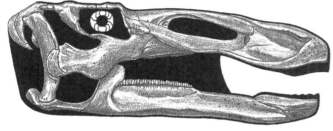

埃德蒙顿龙的头骨

解剖学特征：信息不足。

年代：晚白垩世，马斯特里赫特期。

分布和地层：中国东北部，渔亮子组。

巨型山东龙（*Shantungosaurus giganteus*）
体长15米，13吨

化石：一些部分头骨和头后骨骼。

解剖学特征：吻部很长，嘴较宽、呈方形，下颌相当深。

年代：晚白垩世晚期。

分布和地层：中国东部，辛格庄组下部。

习性：吃中高处和低处的嫩叶和青草。

帝王埃德蒙顿龙（*Edmontosaurus regalis*）
体长9米，3.7吨

化石：大量完整的和部分头骨和头后骨骼。

解剖学特征：体型较大的成年个体的头很深，嘴巴宽大、呈圆铲形，无头冠。

年代：晚白垩世，早马斯特里赫特期。

分布和地层：艾伯塔，马蹄铁峡谷组下部，圣玛丽组。

栖息地：水分充沛地区，有沿海湿地和沼泽、草木丛生的河漫滩，在寒冷冬日也能生存。

习性：吃中高处和低处的嫩叶，有时会啃草。

注释：主要天敌是食肉艾伯塔龙（*Albertosaurus sarcophagus*）。

连接埃德蒙顿龙（大鸭龙）〔*Edmontosaurus (Anatosaurus) annectens*〕
体长9米，3.2吨

化石：大量完整的和部分头骨和头后骨骼，包括一些木乃伊（干尸），一些未成年个体，完全已知。

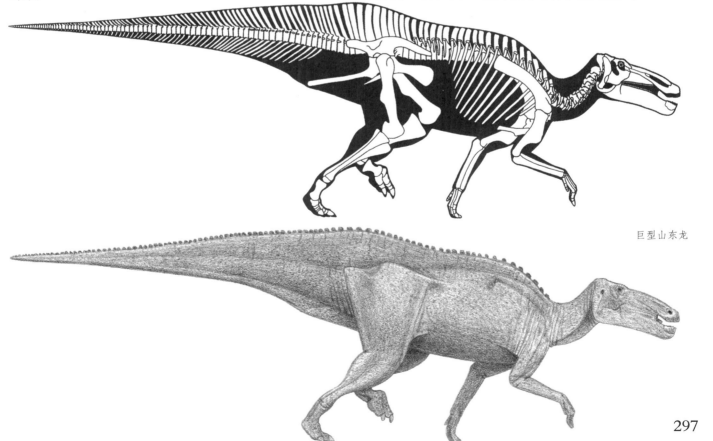

巨型山东龙

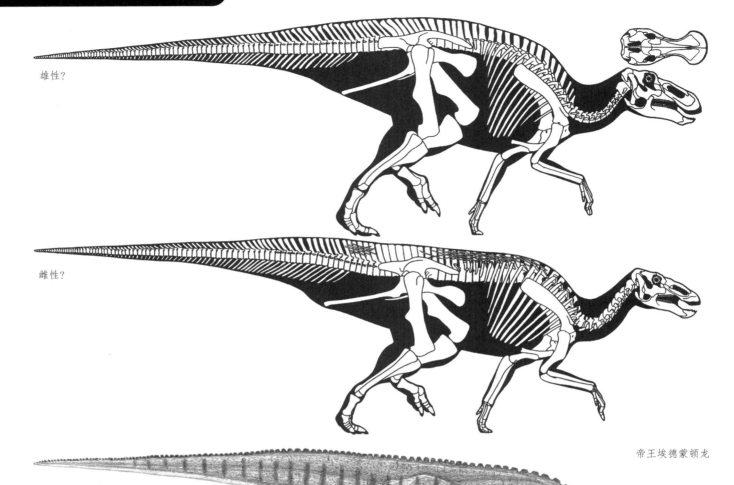

雄性？

雌性？

帝王埃德蒙顿龙

解剖学特征：头部低而延长，吻部很长，喙和齿列之间的间隙很长，尤其是大型成年恐龙尤为如此，嘴巴宽大、呈方形铲状，无头冠。沿背部有锯齿状结构，至少那些沿着尾部分布的锯齿与脊椎一一对应，最大尺寸不详。

年代：晚白垩世，晚马斯特里赫特期。

分布和地层：科罗拉多州，怀俄明州，南达科他州，蒙大拿州，艾伯塔，萨斯喀彻温省，兰斯组，地狱溪组，拉勒米组，斯科勒德组，法国人组等。

栖息地：水分充沛的森林。

习性：吻部日益增大，吻部底端呈方形开口，这种变化是为了尽可能降低头部可触及的最低高度，以便啃食地表植物，其中成年恐龙的这种方形吻最发达；牙齿十分耐磨，可以吃被粗沙覆盖的地被植物。也可以吃中高处和低处的嫩叶。

注释：显然包括科氏埃德蒙顿龙（大鸭龙），科氏大鸭龙是完全发育成熟的状态，埃德蒙顿埃德蒙顿龙（*E.edmontoni*）和萨斯喀彻温埃德蒙顿龙（*E. sas-katchewanensis*）是未成年状态，可被划分为亚属。这种经典的"鸭嘴状"鸭嘴龙类，是已知的、最适合啃食地表植物的鸟脚类恐龙。其栖息地中最常见的鸭嘴龙类。人们发现的化石骨床中可能包含成千上万个个体的化石。一个标本尾尖的咬痕表明其主要天敌是霸王龙；与同样常见的三角龙共享栖息地。

连接埃德蒙顿龙（大鸭龙）

未成年恐龙

成年恐龙

连接埃德蒙顿龙（大鸭龙）

黑脚龙栉龙（=原栉龙）

奇特栉龙（=冠长鼻龙）[*Saurolophus (=Lophorthothon) atopus*]

成年恐龙体型不确定

　　化石：小部分头骨和大部分头后骨骼。
　　解剖学特征：眼眶上有横向的矮冠。
　　年代：晚白垩世，坎潘期。
　　分布和地层：阿拉巴马州，北卡罗来纳州，穆勒威乐白垩组（Mooreville Chalk）、黑溪组（Black Creek）。

黑脚龙栉龙（=原栉龙）[*Saurolophus (=Prosaurolophus) blackfeetensis*]

成年恐龙体型不确定

　　化石：一些部分头骨和头后骨骼，大型未成年恐龙。
　　解剖学特征：嘴巴呈勺状，眼眶上有横向的矮冠。
　　年代：晚白垩世，中和/或晚坎潘期。
　　分布和地层：蒙大拿州，双麦迪逊组上部。
　　栖息地：季节性干旱的山地树林。

巨栉龙（原栉龙）［*Saurolophus* （=*Prosaurolophus*) *maximus*］

体长8.5米，3吨

化石： 大量头骨和头后骨骼，完全已知。

解剖学特征： 嘴巴呈勺状，眼眶上有横向的矮冠。

年代： 晚白垩世，晚坎潘期。

分布和地层： 蒙大拿州，恐龙公园组上部。

栖息地： 水分充沛地区，有沿海湿地和沼泽、草木丛生的河漫滩，在寒冷冬日也能生存。

注释： 与斯氏亚盔龙（*Hypacrosaurus intermedius*）和赖氏亚盔龙（*H. lambei*）共享栖息地。主要天敌是平衡艾伯塔龙。

奥氏栉龙（*Saurolophus osborni*）

体长8.5米，3吨

化石： 两块完整的头骨和一具基本完整的骨骼，基本已知。

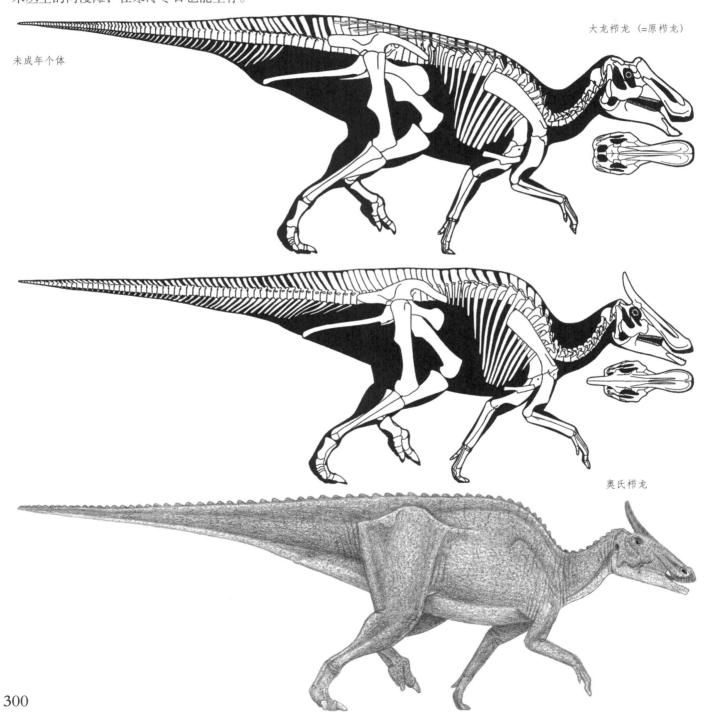

大龙栉龙（=原栉龙）

未成年个体

奥氏栉龙

大龙栉龙（=原栉龙）和未成年的平衡艾伯塔龙（右边）

解剖学特征：嘴巴呈勺状，眼眶上有棘形冠。

年代：晚白垩世，早马斯特里赫特期。

分布和地层：艾伯塔，马蹄铁峡谷组下部。

栖息地：水分充沛地区，有沿海湿地和沼泽、草木丛生的河漫滩，在寒冷冬日也能生存。

注释：可能是巨栉龙（*S. maximus*）的直系后裔。与高棘亚盔龙（*Hypacrosaurus altispinus*）共享栖息地。

奥氏栉龙 *(Saurolophus angustirostris)*

体长12米，9吨

化石：完整的头骨和大量头后骨骼，基本已知。

解剖学特征：嘴巴呈勺状，眼眶上有棘形冠。

年代：晚白垩世，晚坎潘期和/或早马斯特里赫特期。

分布和地层：蒙古，纳摩盖吐组。

栖息地：有雨季、水分充沛的树林。

注释：主要天敌是勇士暴龙。

皮家慈母龙（或短盔龙）〔*Maiasaura* (or *Brachylophosaurus*) *peeblesorum*〕

体长7米，2.5吨

化石：一些完整头骨和大部分头后骨骼，骨床大量化石，未成年个体到成年个体，大量巢，基本已知。

解剖学特征：嘴巴很窄、呈方形，眼眶上有矮冠，蛋为球形，直径为10厘米。

年代：晚白垩世，中和/或晚坎潘期。

分布和地层：蒙大拿州，上双麦迪逊组。

栖息地：季节性干旱的山地树林。

习性：吃中高处和低处的嫩叶。骨床显示该物种至少有时会聚集成大群落。可能会在聚集地筑巢，幼雏在刚刚孵化出的第一周会待在巢中，可能由父母喂养。横向冠最适合做额前的炫耀器官。

注释：可能是短盔龙（*Brachylophosaurus*）的亚属。与黑脚龙栉龙（*Saurolophus blackfeetensis*）共享栖息地。

奥氏栉龙

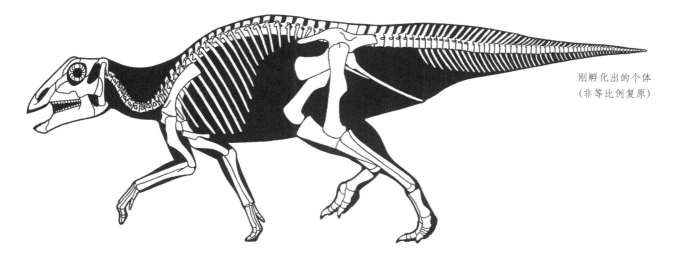

刚孵化出的个体
（非等比例复原）

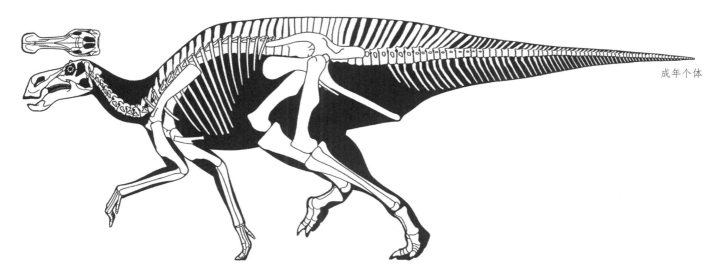

成年个体

皮家慈母龙（或短盔龙）

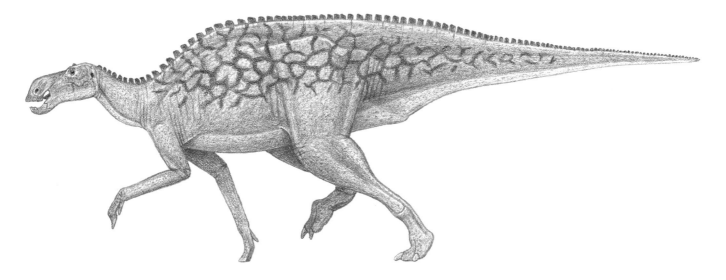

加拿大短盔龙（*Brachylophosaurus canadensis*）
体长11米，7吨

化石： 一些完整头骨和头后骨骼，包括木乃伊，完全已知。

解剖学特征： 头很小、嘴巴窄、呈方形，脑袋后面有板状头冠。沿背部有短斧状的锯齿结构，与脊椎骨一一对应，最大尺寸不详。横向冠最适合做额前的炫耀器官。

年代： 晚白垩世，晚坎潘期。

分布和地层： 艾伯塔，蒙大拿州，老人组，恐龙公园组下部，朱迪思河组。

栖息地： 水分充沛地区，有沿海湿地和沼泽、草木丛生的河漫滩。

习性： 吃中高处和低处的嫩叶。

佛氏鸭嘴龙（*Hadrosaurus foulki*）
体长7米，2吨

化石： 小部分头后骨骼。

解剖学特征： 信息不足。

年代： 晚白垩世，坎潘期。

分布和地层： 新泽西州，莫衫维勒组（Merchantville）。

注释： 发现于海相沉积物中。

宽齿小贵族龙（或格里芬龙）［*Kritosaurus（or Gryposaurus）latidens*］
体长7.5米，2.5吨

化石： 部分头骨和大部分头后骨骼。

解剖学特征： 鼻骨开孔上方的冠状脊长而矮、较发达。

年代： 晚白垩世，早和/或中坎潘期。

分布和地层： 蒙大拿州，下双麦迪逊组。

栖息地： 季节性干旱的山地树林。

习性： 吃中高处和低处的嫩叶。

注释： 可能至少是下文列出的一些小贵族龙类的祖先，它们都和该物种来自同一地区。因为小贵族龙的头骨和头后骨骼除了头冠外都非常相似，所以可能都属于一个属。格里芬龙（*Gryposaurus*）可能是其一个亚属。

著名小贵族龙（或格里芬龙）［*Kritosaurus（or Gryposaurus）notabilis*］
体长8米，3吨

化石： 大量头骨，部分头后骨骼。

解剖学特征： 鼻骨开孔上方的冠状脊长而矮、非常发达，嘴巴窄、呈圆形。沿背部有大型圆锥状锯齿结构，但锯齿不与椎体的神经棘相对应，完整尺寸不详。

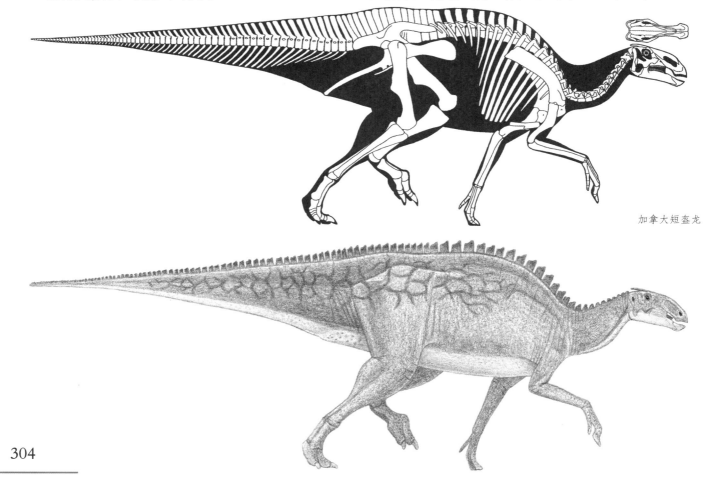

加拿大短盔龙

年代：晚白垩世，晚坎潘期。

分布和地层：艾伯塔，恐龙公园组下部。

栖息地：水分充沛地区，有沿海湿地和沼泽、草木丛生的河漫滩，在寒冷冬日也能生存。

习性：吃中高处和低处的嫩叶。

注释：可能是内弯手格里芬龙（*G. incurvimanus*）的直系后裔。

著名小贵族龙（或格里芬龙）

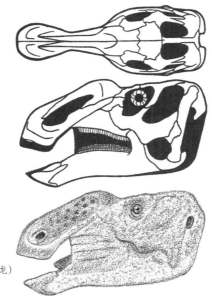

内弯手小贵族龙（或格里芬龙）[*Kritosaurus (or Gryposaurus) incurvimanus*]

体长7米，2.2吨

化石：一些头骨和大部分头后骨骼。

解剖学特征：鼻骨开孔上方的冠状脊长而矮、欠发达。

年代：晚白垩世，晚坎潘期。

分布和地层：艾伯塔，恐龙公园组中上部。

栖息地：水分充沛地区，有沿海湿地和沼泽、草木丛生的河漫滩，在寒冷冬日也能生存。

习性：吃中高处和低处的嫩叶。

纪念区小贵族龙（或格里芬龙）[*Kritosaurus (or Gryposaurus) monumentensis*]

体长8米，3吨

化石：大部分头骨和头后骨骼。

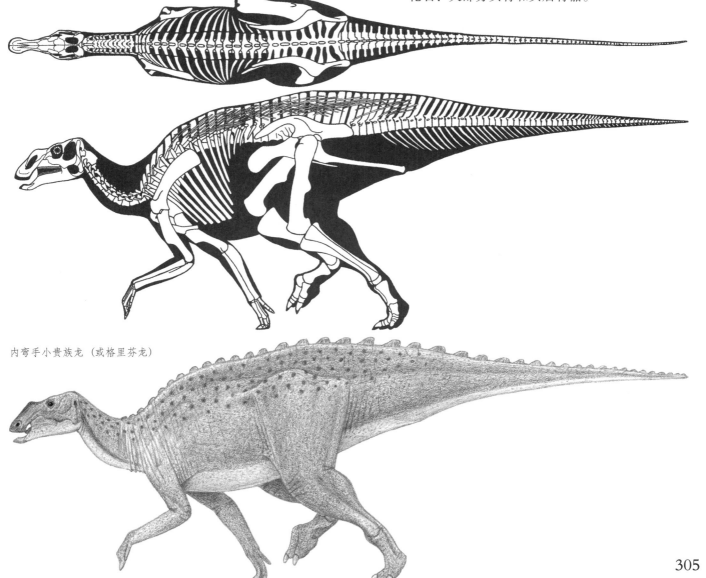

内弯手小贵族龙（或格里芬龙）

305

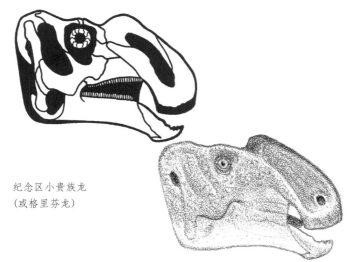

纪念区小贵族龙
(或格里芬龙)

解剖学特征：头部和骨骼沉重。头部非常深且垂直。鼻骨开孔上方的冠状脊长而矮、十分发达。

年代：晚白垩世，晚坎潘期。

分布和地层：犹他州，凯佩罗维兹组（Kaiparowit）。

习性：吃中高处和低处的嫩叶。头部深且强壮，下颌肌肉发达，这些都表明该物种可以吃粗糙的植被。

纳瓦霍小贵族龙（*Kritosaurus navajovius*）
体长9米，4吨

化石：部分头骨。

解剖学特征：信息不足。

年代：晚白垩世，晚坎潘期和/或早马斯特里赫特期。

分布和地层：新墨西哥州，科特兰组下部。

栖息地：有沿海湿地和沼泽、较湿润的河漫滩林地。

注释：奥氏纳秀毕吐龙（*Naashoibitosaurus ostromi*）可能是该物种的未成年状态。

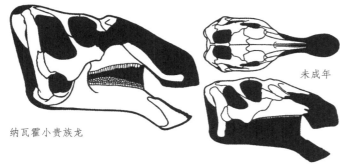

纳瓦霍小贵族龙

未成年

霍氏小贵族龙（或阿纳萨齐龙）［*Kritosaurus (or Anasazisaurus) horneri*］
体长7.5米，2.5吨

化石：部分头骨。

解剖学特征：鼻骨开孔上方的冠状脊长且矮、后端有小弯。

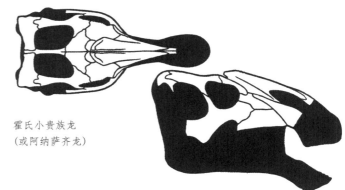

霍氏小贵族龙
(或阿纳萨齐龙)

年代：晚白垩世，晚坎潘期和/或早马斯特里赫特期。

分布和地层：新墨西哥州，科特兰组下部。

栖息地：有沿海湿地和沼泽、较湿润的河漫滩林地。

注释：与结节头龙（*Nodocephalosaurus*）和纳瓦霍小贵族龙（*K. navajovius*）共享栖息地。

钩管咸海龙（或小贵族龙）［*Aralosaurus (or Kritosaurus) tuberiferus*］
成年恐龙体型不确定

化石：部分头骨，可能是一个体型较大的未成年恐龙。

钩管咸海龙
(或小贵族龙)

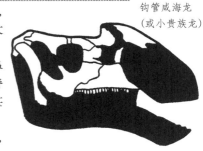

解剖学特征：鼻骨开孔上方的冠状脊长而矮、后端有不甚发育的小弯。

年代：晚白垩世，晚坎潘期。

分布和地层：哈萨克斯坦，百勒塔思维塔组（Beleuta Svita）。

赖氏龙类

体型从很大到庞大的真鸭嘴龙类，仅生活在晚白垩世的北半球。

解剖学特征：除头冠之外的特征非常统一，而头冠往往位于脑袋后面，且包含鼻腔的循环段。头部亚三角形，吻部纤细，嘴巴狭窄、呈圆形，鼻骨开孔很窄。

习性：吃中高处和低处的嫩叶，头冠可能用于发出炫耀性呼啸和交流所用的声音。

大石南宁龙（*Nanningosaurus dashiensis*）
体长7.5米，2.5吨

化石：小部分头骨和头后骨骼。

解剖学特征：信息不足。

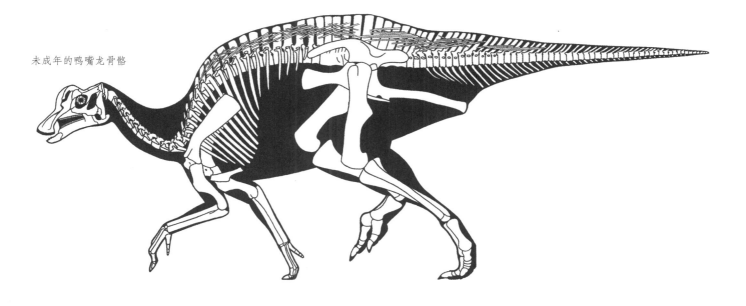

未成年的鸭嘴龙骨骼

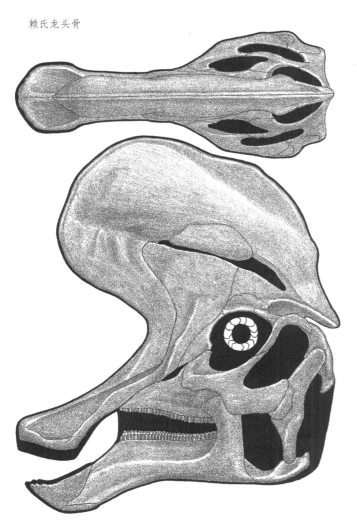

赖氏龙头骨

年代： 晚白垩世晚期。

分布和地层： 中国南部，未命名地层。

鄂伦春黑龙江龙（*Sahaliyania elunchunorum*）
体长7.5米，2.5吨

化石： 大量头骨和头后骨骼。

解剖学特征： 信息不足。

年代： 晚白垩世，马斯特里赫特期。

分布和地层： 中国东北部，渔亮子组。

伊索纳似凹齿龙（*Pararhabdodon isonensis*）
成年恐龙体型不确定

化石： 小部分头骨和头后骨骼。

解剖学特征： 下颌强烈向下弯曲且异常宽大，表明其头骨比一般的鸭嘴龙宽。

年代： 晚白垩世，晚马斯特里赫特期。

分布和地层： 西班牙东北部，特林普组（Tremp）。

注释： 可能包括口勒匙龙（*Koutalisaurus kohlerorum*）。与艾瑞龙（*Arenysaurus*）共享栖息地。

阿氏艾瑞龙（*Arenysaurus ardevoli*）
体长6米，1吨

化石： 部分头骨和头后骨骼。

解剖学特征： 信息不足。

年代： 晚白垩世，晚马斯特里赫特期。

分布和地层： 西班牙东北部，特林普组（Tremp）。

里氏阿穆尔龙 （*Amurosaurus riabinini*）
体长8米，3吨

　　化石：大部分头骨和头后骨骼。
　　解剖学特征：信息不足。
　　年代：晚白垩世，晚马斯特里赫特期。
　　分布和地层：东西伯利亚，尤都措肯组 （Udur-chukan）。

棘鼻青岛龙 （*Tsintaosaurus sphinorhinus*）
体长8.3米，2.5吨

　　化石：两块部分头骨和一些较完整的骨骼。
　　解剖学特征：头冠竖长，呈直管状。
　　年代：晚白垩世，可能是坎潘期。
　　分布和地层：中国东部，王氏组。

达氏弯嚼龙 （*Angulomastacator daviesi*）
大小不详

　　化石：小部分头骨。

　　解剖学特征：吻部强烈向下弯曲。
　　年代：晚白垩世，坎潘期。
　　分布和地层：得克萨斯州，阿古哈组 （Aguja）。

沃克氏副栉龙 （*Parasaurolophus walkeri*）
体长7.5米，2.6吨

　　化石：完整的或部分头骨，大部分头后骨骼。
　　解剖学特征：头冠呈弧状、很长、整体向下弯曲。
　　年代：晚白垩世，晚坎潘期。
　　分布和地层：艾伯塔，新墨西哥州？恐龙公园组中下部，可能包括科特兰组下部。
　　栖息地：面向北部和东部的水分充沛的森林，面向西部和南部的季节性干旱的盆地。
　　注释：艾伯塔的沃克氏副栉龙和新墨西哥州的小号手副栉龙之间的差别不大，新墨西哥州的，头冠较短的短冠副栉龙 （*P. cyrtocristatus*）可能是该种的雌性个体或亚成年状态。

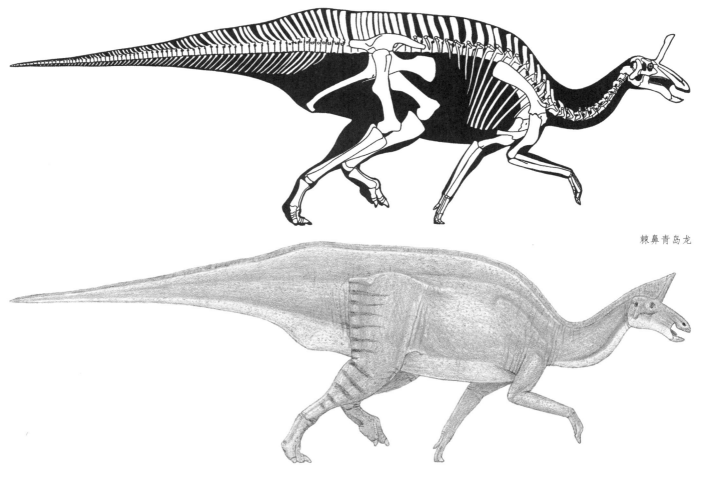

棘鼻青岛龙

沃克氏副栉龙

嘉荫卡戎龙（或副栉龙）[*Charonosaurus (or Para-saurolophus) jiayinensis*]

体长10米，5吨

化石：部分头骨和大部分头后骨骼，未成年个体到成年个体。

解剖学特征：信息不足。

年代：晚白垩世，晚马斯特里赫特期。

分布和地层：中国东北部，渔亮子组。

注释：可能有着副栉龙（*Parasaurolophus*）那样的管状冠。

扇冠大天鹅龙（*Olorotitan arharensis*）

体长8米，3.1吨

化石：大部分头骨和头后骨骼。

解剖学特征：扇形冠很大、近垂直。脖子比其他鸭嘴龙类长。尾巴进一步僵化。

年代：晚白垩世，晚马斯特里赫特期。

分布和地层：东西伯利亚，察尕沿组（Tsayagan）。

习性：更长的脖子表明该种可以吃较高处的嫩叶。

注释：可能和里氏阿穆尔龙（*Amurosaurus riabinini*）为同一属种或同一物种。

萨哈林日本龙（或亚盔龙）[*Nipponosaurus (or Hypacro-saurus) sachaliensis*]

成年恐龙体型不确定

化石：部分头骨和头后骨骼，未成年个体。

解剖学特征：信息不足。

年代：晚白垩世，圣通期或早坎潘期。

分布和地层：萨卡琳岛（西伯利亚）东部，玉嘎色组（Ryugase Group）。

扇冠大天鹅龙

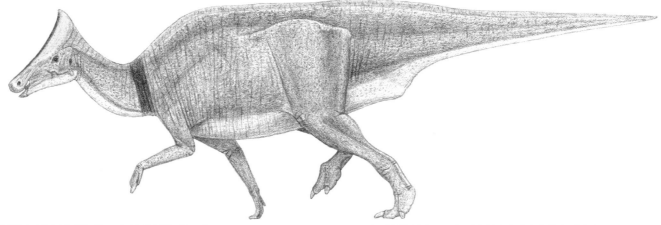

斯氏巴思钵氏龙（或亚盔龙）[*Barsboldia* (or *Hypacrosaurus*) *sicinskii*]

体长10米，5吨

————————————————————————

化石：小部分头后骨骼。

解剖学特征：躯干和尾巴上方的高大神经棘形成低帆状结构。

年代：晚白垩世，晚坎潘期和/或早马斯特里赫特期。

分布和地层：蒙古，纳摩盖吐组。

栖息地：季节性降雨、水分充沛的林地。

注释：与窄吻栉龙（*Saurolophus angustirostris*）共享栖息地。主要天敌是勇士暴龙。

科氏亚盔龙（=兰博龙）[*Hypacrosaurus* (=*Velafrons*) *coahuilensis*]

成年恐龙体型不确定

————————————————————————

化石：近乎完整的头骨，部分头后骨骼，未成年个体。

科氏亚盔龙（=兰博龙）

解剖学特征：脑后顶部有半圆形大头冠。

年代：晚白垩世，中坎潘期。

分布和地层：墨西哥东北部，山德尔普韦布洛组（Cerro del Pueblo）。

鹤鸵亚盔龙（=盔龙）[*Hypacrosaurus* (=*Corythosaurus*) *casuarius*]

体长8米，2.8吨

————————————————————————

化石：大量完整头骨和头后骨骼，包括木乃伊，完全已知。沿背部有低丝带状褶皱，该结构看似和头冠后面相连。

解剖学特征：脑后顶部有半圆形大头冠。

年代：晚白垩世，晚坎潘期。

分布和地层：艾伯塔，恐龙公园组下部。

栖息地：水分充沛地区，有沿海湿地和沼泽、草木丛生的河漫滩，在寒冷冬日也能生存。

注释：除头冠的形态和神经棘的高度外，亚盔龙（*Hypacrosaurus*）、盔龙（*Corythosaurus*）和赖氏龙（*Lambeosaurus*）的头骨和头后骨骼都非常相似，所以它们可能可归于一个属。与沃克氏副栉龙（*Parasaurolophus walkeri*）共享栖息地。

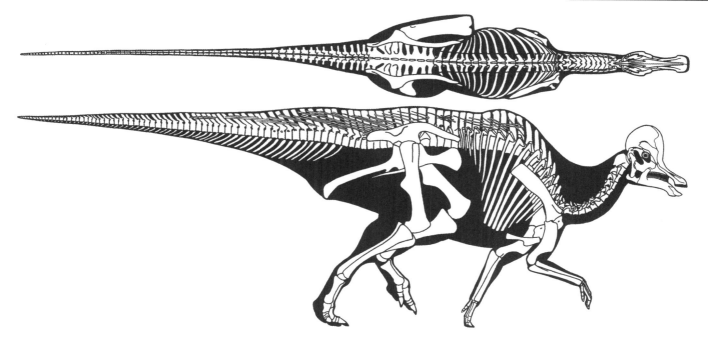

鹤鸵亚盔龙 （＝盔龙）

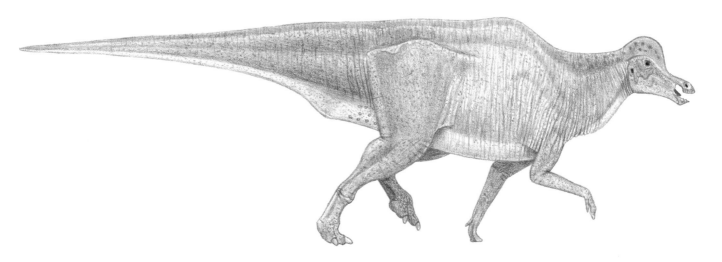

间型亚盔龙 （＝盔龙）［*Hypacrosaurus* (=*Corythosaurus*) *intermedius*］
体长7.7米，2.5吨

化石： 完整以及部分的头骨和头后骨骼。

解剖学特征： 脑后顶部有半圆形大头冠。

年代： 晚白垩世，晚坎潘期。

分布和地层： 艾伯塔，恐龙公园组中上部。

栖息地： 水分充沛地区，有沿海湿地和沼泽、草木丛生的河漫滩，在寒冷冬日也能生存。

注释： 之前被认为是出现时间更早的鹤鸵亚盔龙（*H. casuarius*）的雌性个体。可能是其后裔。

斯特伯格斯亚盔龙 （*Hypacrosaurus stebingeri*）
体长8米，3吨

化石： 完整头骨和大部分头后骨骼，包括胚胎在内的未成年个体化石，巢。

解剖学特征： 脑后顶部有半圆形大头冠。躯干的高大神经棘形成低帆状结构。蛋为球形，直径20厘米。

年代： 晚白垩世，中和/或晚坎潘期。

分布和地层： 蒙大拿州、艾伯塔，上双麦迪逊组。

栖息地： 季节性干旱的山地树林。

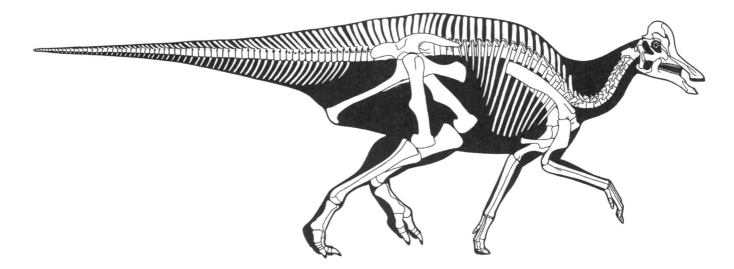

间型亚盔龙（=盔龙）

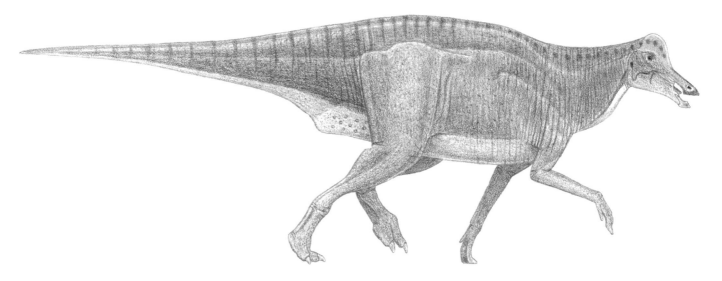

成年个体

斯特伯格斯亚盔龙

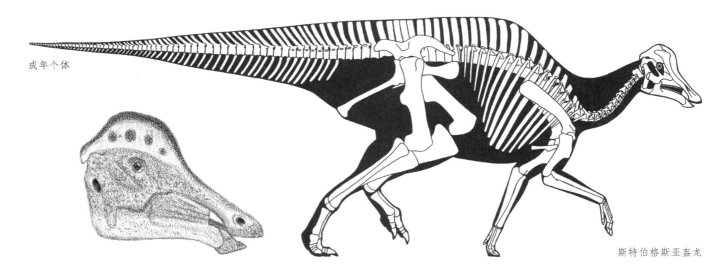

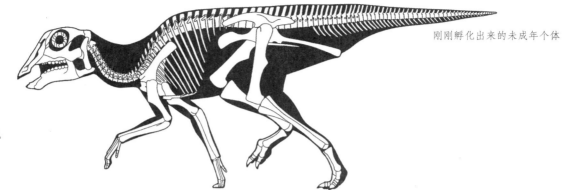

刚刚孵化出来的未成年个体

斯特伯格斯亚盔龙

高棘亚盔龙（*Hypacrosaurus altispinus*）
体长8米，3.4吨

化石：一些头骨和部分头后骨骼。

解剖学特征：脑后顶部有亚三角形大头冠。躯干的高大神经棘形成突出的帆状结构。

高棘亚盔龙

注释：与奥氏栉龙（*Saurolophus osborni*）共享栖息地。主要天敌是食肉艾伯塔龙（*Albertosaurus sarcophagus*）。

宽尾亚盔龙？（*Hypacrosaurus？laticaudus*）
体长9米，4吨

化石：小部分头骨和头后骨骼。

解剖学特征：躯干和尾部的高大神经棘形成突出的帆状结构。

年代：晚白垩世，坎潘期。

分布和地层：下（Baja）墨西哥，艾尔加洛组（El Gallo）。

克莱文亚盔龙（赖氏龙）[*Hypacrosaurus（Lambeosaurus）clavinitialis*]
体长7.7米，2.5吨

化石：一些完整头骨，大部分头后骨骼。

解剖学特征：脑后顶部有短斧状的大头冠。

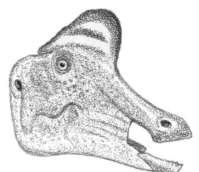

克莱文亚盔龙（赖氏龙）

年代：晚白垩世，晚坎潘期。

分布和地层：艾伯塔，恐龙公园组中部。

栖息地：水分充沛地区，有沿海湿地和沼泽、草木丛生的河漫滩，在寒冷冬日也能生存。

注释：之前被认为是赖氏亚盔龙（*H. lambei*）的雌性个体。可能是其后裔。

赖氏亚盔龙（赖氏龙）[*Hypacrosaurus（Lambeosaurus）lambei*]
体长6.7米，2.5吨

化石：大量头骨和头后骨骼，完全已知。

解剖学特征：脑后顶部有短斧状的大头冠。

年代：晚白垩世，晚坎潘期。

分布和地层：艾伯塔，恐龙公园组中上部。

栖息地：水分充沛地区，有沿海湿地和沼泽、草木丛生的河漫滩，在寒冷冬日也能生存。

克莱文亚盔龙（赖氏龙）

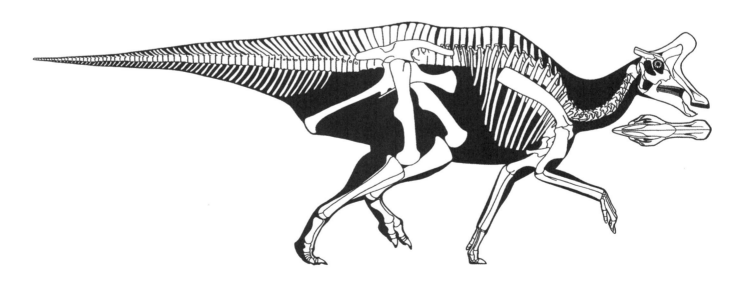

赖氏亚盔龙（赖氏龙）

赖氏亚盔龙（赖氏龙）

大冠亚盔龙（赖氏龙）[*Hypacrosaurus (Lambeosaurus) magnicristatus*]

体长7米，2.5吨

————————————

化石： 一些头骨，部分头后骨骼。

解剖学特征： 脑后顶部的椭圆状头冠非常大。

年代： 晚白垩世，晚坎潘期。

分布和地层： 艾伯塔，恐龙公园组最上部。

栖息地： 水分充沛地区，有沿海湿地和沼泽、草木丛生的河漫滩，在寒冷冬日也能生存。

注释： 可能是赖氏亚盔龙（*H. lambei*）的直系后裔。

大冠亚盔龙（赖氏龙）

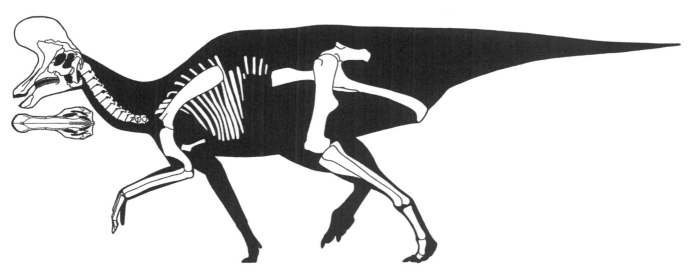

大冠亚盔龙（赖氏龙）（下页仍是）

大冠亚盔龙（赖氏龙）

扩 展 阅 读

Brett-Surman, M., and J. Farlow. 2011. *The Complete Dinosaur*. 2nd ed. Bloomington: Indiana University Press.
Glut, D. 1997–2009. *Dinosaurs: The Encyclopedia* (including Supplements 1–6). London: McFarland & Company.
Paul, G. S., ed. 2000. *The Scientific American Book of the Dinosaur*. New York: St. Martin's Press.
———. 2002. *Dinosaurs of the Air*. Baltimore: Johns Hopkins University Press.
Weishampel, D., P. Dodson, and H. Osmólska. 2004. *The Dinosauria*. 2nd ed. Berkeley: University of California Press.

索　引

地层

（当某一地层在同一页中引用超过一次，引用的次数用括号中的数字注明）

作者介绍：

格雷戈里·S.保罗　学者，艺术家。他是包括《侏罗纪公园》在内的诸多电影和纪录片的首席恐龙复原师，复原了中生代生物的"新形象"。保罗著有《掠食恐龙的世界》、《科学美国人图书之恐龙篇》、《飞龙在天》等。他的作品在《科学美国人》、《自然》、《纽约时报》等诸多出版物中发表。

译者介绍：

邢立达，青年古生物学者，科普作家。1982年生于广东潮州，高中时期便创建中国大陆第一个恐龙网站。在加拿大阿尔伯塔大学取得古生物学硕士学位，师从著名古生物学家Philip J. Currie，目前在中国地质大学（北京）攻读博士学位。中国科普作家协会会员，出版过一批古生物科普书籍，并多次在CCTV各频道为公众介绍古生物知识。

图书在版编目（CIP）数据

　　普林斯顿恐龙大图鉴 / （美）保罗著 ；邢立达译. -- 长沙 ：湖南科学
技术出版社，2016.1
　　书名原文：The Princeton Field Guide to Dinosaurs
　　ISBN 978-7-5357-8823-8
　　Ⅰ．①普… Ⅱ．①保… ②邢… Ⅲ．①恐龙—图集Ⅳ.①Q915.864-64
　　中国版本图书馆 CIP 数据核字(2015)第 226823 号

Copyright © 2010 by Gregory S. Paul

湖南科学技术出版社通过博达著作权代理有限公司获得本书中文简体版中国大
陆出版发行权。
著作权合同登记号 18-2012-15

普林斯顿恐龙大图鉴
著　　者：[美]格雷戈里·S.保罗
译　　者：邢立达
责任编辑：孙桂均 吴　炜
文字编辑：唐北灿
封面设计：丁　虹
责任美编：谢　颖
出版发行：湖南科学技术出版社
社　　址：长沙市湘雅路 276 号
　　　　　http://www.hnstp.com
湖南科学技术出版社天猫旗舰店网址：
　　　　　http://hnkjcbs.tmall.com
邮购联系：本社直销科 0731-84375808
印　　刷：长沙超峰印刷有限公司
　　　　　（印装质量问题请直接与本厂联系）
厂　　址：宁乡县金洲新区泉洲北路 100 号
邮　　编：410600
出版日期：2016 年 7 月第 1 版第 2 次
开　　本：889mm×1194mm　1/16
印　　张：20.5
书　　号：ISBN 978-7-5357-8823-8
定　　价：128.00 元
（版权所有 · 翻印必究）